용접전문과정 / 이론&실무

# 특수용접

민용기 저

 일진사

# | 머리말 |

1970년 81억 달러에 불과했던 우리나라의 명목 GDP는 세계은행(WB)에 따르면 2019년 1조 6천 194억 달러로 전 세계 205개국 중 12위를 차지했다. 우리나라는 경제가 빠르게 성장하여 세계 여러 나라로부터 한강의 기적을 이룬 나라라는 말을 듣게 되었다. 우리나라가 이렇게 급속도로 성장한 계기는 공업 구조가 바뀌면서부터이다. 이와 때를 같이하여 제철, 기계, 전자, 화학 등 여러 산업에서 기자재를 공급받아 유조선에서 어선, 화물선, 여객선 등의 항해용 선박을 건조·수리하는 산업인 조선 산업이 있고 그 중심에 용접이 큰 비중을 차지한다. 조선 산업은 1967년 조선공업진흥법을 제정함으로써 발전의 기반을 구축하였고, 1970년대 정부의 중화학공업 육성 정책으로 세계시장에 본격적으로 참여하여 1993년에는 세계 1위를 차지하기도 하였다.

산업 현장에서 용접은 피복 금속 아크 용접에서 티그 용접, $CO_2$ 아크 용접, 플럭스 코어드 아크 용접 등 기술면에서도 급속도로 실력이 향상되고 보편화되었다. 산업 재료는 탄소강에서 스테인리스강과 알루미늄, 티타늄 등 소재도 다양화되고 용접 수준도 한층 향상되었다. 최근에는 특정 용접의 장점만을 접목시킨 하이브리드 용접이 꾸준히 성장하고 있다.

본 교재는 45년간 용접 분야에만 종사하며 터득한 발전소에서의 현장 용접 경험과 다양한 학생 지도 경험을 바탕으로 특수 용접 분야의 이론과 실기를 접목하고자 하였다. 현재 시중에는 특수 용접 분야를 이론적으로 심도 있게 다룬 교재가 많지 않아 직접 집필하여 여러 기술 분야를 알리고자 하였다. 1장 우리나라 용접의 변천을 시작으로 2장은 본 교재의 핵심으로 현재 가장 인기 있는 티그(TIG) 용접 분야를 심도 있게 다루었다. 3장 가스 금속 아크 용접, 4장 $CO_2$ 용접(탄산 가스 아크 용접), 5장에서 11장까지는 플럭스 코어드 아크 용접, 서브머지드 아크 용접, 레이저 빔 용접, 플라스마 아크 용접, 전자 빔 용접, 마찰 교반 용접, 유도 용접, 자동화 용접 등을 다루었다. 마지막 단원은 용접 안전으로 구성하였다. 각 단원별 예상문제는 용접 자격기출문제를 참고·수록하여 실용성을 더했다. 또한 각 단원에서 규격이나 관련법은 관련 법령이나 시행규칙을 참고하여 수록하였다.

50년 전의 용접 기술에서 발전된 것 중 용접기의 성능이 향상되고 자동화가 보편화된 것을 제외하면, 현장에서의 용접 기술은 자동화가 어려워 아직도 용접사의 기능에 의존하고 있어 앞으로 경제 대국이 된다고 해도 용접만큼은 기술자에 대한 수요가 꾸준히 있을 것이므로 용접에 종사하는 사람들은 직업에 대한 장래 걱정은 많지 않으리라 본다.

용접을 사랑하고 용접에 관심을 갖는 독자에게 이 책이 전문적인 특수 용접 이론으로서 큰 도움이 되었으면 한다. 용접을 지도하는 곳에서는 특수 용접 교재로, 현장에서 용접하는 분에게는 특수 용접 분야의 지침서로 활용되기를 기대한다. 집필에 도움을 주신 많은 분들에게 다시 한 번 감사드린다.

저자 씀

4

# |차 례|

## 제5장··· 플럭스 코어드 아크 용접

## 제6장··· 서브머지드 아크 용접

## 제7장··· 레이저 빔 용접

## 제8장··· 플라스마 아크 용접

┌─────────────┐
│ •제**9**장••• │　　　　　　　　　　　기타 용접
└─────────────┘

┌──────────────┐
│ •제**10**장••• │　　　　　　　　　　자동화 용접
└──────────────┘

┌──────────────┐
│ •제**11**장••• │　　　　　　　　　　용접 안전
└──────────────┘

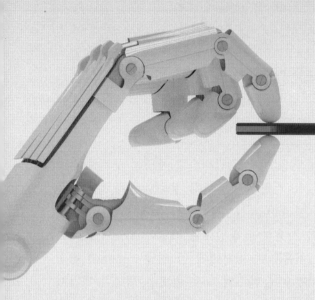

# 특수 용접

# 제 1 장 총론

## 1-1 용접의 변천 과정

### (1) 용접의 역사

용접의 역사는 인류의 문명과 밀접한 관계가 있으며, 일반적으로 문명은 구리로 시작하여 청동, 은, 금 및 철로 진행되었다고 본다. 기원전 3천 년경 청동기가 주요한 도구로 사용되는 청동기 시대에 메소포타미아(mesopotamia) 지방에서 수메르인은 납땜을 사용하여 검을 만들었고, 이집트인들은 숯을 사용하여 철광석을 가열하고 압력을 가하여 압착 용접(단접)을 하였다. 용접 역사상 처음으로 60년대에 금 경납(brazing) 공정이 Plany the Elder에 의해 기록되었다. 이것은 플럭스의 작용 방법과 색상이 경납땜의 난이도를 결정하는 방법을 설명하였다. 18세기에 용접을 위한 혁신적인 방법으로 용광로를 사용했다. 1801년 Sir Humphrey Davy는 전기 아크를 발명하였다. 아크는 배터리로 구동되는 2개의 탄소 전극 사이에서 발생한다.

[표 1-1] 용접의 발달 과정

| 개발 연도 | 내용 | 발명자 |
|---|---|---|
| 1801 | 아크 발견 | Sir Humphrey Davy(영국) |
| 1831 | 발전기 발명 | Michael Faraday(영국) |
| 1877 | 전기 저항 용접법 개발 | E.Thomson(미국) |
| 1885 | 탄소 아크 용접법 | Nikolai N.Benardos(우크라이나) Stanislav Olszewski(폴란드) |
| 1890 | 금속 아크 용접법 | C.L. Coffin(미국) N.G. Slavianoff(러시아) |
| 1903 | 테르밋 용접 | Hans Goldschmidt(독일) |
| 1911 | 직류 용접기 생산 | Lincoln Electric Company |
| 1919 | 교류 전류 발명 | C.J. Holslag(미국) |
| 1920 | 자동 용접기 | P.O. Nobel(미국) |

| 1926 | 원자 수소 용접 | Irving Langmuir(미국) |
|------|-----------|----------------------|
| | GTAW 개발 | H.M. Hobart & P.K. Devers(미국) |
| 1930 | 스터드 용접 | New York Navy Yard |
| 1935 | 서브머지드 아크 용접 | Kennedy(미국) |
| 1942 | GTAW 새로운 형식 특허<br>헬리아크(heliarc)라 부름 | Russell. Meredith(미국) |
| 1948 | GMAW | Battelle Memorial Institute |
| 1951 | 일렉트로 슬래그 용접 | Paton(소련) |
| 1953 | $CO_2$ 아크 용접 | Lyubavskii & Novoshilov(소련) |
| 1957 | 플라스마 아크 용접 | Robert F. Gage(미국) |
| | 전자 빔 용접 | J.A.Stohr(프랑스) |
| 1960 | 레이저 용접기 개발 | Theodore Maiman(미국) |

　　1885년 Nakolay N. Benardos and S. Olszewski가 전기를 열원으로 탄소 전극과 용접 풀 사이에 아크를 발생하여 용접하는 탄소 아크 용접법을 개발하였다. 이 용접 공정은 두 개의 금속을 용접하고 금속을 절단하고 금속에 구멍을 뚫는 데 사용하였다. 1903년 테르밋 용접이 발명되었고, 1906년에는 저항 스폿 용접 기계가 생산되었다. Nakolay N. Benardos는 1908년 일렉트로 슬래그 공정으로 용접기가 2개의 판을 한 번에 용접할 수 있었다. 교류 용접은 C. J. Holslag에 의해 1919년도에 발명되었지만 아크가 불안정하고 용접 품질이 떨어져 10년간 인기를 얻지 못하다가 아크를 안정화하고 불순물로부터 용접 재료를 보호하는 금속 피복제가 계속 개발되면서 아크 용접으로 대체되었다. 1920년대는 용접 기술이 크게 발전하여 용접부를 대기 중의 산소와 질소의 영향으로부터 보호하기 위한 보호 가스가 많은 주목을 받았다. 1930년대에는 H.O. Hobart에 의해 특허가 나왔고 아크 용접 공정은 GMAW(gas metal arc welding)이었다. 1935년에는 연속 와이어 피더와 입상의 플럭스를 이용한 SAW(submerged arc welding) 공정이 도입되었는데 원래 union melt라고 불리는 공정이다. 가스 텅스텐 아크 용접(GTAW : gas tungsten arc welding)은 1942년에 발행된 특허로 Russell Meredith가 발명했으며, Linde Company가 개발하였다. heliarc 또는 TIG라고도 부른다. 1948년 가스 금속 아크 용접은 금속 불활성 가스(MIG)를 사용하여 비철 금속 재료의 빠른 용접이 가능했다. 보호된 불활성 가스 메탈 아크 공정은 연속된 용접 와이어와 모재 사이에서 아크를 일으켜 사용한다. 1950년대는 소모성 전극과 보호 가스로 이산화탄소를 사용하는 금속 아크 용접 공정이 개발되어 가장 인기 있는 공정이 되었다. 1960년대에 레이저의 발명 이후, 레이저 빔 용접은 고속

자동 용접에 유용하게 사용되었으나 고비용으로 인해 제한적으로 사용되었다. 2008년에 레이저-아크 하이브리드 용접이 개발되었고 현재에 이르고 있다.

용접은 18세기 전까지는 열원으로 숯이나 석탄을 사용하여 단접을 하는 수준이었으나 본격적인 용접의 발달은 18세기 말경 전기에너지를 쉽게 이용하게 되면서 여러 가지 용접법이 발달하여 왔다. 초기 단계인 19세기 말에서 20세기 초반에는 전기에너지의 간단한 열변화로 아크열과 저항열을 이용하였고, 화학 반응열로 가스 불꽃과 테르밋 반응열 등 기초적인 용접법이 개발되었다. 20세기 중반에는 서브머지드 아크 용접법, 플라스마 아크 용접 등의 자동화와 고능률 용접법이 개발되었다. 2차 대전 이후로는 전자 빔을 이용한 용접법과 레이저 빔과 같은 고정밀도와 고능률 용접법이 있다. 또한 자동화 용접이 가능한 자동 제어 기능이 급속히 확대되어 로봇 용접이 산업 현장에 많이 보급되고 있다. 미래의 용접 기술은 개선된 정보 시스템과 조화를 이루면서 더욱 더 자동화될 것이다. 용접 이음을 필요로 하는 미래의 구조물은 스마트 소재인 고강도 철강과 같이 설계된 용접 가능한 재료로 구성된다. 이러한 재료는 향후 접합 기술을 더욱 더 발전시킬 것이다.

### (2) 우리나라의 특수 용접

특수 용접은 일반적으로 전기 용접이라 부르는 피복 금속 아크 용접(SMAW : shield metal arc welding)과 가스 용접, 전기 저항 용접을 제외한 나머지 용접을 가리키나 용접의 대분류에서는 용접법의 분류에서 특수 용접의 대부분이 아크 용접의 분류에 속하는 용접법이다. 특수 용접은 대통령령 제11281호(1983.12.20.)에 의거 특수용접기능사보와 특수용접기능사 2급으로 시작하여 1998년 대통령령 제15794호로 특수용접기능사로 자격 제도가 바뀌면서 오늘에 이르고 있다. 1984년부터 시작된 특수용접기능사 자격 제도는 TIG 용접과 $CO_2$ 용접으로 시험을 응시하게 되면서 일반적으로 부르게 된 것이다. 이와 같이 용접의 분류에 의한 특수 용접이라기보다는 용접법이 보급되면서 자연스럽게 부르게 되었다.

## 1-2  용접의 분류

### (1) 용접 방법에 따른 분류(AWS 기준)

용접 방법은 크게 아크 용접, 고상 용접, 저항 용접, 산소 가스 용접, 기타 용접으로 분류할 수 있다.

[표 1-2] 용접 방법에 따른 분류

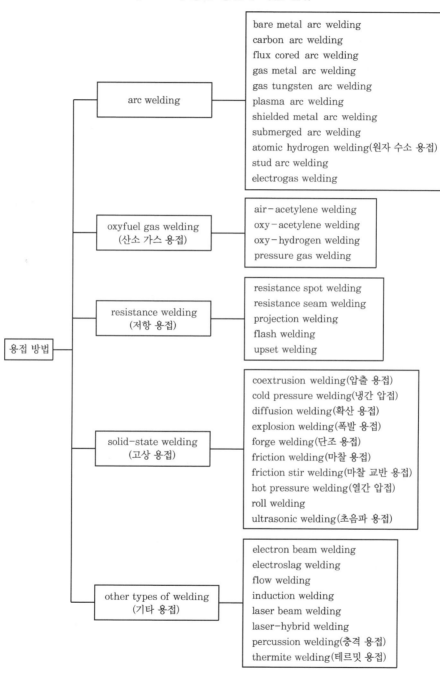

## (2) 용접법의 특징

용접법에 따른 AWS 분류 기호 및 특성에 따른 용도에 대하여 용접 방법별로 알아보고자 한다.

① arc welding(AW)

### [표 1-3] 아크 용접 종류에 따른 특성

| 이름 | AWS | 특징 | 적용 |
|---|---|---|---|
| bare metal arc welding | BMAW | 소모성 전극, 플럭스 또는 차폐 가스 없음 | 현재 사용하지 않음 |
| carbon arc welding | CAW | 탄소 용접봉 | 수리(제한) |
| flux cored arc welding | FCAW | 플럭스로 채워진 연속 소모성 전극 | 산업, 건설 |
| gas metal arc welding | GMAW | 연속 소모성 전극 및 보호 가스 | 산업 |
| gas tungsten arc welding | GTAW | 비소비성 전극, 느리고 고품질 용접 | 항공 우주, 건설(파이프), 도구 및 다이 |
| plasma arc welding | PAW | 비소비성 전극, 제한된 아크 | tubing, 계측 |
| shielded metal arc welding | SMAW | 플럭스로 덮여 있는 소모성 전극, 적당한 전극이 있는 한 모든 금속을 용접할 수 있음 | 건설, 실외, 유지 관리 |
| submerged arc welding | SAW | 자동, 아크가 입상의 플럭스에 잠김 | 조선, 항공, 플랜트 |
| atomic hydrogen welding (원자 수소 용접) | AHW | 수소 분위기에서 두 개의 금속 전극 | 현재 사용하지 않음 |
| stud arc welding | SW | 스터드를 열 및 압력으로 소재에 용접 | 조선, 플랜트 |
| electrogas welding | EGW | 연속 소모 전극, 수직 위치, 강 전용 | 저장 탱크, 조선 |

② 산소 가스 용접(oxyfuel gas welding)

### [표 1-4] 산소 가스 용접 종류에 따른 특성

| 이름 | AWS | 특징 | 적용 |
|---|---|---|---|
| air-acetylene welding | AAW | 열이 아세틸렌과 공기의 연소로부터 얻어지는 가스 용접 공정 | 현재 사용하지 않음 |
| oxy-acetylene welding | OAW | 아세틸렌과 산소의 연소는 고온의 불꽃, 저렴한 장비를 생성함 | 유지 보수, 수리 |
| oxy-hydrogen welding | OHW | 수소와 산소의 연소는 불꽃을 발생 | 거의 사용하지 않음 |
| pressure gas welding | PGW | 가스 불꽃의 열 표면 및 압력이 용접을 생성 | 파이프, 철도 레일 (제한) |

③ 저항 용접(resistance welding)

**[표 1-5] 저항 용접 종류에 따른 특성**

| 이름 | AWS | 특징 | 적용 |
|---|---|---|---|
| resistance spot welding | RSW | 두 개 이상의 얇은 공작물에 두 개의 뾰족한 전극이 압력과 전류를 가함 | 자동차 산업, 항공 우주 산업 |
| resistance seam welding | RSEW | 두 개의 휠 모양의 전극이 공작물을 따라 롤링하여 압력과 전류를 가함 | 항공 우주 산업, 강철 드럼, 튜브 |
| projection welding | PW | 반자동, 자동, 용접은 미리 정해진 지점에서 제한됨 | 자동차 |
| flash welding | FW | 맞대기 단면을 가볍게 접촉시켜 가열되면 압력을 주어 접합 | 자동차, 니켈 합금 |
| upset welding | UW | 맞대기 이음 표면이 가열되고 힘을 가하여 결합됨 | 관, 환봉, 체인 |

④ 고상 용접(solid-state welding)

**[표 1-6] 고상 용접 종류에 따른 특성**

| 이름 | AWS | 특징 | 적용 |
|---|---|---|---|
| coextrusion welding (압출 용접) | CEW | 이종 금속은 같은 다이(die)를 통해 압출, 열가소성 플라스틱 및 복합재를 용접하는 데 사용되는 공정 중 하나 | 보다 유리한 기계적 특성을 가진 값싼 합금 또는 합금에 내식 합금 결합 |
| cold pressure welding (냉간 압접) | CW | 구리 및 알루미늄과 같은 연성 합금이 용해 지점 아래로 접합됨 | 전기 접점 |
| diffusion welding (확산 용접) | DFW | 볼 수 있는 용접 라인 없음 | 티타늄 펌프 임펠러 휠 |
| explosion welding (폭발 용접) | EXW | 유사하지 않은 재료의 결합, 내식성 합금 구조용 강재 | 화학 산업 및 조선용 이음. 바이메탈 파이프 라인 |
| forge welding (단조 용접) | FOW | 세계에서 가장 오래된 용접 프로세스, 산화물은 반드시 플럭스나 화염에 의해 제거 | damascus steel (도검, 총통용) |
| friction welding (마찰 용접) | FRW | 얇은 열 영향부, 마찰에 의해 파괴된 산화물, 충분한 압력이 필요함 | 항공 우주 산업, 철도, 육상 운송 |
| friction stir welding (마찰 교반 용접) | FSW | 회전하는 비소모품 공구가 접합선을 따라 이송됨 | 조선, 항공 우주, 철도 차량, 자동차 산업 |
| hot pressure welding (열간 압접) | HPW | 금속은 진공 또는 불활성 가스 분위기에서 용점 이하의 고온에서 함께 압착됨 | 우주 항공 부품 |

| roll welding | ROW | 바이메탈 재료는 2개의 회전 바퀴 사이에서 강제로 결합 | 이종 재료 |
| ultrasonic welding (초음파 용접) | USW | 고주파 진동 에너지는 포일, 얇은 금속판 또는 플라스틱에 적용 | 태양광 산업, 전자 제품, 자동차의 후미등 |

⑤ 기타 용접(other types of welding)

[표 1-7] 기타 용접 종류에 따른 특성

| 이름 | AWS | 특징 | 적용 |
|---|---|---|---|
| electron beam welding | EBW | 용입이 깊고, 빠르고, 높은 비용 | 항공 우주 |
| electroslag welding | ESW | 두꺼운 공작물을 신속하게 용접하고, 수직 자세, 강재 전용, 연속 소모 전극을 용접함 | 후판 제조, 건설, 조선 |
| flow welding | PLOW | 비틀림은 최소화되고 열 사이클은 비교적 완만함 | 제자리에서 레일을 결합(테르밋 용접의 형태로) |
| induction welding | IW | 전자기 유도 원리를 이용하여 공작물을 가열함 | 항공 우주 산업 |
| laser beam welding | LBW | 깊은 용입, 빠르고 높은 장비 비용 | 자동차 산업 |
| laser-hybrid welding | - | LBW와 GMAW를 결합하여 이전에는 LBW만으로는 불가능했던 2 mm (판 사이)의 갭을 연결할 수 있음 | 자동차, 조선, 철강 산업 |
| percussion welding(충격 용접) | PEW | 전기 방전 후, 재료를 압력을 가해 단조함 | 스위치 기어 장치의 구성 요소 |
| thermite welding (테르밋 용접) | TW | 알루미늄 분말과 철 산화물 사이의 발열 반응 | 철도 레일 |

## 1-3 용접 조건과 적용 방법에 따른 분류

### (1) 작동 방법에 따른 분류

용접은 작동 방법에 따라 수동, 반자동, 자동으로 구분한다. 용접에 따른 여러 가지 조건 중 용접봉(용접 와이어)의 공급 방법, 아크 길이 유지 방법, 용접 진행 방법, 용접선 안내 방법, 전류와 전압 조정 방법 등을 모두 기계화한 것을 자동 용접이라 하고, 용접선 안내와 아크 길이 유지 등 일부를 용접사가 행하는 용접 방법을 반자동이라 하며, 여러 가지 용접 조건 모두를 수동으로 조정하여 용접하는 방법을 수동 용접이라 한다.

[표 1-8] 용접 조건에 따른 적용 방법

| 용접 조건 \ 적용 방법 | 수동 (MA, manual) | 반자동 (SA, semiautomatic) | 자동 (AU, automatic) |
|---|---|---|---|
| 아크 길이 유지 | 인력 | 인력 & 기계적 | 기계적 |
| 용접봉(와이어)의 공급 | 인력 | 기계적 | 기계적 |
| 용접 진행 방법 | 인력 | 인력 & 기계적 | 기계적 |
| 용접선 안내 방법 | 인력 | 인력 & 기계적 | 기계적 |
| 적용 | 용접사 | | 용접 장치 |

## (2) 용접법에 따른 적용 방법

여러 가지 수동, 반자동, 자동 용접법에서 따라 적용 가능한 용접 방법에서 수동 용접은 피복 금속 아크 용접, TIG 용접에 가장 많이 사용되는 용접법이다. 반자동은 $CO_2$ 용접, MIG 용접이 가장 많이 사용되고 있고, 자동 용접은 서브머지드 아크 용접과 일렉트로 슬래그 용접, 로봇을 이용한 TIG, $CO_2$, MIG 용접 등이 있다. 일반적으로 자동 및 반자동 아크 용접은 수동 아크 용접에 비하여 와이어 송급 속도가 빠르며, 용접 속도가 빠르다. 또한 용입이 깊고 용착 금속의 기계적 성질이 우수하여 매우 능률적이고 균일하고 아름다운 비드를 얻을 수 있는 등 여러 가지 특징이 있다.

[표 1-9] 여러 가지 용접법에 따른 적용 방법

| 용접 조건 \ 적용 방법 | 수동 (MA, manual) | 반자동 (SA, semiautomatic) | 자동 (AU, automatic) |
|---|---|---|---|
| 피복 금속 아크 용접 | ◎ | × | × |
| TIG 용접 | ◎ | ○ | ☆ |
| 플라스마 아크 용접 | ◎ | △ | ☆ |
| 서브머지드 아크 용접 | × | ☆ | ◎ |
| MIG 용접 | × | ◎ | ○ |
| $CO_2$ 논가스 아크 용접 | × | ◎ | ○ |
| 일렉트로 슬래그 용접 | × | △ | ◎ |

㊟ ◎ : 최적, ○ : 적합, ☆ : 사용, △ : 가능, × : 사용하지 않음

## 연·습·문·제

**1.** 다음 용접의 분류 중 아크 용접법에 해당되지 않는 것은?

① 탄소 아크 용접

② 플럭스 코어드 아크 용접

③ 일렉트로 가스 용접

④ 초음파 용접

해설 초음파 용접은 용접의 대분류인 융접, 압접, 납땜 중 압접에 속하는 고상용접이다.

**2.** 다음 용접의 분류 중 저항 용접법에 해당되지 않는 것은?

① 스폿 용접                  ② 심 용접

③ 업셋 용접              ④ 마찰 용접

해설 저항 용접에는 스폿(점) 용접, 심 용접, 업셋 용접, 플래시 용접, 프로젝션 용접이 있다.

**3.** 회전하는 비소모성 공구가 접합선을 따라 이송하면서 용접이 되며 조선, 항공 우주 산업에 활용되고 있는 용접은?

① 마찰 용접             ② 폭발 용접

③ 마찰 교반 용접        ④ 초음파 용접

**4.** 용접 조건의 적용 방법에 따라 수동, 반자동, 자동 용접으로 구분하는 용접 조건에 속하지 않는 것은?

① 아크 길이 유지        ② 크레이터 전류

③ 용접봉(와이어)의 공급      ④ 용접 진행 방법

해설 ①, ③, ④ 외 용접선 안내 방법 등이 있다.

**5.** 수동, 반자동, 자동 용접이 가능한 용접법으로 가장 적합한 것은?

① 피복 금속 아크 용접      ② TIG 용접

③ 일렉트로 슬래그 용접     ④ 서브머지드 아크 용접

해설 ①은 수동 용접, ③, ④는 반자동과 자동 용접 방법이다.

**6.** 다음 중 자동 용접이 곤란한 용접법은?

① 피복 금속 아크 용접      ② TIG 용접

③ 일렉트로 슬래그 용접     ④ 서브머지드 아크 용접

정답 1. ④    2. ④    3. ③    4. ②    5. ②    6. ①

## 제 2 장 가스 텅스텐 아크 용접

불활성 가스인 아르곤(Ar)과 헬륨(He) 가스를 보호 가스로 텅스텐 전극봉을 사용하는 용접법으로 피복 금속 아크 용접이나 가스 용접으로 용접이 곤란한 부분의 용접, 비철 금속, 이종 재료의 용접에 널리 사용되는 용접법이다. 가스 텅스텐 아크 용접은 GTAW(gas tungsten arc welding)라 하며, TIG(tungsten inert gas) 용접, 헬리 아크(heli arc), 헬리 웰드(heli weld) 아르곤 아크(argon arc)로 명칭이 사용되어 왔다. 이 용접법은 와이어의 공급 방식에 따라 수동 용접, 반자동 용접, 자동 용접으로 구분할 수 있으며, 보호 가스가 투명하여 작업자가 용접 중 용융 상태를 관찰하면서 용접할 수 있다. GTAW는 1900년대 초 알루미늄과 마그네슘 용접에 전극과 용접부를 완전하게 보호하지 못하고 오염이 발생하여, 보다 실용적인 토치를 개발하게 되었고, 1930년대 후반에 직류에 의한 GTAW 방법이 헬륨 가스를 사용하여 항공기 제작 분야에 활용되었다. 초기에는 텅스텐 전극에 플러스 전원을 사용하여 전극봉이 너무 과열되는 현상이 발생하고 전극이 용융 금속에 혼입되는 현상이 발생하여 극성을 바꿔 스테인리스강의 용접에 활용되었다. 1942년 교류 전원에 고주파 발생 장치가 내장된 TIG 용접법이 개발되어 현재에 이르고 있다. 불활성 가스인 아르곤과 헬륨을 보호 가스로 사용하여 용접구조용강의 파이프 계통에는 1차 용접(백비드 : back bead)에는 필수적이며, 일반적으로 스테인리스강 및 알루미늄, 마그네슘, 구리 합금 등을 비롯한 거의 모든 금속의 용접이 가능하므로 항공기, 조선, 플랜트 설비 등 광범위하게 활용된다.

## (1) 원리

GTAW는 [그림 2-1]과 같이 고온에서 금속과 화학 반응을 하지 않는 불활성 가스인 아르곤과 헬륨 가스로 대기를 차단하고, 모재와 접촉하지 않아도 아크가 일어나게 되는 고주파 발생 장치를 사용하여 텅스텐 전극과 모재 사이에 전류를 통하게 하여 아크를 일으키고, 그 열을 이용하여 박판에서는 용가재 없이 모재 자체만을 용융하여 용접하거나, 용가재와 모재를 용융하여 용접하는 방법으로 텅스텐 전극봉이 전극으로만 사용되기 때문에 소모되지 않는다고 하여 비용극식 용접 방법이라 한다. 그러나 작업자의 부주의로 인하여 전극봉의 소모가 발생하게 되어 재연마하여 사용한다. 전극으로 사용되는 텅스텐(tungsten) 전극봉은 용융점이 3,387℃로 고온에서 녹지 않는 성질을 이용하여 용접용 전극으로 하여 아크를 발생시키고, 전기 접점 등에 사용되며, 상온에서는 경도가 높아 충격에 약하다.

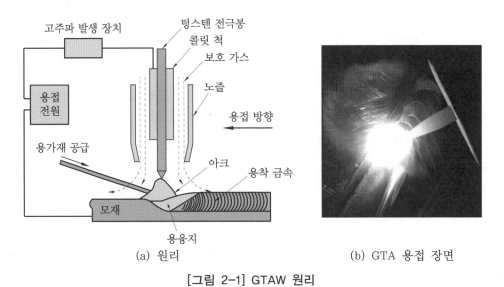

(a) 원리　　　　　　　　(b) GTA 용접 장면

[그림 2-1] GTAW 원리

## (2) 장·단점

① 장점

   ⑺ 열의 집중 효과가 양호하여 우수한 용접 이음을 얻을 수 있다.

   ⑻ 용제(flux)가 불필요하여 맞대기 용접부의 1차 용접(백비드)에 가장 적합하다.

   ⑼ 보호 가스가 투명하여 작업자가 용접부를 관찰하면서 용접할 수 있다.

   ⑽ 가열 범위가 적어 용접으로 인한 변형이 적다.

   ⑾ 전 자세 용접이 가능하다.

   ⑿ 용가재 없이 용접이 가능하다.

   ⒀ 깨끗하고 아름다운 비드를 얻을 수 있다.

   ⒁ 저전류에서도 아크가 안정되어, 박판 용접에 적당하다.

   ⒂ 거의 모든 철 및 비철 금속을 용접할 수 있다.

   ⒃ 피복 금속 아크 용접에 비해 용접부가 연성, 강도, 내부식성이 우수하다.

② 단점

   ⑺ 후판 용접에서는 소모성 전극 방식보다 용접 속도가 느려 능률이 떨어진다.

㈏ 불활성 가스와 텅스텐 전극봉 가격은 일반 피복 금속 아크 용접에 비해 비용 상승에 영향을 미친다.

㈐ 옥외 용접은 바람의 영향을 많이 받아 방풍 대책이 필요하다.

㈑ 용융점이 낮은 금속(Pb, Sn 등)은 용접이 곤란하다.

㈒ 용접 시 전극봉의 일부가 용접부에 혼입되면 용접부에 결함이 발생한다.

㈓ 토치의 접근이 어려운 용접부는 용접 작업에 제한을 받는다.

㈔ 용접 중 용가재의 끝부분이 공기에 노출되면 용접부의 금속이 오염된다.

㈕ 전극봉이 쉽게 오염된다.

㈖ 텅스텐 전극이 오염될 경우 단단하고 취성을 갖는 용접부가 될 수 있다.

## (3) 종류

용접을 위한 아크 길이 유지, 와이어 송급 방법, 용접 진행 방법 등에 따라 구분하며, [표 2-1]의 TIG 용접 및 절단의 종류와 같이 용가재 공급과 토치 조작 등 여러 가지 조건을 유지하기 위해 작업자가 직접 조작하는 수동 용접 방법(manual welding method)과 와이어를 자동으로 공급하고 토치를 작업자가 조작하여 용접하는 반자동 용접 방법(semiautomatic welding method), 와이어 공급과 토치 이송을 자동으로 하는 자동 용접 방법(automatic welding method), 스폿 용접을 하는 스폿 용접 방법(spot welding method), 비철 금속 절단 작업을 하는 아크 절단 방법(arc cutting method)으로 아래와 같이 구분한다.

[표 2-1] TIG 용접 및 절단의 종류

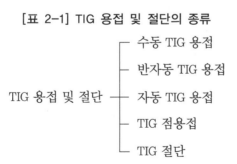

① 수동 TIG 용접 : [그림 2-2]와 같이 용접 전원(power source), 제어 장치(control unite), 보호 가스 공급 장치(shield gas supply unite), 냉각수 순환 장치(water cooling unit), 토치(torch)로 구성된다. 가장 간단한 구조로 되어 있는 수동 TIG 용접기는 용접을 위한 작업 조건 선정의 대부분이 수동으로 행해진다. 용접기의 조작은 용접기에 설치되어 있는 전원의 스위치를 'ON'에 놓고, 아르곤 가스와 냉각수가 토치로 흐르고 있는지 확인한 후에 토치와 모재 사이에 아크를 발생시켜 용접하게 된다.

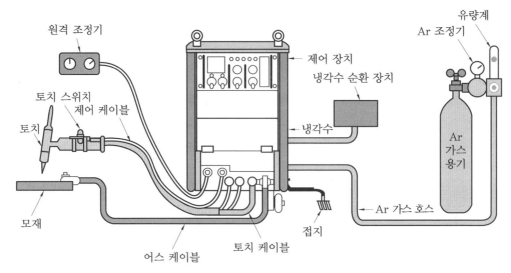

[그림 2-2] 수동 TIG 용접기의 구성

[그림 2-3] 수동 TIG 용접기

② 반자동 TIG 용접 : [그림 2-4]와 같이 반자동 TIG 용접기 구성은 용접기에 와이어 송급 장치가 있어 용가재(filler metal)는 토치 스위치를 누르면 자동으로 송급되어 용접할 수 있다. 와이어 송급은 두 가지 형식으로 푸시 방식과 풀 방식이 있다. 푸시 방식은 롤에 있는 와이어를 밀어내는 방식이고, 풀 방식은 토치에 소형 와이어 송급 장치가 부착되어 릴에 감긴 와이어가 토치로 공급된다. 용접 방법은 용접기 전원 스위치를 'ON'으로 하고 보호 가스의 유량을 확인한 다음 전류를 조정한 후 토치 스위치를 누르면 불활성 가스가 공급되면서 텅스텐 전극과 모재 사이에 아크를 발생시켜, 와이어가 공급되면서 용접이 된다. 반자동 TIG 용접은 탄소강, 스테인리스강의 얇은 판 용접에 많이 사용되고 있으나 알루미늄 용접에서는 반자동 장치에서보다 자동 용접 장치에서 더 효과적이다.

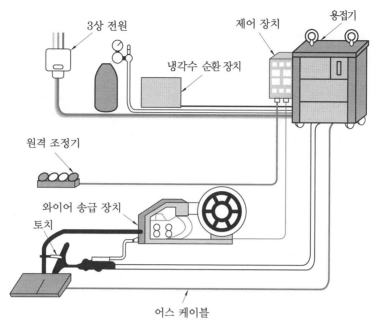

[그림 2-4] 반자동 TIG 용접기의 구성

[그림 2-5] 반자동 TIG 용접기

③ 자동 TIG 용접 : 자동 TIG 용접기의 구성은 [그림 2-6]과 같이 와이어가 와이어 송
급 장치에서 일정한 속도로 공급되며, 송급 장치가 자동 이동대차 위에 설치되어 있
어, 이동대차가 일정한 속도로 용접선을 따라 이동하면서 용접하게 된다. 용접은 용
접선이 일정한 직선이나 곡선으로 이루어져 있어야 하며, 자동 용접 장치와 이동대
차의 궤도를 평행하게 설치하여 텅스텐 전극과 모재 사이에 간격을 일정하게 유지하
면서 아크를 일으켜 그 열을 이용하여 용접하게 되는데, 용접 중에 텅스텐 전극봉이
열에 의해 다소 소모되어 아크 길이가 자연적으로 길어져 일정하지 않게 되어, 아크
길이에 변화가 일어나면 토치를 상하로 조정이 가능한 기구를 설치하여 아크 전압이

항상 일정하게 유지되도록 자동 조절이 가능해야 한다. 이와 같은 자동 아크 길이 제어 기구를 가진 자동 TIG 용접 장치는 비행기의 날개와 같은 곡면의 용접에도 응용할 수 있다.

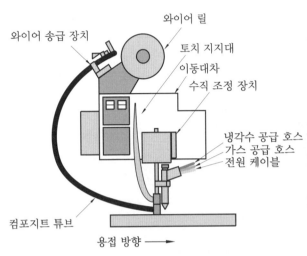

와이어 송급 장치
와이어 릴
토치 지지대
이동대차
수직 조정 장치
냉각수 공급 호스
가스 공급 호스
전원 케이블
컴포지트 튜브
용접 방향 ⟶

[그림 2-6] 자동 TIG 용접기의 구성          [그림 2-7] 자동 TIG 용접 장면

④ TIG 점용접(TIG spot welding) : 금속 접합부의 용융 및 융합을 통해 얻는 가스 텅스텐 아크 스폿 용접은 랩 조인트의 한쪽 측면에서 작은 국부 용융 용접을 만드는 데 사용되는 방법이다. [그림 2-8(a)]의 점용접의 원리는 점용접 토치를 이용하여 접합하고자 하는 두 모재를 겹쳐 놓고 용접하고자 하는 부위에 [그림 2-8(c)]와 같은 점용접 토치를 선단에 대고 눌러 두 판재를 밀착시킨 상태에서 토치 스위치를 0.5∼5초 동안 누르면 모재와 텅스텐 전극 사이에 아크가 발생하여 그 열로 접합면을 국부적으로 융합시켜 용접하는 방법이다. 두꺼운 금속을 용접하는 것은 용접의 중앙에서 함몰과 표면 균열을 일으키는 경향이 있으므로 가스 텅스텐 아크 스폿 용접은 두께 1.5 mm 이하의 용접 금속으로 제한하여 사용한다. 작업자는 모재 두께와 크기에 따라 필러 금속을 추가할 수도 있고, 추가하지 않을 수도 있다. 스폿 용접기는 통전 시간을 제어할 수 있는 타이머(timer)를 장착하고 특수 설계된 토치 및 노즐을 사용한다는 점을 제외하면 TIG에 사용된 장비와 유사하다. 주로 연철, 저합금강, 스테인리스 스틸 및 알루미늄에 사용되는 이 스폿 용접 방법은 저항 스폿 용접 및 리베팅을 대체할 수 있다. 이 공정의 장점은 높은 생산 속도와 저렴한 비용이다. 저항 용접 장비에 비해 장비 비용이 저렴하다. 또한, 적절한 설정을 사용할 때, 육안 검사는 저항 스폿 용접이 수행되는 경우보다 신뢰성이 높다.

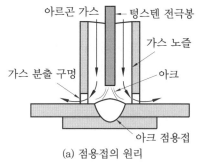

(a) 점용접의 원리　　　　　(b) 점용접 장면　　　　　(c) 점용접 건

**[그림 2-8] TIG 점용접**

⑤ TIG 절단 : TIG 절단은 가스 텅스텐 아크 용접 공정에서 개발되었다. [그림 2-9(a)]
는 TIG 절단 원리와 같이 전원으로는 직류 정극성을 사용하고 텅스텐 전극과 모재
사이에 아크를 발생하여 그 열로 절단 부위를 용융하여 노즐에서 고속으로 가스를
분사하여 절단하는 방법이다. 가스 텅스텐 아크 용접에 사용되는 것과 동일한 기본
회로 및 차폐 가스를 사용하며, 용접 토치를 절단에 사용한다. 알루미늄, 마그네슘,
구리, 실리콘, 청동, 니켈, 스테인리스강 절단에 사용된다.

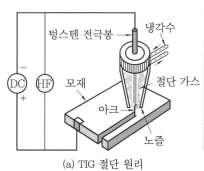

(a) TIG 절단 원리　　　　　(b) TIG 절단 토치　　　　　(c) TIG 절단 장면

**[그림 2-9] TIG 절단**

## 2-2　용접 장치

　일반적으로 TIG 용접 시스템은 용접 전원 공급 장치, 용접 토치, 텅스텐 전극, 용접 케
이블, 차폐 가스 시스템으로 구성된다. 용접기는 다양한 방법으로 장비를 구성하여 TIG
용접에 적용할 수 있기 때문에 용접 전원 공급 장치, 수랭 장치(water circulator), 발 가
변 저항기(foot rheostat), 프로그램(program) 입력 장치, 이동 장치(motion devices), 자
동 전압 제어 장치(automatic voltage control) 및 와이어 송급 장치와 같은 여러 가지
장치가 포함된다.

## (1) 용접 전원

가스 텅스텐 아크 용접을 위한 동력원으로는 대부분은 220 V 또는 380 V, 440 V 입력 전원에서 작동하고, 그 외 다양한 입력 전원은 별도의 전원 공급 장치를 사용할 수 있다. 용접 전류의 종류에는 직류, 펄스 전류, 고주파 전류, 교류 전류가 있고, 전원 공급 방식에는 발전형, 정류기형, 인버터형 전원 등이 있다. 전원 형식에 따라 사용 가능한 전류 형식이 결정된다. 전류의 형식을 선택할 때 가장 중요한 요소는 용접할 금속의 종류이다. 금속의 두께 또한 영향을 줄 수 있고, 가스 텅스텐 아크 용접은 고주파 아크, 펄스 전류를 사용하여 교류 또는 직류를 사용할 수 있다.

① 용접 전원 제어 방식 : 용접 전원은 저전압·고전류의 정전압형 또는 정전류형의 특성이 요구되는데, 제어 방식에 따라 여러 가지 방식이 있으나 일반적으로 사이리스터 (thyristor) 제어 방식과 IGBT(insulated gate bipolar transistor) 방식으로 나눌 수 있다.

　(가) 사이리스터 방식 : SCR(silicon controlled rectifier) 방식이라고도 하며, 1950 년대 개발되어 전류 제어 기능을 지닌 반도체 소자로 전류 조절이 자유롭다. 또한 아크가 매우 양호하고 원격 출력 조절이 가능하며 On/Off 이행이 자유로운 반도체 소자이다. 사이리스터는 일반적으로 전력용 트랜지스터에 비해 고내압에서 우수한 특성을 나타내며, 고전압·대전류의 제어가 용이하다.

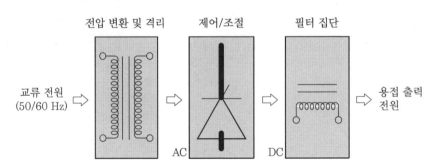

[그림 2-10] SCR 제어 전원의 블록 다이어그램

　(나) IGBT 방식 : 전력용 반도체 소자의 일종으로 1980년대 개발되어, 고전력 스위칭(switching)용 반도체로 인버터(inverter) 등에 가장 많이 사용되는 소자로 대전류, 고전압에의 대응이 가능하면서도 스위칭 속도가 빠른 특성을 보유하고 소비전력이 적고 회로 구성이 간단하여 가장 많이 사용되고 있다.

　(다) 사이리스터 방식과 IGBT 방식의 차이 : 스위칭 속도란 소자를 ON/OFF 하는 데 걸리는 시간으로, 속도가 느릴수록 소자의 손실이 많이 발생하게 된다. IGBT는 스위칭 속도가 SCR보다 10배 이상 차이가 난다. 또한 어떤 원인에 의하여 과전류가 흐르게 되면 SCR은 자체적으로 OFF가 불가능한 반면에 IGBT는 자체적으로 제어가 가능해, 큰 전류가 흘러도 소자가 안전하게 보호되어 고장이 적게 된다. 이와 같은 특성으로 인하여 용접기에서는 IGBT 방식이 주류를 이루고 있다.

[그림 2-11] IGBT 모듈

② 전원 사용률(power source duty cycle) : 아크 전원의 사용률은 총 시간에 대한 아크 시간의 비율로 정의된다. 전원 사용률이 60 %인 경우는 10분을 기준으로 정격 용접 전류 부하를 6분간 연속적으로 용접하고 4분간 무부하 상태, 즉 쉬는 시간의 비율을 나타낸다. 가스 텅스텐 아크 용접에 사용되는 대부분의 전원은 60 %의 전원 사용률을 갖는다. 기계 및 자동 방법의 경우 100 % 정격 사용률의 용접기가 가장 좋지만 일반적으로 사용할 수는 없다. 주어진 전류 부하에 대한 용접기의 허용 사용률을 결정하는 공식은 다음과 같다.

$$허용 \ 사용률(\%) = \frac{(정격 \ 전류)^2}{(부하 \ 전류)^2} \times 정격 \ 사용률(\%)$$

예를 들어, 용접기의 정격 전류가 300 A일 때 60 % 사용률이라면 200 A에서 작동할 때의 용접기의 허용 사용률은 다음과 같다.

$$허용 \ 사용률(\%) = \frac{(300)^2}{(200)^2} \times 60 = 135 \ \%로 \ 연속적으로 \ 사용할 \ 수 \ 있다.$$

③ 용접기의 규격 : TIG 용접기의 전원 공급 범위는 일반적으로 5~500 A와 전압은 10~35 V 정도의 범위에서 대부분 사용되며, 용접기의 종류에 따라 정격 2차 전류로 크기를 규정하고 정격 사용률과 전류 조정 범위가 다르다.

## (2) 용접 전류의 유형

① 직류 : 직류(DC : direct current)에서는 정극성(DCSP : direct current straight polarity)과 역극성(DCRP : direct current reverse polarity)이 있으며, 용접 재료에 따라 극성을 선택하여 사용한다. 직류 용접기는 아크의 안정성이 좋아 많이 사용되며, 모재의 재질이나 판 두께에 따라 극성을 바꾸어 용접 이음의 효율을 증대시키는 특징이 있다. 정류기형은 셀렌 정류기(selenium rectifier), 실리콘 정류기(silicon rectifier), 게르마늄 정류기(germanium rectifier)를 사용하여 직류를 얻

는다. 정류기로는 실리콘 다이오드가 사용되며 제어 정류기 응용 부분에서는 사이리스터(thyristor)가 광범위하게 사용된다. [그림 2-12]는 직류 아크 용접기의 정류 작용을 나타낸 것이다. 이 정류기는 보통 3상 교류 220 V 전원에 1차측을 접속하고, 2차측은 직류 40~60 V 정도 발생되도록 한다. 소형 인버터 직류 용접기에서는 단상을 많이 쓰고 있으나 대부분 직류 용접기는 3상 전원을 많이 사용하는데, 그 이유는 단상 전원에 비해 용접 전류의 안전성이 높아 아크가 안정되고 부드러운 아크를 얻을 수 있기 때문이다. 단상 교류 전원은 직류 전압 값이 0점에서 파형을 이루고 있어 파형이 크고 전압 값의 차이가 크나 3상 전원에서는 전류의 파형이 작고 전압 값의 차이가 거의 없는 완전한 직류 전류를 얻을 수 있다.

[표 2-2] TIG 용접기의 규격

| 종류 | 정격 2차 전류(A) | 정격 사용률(%) | 전류 조정 범위(A) |
|---|---|---|---|
| 직류 용접기 | 200 | 40 | 40~200 |
| | 300 | 40 | 60~300 |
| | 500 | 60 | 100~500 |
| 교류 용접기 | 200 | 40 | 35~200 |
| | 300 | 40 | 60~300 |
| | 400 | 40 | 80~400 |
| | 500 | 60 | 100~500 |
| 교류·직류 겸용 용접기 | 180 | 30 | 20~180 |
| | 350 | 30 | 40~350 |
| 저주파 펄스 용접기 | 300 | 60 | 15~300 |
| 고주파 펄스 용접기 | 100 | 100 | 5~100 |
| | 300 | 100 | 5~300 |
| | 500 | 100 | 5~500 |

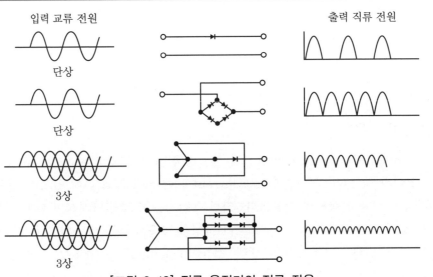

[그림 2-12] 직류 용접기의 정류 작용

㈎ **직류 정극성** : [그림 2-13]과 같이 직류 정극성(DCSP)은 DCEN(direct current electrode negative)이라고도 한다. 모재가 (+)가 되고 전극봉이 (-)가 되는 전원으로 전자는 전극봉(-)에서 모재(+)로 이동하는 흐름을 볼 수 있고, 가스 이온은 모재(+)에서 전극봉(-)으로 이동하는 흐름을 볼 수 있다. 전자는 모재 표면과 충돌하여 고온의 열을 발산하게 되어 모재가 전체 입열량의 70 %를 차지하고, 전극봉은 30 %의 입열량을 보여 모재에 열이 집중된다. 그러므로 용접부는 [그림 2-14]와 같이 직류 역극성보다 용입이 깊어지고 비드 폭이 좁아지는 용접 결과를 얻게 된다.

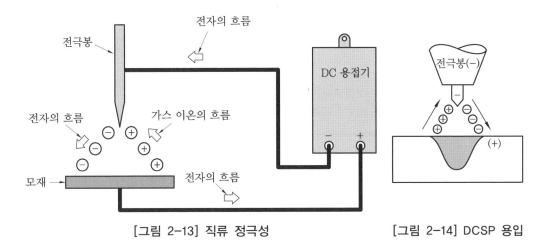

[그림 2-13] 직류 정극성              [그림 2-14] DCSP 용입

㈏ **직류 역극성** : 직류 역극성(DCRP)은 DCEP(direct current electrode positive)라고도 하며, 모재가 (-)가 되고 전극봉이 (+)가 되는 전원 극성으로 전자는 (-)인 모재에서 (+)인 전극봉으로 이동하고, 가스 이온은 (+)인 전극봉에서 (-)인 모재로 이동한다. 전자는 전극봉과 충돌하여 고온의 열을 발산하게 되어 전극봉이 모재보다 70 % 정도 열을 많이 받게 된다. 그러므로 용접부는 용입이 얕아지고 비드 폭이 넓어지는 용접 결과를 얻게 된다([그림 2-15], [그림 2-16]). 용융을 방해하는 내화물 표면 산화물($Al_2O_3$, MgO)을 가진 마그네슘과 알루미늄의 합금을 용접하는 경우는 특별한 절차를 따라야 한다. 전극을 음극으로 하고, 헬륨 함유 차폐 가스를 사용하여 짧은 아크 길이의 알루미늄 및 마그네슘 용접을 할 수 있지만, 이 경우 알루미늄의 산화피막의 용융점은 알루미늄의 용융점인 660℃보다도 높은 2,050℃이므로, 이것을 제거하지 않으면 용접이 어렵기 때문에 화학적으로 산화막을 제거해야 하지만, 역극성에서는 화학적 용제의 사용 없이 용접이 가능하게 된다. 이것은 가스 이온이 모재 표면에 흐를 때 모재 표면과 충돌하면서 화학 작용에 의해 표면의 산화피막을 파괴하는 청정 효과(cleaning action)가 나타나기 때문이다. 알루미늄 용접에서 용접 후 비드 주변에 백색의 알루미늄 광택이 나타난다. 그러나 역극성은 전류가 너무 높으면 전극봉이 과열

되어 녹는 현상이 발생하므로 125 A를 기준으로 정극성과 비교하였을 때 전극봉 지름은 정극성에서의 전극봉보다 4배 정도 큰 지름의 전극봉을 사용하고 아크가 불안정하게 되어 일반적으로 얇은 판금 용접을 제외하고 거의 사용하지 않고, 고주파 장치가 있는 교류 전원을 사용한다.

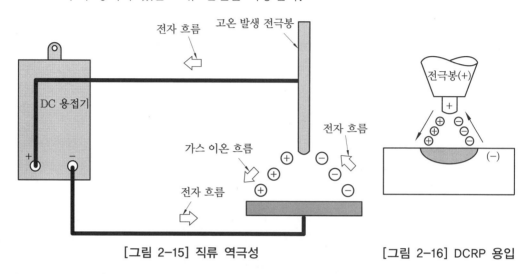

[그림 2-15] 직류 역극성          [그림 2-16] DCRP 용입

② 교류 : 교류는 규칙적인 주기로 음극과 양극이 번갈아 나타나는 두 극의 조합으로 각 주기에서 전류는 0에서 시작하여 양의 방향에서 최댓값까지 생성되고 0으로 감소하며 음의 방향에서 최댓값을 가지며 0으로 감소한다.

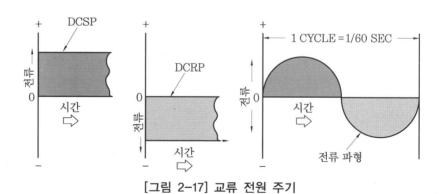

[그림 2-17] 교류 전원 주기

교류 전원은 DCSP와 DCRP의 중간 형태의 전원 특성으로 전원의 반은 정극성인 DCSP 상태이고 나머지 반은 청정 작용이 일어나게 되는 역극성인 DCRP이다. 따라서 역극 방향에서는 모재 표면의 수분, 녹, 산화막 등의 불순물로 인하여 모재가 (−)가 되어 전자 방출이 어렵고 전류의 흐름도 방해된다. 그러나 정극 방향에서는 모재가 (+)가 되어 전극봉에서 전자가 방출되는데 전자가 다량으로 방출되어 전류가 흐르기 쉽고 양도 증가한다. 이와 같이 전류 흐름이 방해되어 전류가 불평형하게 되는데 이

현상을 전극의 정류 작용이라 한다. 이때 불평형 부분을 직류 성분(DC component)이라 부르며, 이 크기는 교류 성분의 1/3에 달할 때가 있다. 때에 따라서는 반파가 완전히 혹은 부분적으로 없어져서 아크를 불안정하게 하는 원인이 된다. 교류 용접에서 주의할 것은 전극에 의한 정류 작용이다. 텅스텐 전극과 보통의 금속 모재는 전자 방출 능력이 다르므로 교류 전원은 부분적으로 정류되어 직류 성분이 생겨, 이것 때문에 교류 용접기의 2차측의 전류가 불평형이 되어 용접기가 소손되기 쉬우므로 불평형 전류를 해소하기 위한 대책이 없는 한 정격 전류의 약 70 % 이하로 사용할 필요가 있다. 불평형 전류를 방지하기 위해 2차 회로에 직류 콘덴서(condenser), 정류기, 리액터 등을 삽입하여 직류 성분을 제거하는데 이것을 평형 교류 용접기라 하며, 더 나은 산화막 클리닝(oxide-cleaning) 작용, 보다 좋고 매끄러운 용접 작업, 기존 용접 변압기의 정격 출력 감소가 없는 등 세 가지 주요 장점이 있다.

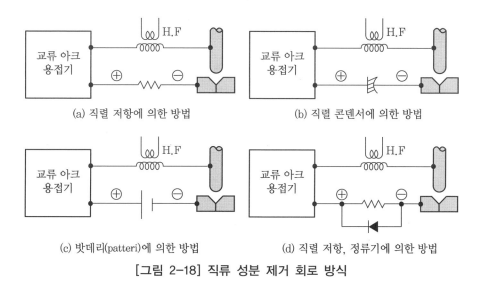

(a) 직렬 저항에 의한 방법          (b) 직렬 콘덴서에 의한 방법

(c) 밧데리(patteri)에 의한 방법          (d) 직렬 저항, 정류기에 의한 방법

[그림 2-18] 직류 성분 제거 회로 방식

불평형 전류를 방지하기 위한 또 다른 방안으로 고전압, 고주파 전류를 사용하여 전극과 모재 사이에 흐르게 하여 모재 표면의 산화막을 제거하여 원활한 용접 조건을 만들게 된다. 그러므로 일반적으로 알루미늄 및 마그네슘 용접에 사용한다. 고주파(high frequency) 전류를 사용하면 일반 교류 전원에 비해 다음과 같은 장점이 있다.

㈎ 아크 발생 시 용착 금속에 텅스텐이 오염되지 않는다.
㈏ 작업 중 아크가 약간 길어져도 고주파 전류로 인하여 끊어지지 않는다.
㈐ 텅스텐 전극의 수명이 길어진다.
㈑ 텅스텐 전극봉이 많은 열을 받지 않는다.
㈒ 전류 사용 범위가 크므로 저전류의 용접이 가능하다.
㈓ 전 자세 용접이 용이하다.

③ AC/DC 용접기 : 최근에는 용접기의 성능이 향상되고 여러 가지 용접기의 역할을 할
수 있어 AC/DC TIG 용접 외에 직류/교류 피복 금속 아크 용접을 한다. AC/DC 겸용
TIG 용접기의 주요 부분의 구성은 교류 용접기의
주변압기, 전류 조정 부분, 교류를 직류로 정류하는
정류기로 되어 있고, 용접기 패널에 선택 전환 스위
치가 있어 전환 장치에 의해 직류 TIG 용접, 교류
TIG 용접, 직류/교류 피복 금속 아크 용접을 할 수
있는 장점이 있다. 또한 인버터 AC/DC TIG 용접기
는 전류를 미세하게 조정할 수 있고 저전류에서도 용
접이 가능하여 사용 범위가 넓다.

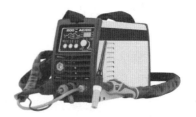

[그림 2-19] AC/DC 용접기

④ 직류와 교류 비교 : 직류 전원의 직류 정극성(DCSP)은 아크가 안정되고 용입이 깊어
탄소강의 용접에 적합하며, 직류 역극성(DCRP)은 청정 작용이 발생하여 알루미늄
이나 마그네슘 용접에 적합하나 전극봉에 열이 집중되어 전극봉의 용락의 위험이 있
고, 용입이 낮다. 교류 전원은 DCSP와 DCRP의 중간 형태로 교류 고주파 전원을
사용하여 청정 작용과 동시에 아크의 불완전 요소를 해결하여 용접을 한다.

[표 2-3] AC/DC TIG 용접기의 비교

| 전류 종류 | DC | AC | DC |
|---|---|---|---|
| 전극 특성 | 정극성(DCSP) | 고주파 장치<br>교류(ACHF) | 역극성(DCRP) |
| 전자와 이온의<br>흐름 용입 특성 | 전극봉(−)<br>(+) | AC | 전극봉(+)<br>(−) |
| 청정 작용 | NO | YES | YES |
| 열 분배 | 70 % : 모재<br>30 % : 텅스텐 전극 | 50 % : 모재<br>50 % : 텅스텐 전극 | 30 % : 모재<br>70 % : 텅스텐 전극 |
| 용입 | 깊고 좁음 | 중간 | 얇고 넓음 |
| 전극 용량 | 우수<br>3.18 mm − 400 A | 양호<br>3.18 mm − 225 A | 나쁨<br>6.35 mm − 120 A |
| 사용 재질 | 일반 용접 | 알루미늄, 마그네슘 | 박판, 비철 금속 |
| 사용상 주의점 | 모재는 반드시 청결할 것 | − | 후판에 사용하지 말 것 |

⑤ 펄스 전류(pulsed current) : TIG의 펄스 전류 방식은 안정된 균일한 전류 대신 두 가지 수준의 용접 전류를 사용한다. 용접 전류는 주기적으로 낮은 전류와 높은 전류 사이를 전환하여 맥동 전류를 생성한다. 높은 수준의 전류에 의해 용접이 된 후 전류 가 낮은 수준으로 전환되어 용접부가 부분적으로 응고되고 아크가 계속적으로 유지 된다. 펄스 전류는 직류 또는 교류로 사용될 수 있지만 직류와 함께 가장 일반적으로 사용된다.

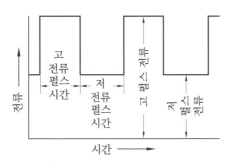

[그림 2-20] 펄스 전류

　가스 텅스텐 아크 용접의 펄스 직류 방식은 얇은 재질을 용접하기 위해 일정한 직 류보다 몇 가지 장점이 있다. 펄스 방식은 불규칙한 비드의 가장자리에 내성이 있으 며, 보다 얇은 재료의 용접, 재료의 변형 감소 및 깊은 용입을 할 수 있다. 루트면이 있는 맞대기 용접의 경우, 높은 펄스 전류는 완전한 용입을 위해 필요하지만, 낮은 펄스 전류는 루트에서 용융 금속이 용락되는 것을 방지하기 위해 용융 금속을 냉각 시킨다. 펄스 전류는 모재의 열 입력을 감소시켜 스테인리스강 박판 용접에 적합하 다. 펄스형 전류의 또 다른 이점은 수직 및 위보기 자세 용접에 매우 적합하다는 것 이다. 왜냐하면 수직 및 위보기 자세 용접에서 적은 열 입력으로 우수한 침투력을 얻을 수 있기 때문이다. 펄스 전류는 저전류에서 발생하는 부분적 응고로 인해 용접 금속이 너무 크지 못하게 한다. 사용되는 펄스의 수는 초당 약 10개에서 초당 약 1 또는 1/2개로 다양할 수 있다. 고전류가 유지되고 있는 시간의 길이와 저전류가 유지되고 있는 시간의 길이는 가변적이며 고전류에 대한 저전류의 비율도 가변적이다.

⑥ 고주파 전류 : 고주파 전류는 파일럿 아크(pilot arc)를 유지하고 아크를 시작하는 데 사용되는 별도의 중첩 전류이다. 파일럿 아크는 어떠한 용접도 하지 않지만 직류 또는 교류를 사용할 때 전극을 작업물에 접촉시키지 않고 용접 아크를 시작한다. 교 류를 사용할 때, 고주파 전류는 교류 전류가 양의 값에서 음의 값 또는 음의 값에서 양의 값으로 순환할 때 아크가 일어나는 것을 방해한다. 직류를 사용할 때 고주파는 아크를 시작하는 데 도움이 되며 아크를 일으킨 후에는 꺼질 수 있다. 고주파 전류를

사용하는 것이 가장 좋은 시작 방법이다. 왜냐하면 전극 끝을 모재에 접촉시키거나 탄소강 일부 모재로 시작하면 텅스텐 전극을 오염시킬 수 있기 때문이다.

⑦ 재료에 따른 사용 전류 : 다양한 성질을 가진 재료를 용접하기 위해서는 재료의 성질과 가장 적합한 극성을 선택하여 용접을 해야 우수한 용접 결과를 얻을 수 있다. 고주파 교류 전원은 알루미늄이나 마그네슘 재료의 용접에 적합하고 직류 정극성은 스테인리스강이나 황동, 연강이나 고탄소강, 주철 등의 용접에, 직류 역극성은 사용에 제한이 있다. 일반적으로 알루미늄과 마그네슘을 용접하는 경우에는 고주파 교류(ACHF)를 사용하는 것이 좋다. 직류 정극성은 대부분의 다른 재료를 용접하거나 두꺼운 알루미늄을 자동 용접하는 데 적합하고 얇은 판의 마그네슘도 때때로 직류 정극성을 사용하여 용접한다. 그러나 헬륨을 보호 가스로 사용하면 알루미늄 및 마그네슘 재료의 엄격한 사전 클리닝(cleaning)이 필요하다.

[표 2-4] 재료에 따른 사용 전류

| 재료의 종류 | 고주파 교류 | 직류 정극성 | 직류 역극성 |
| --- | --- | --- | --- |
| 알루미늄 두께 2.4 mm까지 | 우수 | 불가 | 가능(얇은 판) |
| 알루미늄 두께 2.4 mm 초과 | 우수 | 가능(두꺼운 판 자동 용접) | 불가 |
| 마그네슘 | 우수 | 가능(두꺼운 판 자동 용접) | 가능(얇은 판) |
| 스테인리스강 | 가능 | 우수 | 불가 |
| 구리합금, 구리-니켈 합금, 니켈 합금 | 가능 | 우수 | 불가 |
| 연강, 탄소강, 합금강, 티타늄 합금 | 가능(얇은 판) | 우수 | 불가 |

## (3) 용접 전원의 유형

용접기는 AC 또는 DC, AC/DC 겸용 용접 전원을 사용하고 발전기, 변압기/정류기, 인버터 전원을 사용한다.

① 발전형 용접기 : 작업장에서 내연 기관(가솔린 또는 디젤)으로 현장 용접을 하거나 전기 모터가 발전기 용접기에 전원을 공급하고 불활성 가스와 고주파 부착물을 추가하면 가스 텅스텐 아크 용접을 할 수 있다. 엔진 구동 방식은 수랭식과 공랭식을 선택할 수 있고 대다수는 비상 조명, 전동 공구 등을 위한 보조 전원이 제공되어 전기 시설이 없는 현장에서 사용되고 AC, DC 전원 공급을 할 수 있다.

② 변압기-정류기 용접기 : 발전형 용접기보다 가스 텅스텐 아크 용접에 훨씬 더 광범위하게 사용되고 AC 및 DC 용접 전류를 제공한다. 교류를 생성하는 변압기는 교류

를 직류로 바꾸는 전기 장치인 정류기에 연결되어 직류 전류를 생성하게 된다. 이 용접기는 다양한 기본 금속을 용접하는 데 사용할 수 있기 때문에 TIG에서 가장 다양하게 사용된다. 또한 프로그래밍이 가능한 유형도 있다. 변압기-정류기 용접기는 다양한 용량으로 제공되며 발전형 전원보다 몇 가지 장점이 있다.

㈎ 운영 비용을 절감할 수 있다.

㈏ 유지 보수 비용을 절감할 수 있다.

㈐ 용접 시 용접기 소음이 적다.

㈑ 공회전 시 전력 소모가 감소한다.

㈒ 회전 부품이 필요 없다.

③ 인버터 전원 : 인버터 전원은 인버터와 다양한 프로그래밍을 사용하며, 인버터는 0.001초의 매우 빠른 응답 시간과 0.5 A의 단위로 전력을 공급할 수 있다. 그리고 고주파 인버터는 매우 조용하고 우수한 아크 안정성을 제공한다. 인버터는 전력용 소자(diode, thyristor, transistor, IGBT 등)를 사용하여 상용 교류 전원을 직류 전원으로 변환시켜 주는 컨버터(converter)부와 다시 직류 전원을 가변 전압과 가변 주파수의 교류로 변환시켜 주는 장치인 인버터를 통틀어 말한다. 인버터 회로는 전력 제어 및 과부하 보호와 같은 기능을 제공할 수 있고 고주파 인버터 기반 용접기는 일반적인 용접기보다 효율적이며 다양한 기능 매개 변수를 보다 효율적으로 제어한다. 일반적으로 컨트롤러 소프트웨어(controller software)는 용접 전류를 펄스화하고, 용접 사이클을 통해 가변 비 및 전류 밀도를 제공하고, 자동 스폿 용접을 구현하는 데 필요한 기능을 구현한다.

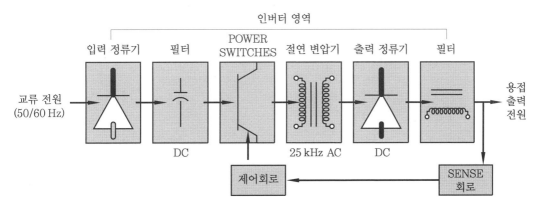

[그림 2-21] 인버터 전원의 회로 구성도

인버터 방식은 다음과 같은 장점이 있다.

㈎ 소형으로 높은 출력을 낼 수 있고, 용접기 무게가 기존의 1/4 정도

㈏ 높은 아크 안정성으로 연속 태그 용접이 가능

㈎ 정확한 고속 제어와 정전류 출력으로 초정밀한 균일 용접이 가능

㈐ 높은 사용률로 전력 소비가 기존 방식의 1/2 수준

㈑ 고속 펄스 전류로 박판 용접이 가능하며, 용접 스패터가 크게 저감

④ 변압기식 용접기 : 변압기식 용접기는 소규모 작업장이나 가정용으로는 종종 사용되지만 일반적으로 사용되지 않는다. 변압기식 용접기는 AC 전원만 사용하고 단상 입력 전원으로 작동한다. 불활성 가스와 고주파 부착 장치를 추가하여 사용할 수 있다. 변압기식 용접기는 직접 전원을 받아 용접에 필요한 전력으로 변환하고 다양한 자기 회로, 인덕터 등을 통해 용접에 적합한 볼트-암페어 특성을 제공한다. 변압기식의 주요 장점은 초기 투자 비용이 가장 적고 전력을 효율적으로 사용한다는 것이나 움직이는 부분은 진동, 마모 및 느슨해지기 쉬워 소음이 발생한다.

⑤ 평형 교류 용접기 : 아크의 소멸과 재점화 과정에서 발생하는 불평형 상태를 극복하기 위해 평형 교류 용접기가 개발되었다. 기존의 정전류형, 정전압형 전원은 어느 경우든 양의 전류에서 음의 전류로 전환하는 기간은 50/1,000~150/1,000초이다. 따라서 다시 시작하기가 어렵고 불안정하다. 전력 전환 장치를 사용하여 양극과 음극의 출력을 제어할 수 있다. 평형 용접기는 양의 영역과 음의 영역을 균등하게 균형을 맞추어 불평형 전류가 발생하지 않도록 한다. 알루미늄 용접에서 전극이 음(-)일 때 정극성의 반주기는 용입이 최대가 되고 반면 전극이 양(+)일 때 역극성의 반사이클(half-cycle)은 클리닝 작용을 한다.

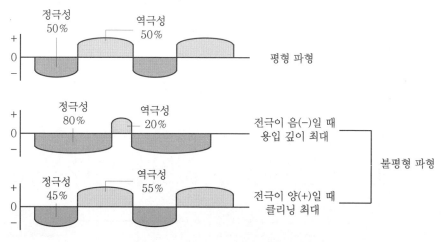

[그림 2-22] 평형 파형과 불평형 파형

## (4) 제어 장치

GTA 용접기를 작동하기 위해 아크 발생이 쉽도록 하는 고주파 발생 장치이다. [그림 2-23]의 TIG 용접기의 각종 제어 장치에서 보는 바와 같이 아크 시점이나 크레이터 부

분의 결함 방지를 위한 크레이터 제어 장치, 펄스 제어 장치, 냉각수 순환 장치, 텅스텐 전극을 보호하기 위해 후기 가스 공급 장치, 용접부를 보호하기 위한 가스 공급 장치 등이 있다. 용접기는 다음과 같은 제어 장치 중 일부 또는 전부를 갖추고 있다.

① 전원 PANEL 명칭 및 기능

(개) READY(준비) LAMP : POWER SW를 ON 할 경우 전원 LAMP(녹색)가 점등 되며 용접기는 작동된다.

(내) ON/OFF 전원 스위치

(대) 극성 선택 스위치 : AC/DC 전원을 사용하는 용접기

(래) 용접 전류(BASE CURRENT) 제어 : 아크에 공급되는 용접 전류의 양을 제어

(매) 풋 페달(foot pedal) : 수동 용접을 위한 선택 사양 장비로 전류 흐름을 시작 하고 용접 중에 전류를 변경하며 용접 종료 시 전류를 감소시킨다. 이 컨트롤 은 고주파 전류가 사용될 때 고주파 전류로 시작한다.

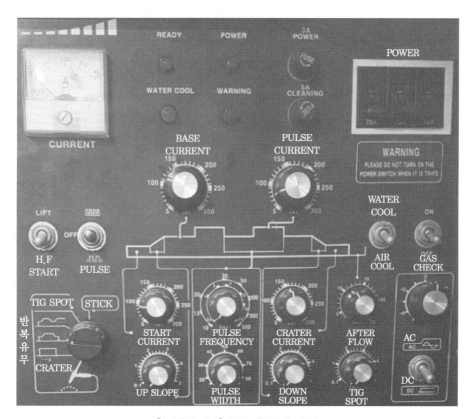

[그림 2-23] TIG 용접기 패널

(배) START 방식 선택 SW

㉠ LIFT TIG : 무고주파 방식으로 발전소 등 고주파 피해가 우려되는 곳에서 사용하는 방식이다. 토치의 전극(텅스텐)을 모재에 접촉하고 나서 토치 SW

를 누르면 초기 gas가 나오고 1.5초 이내에 전극을 모재로부터 2~3 mm 들어올리면 용접 arc가 발생된다. 용접을 중단할 경우 SW를 놓으면 된다.

ⓛ HF TIG : 고주파 방식으로 일반적인 용접기에 사용된다. 고주파 제어는 고주파 전류를 켜고 끄고, 사용될 고주파 전류의 유형을 선택한다. 연속 고주파 전류는 DC 용접 전류로, 아크 스타트에 대해서만 고주파 전류가 필요한 AC 용접에 사용된다. 또한 고주파 전류의 양을 조절하는 장치가 있다. AC/DC TIG 용접기에는 AC 주파수 제어 기능이 있다. 주파수는 TIG 용접 토치의 극성이 양극에서 음극으로 전환되는 속도로 Hz(초당 스위치)로 측정된다. 고정 주파수의 TIG 용접기는 대개 70~100 Hz에서 전환한다. 가변 주파수 제어 기능이 있는 TIG 용접기는 일반적으로 약 50~250 Hz의 범위를 갖는다. 주파수에 영향을 주는 것은 TIG 용접 아크에 초점을 맞추는 것과 같은 방식으로 토치 빔에 집중하는 것이다. 주파수가 높을수록 용접 아크가 집중된다. 더 높은 주파수는 일반적으로 두꺼운 알루미늄에 더 큰 침투력을 얻기 위해 사용된다.

㈐ 스타트 전류(START CURRENT) : 이 제어 장치는 아크 시작 시 일어나는 여러 가지 결함을 방지하거나 태그 용접 시 용접 전류보다 실질적으로 큰 전류를 일시적으로 공급한다. 또한 손잡이(knob)는 필요한 스타트 전류의 양을 설정할 수 있고 토치 스위치를 누르는 순간 아주 짧은 시간에 통전되는 순간 전류를 조절한다. 스타트 전류가 너무 낮으면 용접이 안 되는 경우가 있으므로 용접이 안 될 때는 스타트 전류가 '0'으로 되어 있는지 확인이 필요하다.

㈑ 용접 방식 선택 SW : 용접 방식을 선택하는 SW이다.

ⓞ TIG : CRATER '무' 기능으로 TORCH 스위치의 ON-OFF에 따라 조정된 출력의 최대 전류까지 즉각 START 되며 또한 'OFF' 된다.

ⓛ CRATER ON-OFF : CRATER '유', 또는 '1회' 기능으로 TORCH 스위치를 누르면 START 되어 초기 전류가 흐르다가 스위치를 놓으면 조정된 슬로프 시간 동안 최대 전류까지 상승한다. 반대로 용접을 진행하다가 TORCH 스위치를 한 번 누르면 조정된 슬로프 시간 동안에 최대 전류에서 크레이터 전류까지 떨어지고 스위치를 놓으면 완전히 'OFF' 된다. 주파수 볼륨을 'ON' 하여 PULSE 용접을 할 경우 베이스 전류 위에 PULSE 전류가 생긴다. 이 때 베이스 전류는 최대 전류의 50 % 정도가 된다.

ⓒ CRATER REPEAT : CRATER '반복' 기능으로 크레이터 유 상태를 연속적으로 연결한 것과 같다. TORCH 스위치를 누르면 START 되어 초기 전류가 흐르다가 스위치를 놓으면 최대 전류까지 상승하고 용접을 진행하다가 다시 TORCH 스위치를 누르면 크레이터 전류까지 떨어지고, 놓으면 'OFF' 되지 않고 다시 최대 전류까지 올라간다. 용접을 중단하려고 할 경우 TORCH 스위치를 누른 상태에서 TORCH를 모재에서 떼어야 한다. 펄스 기능은 크레이터 유와 동일하다.

ⓡ ARC SPOT : 용접을 행하고자 하는 용접 전류를 조정할 수 있다. 또한 용

접 시간을 펄스 조정 볼륨으로 조정한다(0.1~2초까지 조절). TORCH 스위치를 계속 누르고 있으면 정해진 시간 뒤에 자동으로 OFF 된다.

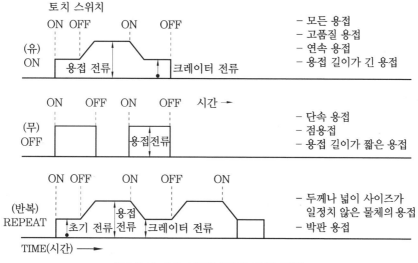

[그림 2-24] 크레이터에 따른 전류

　ⓜ STICK(수용접) : TORCH와 모재 간의 (+), (−) 극성을 바꾸어야 한다. 일반적으로 수용접 전류는 TIG 최대 전류의 65 % 수준이다.

㉔ SLOPE 제어 : 용접 방법에 따라 크레이터 유, 반복, 아크 점용접 등에 사용되며, 슬로프의 역할은 갑작스러운 용접 스타트와 갑작스러운 전류의 중단에 의해 생기는 모재의 용단, 열의 분열을 방지하기 위함이다. 크레이터 전류에서 용접 전류로 올라가는 시간을 업 슬로프(UP SLOPE)라 하며, 용접 전류에서 크레이터 전류로 내려오는 시간인 다운 슬로프(DOWN SLOPE)를 조절하는 것이다. 일반적으로 시간은 0.2~2.5초는 UP SLOPE 시간을 나타내며, DOWN SLOPE는 UP SLOPE의 2배, 즉 0.4~5초가 된다. 업 슬로프 제어는 용접 전류가 용접 초기에 설정된 속도로 점진적으로 증가하도록 한다. 다운 슬로프 제어는 크레이터 크래킹(crater cracking)을 방지하기 위해 용접 종점에서 용접 전류가 설정된 속도로 서서히 감소되도록 한다.

㉕ GAS CHECK SW : GAS가 TORCH로 흐르고 있는지를 검사하는 SW이다.

　㉠ GAS CHECK : GAS CHECKING 기능을 사용

　㉡ WELDING : 용접 상태로 돌아감

㉖ GAS FLOW : 용접 전 TORCH 스위치를 누르면 GAS가 먼저 나오고 0.3초 후에 전류가 흐르기 시작한다. GAS AFTER FLOW는 용접 후 전류가 'OFF' 되고 나서 GAS가 정지되는데 용접 상태의 보호와 토치의 발열을 식혀주는 역할을 하고 텅스텐 전극봉을 산화로부터 보호해 준다. 0.1~15초까지 연속 가변이 가능하며 일반적으로 용접 전류 10 A에 1초 정도 공급한다.

㉗ TEMP(온도 이상) LAMP : 용접기를 지속적으로 사용할 경우 내부의 온도가

상승하게 되며 내부 온도가 80℃ 이상 오를 경우 TEMP LAMP(적색)가 점멸되며 용접기는 작동되지 않는다. 이때 어느 정도 시간이 흘러 내부 온도가 다시 떨어질 경우 재작동이 가능하다.

㈐ PULSE 전류 제어 : PULSE CURRENT, PULSE FREQUENCY, PULSE WIDTH 를 제어한다.

② 고주파 발생 장치(high frequency testing equipment) : 아크 발생 시 비접촉으로 아크를 발생시켜 아크를 발생하기 위해 생기는 전극봉의 오염을 방지하고, 전극봉의 수명이 길어지고, 긴 아크 유지가 용이하고, 동일한 전극봉을 사용할 때 전류 범위가 크며 교류/직류 모두 사용되고 있다. 고압 변압기의 1차측은 용접 변압기와 동일 전원에 접속되며, 2차측은 3,000~5,000 V의 고전압이 발생하며 1주기는 5/1,000초 정도이다.

[그림 2-25] 고주파 발생 장치

③ 냉각수 공급 장치 : 토치의 과열을 방지하고 용접을 원활하게 할 수 있도록 하는 장치로 토치의 외관은 열경화성 수지 등으로 되어 있어 작은 열에는 반응이 적지만 큰 전류를 사용하거나 장시간 연속적으로 사용할 경우에는 토치가 과열되어 작업자가 토치를 잡기 어려울 정도로 고온의 열이 발생하는 경우가 있다. [그림 2-26]은 강제 순환 방식의 냉각수 공급 장치로 내부에 펌프가 장착되어 강제적으로 물을 순환시켜 토치를 냉각하게 된다. 냉각수는 월 2회 정도 점검하고 겨울철에는 동파의 위험이 있으므로 냉각수에 부동액을 넣어 얼지 않도록 한다.

[그림 2-26] 냉각수 공급 장치

④ 보호 가스 제어 회로와 공급 장치 : 보호 가스는 토치 노즐을 통하여 공급하며 용접 시 용융 금속을 대기에 의한 산화 및 오염으로부터 보호하고, 아울러 전극의 산화도 방지한다. 아르곤(Ar)과 헬륨(He) 또는 아르곤+헬륨의 혼합 가스 등을 사용하며, 일반적으로 아르곤을 많이 사용한다. [그림 2-27]과 같이 압축 가스 용기나, 액화 가스 저장 장치에서 공급된 가스를 압력 조정기를 사용하여 감압하고 유량을 일정하게 공급하는 유량계가 사용된다. 용접기 패널에 있는 제어 장치는 보호 가스의 공급을 제어하고 용접하기 전과 후에, 가스를 공급하는 과정을 제어하는 장치를 말한다. 용접하기 전 보호 가스를 공급하는 것은 용접 부위를 대기와 차단시켜 용접을 보호

하기 위해서이고, 용접 후에 가스를 공급하는 것은 크레이터 부분의 산화를 방지하고 또한 텅스텐 전극봉의 산화를 방지하기 위해서이다. 이와 같은 동작은 타이머와 솔레노이드 밸브(solenoid valve)에 의해 가스의 흐름을 제어한다. 아르곤 압력 조정기는 아르곤 가스 용기 내의 압력을 나타내는 고압용 압력 게이지가 있어 용기 내의 압력을 알 수 있게 표시하고, 유량계는 필요한 아르곤 유량을 조절할 수 있도록 작업자가 쉽게 조정할 수 있다.

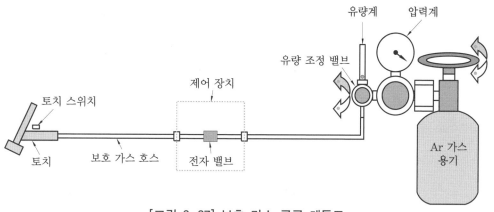

[그림 2-27] 보호 가스 공급 계통도

가스 중앙 집중 장치(manifold)는 [그림 2-28]과 같이 압축 가스 용기를 여러 병 연결하고 중앙에 대용량 압력 조정기를 설치하여 가스를 공급하거나 액화 아르곤 가스 용기에 기화기를 설치하여 기화된 가스를 공급하는 방식이 있다. 중앙 집중 장치를 설치할 경우에는 순간 최대 사용량이나 가스 용기를 교환하는 주기 등이 고려되어야 한다.

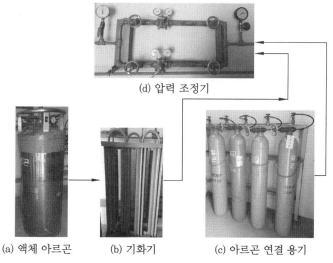

(d) 압력 조정기

(a) 액체 아르곤      (b) 기화기      (c) 아르곤 연결 용기

[그림 2-28] 중앙 집중식 가스 공급 라인

아르곤 가스 압력 조정기는 고압의 잔압 상태를 파악할 수 있고 저압은 용접 조건에 맞도록 저압의 가스를 일정하게 흐르도록 한다.

[그림 2-29] 여러 가지 압력 조정기

보호 가스를 여러 가지 용접 조건에 만족시키기 위하여 [그림 2-30]과 같이 혼합 가스로 공급하게 되는데, 모재의 재질에 따라서 영향을 받는다.

A 가스   B 가스

AB 혼합 가스 출구

[그림 2-30] 여러 가지 가스 혼합기

Y자관을 사용하여 호스로 간단하게 연결된 경우에는 가스의 혼합비가 일정하지 못하여 용접 조건에 충족하지 못할 수 있어 양호한 용접 결과를 얻기 위해서는 정밀한 가스 혼합기를 사용하거나 가스 공급업체에서 주문에 의해 혼합된 가스를 사용해야 한다.

⑤ 펄스 전류 제어 회로 : 크레이터 제어 방법과 비슷하지만 펄스는 용접 중에 베이스 전류와 최고 전류 사이의 전류를 조절하고 진폭과 펄스 높이를 조절하여 용접하는 방법으로 박판이나 경합금속의 용접에 활용된다([그림 2-31]). 펄스 선택 시 베이스 전류와 펄스 전류(peak current)의 비율은 15~85 %의 범위에서 설정한다. 주파수는 약 0.5~500 Hz 정도를 설정하여, 주파수가 낮은 경우는 용입과 관련된 특성을 목적으로 하고, 주파수가 높은 경우는 아크의 집중성과 관련된 특성을 목적으로 한다. 펄스 전류 제어는 용접기마다 특성이 다르고 재료의 종류와 용접 모재의 두께, 작업 여건 등에 따라 달라지기 때문에 용접에 필요한 여러 가지 조건을 숙지하고 펄스의 진폭이나 펄스의 높이를 맞추어야 하며, 용접 데이터가 없는 경우에는 용접 조건 설정에 어려움이 많다. 펄스 기능이 있는 용접기에서 사용되며, 낮은 주파수는

후판 용접에 사용되고, 높은 주파수는 박판의 미세한 비드 용접에 사용된다. 펄스 전류 모드에서 용접 전류는 두 레벨 사이에서 빠르게 번갈아 변한다. 높은 전류 상태는 펄스 전류로 알려져 있으며, 낮은 전류 수준은 백그라운드 전류라고도 한다. 펄스 전류에서는 용접 영역이 가열되고 융합이 발생하며, 베이스 전류로 떨어지면 용접 영역은 냉각되고 응고된다. 펄스 전류 GTAW는 열 입력을 낮추고 결과적으로 얇은 공작물의 뒤틀림 및 뒤틀림을 줄이는 등 여러 가지 장점이 있다. 또한 용접 풀을 보다 잘 제어할 수 있으며, 용접 침투력, 용접 속도 및 품질을 높일 수 있다.

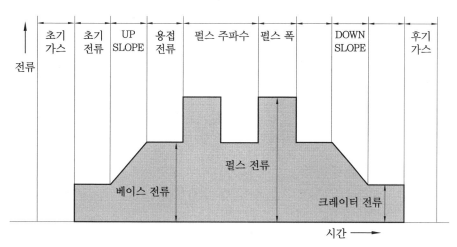

[그림 2-31] 펄스 주파수

## (5) 용접 토치

TIG 용접 토치는 다양한 유형 및 크기로 제공되며, 토치의 역할은 용접 전류를 아크에 전달하고 보호 가스로 아크 영역을 보호하는 것이다. 일반적으로 토치는 전원, 가스 및 냉각 장치에 연결하기 위한 케이블 및 호스, 어댑터가 있고, 토치 바디, 노즐, 콜릿 척, 콜릿 바디 등의 부품으로 이루어진다. 토치는 용접 장치에 따라 수동식, 반자동식, 자동식이 있고, 냉각 방식에 따라 공랭식, 수랭식 토치로 구분하고, 형태에 따라 T형, 직선형, 플렉시블형 토치가 있고 그 종류가 다양하다. 가장 일반적인 토치 헤드 각은 120°이지만 일부 토치는 90° 헤드 각을 사용하고 헤드 조절이 가능한 토치도 있다.

> **참고 TIG 토치의 기능**
> 1. 텅스텐 전극 유지
> 2. 전원 케이블을 통해 용접 전류를 텅스텐 전극에 전달
> 3. 보호 가스를 TIG 토치 노즐에 공급하여 용접 풀을 주변 공기로부터 오염되지 않도록 보호
> 4. on/off 및 전류 제어와 같은 용접 제어 회로 작동 역할
> 5. 수랭식이 가능하도록 토치에 냉각수를 공급

① 토치의 종류

　(개) 수동 토치 : TIG 용접에서 가장 많이 사용하는 토치로 용접 시 토치에 있는 스위치를 작동하여 용접한다. 수동 토치의 무게는 일반적으로 85 g에서 최대 450 g이며 최대 사용 가능한 용접 전류에 따라 결정된다.

　(내) 반자동 토치 : 용접 와이어를 송급하는 장치가 있어 토치에 와이어를 자동으로 송급하여 작업자가 토치 스위치를 작동하여 MIG 용접과 같이 용접하게 된다.

　(대) 자동 토치 : 자동화 기계에 설치된 용접 장치에 자동 토치가 장착되어 모든 용접 과정이 프로그램에 의해 자동으로 용접하게 된다.

[그림 2-32] 수동 토치　　　[그림 2-33] 반자동 토치　　　[그림 2-34] 자동 토치

② 냉각 방식에 따른 분류

　(개) 공랭식 토치 : 보호 가스 흐름에 의해 냉각되는 방식으로 실제로 가스가 냉각됨을 의미하며 대기로 열을 방출하면서 자연 냉각된다. 공랭식 토치는 보통 작고 가볍고, 수랭식 토치보다 저렴하며 200 A 이하에서 주로 강이나 스테인리스강 박판 용접에 사용된다. 공랭식 토치는 텅스텐 전극이 수랭식보다 열을 많이 받아 사용률이 낮다.

[그림 2-35] 공랭식 토치　　　　　　　[그림 2-36] 수랭식 토치

　(내) 수랭식 토치 : 토치를 통해 순환하는 물로 토치를 냉각시켜 최대 약 200 A까지 연속 용접이 가능하다. 일부는 최대 500 A까지 가능하도록 설계되어 있다. 그러나 수랭식 토치는 일반적으로 무겁고 공랭식 토치보다 가격이 고가이다.

③ 용도에 따른 분류

　(개) T형 토치 : 일반적으로 가장 많이 사용하는 토치로 작업 장소가 넓어 용접하는 데 지장이 없는 장소에서 많이 사용한다. 아래보기 등 전 자세 용접이 가능하다.

㈏ 직선형 토치 : 일반적으로 장소가 협소하여 용접하기 곤란한 곳이나, 토치를 구부리지 못하고 일자로만 용접이 가능한 장소에서 용접할 때 사용되며 펜슬(pencil)형이라고 한다.

㈐ 플렉시블(flexible) 토치 : 용접하고자 하는 장소가 T형이나 직선형으로도 어려운 이음부를 용접할 때 사용하며, 토치의 머리 부분이 각을 자유롭게 할 수 있다.

[그림 2-37] T형 토치      [그림 2-38] 직선형 토치      [그림 2-39] 플렉시블 토치

④ 토치의 구조

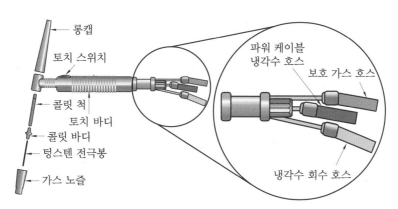

[그림 2-40] 수랭 토치의 분해도

㈎ 리드(leads) : 리드는 공랭 또는 수랭으로 구성된다. 예를 들어 4 m, 8 m 등과 같이 작업을 수행하는 데 적합한 길이가 된다. 리드는 전원 케이블, 가스 호스 및 수랭 호스로 구성되며 컨트롤 리드가 포함될 수도 있다.

㈏ 텅스텐 고정 : 텅스텐 고정 부속은 브랜드에 따라 다를 수 있다.

㈐ 노즐 : 노즐의 역할은 용융 풀 위에 올바른 가스 흐름을 유도하는 것이다.

㈑ Back Caps : 캡은 여분의 텅스텐 보관 공간이다. 토치가 들어갈 공간에 따라 길이가 달라질 수 있다(예 단 캡, 장 캡). [그림 2-40]은 수랭 토치의 분해도를 나타낸 것으로 파워 케이블은 냉각 호스의 내부로 연결되어 있으며, 토치의 각 부분의 명칭을 보여준다. 토치 외관은 가벼운 합성수지로 되어 있어 전기로부터 절연되어 있으나 열에 약하고 충격을 주면 파손되므로 주의해서 사용한다.

㉠ 가스 노즐(nozzle) : 가스 텅스텐 아크 용접에 사용되는 노즐 또는 가스 컵에
는 세라믹, 금속, 석영(quartz, SiO₂) 등이 있다. 이들은 용접 전극과 금속에
보호 가스를 제공한다. 일반적으로 차폐 가스 컵은 실용적인 만큼 커야 차폐
가스가 더 낮은 속도로 전달될 수 있다. 세라믹 노즐은 가장 저렴하고 인기
있는 유형으로 비금속 무기질 고체 재료로 전기에 잘 전도하지 않고 고온에서
잘 견디는 특징이 있으나 신축성이 없어 부서지기 쉬운 단점이 있다. 금속 노
즐은 주로 전류가 250 A 이상의 높은 전류를 사용하는 수랭식 토치에 사용되
며 또한 TIG 점용접, 자동 용접에 사용되고, 석영은 가볍고 용융지를 잘 관찰
할 수 있는 탁월한 시야를 만든다.

(a) 세라믹 노즐

(b) 석영 노즐

(c) 금속 노즐

[그림 2-41] 노즐의 종류

가스 노즐의 번호는 보통 4, 5, 6, 7, 8 mm 등으로 표시한다. 일반적으로
사용하는 컵의 직경은 텅스텐 전극봉 직경의 3~6배의 크기를 사용한다. 노
즐은 125 A용, 350 A용, 500 A용으로 나눈다.

[표 2-5] 노즐 번호와 규격

(단위 : mm)

| 노즐 번호 | #4 | #5 | #6 | #7 | #8 | #9 | #10 |
|---|---|---|---|---|---|---|---|
| 규격(내경지름) | 6 | 8 | 10 | 11 | 12.5 | 13 | 16 |

㉡ 가스 렌즈(gas lens) : 일반적인 가스 렌즈는 텅스텐 주위에 보호 가스를 골
고루 분산시키는 데 도움이 되는 강철/스테인리스 스틸의 메시 스크린(mesh
screens)이 있는 구리 또는 황동 몸체로 구성된다. 용융 풀과 아크, 가스 렌
즈는 텅스텐 전극봉과 용융 풀과 아크 주위를 보호 가스를 고르게 분포하여
보호해주며, 공랭식 및 수랭식 토치에 사용할 수 있다. [그림 2-42]의 가스
렌즈를 사용하면 가스 흐름의 교란(turbulence)을 방지하여 용접부가 오염되
는 것을 방지한다. 또한 [그림 2-43]에서와 같이 보호 가스가 보다 멀리 일
정하게 흘러 모재에서 노즐까지의 거리 25 mm 정도까지도 용접이 가능하게
되어 텅스텐 전극봉의 돌출 길이(stick out)를 길게 할 수 있어 작업자가 용
융지를 잘 관찰할 수 있고, 토치가 접근하기 어려운 부위의 용접도 쉽게 할
수 있다. 이것은 티타늄 용접에 유용하게 사용될 수 있다.

[그림 2-42] 가스 렌즈

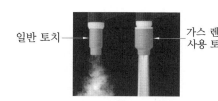

일반 토치 ← → 가스 렌즈 사용 토치

[그림 2-43] 가스 흐름 비교

ⓒ 캡 : 가스 캡(gas cap), 백 캡(back cap), 캡(cap)이라 부르며, 보호 가스의 누수를 막고, 텅스텐 전극봉을 고정시키는 역할을 하며, 작업 장소에 따라 단 캡, 중간 캡, 장 캡을 사용한다. 전류 용량에 따라 350 A용과 500 A용이 있다.

(a) 단 캡          (b) 중간 캡          (c) 장 캡

[그림 2-44] 캡의 종류

ⓓ 콜릿 바디(collet body)와 콜릿(collet) : 보호 가스를 안내하고, 콜릿과 함께 텅스텐 전극봉을 고정시키는 역할을 한다. 콜릿은 콜릿 척이라고도 한다. 500 A 용은 콜릿 바디와 콜릿이 일체형으로 되어 있고, 특히 많이 사용되는 350 A용 토치는 텅스텐 전극봉이 고정시키기 위해 캡을 고정해도 고정되지 않는 경우가 발생하는데, 이것은 콜릿이 열을 많이 받아 내경이 늘어난 경우이므로 교환해야 한다. 또한 새로 나온 콜릿 바디와 콜릿도 현장에서 많이 사용되고 있다.

[표 2-6] 사용 전류에 따른 콜릿 바디와 콜릿

| 사용 전류 | 콜릿 바디 | 콜릿 | 비고 |
|---|---|---|---|
| 350 A | | | – |
| | | | 변형 |
| 500 A | | | 일체형 |

⑤ 전극봉 : 텅스텐(tungsten)은 볼프람(Wolfram), 중석이라 부르며, 백색 또는 회백

색의 금속으로 텅스텐이라는 말은 스웨덴어로 '무거운 돌'을 의미한다. 모든 금속 중에서 녹는점이 3,387~3,422℃로 가장 높으며, 비중은 19.3으로 금이나 우라늄과 비슷하다. 텅스텐은 고온에서의 강도를 유지하고 높은 용점을 가지기 때문에 전기·전자 분야의 전구의 필라멘트, 용접용 전극, 고온 응용 분야의 발열체, 로켓 엔진 등 많은 분야에 사용된다. 텅스텐은 고용융점의 금속이며, 전자 방출 능력이 높고, 열팽창 계수가 금속 중에서 가장 낮아 전극봉으로 가장 적합하다. TIG 용접에서 사용되는 전극봉은 비소모성 전극으로 전극은 아크 발생과 아크 유지를 목적으로 하고 있으나, 용접성은 내열성으로 인해 텅스텐을 용접할 수 없다. 전극봉의 품질은 원칙적으로 연삭 다듬질이 양호하며, 품질이 균일하여 사용상 해로운 결함이 없고 곧바르며, 단면은 원형이어야 한다. 텅스텐 전극봉 끝부분의 형상은 가스 텅스텐 아크 용접에서 중요한 변수이다. 용융 온도와 전극봉 끝부분이 정확하고 일관된 직경을 유지하지 않으면 다음과 같은 문제가 발생할 수 있다.

• 뾰족한 전극 끝이 용접 풀에 떨어지면 용접 결함과 X-ray 결함이 발생한다.
• 전극 수명이 감소한다.
• 아크가 불안정하다.
• 전극 끝의 형상이 일정하지 않아 아크 전압이 변한다.

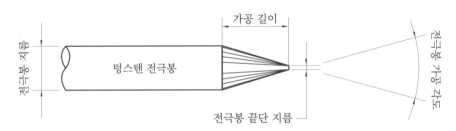

[그림 2-45] 텅스텐 전극봉 각부의 명칭

텅스텐 전극봉의 가공 각도는 용접에 많은 영향을 미치므로 신중하게 선택해야 한다. 전극봉의 지름과 각도가 다른 경우 아크 원호 모양과 용입 깊이가 달라진다. 일반적으로 가공 각도는 [그림 2-46]과 같이 여러 가지 형태가 있으며, 가공 각도가 크거나 작게 되면 [표 2-7]과 같은 특징이 있다. [표 2-8]은 전극봉의 지름과 가공 각도, 전극봉 끝단의 지름에 따른 전류의 범위를 나타낸다.

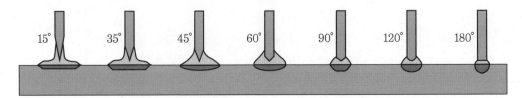

[그림 2-46] 텅스텐 전극봉의 여러 가지 가공 각도

[표 2-7] 가공 각도에 따른 비교

| 구분 | 좁은 각도 | 넓은 각도 |
|---|---|---|
| 용접 비드 | 넓은 용접 비드 | 좁은 용접 비드 |
| 아크 원호 | 크다. | 작다. |
| 용입 | 용입 감소 | 용입 향상 |
| 스타트 | 더 쉬운 아크 스타트 | 더 어려운 아크 스타트 |
| 허용 전류 | 범위가 작다. | 범위가 크다. |
| 아크 안정성 | 개선된 아크 안정성 | 아크 원더(wander) 가능성 증가 |
| 전극 수명 | 전극 수명 단축 | 전극 수명 증가 |

[표 2-8] 텅스텐 전극봉 형태에 따른 전류 범위

| DCSP 전극봉 지름 (mm) | 전극봉 끝 평면 지름 (mm) | 전극 끝단의 가공 각도 (°) | DCSP 펄스 전류 범위 (A) | DCSP 전류 범위 (A) |
|---|---|---|---|---|
| 1.0 | 0.13 | 12 | 2~25 | 2~15 |
| 1.0 | 0.25 | 20 | 5~60 | 5~30 |
| 1.6 | 0.5 | 25 | 8~100 | 8~50 |
| 1.6 | 0.8 | 30 | 10~140 | 10~70 |
| 2.4 | 0.8 | 35 | 12~180 | 12~90 |
| 2.4 | 1.1 | 45 | 15~250 | 15~150 |
| 3.2 | 1.1 | 60 | 20~300 | 20~200 |
| 3.2 | 1.5 | 90 | 25~350 | 25~250 |

㈎ 전극봉의 종류 : KSD 7029의 티그 용접용 텅스텐 전극봉의 종류는 순 텅스텐, 1~2 % 토륨 텅스텐, 1~2 % 산화 란탄 텅스텐, 1~2 % 산화 셀륨 텅스텐으로 7종으로 구분한다. 순 텅스텐 전극은 99.90 %의 텅스텐을 함유하며, 이 전극은 가열될 때 전극 끝의 형상이 깨끗하고 둥근 형상을 하고, 균형 있는 파형으로 교류 용접에 큰 아크 안정성을 제공한다. 특히 알루미늄과 마그네슘에 대해 우수한 아크 안정성을 제공한다. 이것은 일반적으로 직류 용접에는 사용하지 않는다. 왜냐하면 그것은 토륨 전극과 같이 강한 아크 스타트를 제공하지 않기 때문이다. 1~2 % 토륨 텅스텐은 현재 가장 보편적으로 사용되는 전극으로 수명과 사용 편의성 때문에 선호한다. 토륨은 전극의 전자 방출 특성을 증가시켜 아크 스타트를 향상시키고 높은 전류 흐름이 양호하다. 이 전극은 용융

온도보다 아주 낮은 온도에서 작동하므로 소비 전력이 현저히 떨어지며, 높은 안정성을 위해 아크 원더링(arc wandering)의 발생을 저지한다. 탄소강, 알루미늄의 DCRP(전극봉 양극), 스테인리스강, 니켈 및 티타늄 용접에 적용된다.

[표 2-9] 전극봉의 종류와 화학 성분

| 종류 | 기호 | 성분(%) | | |
|---|---|---|---|---|
| | | W | 산화물 | 기타 |
| 순 텅스텐 전극봉 | YWP | 99.90 이상 | – | 0.1 이하 |
| 1% 토륨 텅스텐 전극봉 | YWTh-1 | 나머지 | $ThO_2$ 0.8~1.2 | 0.1 이하 |
| 2% 토륨 텅스텐 전극봉 | YWTh-2 | 나머지 | $ThO_2$ 1.7~2.2 | 0.1 이하 |
| 1% 산화 란탄 텅스텐 전극봉 | YWLa-1 | 나머지 | $La_2O_3$ 0.9~1.2 | 0.1 이하 |
| 2% 산화 란탄 텅스텐 전극봉 | YWLa-2 | 나머지 | $La_2O_3$ 1.8~2.2 | 0.1 이하 |
| 1% 산화 셀륨 텅스텐 전극봉 | YWCe-1 | 나머지 | $Ce_2O_3$ 0.9~1.2 | 0.1 이하 |
| 2% 산화 셀륨 텅스텐 전극봉 | YWCe-2 | 나머지 | $Ce_2O_3$ 1.8~2.2 | 0.1 이하 |

또한 다른 전극에 비하여 용융 풀로 텅스텐이 적게 침전시키므로 용접 오염을 줄일 수 있다. 1~2% 산화 란탄 텅스텐 전극봉은 최저 97.8%의 텅스텐에 0.9~2.2%의 란탄을 함유하며, 2% 토륨 텅스텐에 비하여 비방사성 재료에 사용된다. 또한 열 충격에 저항하고, 짧은 용접 주기로 재점화가 많이 발생하는 상황에서 용접 작업이 원활하고, 오염을 방지하는 데 특히 우수하다. 일반적으로 직류 정극성에 사용되지만 교류 응용 분야에서도 좋은 결과를 나타내고, 탄소강 및 스테인리스강에 적용된다. 1~2% 산화 셀륨 텅스텐 전극봉은 텅스텐에 0.9~2.2% 셀륨 산화물이 포함된 텅스텐 전극으로 낮은 전류에서도 매우 쉽게 스타트를 할 수 있고 일반적으로 낮은 전류의 직류에 적합하며 작동하려면 토륨 소재보다 약 10% 적은 전류가 필요하다. 따라서 튜브 및 파이프 용접에 가장 많이 사용되는 전극이며, 매우 작은 부품을 용접하는 데 일반적으로 사용된다. 전극봉의 치수 및 허용차는 [표 2-10]의 내용에 따른다.

[표 2-10] 전극봉의 치수 및 허용차

(단위 : mm)

| 전극봉 지름 | 전극봉 지름의 허용차 | 길이 | 길이의 허용차 |
|---|---|---|---|
| 0.5, 1.0, 1.6, 2.4 | ±0.05 | 75 | ±1.0 |
| 3.2, 4.0, 5.0, 6.4, 8.0, 10.0 | ±0.1 | 150 | |

(나) 전극봉의 비교

### [표 2-11] 전극봉의 종류에 따른 장·단점 비교

| 텅스텐 전극봉의 종류 | 장점 | 단점 |
|---|---|---|
| 순 텅스텐 | • AC 용접<br>• 우수한 아크 제어 | DC 용접에서는 스타트 특성과 아크 조절이 매우 좋지 않다. |
| 1~2 % 토륨 텅스텐 | • DC 용접<br>• 토륨 함유량이 증가하면 전기 저항이 감소하여 전자 방출이 향상됨<br>• 스타트 특성, 수명 및 전류 부하가 향상되고 용융점 증가<br>• 고용융점 | • AC 용접에서 표면을 형성하는 능력이 떨어지고 용융 풀에 텅스텐 전극봉이 혼입될 수 있다.<br>• DC 용접에서 슬래깅(slaging) 경향이 있다.<br>• 방사성 물질로 전극 연삭 시 환경에 친화적이지 않다. |
| 1~2 % 산화 란탄 텅스텐 | • AC/DC 용접<br>• 슬래깅 경향이 없음<br>• 토륨 전극보다 긴 수명<br>• AC 용접에서 빛나는 표면 형성<br>• 순 텅스텐 전극보다 용융점이 높음<br>• AC 용접 시 텅스텐 입자가 용융 풀에 떨어지지 않음<br>• 우수한 재점화 특성 | 1 % 산화 란탄은 셀륨 텅스텐보다 용점이 낮아 스타트 시 텅스텐 입자를 용융 풀에 떨어뜨린다. |
| 1~2 % 산화 셀륨 텅스텐 | • AC/DC 용접<br>• 슬래깅 경향이 없음<br>• 우수한 스타트 특성<br>• DC 저전류에서 우수한 특성 | 고전류에서 사용은 바람직하지 않다. |

(다) KS와 AWS : KSD 7029와 미국용접협회(AWS : American Welding Society)를 비교하여 보면 일반적으로 전극봉의 종류는 비슷하나 지르코니아(zirconiated) 텅스텐 전극봉(지르코늄 텅스텐 전극봉이라고도 함)은 최저 99.1 %의 텅스텐에 0.15~0.40 %의 지르코늄을 함유하며, 순 텅스텐 전극봉보다 수명이 길고, 우수하고 안정된 아크를 유지하므로 AC 전원에 사용되나 DC에서는 사용되지 않는다.

### [표 2-12] KS와 AWS의 비교

| 전극봉의 종류 | | 기호 | | 색 | |
|---|---|---|---|---|---|
| KS | AWS | KS | AWS | KS | AWS |
| 순 텅스텐 | pure tungsten | YWP | EWP | 녹색 | green |
| 1 % 토륨 텅스텐 | 1 % thoriated tungsten | YWTh-1 | EWTh-1 | 황색 | yellow |

| 2 % 토륨 텅스텐 | 2 % thoriated tungsten | YWTh-2 | EWTh-2 | 적색 | red |
|---|---|---|---|---|---|
| 1 % 산화 란탄 텅스텐 | 1 % lanthanated tungsten | YWLa-1 | EWLa-1 | 흑색 | black |
| – | 1.5 % lanthanated tungsten | – | EWLa-1.5 | – | gold |
| 2 % 산화 란탄 텅스텐 | 2 % lanthanated tungsten | YWLa-2 | EWLa-2 | 황록색 | blue |
| 1 % 산화 셀륨 텅스텐 | – | YWCe-1 | – | 분홍색 | – |
| 2 % 산화 셀륨 텅스텐 | 2 % ceriated tungsten | YWCe-2 | EWCe-2 | 회색 | orange |
| – | zirconiated | – | EWZr-1 | – | brown |

㈑ 전극봉의 사용 조건 : 전류는 직류와 교류 전원으로 공급될 수 있으며, 직류 전
원에서 아크의 거동은 용접봉을 전원의 양극이나 음극에 연결했는지의 여부에 따
라 다르고 양극의 용접봉은 음극보다 발열이 많으며 용입이 적다. 그러므로 주어
진 크기의 용접봉의 전류 반송 용량은 양극이 음극보다 낮다. 교류 전원에서 전
류는 반주기마다 방향이 바뀌므로 용접봉은 양극과 음극을 교차한다. [표 2-13]
은 용접할 금속 또는 합금의 종류에 어떤 종류의 전류가 적합한가를 나타낸다.

**[표 2-13] 전원 종류 적합성**

| 용접할 금속 또는 합금의 종류 | 직류 | | 교류 |
|---|---|---|---|
| | 음극(−) | 양극(+) | |
| 알루미늄(두께≤2.5 mm) | 2 | 2 | 1 |
| 알루미늄(두께>2.5 mm) 및 그 합금 | 2 | 3 | 1 |
| 마그네슘 및 그 합금 | 3 | 2 | 1 |
| 탄소강 및 저합금강 | 1 | 3 | 3 |
| 스테인리스강 | 1 | 3 | 3 |
| 동 | 1 | 3 | 3 |
| 청동 | 1 | 3 | 2 |
| 알루미늄 청동 | 2 | 3 | 1 |
| 실리콘 청동 | 1 | 3 | 3 |
| 니켈 및 그 합금 | 1 | 3 | 2 |
| 티타늄 및 그 합금 | 1 | 3 | 2 |

㈜ 1 = 최우수, 2 = 적용 가능함, 3 = 추천되지 않음

전극봉의 크기는 아크가 전극봉 끝의 모든 부분을 덮을 수 있도록 전류 값이 충분히 높게 선택되어야 한다. 만약 선택된 전극봉 크기에 비하여 전류가 너무 낮으면 아크는 불안정하고 텅스텐 입자를 내뿜는다. 그러나 전류가 너무 높으면 전극봉이 과열되고 끝이 녹는다. 녹은 텅스텐이 용접물에 떨어지고 아크는 불안정하게 된다. [표 2-14]는 전원 종류와 전극봉의 지름에 따라 권장되는 전류의 범위를 나타낸다.

[표 2-14] 전극봉 지름에 따른 권장 전류 범위(KSBISO6848)

| 전극봉 지름 | 직류 | | | 교류 | |
|---|---|---|---|---|---|
| | 음극(-) | 양극(+) | | 텅스텐 | 산화물이 첨가된 텅스텐 |
| | 산화물이 첨가된 텅스텐 | 텅스텐 | 산화물이 첨가된 텅스텐 | | |
| 0.5 | 2~20 | 적용 불가 | 적용 불가 | 2~15 | 2~15 |
| 1.0 | 10~75 | 적용 불가 | 적용 불가 | 25~60 | 25~75 |
| 1.6 | 45~150 | 10~20 | 10~20 | 50~100 | 40~110 |
| 2.4 | 75~250 | 15~30 | 15~30 | 70~130 | 65~150 |
| 3.2 | 85~330 | 20~35 | 20~35 | 90~150 | 75~170 |
| 4.0 | 100~400 | 35~50 | 35~50 | 95~170 | 85~210 |
| 5.0 | 130~550 | 50~70 | 50~70 | 100~280 | 90~350 |
| 6.4 | 150~650 | 70~125 | 70~125 | 125~375 | - |
| 8.0 | - | - | - | - | - |
| 10 | - | - | - | - | - |

㊟ 주어진 값이 없다면 권고는 이용할 수 없다.

[그림 2-47]에서 전극봉의 돌출 길이가 길어지면 저항 발열로 인해 전극봉이 녹아버리는 현상이 발생하게 되는데, 이것은 돌출 전극부에서의 저항 발열이 원인이다. 텅스텐 전극봉의 지름이 클수록 전극봉의 돌출 길이에 따른 최대 허용 전류가 크게 낮아지므로, 최대 허용 전류 사용에 신중을 기해야 한다. 예를 들어 지름이 2.4 mm인 순 텅스텐 정극성에서 전극봉 돌출 길이가 20 mm일 경우에는 최대 허용 전류가 420 A 정도 되며, 돌출 길이가 30 mm일 경우에는 최대 허용 전류가 360 A 정도가 된다.

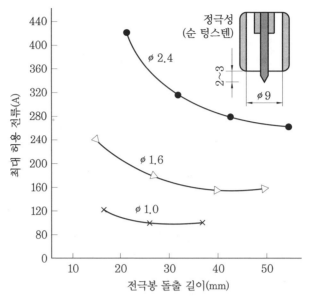

[그림 2-47] 전극봉 돌출 길이와 최대 허용 전류

## 2-3  용접 재료

### (1) 용가재

GTAW에 사용되는 용가재는 봉과 와이어가 있으며, 용접봉은 수동 용접에 주로 사용하고 와이어는 반자동이나 자동 용접에서 사용된다. 용접 시 가장 중요한 요소 중 하나는 올바른 용가재 선택이다. 대부분의 경우 용접 와이어는 가능한 한 모재 금속의 화학적 조성과 일치하도록 선택한다. 경우에 따라서는 화학적 조성이 다소 다른 용접 와이어를 사용하여 최대한의 기계적 특성 또는 용접성을 얻을 수 있어야 한다. 용가재는 재료의 합금 함유량, 용도에 따라 달라지며, 용접 시 용가재의 지름에 따른 적정 용접 전류, 가스 유량과 보호 가스 선택에 유의한다.

> **참고** 용가재 선택에 영향을 미치는 다섯 가지 주요 요소
> 1. 모재의 화학 조성
> 2. 모재의 기계적 성질
> 3. 사용된 보호 가스
> 4. 적용 가능한 사양 요구 사항
> 5. 용접 이음 종류

용가재의 재료는 연강용, 저합금강용, 스테인리스강용, 알루미늄 합금용, 티타늄 합금용 등이 있다. 용접봉은 일반적으로 지름은 1.2, 1.6, 2.0, 2.4, 3.2, 4.0, 5.0 mm 등이 있으며, 길이는 1,000 mm이다. 와이어는 0.8, 0.9, 1.0, 1.2, 1.4, 1.6, 2.0, 2.4 mm가 사용된다.

① 연강 용가재 : 용접봉 및 와이어의 종류로 연강, 고장력강, 저온강용, 내열강용 등이 있으며, 티그 용접에 사용하는 용접봉 및 와이어의 화학 성분은 철 외에 C, Si, Mn, P, S, Cu, Ni, Cr, Mo 등 일부가 함유되어 원소의 함유량에 따라 다른 성질을 갖고 있다. 용가재 표면에 구리로 도금이 되어 있는 경우에는 도금된 구리를 포함하여 말한다. [그림 2-48]은 연강 및 고장력강 TIG 용접봉이며, [표 2-15]는 용가재 종류에 따른 용착 금속의 인장 강도, 항복점, 연신율을 나타낸다. [표 2-16]에서와 같이 제품의 호칭 방법은 봉에 대해서는 종류, 용접봉 지름 및 길이에 따르고, 와이어는 종류, 지름 및 무게에 따른다.

[그림 2-48] 연강 및 고장력강 TIG 용접봉

[표 2-15] 용착 금속의 기계적 성질과 열처리

| 종류 | 인장 강도(MPa) | 항복점(MPa) | 연신율(%) | 열처리 |
|---|---|---|---|---|
| YGT 50 | 490 이상 | 390 이상 | 22 이상 | 용접한 상태 그대로 |
| YGT 60 | 590 이상 | 440 이상 | 17 이상 | |
| YGT 62 | 610 이상 | 500 이상 | 17 이상 | |
| YGT 70 | 690 이상 | 550 이상 | 16 이상 | |
| YGT 80 | 780 이상 | 665 이상 | 15 이상 | |
| YGT M | 490 이상 | 390 이상 | 25 이상 | (620±15)℃에서 1시간 가열 후, 약 300℃까지 노랭하고, 그 후 공랭 |
| YGT ML | 410 이상 | 205 이상 | 25 이상 | |
| YGT 1 CM | 560 이상 | 460 이상 | 19 이상 | (690±15)℃에서 1시간 가열 후, 약 300℃까지 노랭하고, 그 후 공랭 |
| YGT 1 CML | 520 이상 | 315 이상 | 20 이상 | |
| YGT 2 CM | 630 이상 | 530 이상 | 17 이상 | |
| YGT 2 CML | 520 이상 | 315 이상 | 20 이상 | |
| YGT 3 CM | 630 이상 | 530 이상 | 17 이상 | |
| YGT 5 CM | 490 이상 | 295 이상 | 18 이상 | (740±15)℃에서 1시간 가열 후, 약 300℃까지 노랭하고, 그 후 공랭 |

[표 2-16] 제품의 종류에 따른 표시 방법

| 종류 | 표시 방법 |
|---|---|
| 용접봉 | YGT50-2.4-1,000(용접봉 종류-지름-길이) |
| 와이어 | YGT50-1.2-12.5(와이어 종류-지름-무게) |

② 스테인리스강 용가재 : 용접용 봉, 와이어에 사용되는 19종(KSD3696)으로 되어 있으며, 봉 종류의 표시는 끝면 또는 끝면에서 50 mm 이내에 색채로 나타내거나 또는 종류를 나타내는 표시를 하여야 한다. [그림 2-49]는 스테인리스강 TIG 용접봉과 와이어를 나타내며, [표 2-17]은 분류에 따른 종류와 용도이다.

[그림 2-49] 스테인리스강 TIG 용접봉과 와이어

[표 2-17] 스테인리스강의 분류에 따른 종류와 용도

| 구분 | 종류 | 용도 |
|---|---|---|
| 오스테나이트계 | STSY308 | 18 %Cr-8 %Ni강(SUS304)의 용접용 |
| | STSY308L | 18 %Cr-8 %Ni강(SUS304), 저탄소 / 18 %Cr-8 %Ni강(SUS304L)의 용접용 |
| | STSY309 | 22 %Cr-12 %Ni강(SU3095), 연강과 스테인리스강의 이종 금속 용접, 18 %Cr-8 %Ni 클래드강의 클래드면의 용접용 |
| | STSY309L | 22 %Cr-12 %Ni강(SUS309S), 연강과 스테인리스강의 이종 금속 용접, 18 %Cr-8 %Ni 클래드강의 클래드면의 용접 및 탄소강 표면의 육성 용접용 |
| | STSY309Mo | Mo를 2~3 % 첨가한 이종 용접용 |
| | STSY310 | 25 %Cr-20 %Ni강(SUS310S)의 용접 |
| | STSY310S | 고장력강 및 인성이 우수한 강재, 내열성 |
| | STSY312 | 유사 성분의 주강품 용접용, 이종 금속의 용접용 |
| | STSY16-8-2 | 크롬 16 %, 니켈 8 %, 몰리브덴 2 %로 석유화학산업, 발전산업, 열 교환기 |
| | STSY316 | 18 %Cr-12 %Ni-Mo강(SUS316)의 용접. 용착 금속에 페라이트를 함유하므로 내균열성이 우수 |

| | STSY316L | 18 %Cr-12 %Ni-Mo강(SUS316), 저탄소 18 %Cr-12 %Ni-Mo강(SUS316L)의 용접. 용착 금속의 내식성이 우수하며, 특히 입간 부식에 강하고 내열성도 우수 |
|---|---|---|
| 오스테나이트계 | STSY316JIL | 18 %Cr-13 %Ni-2 %Mo-2 %Cu |
| | STSY317 | 유산 용액을 취급하는 용기의 용접 |
| | STSY317L | 19 %Cr-12 %Ni-3.5 %Mo 스테인리스강의 용접 |
| | STSY321 | 19 %Cr-9 %Ni의 첨가 원소로서 Ti을 함유, 입계 부식에 강함 |
| | STSY347 | 18 %Cr-9 %Ni-Nb강(SUS347), 18 %Cr-9 %Ni-Ti강(SUS321)의 용접 |
| | STSY347L | 19 %Cr-9 %Ni로 Nb를 함유 |
| 페라이트계 | STSY430 | 17 %Cr강(SUS430)의 용접, SUS403·SUS405 스테인리스 클래드강의 클래드면의 용접, Cr강과 탄소강의 이종 금속 용접 |
| 마텐자이트계 | STSY410 | 13 %Cr강(SUS403, SUS410 등), 탄소강의 내식·내마모성을 위한 육성 용접 |

㈎ STSY308 : 대표적 합금 조성은 크롬(Cr) 19 %, 니켈(Ni) 9 %로 되어 있으며 19-9 스테인리스강이라고 부르고, STS 304의 용접에서 내식성, 내마모성이 우수하고 육성 용접봉으로 사용된다.

㈏ STSY308L : 용착 금속의 조성은 Y308과 같으며, 탄소량을 극히 적게 함유시킨 것으로 STS 304L 용접에 적합하다. 용접한 그대로도 입계 부식을 억제할 수 있어 용접 후 열처리를 할 수 없는 경우에 사용한다.

㈐ STSY309 : 대표적 합금 조성은 크롬 25 %, 니켈 12 %이다. 보통 같은 재질의 강재나 주강의 용접에 많이 사용되며, 내부식성 및 우수한 내성을 갖는다. 18-8 스테인리스강의 용접과 이종 금속 용접에 사용된다.

㈑ STSY309L : 대표적 합금 조성은 Y309의 조성과 동일하며, C 함량이 낮아 저탄소계 304 스테인리스강 클래드재의 첫 층 용접, 육성 용접과 이종 금속의 용접에 사용된다.

㈒ STSY309Mo : Y309와 유사하나 2.5 % 정도의 Mo를 함유한다. 316 스테인리스 클래드재 또는 탄소강과 Mo를 함유한 오스테나이트계 스테인리스강의 이종 금속 용접에 사용된다.

㈓ STSY310, STSY310S : 크롬 25 %-니켈 20 %로서 때로는 몰리브덴 혹은 니오브를 함유하는 경우도 있다. 주로 동일 재질의 STS 310 용접이나 인성이 우수한 강, 담금질이 높은 고장력강의 용접에 사용된다. 이종 금속 용접에서는 균열 발생이 쉽다.

(사) STSY312 : 봉과 와이어의 합금 조성은 크롬 28 %-니켈 9 % 유사 성분의 주
강품 용접용, 이종 금속의 용접용이다.

(아) STSY16-8-2 : 크롬 16 %, 니켈 8 %, 몰리브덴 2 %로 되어 있으며, 16-8-2
타입의 용접에 사용된다. 316, 347의 열 교환기, 고온에서 연성의 특성이 있
어 크레이터 균열이 발생하지 않는다. 까다로운 부분의 용접 혹은 합금으로 인
한 균열에서도 안전하다. 석유화학 산업, 발전 설비 산업에 이용된다.

(자) STSY316 : 크롬 18 %, 니켈 12 %, 몰리브덴 2 %로 되어 있으며, Mo 첨가로
내식성, 고온 강도가 특히 우수하여 가혹한 조건에서 사용된다. 바닷물에 사용
되는 기기나 장비, 식품 산업, 볼트 및 너트 등에 사용된다.

(차) STSY316L : 저탄소강의 316 강으로 입계 부식에 대한 내성이 우수하며, 동일
재질의 STS 316이나 STS 316L, 용접 후 열처리가 곤란한 곳, 내식성이 강한
철망에 사용된다.

(카) STSY316J1L : 저탄소계의 Cr 18 %, Ni 13 %, Mo 2 %, Cu 2 %로 STS 316J1L
의 용접에 적합하다. 용접부의 입계 부식을 억제할 수 있어 열처리가 어려운 곳
에 사용된다.

(타) STSY317 : Y316보다 Mo 함량이 많은 것으로 일반적으로 동일한 스테인리스
강 용접에 이용된다. 유산용액을 취급하는 용기의 용접에 사용된다.

(파) STSY317L : 용접부의 입계 부식을 억제할 수 있어 용접 후 열처리가 어려운
곳에 사용된다.

(하) STSY321 : Cr 19%-Ni 9 %의 첨가 원소로서 Ti를 추가해서 430~900℃ 이하
에서 유지하여 입계 부식을 방지한 것으로 항공기 배기관, 보일러, 열 교환기
등에 사용된다.

(거) STSY347 : Cr 19 %-Ni 9 %로 Nb를 함유한다. STS 347과 321의 용접에 이
용되며 입계 부식 방지에 적합하다.

(너) STSY347L : 합금 조성은 Y 347과 같으며, 탄소 함유량이 극히 적어 용접부
의 입계 부식을 억제할 수 있다.

(터) STSY410 : 크롬 13 %를 함유하며, 동일 재질의 STS 403, 410, 420의 용접
에 사용된다. 내식성, 내마모성이 우수하며 육성 용접, 칼날, 기계 부품, 석
유 정제 장치, 펌프 등에 사용된다. 용착 금속이 자경성이 있다.

(러) STSY430 : 크롬 17 %를 함유한다. 용착 금속이 페라이트 조직일 때 STS
430, 403, 410 등의 용접에 사용된다. 크롬은 내식성을 증가시키고 열처리
후 양호한 연성과 인장 강도를 유지하며, 열팽창률이 낮고 성형 및 내산화성
이 우수하여 내열기구, 버너, 볼트, 너트 등에 사용된다. [표 2-18]은 용접용
스테인리스강의 화학 성분을 나타낸다. [표 2-19]에서 제품의 호칭 방법은 봉
또는 선의 종류, 지름 및 길이 또는 무게에 따른다.

### [표 2-18] 용접용 스테인리스강의 화학 성분

| 종류 | 화학 성분(%) | | | | | | | | |
|---|---|---|---|---|---|---|---|---|---|
| | C | Si | Mn | P | S | Ni | Cr | Mo | 기타 |
| STSY308 | 0.08 이하 | 0.65 이하 | 1.0~ 2.5 | 0.03 이하 | 0.03 이하 | 9.0~ 11.0 | 19.5~ 22.0 | – | – |
| STSY308L* | 0.03 이하 | 0.65 이하 | 1.0~ 2.5 | 0.03 이하 | 0.03 이하 | 9.0~ 11.0 | 19.5~ 22.0 | – | – |
| STSY309 | 0.12 이하 | 0.65 이하 | 1.0~ 2.5 | 0.03 이하 | 0.03 이하 | 12.0~ 14.0 | 23.0~ 25.0 | – | – |
| STSY309L | 0.03 이하 | 0.65 이하 | 1.0~ 2.5 | 0.03 이하 | 0.03 이하 | 12.0~ 14.0 | 23.0~ 25.0 | – | – |
| STSY309Mo | 0.12 이하 | 0.65 이하 | 1.0~ 2.5 | 0.03 이하 | 0.03 이하 | 12.0~ 14.0 | 23.0~ 25.0 | 2.0~ 3.0 | – |
| STSY310 | 0.15 이하 | 0.65 이하 | 1.0~ 2.5 | 0.03 이하 | 0.03 이하 | 20.0~ 22.5 | 25.0~ 28.0 | – | – |
| STSY310S | 0.08 이하 | 0.65 이하 | 1.0~ 2.5 | 0.03 이하 | 0.03 이하 | 20.0~ 22.5 | 25.0~ 28.0 | – | – |
| STSY312 | 0.15 이하 | 0.65 이하 | 1.0~ 2.5 | 0.03 이하 | 0.03 이하 | 8.0~ 10.5 | 28.0~ 32.0 | – | – |
| STSY16-8-2 | 0.10 이하 | 0.65 이하 | 1.0~ 2.5 | 0.03 이하 | 0.03 이하 | 7.5~ 9.5 | 14.5~ 16.5 | 1.0~ 2.0 | – |
| STSY316* | 0.08 이하 | 0.65 이하 | 1.0~ 2.5 | 0.03 이하 | 0.03 이하 | 11.0~ 14.0 | 18.0~ 20.0 | 2.0~ 3.0 | – |
| STSY316L* | 0.03 이하 | 0.65 이하 | 1.0~ 2.5 | 0.03 이하 | 0.03 이하 | 11.0~ 14.0 | 18.0~ 20.0 | 2.0~ 3.0 | – |
| STSY316J1L | 0.03 이하 | 0.65 이하 | 1.0~ 2.5 | 0.03 이하 | 0.03 이하 | 11.0~ 14.0 | 18.0~ 20.0 | 2.0~ 3.0 | Cu 1.0~2.5 |
| STSY317 | 0.08 이하 | 0.65 이하 | 1.0~ 2.5 | 0.03 이하 | 0.03 이하 | 13.0~ 15.0 | 18.5~ 20.5 | 3.0~ 4.0 | – |
| STSY317L | 0.03 이하 | 0.65 이하 | 1.0~ 2.5 | 0.03 이하 | 0.03 이하 | 13.0~ 15.0 | 18.5~ 20.5 | 3.0~ 4.0 | – |
| STSY321 | 0.08 이하 | 0.65 이하 | 1.0~ 2.5 | 0.03 이하 | 0.03 이하 | 9.0~ 10.5 | 18.5~ 20.5 | – | Ti 9×C%~ 1.0 |
| STSY347* | 0.08 이하 | 0.65 이하 | 1.0~ 2.5 | 0.03 이하 | 0.03 이하 | 9.0~ 11.0 | 19.0~ 21.5 | – | Nb 10×C%~ 1.0 |
| STSY347L | 0.03 이하 | 0.65 이하 | 1.0~ 2.5 | 0.03 이하 | 0.03 이하 | 9.0~ 11.0 | 19.0~ 21.5 | – | Nb 10×C%~ 1.0 |
| STSY410 | 0.12 이하 | 0.50 이하 | 0.60 이하 | 0.03 이하 | 0.03 이하 | 0.60 이하 | 11.5~ 13.5 | 0.75 이하 | – |
| STSY430 | 0.10 이하 | 0.50 이하 | 0.60 이하 | 0.03 이하 | 0.03 이하 | 0.60 이하 | 15.5~ 17.0 | – | – |

㈜ * 이 종류는 Si를 0.65% 초과, 1.00% 이하로 할 수 있다. 이 경우 종류의 기호 끝에 Si를 부기한다(보기 : STSY308LSi).

**[표 2-19] 제품의 종류에 따른 표시 방법**

| 종류 | 표시 방법 |
|------|-----------|
| 용접봉 | Y308-3.2-1,000(봉의 종류-지름-길이) |
| 와이어 | Y308-0.8-12.5(선의 종류-지름-코일의 무게) |

스테인리스강의 합금 그룹에 따른 여러 가지 특성을 살펴보면 [표 2-20]과 같다.

**[표 2-20] 합금 그룹에 따른 여러 가지 특성**

| 합금 그룹 | 자성[1] | 가공경화 속도 | 내식성[2] | 경화성 | 연성 | 고온 저항 | 저온 저항[3] | 용접성 |
|-----------|--------|---------------|-----------|--------|------|-----------|--------------|--------|
| 오스테 나이트 | 일반적으 로 없음 | 매우 높음 | 높음 | 냉간 가공에서 | 매우 높음 | 매우 높음 | 매우 높음 | 매우 높음 |
| 페라이트 | 있음 | 중간 | 중간 | 없음 | 중간 | 높음 | 낮음 | 낮음에서 높음 |
| 마텐 자이트 | 있음 | 중간 | 중간 | 수랭 & 담금질 | 낮음 | 낮음 | 낮음 | 낮음 |

㊟ (1) 냉간가공, 주조 또는 용접되는 경우 일부 오스테나이트계는 자력이 생길 수 있다.
(2) 각 조직 간에 크게 차이가 난다.
(3) 영하의 온도에서 인성 또는 연성으로 측정하며, 오스테나이트계는 극저온에 대해 연성을 유지한다.

③ 알루미늄 용가재 : 알루미늄 용접봉은 수동 TIG 용접에 사용하는 용접봉과 자동 및 반자동 MIG 용접 또는 티그 용접에 사용하는 용접 와이어에 대하여 규정한다. 용접봉과 와이어의 종류는 [표 2-21]과 같다. 알루미늄 용접봉은 순 알루미늄계, 알루미늄-규소계, 알루미늄-마그네슘계, 알루미늄-아연-마그네슘계로 나눌 수 있다.

**[표 2-21] 용접봉과 와이어의 종류**

| 용접봉 | | 와이어 | |
|--------|--------|--------|--------|
| A1070-BY | A5554-BY | A1070-WY | A5554-WY |
| A1100-BY | A5654-BY | A1100-WY | A5654-WY |
| A1200-BY | A5356-BY | A1200-WY | A5356-WY |
| A2319-BY | A5556-BY | A2319-WY | A5556-WY |
| A4043-BY | A5183-BY | A4043-WY | A5183-WY |
| A4047-BY | – | A4047-WY | – |

용접봉 및 와이어의 화학 성분은 AL 외에 Fe, Si, Mn, Cu, Cr, Mn, Mg, Zn, V, Zr, Ti 등이 함유되거나 종류에 따라서는 함유되지 않은 원소가 있고, 원소의 함유량에 따라 다른 성질을 갖는다. 용가재의 강도가 높은 순서는 A5183(= A5556), A5356, A5654, A5554, A4043, A1100이다. 그러나 후열처리를 하면 달라진다. 각 종류별로 용가재의 성질과 용도는 다음과 같다.

㉮ A1070 : 순 알루미늄으로 강도는 낮지만 성형성, 용접성, 내식성이 좋다. 알루미늄 99.7 % 순수 알루미늄으로 열처리에 의해 경화되지 않고 압연에 의한 가공경화 효과로 강도와 경도가 높아지는 재질이다. 도전용 재료, 방열판 등에 이용된다. 용접부의 인장 강도는 55 MPa 이상이다.

㉯ A1100, A1200 : 99.0 % 이상의 순 알루미늄 및 알루미늄-망간 합금의 용접에 사용된다. 용접성, 내식성이 좋으며, 연성, 전성이 우수하고 용접부의 인장 강도는 75 MPa 이상이다.

㉰ A4043, A4047 : 알루미늄-규소 4.5~13 % 합금이며 고온 균열에 대한 저항이 커 용접 균열이 발생하기 쉬운 주물이나 열처리 합금에 사용된다. 용착 금속의 연성이 적고 용접부의 인장 강도는 170 MPa 이상이어야 한다.

㉱ A5654 : 알루미늄-마그네슘 3.1~3.9 % 합금으로 알루미늄-마그네슘계 합금의 용접에 사용되며 용접성, 내식성이 우수하고 용접부 인장 강도는 210 MPa 이상이다.

㉲ A5554 : 알루미늄-마그네슘 2.4~3.0 % 합금으로 알루미늄-마그네슘계 합금의 용접에 사용된다. 용접성, 내식성이 좋으며 용접부 인장 강도는 220 MPa 이상이다.

㉳ A5356 : 알루미늄-마그네슘 4.5~5.5 % 합금으로 알루미늄-마그네슘계 합금, 알루미늄-마그네슘-규소계 합금의 용접에 사용된다. 마그네슘을 0.06~0.2 % 첨가하면 용접부의 결정립이 미세화되고 기계적 성질이 향상되는 것이 특징이다. 용접성, 기계적 성질이 좋으며 용접부 인장 강도는 270 MPa 이상으로 높다.

㉴ A5556 : 알루미늄-마그네슘 4.7~5.5 %, 망간 0.5~1.0 % 합금으로 알루미늄-마그네슘계 합금, 알루미늄-마그네슘-규소계 합금의 용접에 사용된다. 용접성과 기계적 성질이 양호하며 구조물 용접에 적합하다. 용접부의 인장 강도는 280 MPa 이상이다.

㉵ A5138 : 알루미늄-마그네슘 4.3~5.2 %, 망간 0.51~1.0 % 합금 용접에 사용된다. 특히 용접성이 뛰어나며, 내식성, 기계적 성질과 용착 금속의 연성이 높다. 용접부의 인장 강도는 280 MPa 이상으로 높다. [표 2-22]는 용접봉의 지름 종류와 길이를 나타낸 것이다. 일반적으로 와이어의 지름 및 무게는 [표 2-23]과 같이 표시한다. 또한 [표 2-24]에서와 같이 제품의 호칭 방법은 용접봉에 대해서는 용접봉의 종류, 용접봉 지름에 따르고, 와이어는 종류, 지름 및 무게에 따른다.

[표 2-22] 용접봉의 지름에 따른 종류와 길이

| 지름(mm) | 1.6, 2.0, 2.4, 3.2, 4.0, 5.0, 5.6 |
|---|---|
| 길이(mm) | 1,000 |

[표 2-23] 와이어의 지름 및 무게의 종류

| 와이어의 지름(mm) | 0.6, 0.8, 1.0, 1.2, 1.6, 2.0, 2.4, 3.2, 4.0, 4.8, 5.6, 6.4 |
|---|---|
| 무게(kg) | 2, 5, 10, 15, 20 |

[표 2-24] 제품의 종류에 따른 표시 방법

| 종류 | 표시 방법 |
|---|---|
| 용접봉 | A1100-BY-3.2(용접봉 종류-지름) |
| 와이어 | A1100-WY 1.2×5(와이어 종류-지름-무게) |

④ 구리 및 구리 합금의 용가재 : 티그 용접, 미그 용접 등의 불활성 가스 아크 용접에 사용하는 구리 및 구리 합금 용접봉 및 와이어의 재질이나 규격은 KSD 7044에 구리 및 구리 합금 불활성 가스 아크 용접용 봉 및 와이어로 규정되어 있다. 봉 및 와이어의 종류는 봉 및 와이어의 화학 성분에 의해 구분한다.

[표 2-25] 용접봉 및 와이어의 종류

| 용접봉 및 와이어의 종류 | 성분계 |
|---|---|
| YCu | 구리 |
| YCuSi A, YCuSi B | 규소 청동 |
| YCuSn A, YCuSn B | 인 청동 |
| YCuAl | 알루미늄 청동 |
| YCuAlNi A, YCuAlNi B, YCuAlNi C | 특수 알루미늄 청동 |
| YCuNi-1, YCuNi-3 | 백동 |

용접봉의 지름 및 길이에 대해 알아보면 [표 2-26]과 같이 표시되고, 와이어의 지름은 0.8, 1.0, 1.2, 1.6, 2.0, 2.4 mm가 있다. 제품의 종류에 따른 표시는 [표 2-27]과 같이 한다.

[표 2-26] 용접봉 지름과 길이

| 지름(mm) | 1.6, 2.0, 2.4, 3.2, 4.0, 4.8, 5.0, 6.4 |
|---|---|
| 길이(mm) | 1,000 |

[표 2-27] 제품의 종류에 따른 표시 방법

| 종류 | 표시 방법 |
|------|-----------|
| 용접봉 | YCu-2.4-1,000(용접봉의 종류-지름-길이) |
| 와이어 | YCu-1.2-12.5(와이어의 종류-지름-무게) |

㉮ YCu : 탈산동에 Si, Mn, Sn 등이 필요에 따라 첨가되어 있고, 순동 소재에 비해서 열전도도, 전기 전도도 모두 약간 낮다. 탈산동, 타프피치동(tough pitch copper) 등의 용접에 있어서는 예열이 필요하다. 실드 가스는 아르곤, 헬륨 또는 혼합 가스가 사용된다.

㉯ YCuSi A, YCuSi B : YCuSi A는 2.0~2.8 %, YCuSi B는 2.8~4.0 %의 Si를 함유한 규소 청동으로 일반적으로 에버줄이라고 불리며, 강도, 내식성이 필요한 화학 공업 기계 부품, 도관 등에 이용한다. 또한 구리 또는 구리 합금의 용접에서 YCu보다 예열 온도를 낮출 목적으로 사용되는 경우도 있다. 결정 입자가 거칠고 커지는 것을 방지하기 위하여 용접할 때 예열, 패스 간 온도 모두 되도록 낮게 하는 것이 바람직하고, 피닝을 하는 것도 효과가 있다.

㉰ YCuSn A, YCuSn B : YCuSn A는 4.0~6.0 %, YCuSn B는 6.0~9.0 %의 Sn을 함유한 인청동으로, 탈산의 목적으로 P가 첨가되어 있어, 용착 금속의 내마모성이 크므로 인청동, 황동, 청동 주물 등의 용접 이외에 내마모 베어링 등의 덧살 보수 용접에도 사용된다. 용접할 때는 필요에 따라 피닝을 하는 경우도 있다.

㉱ YCuAl : 9.0~11.0 %의 Al을 함유한 알루미늄 청동으로 내마모성, 해수에 대한 부식성이 우수하며, 선박용 추진기의 보수, 각종 화학 기기, 열 교환기 등에 이용된다. 용접할 때는 후판 이외에서는 예열은 하지 않는다. 또한 용접 시 발생하는 알루미늄 산화물은 그 융점이 높고, 슬래그를 생성한 경우 감김, 티그 용접 결함이 발생하기 쉽다. 따라서 클리닝 작용을 이용할 수 있는 교류 티그 용접이 바람직하다.

㉲ YCuAlNi A, YCuAlNi B, YCuAlNi C : YCuAl에 Fe 및 Ni를 함유한 특수 알루미늄 청동으로 암스 브론즈라고 부른다. YCuAlNi A는 Fe의 함유량이 낮으므로 탄소강의 첫 층 덧살용으로 이용되고, YCuAlNi B, YCuAlNi C는 인장 강도, 경도 모두 YCuAlNi A에 비해 일반적으로 크고, 망간 청동, 큐폴로니켈 합금, 탄소강의 덧살, 보수, 이종 용접 등에 사용된다. 그리고 YCuAl과 같은 이유에 의해 티그 용접할 때에는 교류가 바람직하다.

㉳ YCuNi-1, YCuNi-3 : YCuNi-1은 9.0~11.0 %, YCuNi-3은 29.0~32.0 %의 Ni이 함유된 Cu-Ni 합금으로, 터짐, 블로홀 등의 방지를 위하여 Mn, Ti이 첨가되어 있다. 일반적으로 큐폴로니켈이라고 하며, 특히 해수에 대한 내부식성이 우수하고 응력 부식 터짐, 부식 피로가 강하다. 또한 비교적 고온에서의 사

용에 적합하므로 복수기 도관 등의 용접, 덧살 용접에 사용된다. 열전도도가 낮고, 용접할 때의 예열은 대개의 경우 일반적으로는 사용하지 않는다.

⑤ 티타늄 및 티타늄 합금의 용가재 : 이 용접 재료는 솔리드 와이어 및 용접봉의 분류는 화학 성분에 따라 다르며, MIG 용접 솔리드 와이어와 용접봉의 조성은 TIG 용접, 플라스마 아크 용접, 레이저 빔 용접 그리고 타 용융 용접 시공용 솔리드 와이어 및 용접봉과 동일하다. KSB ISO 24034 호칭은 'S Ti 6400' 등으로 표시한다. 처음 두 자리 숫자는 일반적인 합금 그룹을 나타내고, 마지막 두 자리 숫자는 합금 그룹 내의 기본 합금의 수정을 표시한다. [표 2-28]은 합금 그룹의 특성을 나타내며, 티타늄 합금은 상온에서 조밀 육방 결정 구조($\alpha$-합금), 체심입방 결정 구조($\beta$-합금) 또는 두 개의 결정 구조가 혼합되어 존재할 수 있다. 순수 티타늄은 상온에서 알파 결정 구조로 존재한다.

[표 2-28] 합금 그룹의 특성

| 합금 그룹 | 특성 |
|---|---|
| 01 | 산소 함유량만이 다르고, 함유량이 증가할수록 강도는 증가하나 인성이 낮아진다. |
| 22 | 팔라듐(Pd)과 루테늄(Ru)이 소량 첨가된 저산소 티타늄으로 티타늄의 내식성을 향상시킨다. |
| 24 | 팔라듐(Pd)과 루테늄(Ru)이 소량 첨가된 저산소 티타늄으로 높은 산소 함유량으로 인해 고강도를 나타낸다. |
| 34 | 약 0.5 %의 Ni 첨가로 틈새 부식 또는 고온 산화성 염소 소금물 분위기 중에서 티타늄의 내식성을 향상시킨다. |
| 35 | 약 0.5 %의 Co 첨가로 틈새 부식, 환원성 산성 매체에서 티타늄의 내식성을 향상시킨다. |
| 46 | 인장 강도가 약 1,000 MPa를 갖도록 Al, Sn, Zr, Mo를 첨가시킨 합금이다. |
| 48 | Al, V, Mo가 첨가되고, 인장 강도가 약 950 MPa 강도를 갖는다. |
| 51 | 약 850 MPa 인장 강도를 갖는 $\alpha+\beta$ 합금이다. |
| 63 | 3 % AI과 2.5 % V가 첨가되고, 약 700 MPa 인장 강도를 갖는 $\alpha+\beta$ 합금이다. |
| 64 | 약 6 % AI과 5 % V가 첨가되고, 약 1,000 MPa 인장 강도를 갖는 $\alpha+\beta$ 합금이다. |

[표 2-29] 티타늄과 그 합금의 기계적 성질

| 종류 | 구분 | 인장 강도(MPa) | 항복 강도(MPa) | 연신율(%) |
|---|---|---|---|---|
| 순수 Ti 1종 | α | 274~412 | ≧167 | ≧27 |
| 순수 Ti 2종 | α | 343~510 | ≧216 | ≧23 |
| 순수 Ti 3종 | α | 480~601 | ≧343 | ≧23 |
| 순수 Ti 4종 | α | ≧549 | 480~647 | ≧15 |
| Ti-0.8Ni-0.3Mo | α | ≧480 | ≧343 | ≧18 |
| Ti-0.15Pd | α | 343 | 274~451 | ≧20 |
| Ti-5Ta | α | 343~510 | ≧216 | ≧23 |
| Ti-5Al-2.5Sn | α | ≧431 | ≧794 | ≧10 |
| Ti-6Al-4V | α+β | ≧892 | ≧823 | ≧10 |
| | | 1,000~1,245 | 931~1,205 | 5~10 |
| Ti-8Al-1Mo-1V | α+β | 1,000~1,107 | 970~1,000 | 10~20 |
| | | 1,137~1,274 | 980~1,176 | 8~12 |
| Ti-6Al-4V-2Sn | α+β | 1,039~1,176 | 892~1,039 | 10~15 |
| | | 1,313~1,519 | 1,205~1,411 | 1~6 |
| Ti-13V-11Cr-3Al | β | 893~1,000 | 862~970 | 10~20 |
| | | 1,313~1,656 | 1,176~1,519 | 5~10 |
| Ti-11.5Mo-6Zr-4.5Sn | β | ≧686 | ≧617 | ≧10 |

[표 2-30] 티타늄과 다른 금속의 물리적 성질

| 성질＼종류 | Ti | Al | Fe | 스테인리스강 | Hastelloy |
|---|---|---|---|---|---|
| 용융점(℃) | 1,670 | 660 | 1,530 | 1,400~1,427 | 1,305 |
| 밀도(g/cm$^3$) | 4.51 | 2.70 | 7.86 | 8.03 | 8.92 |
| 탄성계수(10$^3$ MPa) | 106 | 69 | 192 | 199 | 204 |
| 전기 전도도(Cu=100) | 3.1 | 64.0 | 18.0 | 2.4 | 1.3 |
| 열전도도(cal/cm$^2$/s/℃/cm) | 0.041 | 0.487 | 0.145 | 0.036 | 0.031 |
| 비열(cal/g/℃) | 0.13 | 0.21 | 0.11 | 0.121 | 0.009 |

## (2) 보호 가스

보호 가스의 목적에 가장 바람직한 특성은 화학적 불활성과 고전류 밀도에서 부드러운 아크 작용을 생성하는 능력이다. 또한 텅스텐 전극과 용융 금속을 대기로부터 오염되지 않도록 보호하는 것이다. 보호 가스로 사용되는 불활성 가스는 아르곤과 헬륨 또는 이 두 가지를 혼합한 혼합 가스가 가장 널리 사용된다. 특수한 응용 분야에서는 수소와 질소, 이산화탄소를 추가로 사용할 수 있다. [표 2-31]은 서로 다른 금속을 용접할 때 권장하는 보호 가스이다.

**[표 2-31] 금속의 종류에 따른 텅스텐 전극봉과 보호 가스**

| 금속 종류 | 두께 | 전류 유형 | 전극봉 | 보호 가스 |
|---|---|---|---|---|
| 알루미늄 | 후판<br>박판 | AC<br>DCEP | 순 텅스텐<br>토륨 | Ar, Ar-He |
| 구리 및 그 합금<br>구리 합금 | 모두<br>박판 | DCEN<br>AC | 토륨<br>순 텅스텐 | Ar<br>Ar-He |
| 마그네슘<br>마그네슘 합금 | 모두<br>박판 | AC<br>DCEP | 순 텅스텐<br>토륨 | Ar<br>Ar |
| 니켈과 그 합금 | 모두 | DCEN | 토륨 | Ar |
| 연강 및 저합금강 | 모두 | DCEN | 토륨 | Ar, Ar-He |
| 스테인리스강 | 모두 | DCEN | 토륨 | Ar, Ar-He |
| 티타늄 | 모두 | DCEN | 토륨 | Ar |

질소는 구리를 용접할 때는 효과적인 보호 가스 역할을 하지만 연강을 용접할 때 질소는 고온에서 기공을 형성하고, 질화철을 형성하여 용접 금속을 취약하게 만들어 사용할 수 없다. [표 2-32]는 GTAW에서 사용되는 가스의 종류와 특성에 대한 것이다. 알루미늄이나 스테인리스강 등 이면을 보호하기 위한 백 퍼징(back purging)은 보호 가스량이 너무 많거나 적으면 이면 비드의 결함의 원인이 되기도 한다.

**[표 2-32] 가스의 성질(KSBISO14175)**

| 종류 | 화학<br>기호 | 0℃, 1.013 bar에서의 규정 | | 1.013 bar에서의<br>끓는점(℃) | 용접 중<br>반응 거동 |
|---|---|---|---|---|---|
| | | 밀도(kg/m³)<br>(공기 = 1.293) | 공기 대비<br>밀도 | | |
| 아르곤 | Ar | 1.784 | 1.380 | −185.9 | 불활성 |
| 헬륨 | He | 0.178 | 0.138 | −268.9 | 불활성 |
| 이산화탄소 | $CO_2$ | 1.977 | 1.529 | −78.5 | 산화성 |
| 질소 | $N_2$ | 1.251 | 0.968 | −195.8 | 무반응 |
| 수소 | $H_2$ | 0.090 | 0.070 | −252.8 | 환원성 |

보호 가스 공급량은 주어진 용접 조건에 정확한 공급량을 예측하기는 어렵다. 용접 조건에 맞는 표준 데이터를 참고로 경험에 의한 데이터를 이용하게 된다. 가스 공급량이 기준치보다 너무 많이 흐르면, 가스 흐름에 와류를 일으켜 용융 금속이 빠르게 냉각

되어 용착 금속 내의 가스가 외부로 탈출하지 못하는 경우가 발생하여 기공의 원인이 되기도 한다. 반대로 가스의 공급량이 충분하지 못하면, 용융지가 공기로부터 오염되어 용착 금속이 산화된다. 가스 공급량의 적합 여부를 알 수 있는 방법은 용접 후 공급량이 적당하면 텅스텐 전극봉의 표면이 매끈하고 끝이 둥글게 되어 있고, 부적당하면 전극봉이 타거나 산화되어 끝이 변형된다.

---

**참고 가스 공급량 결정 요소**

- 보호 가스의 종류
- 노즐의 형태와 크기
- 용접 전류의 크기와 극성
- 모재와 토치의 위치
- 노즐로부터 모재까지의 거리
- 용접 이음부의 형태와 설계
- 용융지의 크기
- 용접 자세
- 용접 속도
- 용접 장소의 풍속

---

① 헬륨(helium : He) : 천연가스로부터 분리하여 얻어지는 경량의 가스이며, 불연성, 불활성 가스로 공기보다 가벼운 기체이다. 무색, 무미, 무취의 희귀 가스로 대기 중의 함유량은 미미하다. 액체로 사용 가능하지만 압축 가스로 사용된다. 용도로는 알루미늄, 마그네슘, 구리 합금과 같은 열전도성 물질을 용접할 때 유용하며, 아르곤보다 몇 가지 장점이 있다.

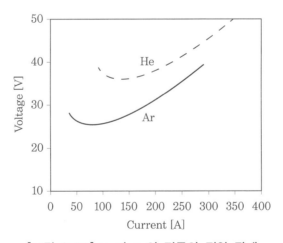

[그림 2-50] He과 Ar의 전류와 전압 관계

(개) 장점
　㉠ 높은 아크 전압(high arc voltage) : 같은 아크 길이에서 아르곤보다 아크 전압이 높아 용접 입열이 많으므로 후판(4.8 mm 이상)과 열전도도(heat conductivity)가 높은 금속 용접에 용이
　㉡ 긴 아크 유지 가능 : 용접봉이 가까이 접근할 수 없는 부위의 용접 또는 수동 용접에 유리

ⓒ 좁은 열 영향부(small heat-affected zone) : 용접 입열이 많고 속도가 빠르므로 열 영향부(HAZ)가 좁아지고 결과적으로 변형이 적고 기계적 성질이 좋아짐

ⓔ 위보기 자세나 수직 자세 용접에서는 효과적

ⓜ 고속 자동 용접(automatic welding) : 용접 속도 64 cm/min 이상 용접 가능

ⓗ 배킹(backing) 가스로 사용할 때 이면 비드를 평평하게 함

(나) 단점

ⓖ 높은 유속이 필요 : 헬륨 가스의 용접은 공기보다 가볍기 때문에 아르곤과 같은 조건에서는 헬륨이 더 높은 유속이 필요

ⓛ 박판에는 부적합 : 열전도도가 높아 입열이 큼

ⓒ 아크 스타트 어려움 : 더 높은 아크 전압 필요

ⓔ 용접 길이 변화에 민감 : 헬륨에서는 아크 길이가 조금만 변하더라도 아크 전압의 변화가 심하여 용접에 많은 영향을 미침

ⓜ 많은 가스 공급량(high gas volume) : 공기보다 가벼우므로 아르곤보다 가스 공급량이 1.5~3배 정도 많이 소요되어 높은 유량과 비용으로 고용량 용접에 적합하지 않음. 또한 가볍기 때문에 미세한 바람에도 영향을 받음

② 아르곤 : 공기보다 무거운 아르곤은 같은 조건에서 헬륨보다 더 낮은 유속을 필요로 하며, 불활성 가스는 용융 금속과 반응하지 않고 열전도도가 낮다. 우수한 전류 흐름과 높은 전류 밀도를 갖는 안정된 아크는 좁은 아크 호와 용입이 낮다. 순수 아르곤은 알루미늄, 비철 금속의 용접에 사용된다. 헬륨을 추가하면 열 전달이 향상되고 산소 및 이산화탄소는 아크를 안정시킨다. 아르곤 가스는 무색, 무미, 무취의 독성이 없는 가스로 공기 중에 약 0.94 % 정도 포함되어 있으며, 액화 아르곤과 고압가스 용기에 충전한 압축 아르곤 가스가 있다. 품질은 [표 2-33]과 같이 1급과 2급으로 구분하며, 순도는 99.999(부피분율 %) 이상이다. 2급의 순도는 99.995 이상이다.

[표 2-33] 아르곤 가스의 품질(KSM1122)

| 항목 | 1급 | 2급 |
|---|---|---|
| 순도(부피분율 %) | 99.999 이상 | 99.995 이상 |
| 산소(부피분율 %) | 0.0003 이하 | 0.0010 이하 |
| 질소(부피분율 %) | 0.0007 이하 | 0.0040 이하 |
| 이슬점(℃) | -65 이하 | -60 이하 |

압축 아르곤은 12 MPa 이상의 높은 압력으로 충전된 용기에 공급하고 액화 아르곤은 대기압에서 약 -186℃로 매우 저온이며, 액화 아르곤은 기화하면 약 850배 팽창한다. 아르곤을 표시할 때 용기의 잘 보이는 곳에 다음 사항을 표시하여야 한다. 명칭, 등급, 제조자명 또는 그 약호, 제조 연월 또는 그 약호, 충전량(압축 아르곤의 경우는 35℃에서의 충전 압력)을 표시한다. 아르곤 가스는 공기보다 무겁기 때문에 아래보기

자세 용접에서 용접부를 더 완전하게 차폐할 수 있고, 헬륨보다 더 좋은 용접 결과를 얻을 수 있다. 아르곤은 헬륨보다 몇 가지 장점이 있다. 아르곤의 장점은 다음과 같다.

㈎ 낮은 아크 전압 : 아크 전압이 헬륨보다 낮기 때문에 용접 입열이 작아 1.6 mm 이하의 박판 수동 용접

㈏ 청정 작용 : 금속 표면의 산화막 때문에 용접에 어려움이 많은 알루미늄, 마그네슘 같은 용접

㈐ 아크 발생 용이 : 아크 발생이 쉬우므로 박판 용접

㈑ 아크 안정성 : 헬륨보다 아크 안정성이 양호

㈒ 적은 가스량 : 공기보다 무겁기 때문에 적은 양으로도 보호 효과 양호

㈓ 자동 용접 : 용접 속도 640 mm/min 이상에서는 기공과 언더컷이 발생할 수 있으나 헬륨 또는 아르곤과 헬륨의 혼합 가스를 사용함으로써 결함을 방지

㈔ 후판 용접 : 4.8 mm 이상 두께의 용접에서는 아르곤과 헬륨의 혼합 가스를 사용하면 좋은 결과를 얻음

㈕ 아크 전압이 일정 : 아르곤에서는 아크 길이가 변하더라도 아크 전압이 거의 일정하기 때문에 용접 입열의 변화가 거의 없음

㈖ 이종 금속 용접 : 이종 금속 간의 용접에서는 헬륨보다 우수함

③ 이산화탄소 : 열전달이 좋고 매우 깊은 용접을 생성하지만, 아크는 다소 불안정하고 스패터가 증가하며, 흄 발생이 많다. 아르곤-이산화탄소는 아르곤이 스패터 발생을 억제하므로 일반적으로 연강 용접에 사용된다.

④ 질소 : 무색, 무미, 무취의 불연성 가스로 열전달 효율이 헬륨이나 아르곤보다 높기 때문에 구리 및 구리 합금을 용접할 때 종종 질소가 차폐 가스로 사용된다. 그러나 질소는 불활성 가스가 아니기 때문에 전극을 오염시킨다. 토륨 전극을 사용하면 질소에 의한 오염은 예방된다. 스테인리스강 용접에는 질소에 5 %의 수소를 첨가하여 비드 뒷면 보호 가스로 사용하면 뚜렷한 이면 비드를 얻을 수 있다. 질소는 높은 전압과 고전류를 얻을 수 있어 용입을 증가시킨다. 순수한 질소, 수소-질소 또는 아르곤-이산화탄소-질소를 사용할 수 있다. 질소를 함유한 합금을 사용할 때, 질소 가스 혼합물은 기계적 특성을 증가시키고, 피팅 부식(pitting corrosion)을 방지한다. 이것은 강의 용접에서는 고온에서 질소가 용융 금속에 용해되어 용접부에 기공 등 악영향을 미치므로 사용하지 않고, 플랜트, 파이프라인, 탱크 등의 이면 보호를 위한 퍼지와 일부 레이저 빔 용접에 사용될 수 있다.

⑤ 수소 : 금속 유동성을 향상시키고 표면 청결도를 향상시킨다. 아르곤-이산화탄소에 수소를 첨가하면 산화를 방지하고 아크를 좁히며, 아크 온도를 높이고 용입을 향상시킨다. 그러나 수소의 양이 많아지면 기공이 발생하기 때문에 모재의 두께와 이음 형상에 따라 좌우된다. 자동 용접에서 가장 보편적인 수소의 함량은 15 %로 두께

1.6 mm인 스테인리스강의 맞대기 용접에서 용접 속도는 순 아르곤보다 1.5배 정도 빠르고, 헬륨일 때와 거의 같다. 수동 용접에서는 수소 함량을 5 % 정도 혼합하면 깨끗한 비드를 얻을 수 있다. 아르곤과 수소 혼합 가스는 일부 스테인리스강, 니켈 및 니켈합금 등의 용접에 사용되며, 연강 및 저합금강, 알루미늄, 티타늄 합금의 용접에서는 균열 및 다공성이 수소 흡수로 인해 발생하므로 사용하지 않는다.

⑥ 혼합 가스

㈎ He-Ar : 아르곤과 헬륨 혼합 가스는 아르곤의 양호한 제어와 헬륨의 더 깊은 용입을 제공한다. 체적 기준으로 이들 기체의 일반적인 혼합은 헬륨 75 %와 아르곤 25 % 또는 헬륨 80 %와 아르곤 20 %이다. 다양한 종류의 혼합이 가능하며 특히 자동 용접에서 광범위하게 사용된다.

[표 2-34] 아르곤 가스와 헬륨 가스의 비교

| 특징 | 아르곤 | 아르곤/헬륨 혼합 | 헬륨 |
|---|---|---|---|
| 이송 속도 | 느림 | 100 % 아르곤보다 속도 향상 | 빠름 |
| 용입 | 낮음 | 100 % 아르곤보다 용입 향상 | 깊음 |
| 클리닝(DCRP, ACHF) | 좋음 | 아르곤에 가까운 클리닝 | 적음 |
| 아크 스타트 | 양호 | 100 % 헬륨보다 개선됨 | 어려움 |
| 아크 안정성 | 우수 | 100 % 헬륨보다 개선됨 | 낮음 |
| 아크 콘(cone) | 집중됨 | 헬륨보다 더 집중됨 | 흐트러짐 |
| 아크 전압 | 낮음 | 아르곤과 헬륨의 중간 전압 | 높음 |
| 유속 | 느림 | 아르곤보다 빠름 | 빠름 |
| 비용 | 절감 | 아르곤보다 높음 | 높음 |

㈏ Ar-$H_2$ : 용접 열을 증가시키고 용융 금속에 더 나은 웨팅 작용(wetting action)과 보다 균일한 용접 비드를 제공한다. 다른 보호 가스가 다공성을 방지할 수 없는 경우에 사용되며, 이 가스 혼합물은 완전한 불활성이 아니다. 일반 탄소강 또는 저합금강 용접에는 아르곤-수소 혼합 가스를 사용하지 않는다. 오스테나이트계 스테인리스강, 인코넬(inconel), 모넬(monel)을 용접할 때 혼합 가스로 사용한다. 전형적인 비율은 아르곤 95 %와 수소 5 %이다.

㈐ He-Ar-$CO_2$ : 38 % Helium-65 % Argon-7 % $CO_2$는 연강과 저합금강 스테인리스강 용접의 단락 이행과 함께 널리 사용되고, 높은 열전도성으로 인해 용입 측면에 도움을 줘 불완전 융합의 경향이 감소한다. 토(toe) 부분이 모재와 융합되지 않고 겹쳐 있거나 덮여 있는 경우인 콜드 랩(cold lap) 경향을 감소시킨다. 이로 인하여 모재와 용융 금속 사이에 응력의 전달 경로가 부재하여 스트레스가 누적되어 균열이 생길 수 있는데, 이것은 필릿 및 맞대기 용접에서 발생할 수 있다.

## 2-4 용접 시공

### (1) 용접 준비

① 홈의 가공 : 홈의 형상은 맞대기 이음, T 이음, 겹치기 이음, 모서리 이음 등이 있다. [표 2-35]는 TIG 용접에 사용되는 표준 홈의 형상을 나타낸다. 판 두께가 두꺼울 경우에는 작업성이나 용접 품질을 향상시키기 위하여 홈 가공을 한다. 홈의 형상은 이음의 종류나 판 두께, 덧댐판의 사용 유무와 작업장의 조건 등을 고려하여 선택한다.

[표 2-35] TIG 용접에 사용되는 표준 홈의 형상

| 이음 종류 | 홈의 형상 | 모재 두께 | 층수 | 비고 |
|---|---|---|---|---|
| 맞대기 이음 | I형 | 박판 | 1 | – |
| | I형 | 박판~중판 | 1~2 | |
| | V형 | 중판 | 1~4 | 내면깎기 홈의 깊이가 다른 것도 있다. |
| | V형(뒷받침 사용) | 중판 이상 | 1 이상 | |
| | X형 | 후판 | 2 이상 | |
| | 플레어 용접 | 박판 | 1 | – |
| | U형 | 중판 | 2 이상 | |
| | H형 | 후판 | 2 이상 | 내면깎기 |
| 겹치기 이음 | 깊은 한면 쫌 | 박판~중판 | 1~2 | – |
| | 필릿 용접 | 박판~중판 | 1 이상 | |
| | 양면 용접 | 중판~후판 | 2 이상 | |
| T 이음 | 구석 용접 | 박판~중판 | 2 이상 | 판 두께가 다를 때는 박판을 기준으로 한다. |

| T 이음 | 베벨형 | 중판 | 1~3 | |
| | 베벨형(뒷받침 사용) | 중판~후판 | 2 이상 | |
| | K형 | 후판 | 2 이상 | |
| | J형 | 중판~후판 | 2 이상 | — |
| 모서리 이음 | 구석 용접 | 박판~중판 | 1 이상 | T 홈과 같은 홈을 사용할 때도 있다. |
| | I형 | 박판~중판 | 1 | |
| | 베벨형 | 중판~후판 | 1 이상 | — |

　　TIG 용접은 고정밀 또는 고품질의 용접부가 요구되므로 정확한 홈 가공이 필요하며, 일반적으로 구조물이 작은 경우에는 홈의 가공은 선반, 밀링 등에 의한 기계 가공을 하고 구조물이 큰 경우에는 이동이 가능한 기계를 사용하여 가공한다. 가공이 끝난 후에는 가공 정도를 확인해야 한다. 가공 정밀도가 떨어지면 용접부에 여러 가지 결함이 발생할 수 있다. 따라서 용접 작업 전에는 반드시 홈의 형상을 점검하는 것이 좋다. 예를 들어 맞대기 이음을 할 때에는 홈의 각도나 루트면의 엇갈림도 문제가 되며, 루트 간격을 정하는 것이 중요하다. 이것이 클 때에는 용락이 발생하거나 용착 금속 부족이 발생하므로 용락 방지 용접을 할 필요가 있다. 또한 루트 간격이 밀착되어 있을 경우에는 용입 불량이 발생하므로 사전에 그라인더 등으로 가공한 후 용접해야 한다.

② 이음부의 청소 : 고품질을 요구하는 GTAW는 용접 전 홈 부분의 청소를 철저히 해야 한다. 산화피막, 먼지, 기름 등을 완전히 제거하지 않으면 용접부에 기공, 균열이 발생하거나 비드 표면이 불량하게 될 수가 있다. 표면 처리법으로는 용제로 탈지한 후 가는 와이어 브러시를 사용하거나, 혹은 샌드 블라스트(sand blast) 하여 표면의 산화피막을 제거하는 기계적인 처리 방법이 있다. 또는 화학적인 처리 방법으로 불소초산, 가성소다 등의 용액으로 산화피막을 제거하는 산 또는 알칼리 세척이 있다. 대량 생산의 경우에는 증기 또는 탱크 내의 세척이 경제적이다. 1층 이면 용접 위주로 사용되는 용접물은 홈의 이면 측도 청소하는 것을 잊어서는 안 된다. 이물질은 용접 주위

의 열이나 아크에 의해 타거나 불려 나가는 경우가 있으나, 저전류로 용접할 경우나 고속 자동 용접과 같이 제거될 여유가 없을 때는 결함의 발생을 방지할 수 없다. [그림 2-51]은 이음부의 청소 불량으로 인한 용접 결과를 보여준다.

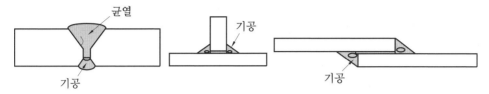

[그림 2-51] 용접부 청소 불량으로 인한 용접 결함

　불순물로 인하여 용접에 나쁜 영향을 미치는 것은 모재뿐만 아니라 용가재도 결함 발생의 원인이 되므로 오염되지 않도록 주의해서 사용한다. 특히, 알루미늄 합금의 용가재는 표면 광택 처리한 것을 사용해야 하며 하얗게 산화된 것은 제거 후 사용한다.

③ 전극봉의 가공 : 텅스텐 전극의 지름은 용접 이음의 두께와 용접봉 지름에 따라 선택한다. 전극은 원뿔 모양(30～60°의 각도 포함)으로 가공하고 전극봉 끝부분을 지름이 1.0～1.5 mm 정도 되도록 평면으로 연마한다.

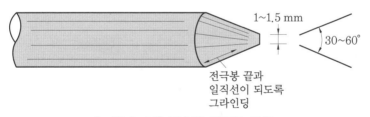

[그림 2-52] 텅스텐 전극봉 형상

(a) 탁상 그라인더　　　　(b) 텅스텐 그라인더　　　(c) 텅스텐 핸드 그라인더

[그림 2-53] 전극봉 연마기

　직류 정극성 용접에서는 아크열의 집중성이 좋아 용입이 깊어지므로 일반적으로 전극 선단의 각도가 30～60℃ 되게 하고, 가공면의 길이는 일반적으로 텅스텐 전극봉 지름의 2.5～3배 정도로 가공하여 사용하는 것이 좋다. 높은 전류에서는 전극 선단의

끝부분이 용융되어 손실되거나 용융 풀에 들어가 용접 결함의 원인이 될 수 있으므로 끝단 부분을 가공한다. DCRP와 교류에서는 직류 정극성에서보다 전극의 입열이 크므로 전극봉 쪽에 열이 집중되어 전극봉의 선단을 뾰족하게 가공하면 텅스텐 전극봉이 용융 풀에 들어가 용접 결함이 발생할 수 있어 둥글게 해야 하며, 끝단의 지름은 텅스텐 전극봉의 1~1.5배 정도로 가공한다. 전극봉의 탁상 그라인더 가공은 전극봉을 길이 방향으로 가공하여 안정된 아크를 얻을 수 있다. [표 2-36]은 텅스텐 전극봉의 올바른 가공 방법과 잘못된 가공 방법에 대한 형상, 아크 현상과 용접 결과에 대하여 보여준다. 텅스텐 전극봉을 길이 방향과 직각 방향으로 가공하면 전자 방사에 문제가 발생하여 아크 원더링(wandering) 현상이 발생하여 불안정한 아크가 형성된다. 다이아몬드 휠을 사용한 텅스텐 전극봉 연마기는 아크 제어, 아크 안전성, 오염된 텅스텐 전극으로 인한 다공성을 제거한다. 또 아크 원더링을 방지하고 일관되고 정확한 용접 포인트로 더 잘 볼 수 있고, 강력하고 우수한 용입을 얻을 수 있다.

[표 2-36] 텅스텐 전극봉 가공 방법과 현상

[표 2-37] 전극봉 지름에 따른 사용 전류

| 전극봉 지름(mm) | DCSP 전류 범위(A) | DCRP 전류 범위(A) | AC 전류 범위(A) |
|---|---|---|---|
| 1.6 | 70~150 | 10~20 | 40~150 |
| 2.4 | 150~250 | 15~30 | 80~200 |
| 3.2 | 250~450 | 25~40 | 150~275 |

[그림 2-54]는 탁상 그라인더를 사용하여 텅스텐 전극봉을 가공하였을 경우와 텅스텐 전극봉을 다이아몬드 휠을 사용하여 가공하였을 때의 전자 방사 능력에 따른 아크가 발생되는 현상을 비교한 것이다. 그림에서 다이아몬드 휠로 가공한 텅스텐 전극봉이 아크가 집중되어 일정하게 발생하는 것을 볼 수 있다.

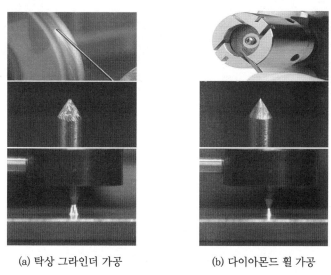

(a) 탁상 그라인더 가공      (b) 다이아몬드 휠 가공

[그림 2-54] 텅스텐 전극봉 가공 방법에 따른 아크 현상

## (2) 지그

제품에 있어서 필요한 제조 수단으로 공작물(또는 조립물)의 위치를 결정하고 움직이지 않도록 고정하여 구조물을 생산하는 데 사용되는 생산용 공구로서, 제품의 균일성(품질), 경제성(가격), 생산성(납기)을 향상시키는 보조 장치 또는 보조 장비라고 할 수 있다.

① 고정용 지그(jig)

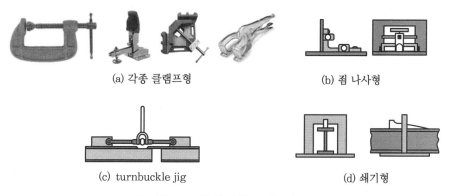

(a) 각종 클램프형                   (b) 죔 나사형

(c) turnbuckle jig                (d) 쐐기형

[그림 2-55] 용접용 각종 지그

② 회전용 지그 : 작업 능률을 향상시키고 용접 품질을 높이기 위해서는 가능한 한 [그림 2-56]과 같이 회전 지그를 사용하여 가장 안정적이고 작업이 쉬운 아래보기 자세로 용접하는 것이 가능하며, 또한 회전 지그는 자유로운 자세를 선택하여 용접할 수 있다.

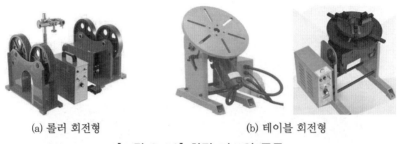

(a) 롤러 회전형                               (b) 테이블 회전형

[그림 2-56] 회전 지그의 종류

③ 이음 조립 지그 : 박판 용접에서는 열에 의한 변형이 심하여 원하는 제품을 생산하는 데 어려움이 있으므로 지그를 사용하여 피용접물에 변형이 발생하지 않도록 사전에 예방하여야 한다. 또한 변형 방지 뒷댐판을 사용하여 용착부의 용락 방지나 용접 이면부의 시일딩 효과를 높인다. [그림 2-57]은 누름 받침 지그 사용의 예이다. 예를 들어, 두께 1.2 mm의 박판을 누르는 지그의 압력은 길이 1 cm당 60~100 kg이 필요하다. 누름 지그는 박판 용접의 용락 방지에도 중요한 역할을 하므로 양쪽 지그 간격은 용접 토치 조작에 방해가 되지 않을 정도로 가능한 한 좁게 하는 것이 유리하다. 지그의 재료는 일반적으로 열전도성이 좋은 경질강이 적합하며, 대부분의 경우 박판에서는 용착부의 뒷면이 대기에 노출되어 용착 금속 내에 기공이나 산화되는 것을 방지하기 위해서 뒷댐판이 필요하다. 뒷댐판에는 금속 뒷댐판(metal backing), 불활성 가스 뒷받침(inert gas backing), 용제 뒷받침(flux backing) 등이 있다.

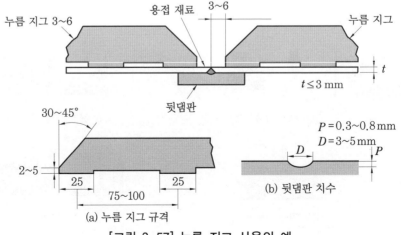

(a) 누름 지그 규격                    (b) 뒷댐판 치수

[그림 2-57] 누름 지그 사용의 예

## (3) 가용접(가접)

가용접(tack welding)은 용접으로 제작되는 압력 용기의 가장 중요한 부분이다. 그러므로 가접은 다른 구조물 용접과 동일한 자격을 갖추어야 한다. 파이프 맞대기 용접에서 5G 용접 자세는 5G 자격을 갖춘 용접사가 가접을 해야 한다. 가접은 일반적으로 거의 주의를 기울이지 않아 급랭으로 인한 균열이 비드 아래에서 발생하여 용접하는 동안 용융 금속으로 더 전파되어 크랙 등 문제가 발생한다. 용접 절차 사양서(WPS : welding procedure specification)에 예열 용접 공정이 있는 경우에는 예열 범위 내에서 가접을 해야 한다. 잘못 적용된 가접은 흔히 다공성, 완전 용입 부족, 균열의 원인이 된다. 가접이나 그 시점 및 종점의 결속은 연삭하여 용접이 원활하게 이루어지도록 한다. 그러나 GTAW에서 원활한 가접점은 연삭 작업이 필요 없다. 가접은 육안으로 검사하여 결함이 발견되면 결함 제거 후 재용접을 해야 한다. 가용접은 본 용접에 지장을 주지 않는 위치에 가접을 한다. 가용접 위치, 길이, 크기 또는 용접 피치 등이 적절하지 못하면 본 용접에서 치수 변형, 기타의 결함을 일으켜 작업 능률을 저하시키기 때문이다.

## (4) 용접 조건의 선택 방법

TIG 용접 조건으로는 용접 전류, 아크 전압, 용접 속도 등이 기본 조건이다. 다만 TIG 용접의 경우 품질이 높은 용접 결과를 요구하므로 가스 보호 효과를 최대한 높이는 것이 중요하다. 일반적인 수동 GTAW 파라미터는 [표 2-38]에 나와 있다. 매개 변수는 궁극적으로 특정 용접 전원, 용접 이음의 기하학 및 용접사 기술 수준을 비롯한 많은 다른 요인에 따라 근사치로 보아야 한다. 따라서 매개 변수는 특정 용접 절차를 개발하기 위한 지침으로 사용되는 것이 바람직하다.

[표 2-38] 일반적인 수동 GTAW 조건(F 자세)

| 이음 두께(mm) | 텅스텐 전극봉 지름(mm) | 용접 와이어 지름(mm) | 용접 전류(A) |
|---|---|---|---|
| 0.8~1.6 | 1.6 | 1.6 | 15~75 |
| 1.6~3.2 | 1.6/2.4 | 1.6/2.4 | 50~125 |
| 3.2~6.4 | 2.4/3.2 | 2.4/3.2 | 100~175 |
| >6.4 | 2.4/3.2 | 2.4/3.2 | 125~200 |

① 용접 전류 : 용접 전류의 크기는 용접 비드의 특성에 가장 큰 영향을 미친다. 용접기 전면의 손잡이(knob)나 핸들, 풋 페달(foot pedal)에 의해 용접 전류를 제어한다. 또한 일부는 자동으로 프로그램에 의해 제어가 가능하다.

> **참고** 용접 전류를 결정하는 요소
> - 전극 유형
> - 용접 전류의 유형
> - 이음의 형태
> - 용접기의 전류 범위
> - 전극의 크기
> - 자세
> - 모재 두께

용접 전류는 용입 깊이와 용착 금속의 양을 제어하기 위한 최상의 변수이다. 다른 요소가 일정하게 유지되고, 용접 전류를 증가시키면 용접 비드의 용입 및 크기가 증가한다. 과도한 용접 전류로 인해 언더컷, 과도한 용입, 불규칙한 용착 금속이 형성될 수 있다. 반대로 같은 조건에서 용접 전류를 낮추면 용접 비드의 용입 및 비드가 줄어든다. 용접 전류가 극도로 낮으면 용착 금속이 쌓이고 용입 불량이 발생하고 용접 비드의 가장자리에서 오버랩이 발생할 수 있다.

② 용접 전압 : 용접 또는 아크 전압은 보호 가스 및 전극 끝과 용융 풀 사이의 거리에 따라 달라지고, 수동 TIG 용접의 경우, 용접사는 이 거리(아크 길이라고 함)를 제어한다. 기계화 및 자동 용접에서 아크 길이는 미리 설정되며, 자동 용접에서 아크 전압 제어는 원하는 아크 길이를 유지하기 위해 전극 팁을 위아래로 움직이는 데 사용될 수 있다. 아크 전압 제어기는 측정된 아크 전압 및 원하는 아크 전압을 비교하여 용접 전극이 어느 방향 및 어느 속도로 이동되어야 하는지를 결정한다. 전극봉의 움직임으로 인해 발생하는 전압이 감지되고 사이클이 반복되어 원하는 아크 전압을 유지한다. 보호 가스는 아크 전압에 영향을 미친다. 헬륨은 같은 조건에서 일반적으로 아르곤보다 주어진 아크 길이에 대해 더 높은 아크 전압을 제공한다. 아크 길이가 길어지면 아크 전압이 증가하고 아크 길이가 감소하면 아크 전압이 감소한다. 너무 높은 용접 전압은 아크가 너무 길다는 것으로 용입이 불규칙한 용접 비드가 생성된다. 아크 길이가 극단적으로 길면, 보호 가스가 충분한 보호를 제공하지 못해 다공성 및 변색된 용접 비드가 발생할 수 있다. 또한 너무 짧은 아크는 용접사가 전극의 끝을 용융 풀에 접촉하기 쉽기 때문에 전극 오염의 위험이 증가한다. 또 다른 문제는 텅스텐 전극과 토치 노즐에 더 높은 열이 축적되어 전극의 수명을 단축시킨다는 것이다. [그림 2-58]과 같이 아크 길이가 짧아지면 비드 폭은 줄어들고 용입은 깊어지며, 아크 길이가 길어지면 비드 폭은 넓어지고 용입은 얕아진다.

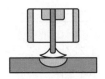
(a) 아크 길이가 짧을 때

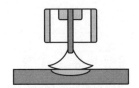
(b) 아크 길이가 길 때

**[그림 2-58] 아크 길이에 따른 용입 현상**

③ 이동 속도(travel speed) : 이동 속도는 아크가 용접선을 따라 이동하는 속도로, 주어진 용접 전류 및 전압의 경우, 이동 속도는 주어진 용접 길이에 대해 전달되는 열의 양을 결정하므로, 이동 속도의 변화는 용접 비드의 모양 및 용입에 큰 영향을 준다. 다른 변수는 일정하게 유지하고 이동 속도를 증가시키면 용접 비드의 크기가 줄어들고 용입이 감소한다. 반대로, 이동 속도를 감소시키면 용접 비드의 크기가 증가하고 용입이 증가한다. 용접 전류와 이동 속도가 비례적으로 증가하거나 감소하면 용접부는 동일한 용입과 비드를 유지한다. 과도한 이동 속도는 용입이 얕고 모양이 불규칙한 용접 비드를 생성한다. 수동 GTAW의 권장 이동 속도는 100~150 mm/min이다. TIG 용접은 점차 고속 자동 용접으로 발전해가고 있다. 일반적으로 고속 용접에서는 [그림 2-59]와 같이 언더컷이나 경우에 따라서는 불균일한 비드가 발생한다. [그림 2-60]은 용접 속도에 따른 언더컷이나 불균일 비드의 형성에 미치는 용접 조건을 나타낸 것이다. 예를 들어 220 A로 일정한 용접 전류를 사용했을 때 용접 속도 50 cm/min 정도에서는 정상적인 비드가 얻어지는 반면, 100 cm/min으로 용접하면 언더컷이 발생하여 용접 결함이 된다.

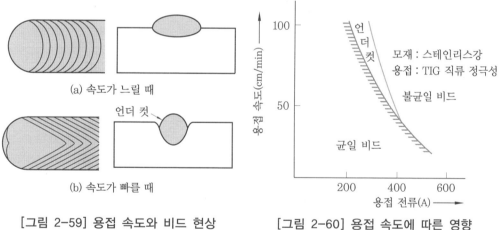

[그림 2-59] 용접 속도와 비드 현상     [그림 2-60] 용접 속도에 따른 영향

④ 퍼징(purging) : 용접 퍼징은 이음 부근에서 산소, 수증기 및 용접 직전 및 용접 직후에 용접 이음에 유해할 수 있는 기타 가스 또는 증기를 제거하여 용접부를 보호하는 역할을 한다. 스테인리스강, 듀플렉스강, 티타늄, 구리, 니켈 및 지르코늄 합금은 공기, 산소, 수소, 수증기 및 기타 증기 및 가스의 존재에 민감하다. 이러한 가스는 금속과 결합하여 내부식성을 감소시키거나 금속에 균열 또는 다른 구조적 결함을 일으킬 수 있는 바람직하지 않은 화합물을 형성할 수 있다. 용접 퍼지는 일반적으로 두 개의 개별 부품을 결합할 때 첫 번째 용접 실행에 필요하다. 이와 같이 이음의

뒷면 용접부를 보호하는 기술을 백 퍼징(back purging)이라 한다. 배킹(backing) 재료로 사용되는 금속은 구리, 스테인리스강 및 소모성 인서트 링(insert ring)이 가장 일반적인 세 가지 방법이다. 구리는 얇은 금속에 융합하지 않기 때문에 가장 널리 쓰이고, 또한 빠른 냉각 속도와 높은 열전도도는 열 입력을 제어하는 좋은 방법이다. 스테인리스강은 아르곤 보호, TIG 용접용 배킹 소재이다. 종종 소모성 인서트 링은 파이프 용접에서 루트 패스를 용접하기 위한 용접 배킹으로 사용된다.

> **참고** 오염을 방지하기 위한 다양한 배킹 방법
> - 세라믹 배킹 스트립(strip)
> - 고정 배킹 스트립
> - 이동 배킹 스트립
> - 소모성 인서트 링
> - 불활성 가스
> - 유리 섬유 강화 테이프
> - 수용성 퍼지 필름(water soluble purge film)

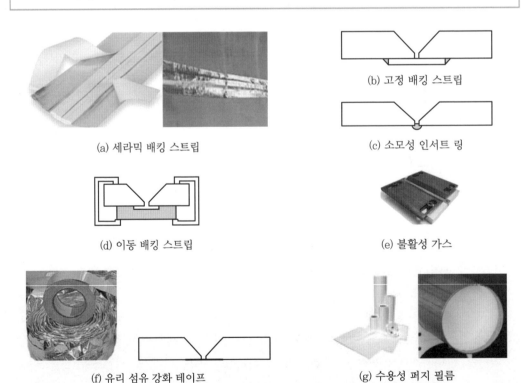

(a) 세라믹 배킹 스트립

(b) 고정 배킹 스트립

(c) 소모성 인서트 링

(d) 이동 배킹 스트립

(e) 불활성 가스

(f) 유리 섬유 강화 테이프

(g) 수용성 퍼지 필름

[그림 2-61] 여러 종류의 퍼지 방법

퍼지 방법은 불필요한 가스는 일반적으로 아르곤 가스로 세척하여 제거하고, 헬륨은 가스 비용 및 가용성에 따라 달라진다. 질소는 퍼지 가스로 사용되지만 일부 스테

인리스강에는 부적합하다. 다른 방법은 용접 공정을 위해 불활성 가스로 다시 채우기 전에 진공 챔버에서 금속 부품을 완전히 감싸서 비우는 것이다. 불활성 가스로 퍼지할 때 가스를 매우 천천히 들어가게 하는 것이 중요하다. 공기보다 무거운 아르곤은 밀폐된 공간의 바닥에서부터 들어가야 한다. 이 공간은 파이프나 탱크의 바닥면에서 천천히 베이스 영역을 가로지르며 천천히 위로 움직여 공기를 위쪽으로 옮긴다. 그러나 헬륨은 밀폐된 공간의 꼭대기에서 들어와야 한다. 이 공간은 처음에는 상한을 가로질러 흘러들어가서 갇힌 공기를 아래쪽으로 밀어내고 산소 레벨이 도달할 때까지 측정할 수 있는 출구를 통해 나가야 한다. 퍼지 가스는 용접이 올바르게 이루어지도록 일정한 품질을 가져야 한다. 산소가 0.05 %(500 ppm) 이상인 아르곤 또는 헬륨의 용접은 산화되고 변색되므로 용접사는 용접 절차에 올바른 가스 품질에 대한 언급을 포함해야 한다. 정화된 가스를 검사하는 수단으로 weld purge monitor 산소 측정기를 사용한다. 개방형 튜브 및 파이프 용접에서 사용되는 팽창식 파이프 퍼지 시스템은 두 개의 팽창식 백(댐이라고도 함)이 길이가 약 20″(500 mm)인 불활성 가스 튜브로 연결되어 있으며 한 댐(dam)은 용접의 양쪽에 배치된다.

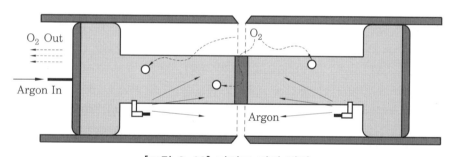

[그림 2-62] 파이프 퍼지 방법

댐 사이의 공간은 공기를 내뿜는 불활성 가스로 채워져 있다. 잔류 산소는 용접 퍼지 모니터가 용접 시작에 필요한 수준에 도달할 때까지 측정된다. 어떤 경우에는 재사용 가능한 파이프 퍼지 시스템을 회수할 수 없으므로 수용성 필름이 가장 좋은 대안이다. 필름 댐은 용접부의 양 옆에 놓고 강한 수용성 접착제로 고정시킬 수 있다. 수용성 댐은 투명하여 용접사 및 품질 관리 엔지니어가 진행 중에 밑면에서 용접을 보고 점검할 수 있다. 용접 후, 댐은 물 세척이나 이음의 수압 누수 검사 중에 단순히 씻겨 나간다. 박판 금속이 용접 전에 탱크 또는 용기로 형성되는 경우, 용기의 내부는 불활성 가스의 흐름으로 퍼지될 수 있지만, 보다 큰 크기의 경우 가스 비용 및 소요 시간은 비현실적이다. 이러한 경우 용접용 테이프를 사용할 수 있다. 이것은 용접 이음의 뒤쪽에 놓이는 접착성 알루미늄 호일로 중앙에 유리 섬유 밴드 층으로 되어 있다. 배킹 테이프에 의한 용접은 정상보다 빠르게 수행될 수 있으며 용접 비드는 허용되는 용접 비드를 남긴다. 이 방법은 약간의 변색을 남길 수 있지만 이 방법을 사용하지 않으면 발생할 수 있는 산화의 양을 현저하게 줄일 수 있다.

## 2-5 각종 금속의 용접

### (1) 연강 및 저합금강의 용접

연강은 탄소 함량이 낮은 철강 금속으로 일반적으로 0.3 % 이하이다. 이러한 이유로 연강은 저탄소강이라고 부른다. 연강은 GTAW 기술을 사용하여 용접할 수 있으며, 그 결과 깨끗하고 정밀한 용접이 가능하다. 연강은 맞대기 용접의 1차 용접에 가장 많이 사용되고 있다.

① 용접의 준비

(개) 용접봉 : TIG 용접 공정은 비소모성 텅스텐 전극을 사용하기 때문에 별도의 용접봉 또는 와이어가 연강 용접용 용가재로 사용된다. 연강에 사용되는 가장 일반적인 용접봉은 YGT50-2.4-1000(AWS A 5.18 ER70S-6, $\phi$2.4)을 준비한다.

(내) 보호 가스 확인 : 보호 가스인 아르곤 가스는 압력 용기에 12~15 MPa로 충전한 것은 기화 시 약 5,600~7,000 L가 된다. 고압 밸브를 열어 가스의 잔량을 확인하고 용접 조건에 맞도록 유량계 밸브를 열어 가스의 공급량을 조절한다.

(대) 텅스텐 전극봉 가공 및 조립 : 전극봉은 토륨을 2 % 함유한 텅스텐 전극봉으로 $\phi$2.4 mm이고, 길이는 150 mm이다. 수동 용접에서 가장 많이 사용하는 전극봉이며, 텅스텐 전극봉 전용 연마기나 그라인더로 가공한다. [그림 2-63]은 그라인더 가공 방법으로, 다이아몬드 휠을 사용한 연마기가 전자 방사 능력이 뛰어나 그라인더 가공보다 우수하다. 텅스텐 전극봉의 가공 길이가 전극봉 지름의 2~3배 정도로 가공하고 전극봉 끝은 약 1~1.5 mm 정도 평면이 되게 가공한다.

(a) 다이아몬드 휠 가공　　(b) 그라인더 가공　　(c) 잘못된 그라인더 가공

[그림 2-63] 텅스텐 전극봉 그라인더 가공 방법

[그림 2-64]에서 토치의 텅스텐 전극봉 구조로 가공된 전극봉을 토치에 조립하기 위해서는 세라믹 노즐을 분리한 후 전극봉을 콜릿 척에 끼워, 캡으로 단단히 조여 고정한다. 고정 후 텅스텐 전극봉 끝을 모재 표면에 살짝 접촉 후 토치에 약간 힘을 주어, 텅스텐 전극봉의 고정 상태를 확인한다.

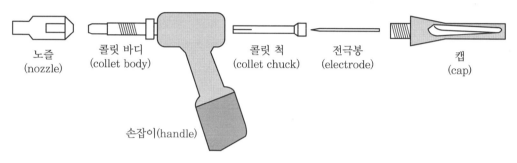

[그림 2-64] 토치의 텅스텐 전극봉 연결 구조

　때로는 고정이 안 되는 경우가 발생하는데, 이때는 콜릿 척을 새것으로 교환하여 고정한다. 고정이 안 되는 경우 콜릿 척이 과다한 용접 열로 인하여 텅스텐 전극봉을 캡으로 고정하면 콜릿 척 지름이 커지게 되거나 변형이 발생하여 텅스텐 전극봉을 고정하지 못하게 되고, 전극봉은 전자 방사 능력이 떨어져 아크가 작업 중 단락되거나 입열량에 변화가 일어나 용접에 중대한 영향을 미치게 된다. 용접 조건에 따라 [그림 2-65]와 같이 텅스텐 전극봉의 돌출 길이를 조절한다.

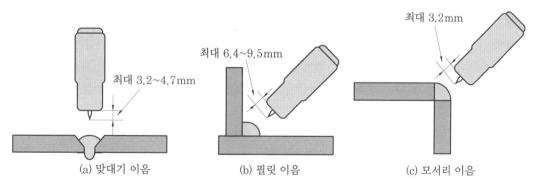

[그림 2-65] 용접 이음 형태에 따른 텅스텐 전극봉 돌출 길이

㈘ 용접 재료 확인 및 가공 : 용접할 재료 표면의 녹, 페인트, 오일, 수분 등을 깨끗하게 제거하고 용접 이음부에 직접 해당되는 부분은 표면의 산화막 등으로 인한 용착 금속의 결함을 방지하기 위해, 모재 표면과 이면의 이음부 끝에서 모재 표면을 약 5 mm 정도 가공한다.

② 용접 방법

(개) 용접 조건 설정 : TIG 용접기 전면의 메인 스위치를 'ON' 후 용접에 필요한
전류와 크레이터 처리 기능, 펄스 전류, 후기 가스 공급 시간 등 필요한 조건
을 선택한다.

㉠ 용접 전원 : 연강의 용접 전원은 AC와 DC 겸용 용접기나 인버터형 펄스 직
류 용접기로 직류 정극성을 사용하게 되는데, 텅스텐 전극봉과 모재의 이음
형상 등에 의해 용접 전류를 결정한다. 정면의 'AC', 'DC' 중 'DC'를 선택한다.
연강 및 저합금강의 용접에는 용접 입열량이 적은 저전류를 이용하는 박판
용접에 사용되며, 후판에서는 이면 비드가 필요한 용접일 경우와 파이프 용
접에서 이면 비드에 주로 사용된다. [표 2-39]는 GTAW의 연강을 직류 정
극성으로 하여 수동으로 용접할 때의 여러 가지 조건들이다.

[표 2-39] 연강의 수동 용접 DCSP TIG 용접 조건

| 모재 두께 (mm) | 이음 형식 | 텅스텐 전극봉 지름(mm) | 용접봉 지름(mm) | 용접 전류 (A) | 보호 가스 | |
|---|---|---|---|---|---|---|
| | | | | | 가스 종류 | L/min |
| 1.6 | 맞대기 | 1.6 | 1.6 | 60~70 | 아르곤 | 7 |
| | 겹치기 | 1.6 | 1.6 | 70~90 | 아르곤 | 7 |
| | 모서리 | 1.6 | 1.6 | 60~70 | 아르곤 | 7 |
| | 필릿 | 1.6 | 1.6 | 70~90 | 아르곤 | 7 |
| 3.2 | 맞대기 | 1.6~2.4 | 2.4 | 80~100 | 아르곤 | 7 |
| | 겹치기 | 1.6~2.4 | 2.4 | 90~115 | 아르곤 | 7 |
| | 모서리 | 1.6~2.4 | 2.4 | 80~100 | 아르곤 | 7 |
| | 필릿 | 1.6~2.4 | 2.4 | 90~115 | 아르곤 | 7 |
| 4.8 | 맞대기 | 2.4 | 3.2 | 115~135 | 아르곤 | 9 |
| | 겹치기 | 2.4 | 3.2 | 140~165 | 아르곤 | 9 |
| | 모서리 | 2.4 | 3.2 | 115~135 | 아르곤 | 9 |
| | 필릿 | 2.4 | 3.2 | 140~170 | 아르곤 | 9 |
| 6.3 | 맞대기 | 3.2 | 4.0 | 160~175 | 아르곤 | 9 |
| | 겹치기 | 3.2 | 4.0 | 170~200 | 아르곤 | 9 |
| | 모서리 | 3.2 | 4.0 | 160~175 | 아르곤 | 9 |
| | 필릿 | 3.2 | 4.0 | 175~210 | 아르곤 | 9 |

㉡ 보호 가스 공급량 설정 : 보호 가스 공급량은 [표 2-39]를 참고하여 'GAS
CHECK ON' 위치에 놓고, [그림 2-66]의 가스 점검 순서에 따라 가스를 열
고 용접 조건에 맞도록 설정한다.

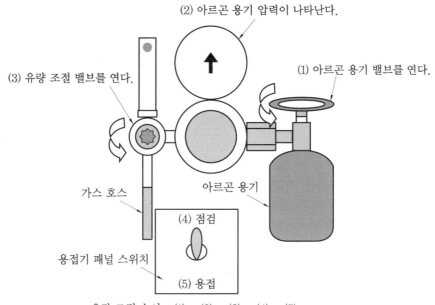

(2) 아르곤 용기 압력이 나타난다.

(3) 유량 조절 밸브를 연다.

(1) 아르곤 용기 밸브를 연다.

가스 호스

아르곤 용기

(4) 점검

용접기 패널 스위치

(5) 용접

유량 조절 순서 : (1) – (2) – (3) – (4) – (5)

[그림 2-66] 보호 가스 유량 조절 방법

ⓒ 크레이터 : 용접 조건에 맞도록 크레이터 '무', '유', '반복' 중 선택하고, 크레이터 '유'인 경우는 크레이터 전류를 용접 전류보다 낮게 설정한다.

ⓔ 냉각 방식 : 공랭식과 수랭식은 토치의 형식에 따라 설정한다.

ⓜ 용접 전, 후 가스 흐름 : 이 기능은 아크를 시작하기 전 보호 가스가 용접 영역을 보호하는 사전 흐름 시간을 제공하고, 또한 아크가 정지된 후 설정 시간 동안 용접이 냉각되는 것과 텅스텐 전극봉이 산화되는 것을 보호해준다. Pre-Flow와 Post-Flow 선택 기능은 용접 전과 후의 가스 흐름을 설정하는 것으로 용접기 종류에 따라 두 가지 기능이 있는 것과 한 가지 기능인 'AFTER FLOW(Post-Flow)' 시간(초)만 있는 것이 있으며, 일반적으로 'AFTER FLOW'는 용접 전류 10 A당 1초 정도로 설정한다.

ⓗ 아크 스타트 : 아크 스타트 방식은 remote start, manual start가 있으며, remote start는 토치 hand remote start, foot remote start가 있다. manual start는 고주파 방식과 lift 방식이 있다.

(나) 아크 발생

㉠ lift 아크 발생 : scratch start라고도 하며, 용접 시작점에서 공작물에 텅스텐 전극을 접촉하여 활성화하는 것으로 토치를 위에서 아래로 내려 1~2초 동안 전극의 끝을 공작물에 접촉시키고 천천히 전극을 들어올리면 아크가 형성된다.

㉡ HF 아크 발생 : HF(high frequnce) 아크는 25 mm 정도까지 아크를 발생

할 수 있다. 토치를 위에서 아래로 내리면 모재와 텅스텐 전극봉 끝이 접촉하기 전 아크를 발생하는 방법과 모재에 토치를 텅스텐 전극봉이 닿지 않도록 일정한 각도로 놓은 상태에서 아크를 발생하게 된다. DCSP(DCEN), AC에서 사용되며, 일반적으로 용접이 진행되는 동안은 꺼지고 아크가 다시 시작될 때, 아크가 꺼질 때마다 켜진다. 이 방법은 텅스텐 전극봉이 오염되어 소모되는 것을 막는 데 매우 유용하다.

(다) 운봉 방법

ㄱ 직선 비드(stringer bead) : 용접할 때 직선으로 용접한 bead로, 주로 초층 용접 시 사용하고 일반적으로 비드가 넓지 않다.

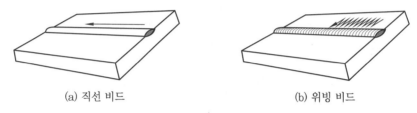

(a) 직선 비드　　　　　(b) 위빙 비드

[그림 2-67] 운봉 방법

ㄴ 운봉 비드(weave bead) : 수동 또는 반자동 용접법의 경우에 위빙을 사용한 용접 비드로 용접 진행 방향에서 횡방향으로 이동하면서 하는 용접 기술이며, 직선 비드보다 입열량이 높다.

ㄷ walking the cup : 맞대기 용접의 표면 비드 용접이나 파이프 용접에 사용되는 운봉 방법으로 모재나 용접 비드에 컵의 일부를 접촉시켜 컵을 걸어가듯이 각을 주어 앞뒤로 회전하면서 운봉을 하면 앞으로 이동하게 되는데, 이것은 텅스텐 끝이 마치 숫자 '8'과 같이 움직임을 보여 8자 운봉법이라고 부르기도 한다. 용융 풀에 텅스텐 봉 끝이 접촉하지 않도록 하면서 일정한 간격으로 컵을 이동시켜 용접한다. 파이프 용접에서 가장 인기 있는 TIG 용접 기술로 뜨거운 용착 금속 위로 세라믹 노즐을 올려놓고 균일한 운봉으로 빠르게 진행할 수 있어 빠르고 품질이 우수한 용접을 할 수 있다. 가장 큰 장점은 숙련되면 장기간 빠른 속도로 용접이 가능하며, 아름다운 비드가 형성되고, 운봉하는 데 피로가 누적되지 않는다는 것이다. 세라믹 노즐을 올려놓을 부분이 없거나 파이프 지름이 1인치 이하, 평판의 처음 시작 부분에서는 freehand로 운봉을 해야 한다.

ㄹ freehand weave : 운봉은 동일한 동작을 취하지만 세라믹 노즐을 모재에 접촉하지 않고 토치를 일정한 간격으로 유지하고 일정한 원호를 그리며 용접하게 되므로 더 많은 손기술이 필요하다.

(a) walking the cup bead　　　　　(b) freehand weave

[그림 2-68] weave bead

㈑ 각종 자세별 용접

　㉠ 아래보기 비드(용가재 없이) : 기초적인 단계의 비드 연습은 용가재 없이 아크 발생 방법, 용접 전류 등 용접에 필요한 기능과 아크의 세기를 경험하면서 아래보기 비드를 형성한다. [그림 2-69]에서 보듯이 아크 발생 후 모재에 용융 풀을 형성하고 토치를 경사지게 하여 용접 진행 방향으로 일정한 속도로 이동하면서 직선 비드, 운봉 비드를 형성할 수 있다.

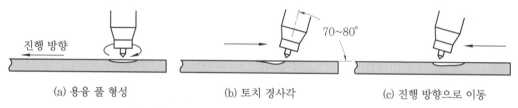

(a) 용융 풀 형성　　　　　(b) 토치 경사각　　　　　(c) 진행 방향으로 이동

[그림 2-69] 아래보기 비드 용접(용가재 없이)

　㉡ 아래보기 비드(용가재 사용) : 토치를 모재에 대하여 70~80°를 유지하고 용접봉은 10~30° 정도로 각을 주어 일정하게 용접봉을 공급하면서 용접 진행 방향으로 이동한다. 이때 최상의 결과를 얻으려면 짧은 호를 유지하면서 용융 풀에 용접봉을 공급하고 회수하는 동작을 연속적으로 일정하게 유지해야 한다. 또한 [그림 2-70]과 같이 작업각은 90°를 유지한다.

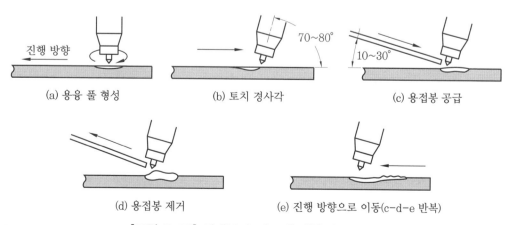

(a) 용융 풀 형성　　(b) 토치 경사각　　(c) 용접봉 공급

(d) 용접봉 제거　　(e) 진행 방향으로 이동(c-d-e 반복)

[그림 2-70] 아래보기 비드 용접(용가재 사용)

기초적인 단계의 비드 용접이지만 용접에서 가장 중요한 단계이므로 숙련
이 되도록 꾸준하게 연습해야 한다.

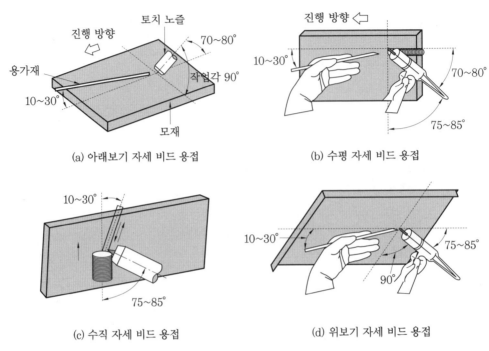

(a) 아래보기 자세 비드 용접

(b) 수평 자세 비드 용접

(c) 수직 자세 비드 용접

(d) 위보기 자세 비드 용접

[그림 2-71] 각종 자세별 비드 용접에서 토치 각도와 용접봉 공급 각도

ⓒ 필릿 이음의 용접 : 필릿 이음의 진행각과 작업각은 일반적으로 [그림 2-72]와
같이 아래보기 자세에서는 작업각은 45° 정도이며, 진행각은 70~80°로 한다.
[그림 2-73]의 수평에서는 용접봉 공급은 10~30°로 기울여 공급하면서 필릿
용접을 하며, 수직 자세와 위보기 자세에서도 거의 동일한 조건으로 한다.

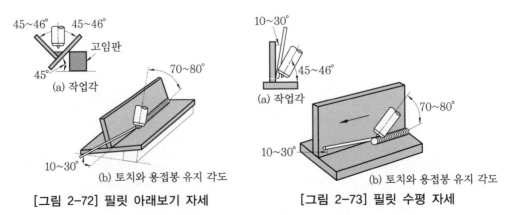

(a) 작업각

(b) 토치와 용접봉 유지 각도

[그림 2-72] 필릿 아래보기 자세

(a) 작업각

(b) 토치와 용접봉 유지 각도

[그림 2-73] 필릿 수평 자세

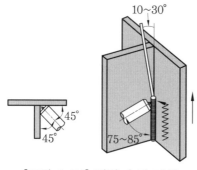
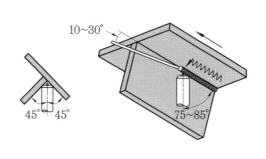

[그림 2-74] 필릿 수직 자세      [그림 2-75] 필릿 위보기 자세

ⓐ 맞대기 이음의 용접 : [그림 2-76]과 같이 아래보기 자세에서는 토치의 각
도는 일반적으로 70~80° 정도를 유지하고 용접봉 각도는 10~30° 정도를
유지한다. [그림 2-77]과 같이 수평 자세에서의 토치의 작업각은 75~85°,
진행각은 70~80° 정도 유지하면서 용접한다. [그림 2-78]과 [그림 2-79]는
각각 수직 자세와 위보기 자세 맞대기 용접 조건이다.

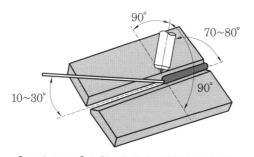
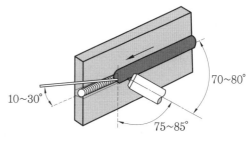

[그림 2-76] V형 맞대기 아래보기 자세      [그림 2-77] V형 맞대기 수평 자세

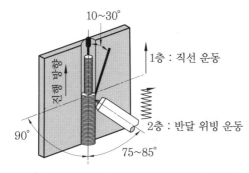
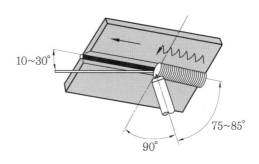

[그림 2-78] V형 맞대기 수직 자세      [그림 2-79] V형 맞대기 위보기 자세

ⓜ 파이프 이음의 용접 : [그림 2-80]과 같이 파이프 맞대기 용접은 아래보기 자
세와 수직 자세, 위보기 자세를 복합적으로 응용하는 용접을 해야 하는 것으로
용접선의 위치에 따라서 토치와 용접봉의 각도를 일정하게 유지하면서 용접한
다. 용접 순서는 파이프의 하단에서는 위보기 자세로 시작하여 상단은 아래보기
자세에서 끝나고, 다시 위보기 자세에서 아래보기 자세로 용접이 이루어진다.

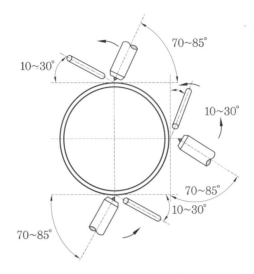

[그림 2-80] 파이프 용접

　㈐ 용접 종료
　㈑ 용접부 검사
　　㉠ 완성된 용접부의 외관을 검사한다.
　　㉡ 결함을 검사한다.

　　(a) F 자세 맞대기 용접　　　　(b) 파이프 비드 용접　　　　(c) 현장 설비 파이프 용접
[그림 2-81] GTAW의 용접 비드와 현장 용접

## (2) 스테인리스강 용접

　스테인리스강은 탄소강과 용접 기술이 거의 비슷하여 많은 연습이 필요하지 않으며, 동일하게 텅스텐 전극과 아르곤 가스를 사용한다. 루트 간격이 있는 경우의 이면은 보호 가스로 퍼지를 하여 산화되지 않도록 보호해야 한다. 일반적으로 스테인리스강의 열전도는 탄소강보다 50 % 정도 작고, 열팽창은 50 % 정도 크기 때문에 너무 많은 열이 가해지면 휘어지는 경향이 있어 용접 변형이 발생한다. 적당하게 용접된 경우는 구리 색상이 되고, 용접이 회색 또는 어두운 색으로 표시되면 느리게 운봉하여 열이 너무 가해짐을 의미한다. 용접 이음에서 가장 중요한 것은 이음부의 상태가 항상 청결을 유지하는 것이다.

여러 패스의 용접에서도 마찬가지로 용접 후 그 다음 패스는 용접 전에 용접하고자 하는 면을 깨끗하게 청소해야 한다. 이음부가 깨끗하지 않으면 용접봉이 이음부에 친화적이지 못하여 이음이 어려워진다. 대부분 스테인리스강은 TIG 용접이 가능하지만 높은 유황이나 탄소량이 높은 유형은 매우 어려움이 있다. 크롬은 다른 유형의 강과 스테인리스강을 구별하는 주요 합금 원소로 크롬을 11 % 이상 함유한 강을 스테인리스강으로 간주한다. 높은 크롬 함량은 금속에 매우 우수한 부식 및 내산성을 부여한다.

용접이 가능한 스테인리스강의 세 가지 유형에 대하여 알아보도록 한다. 첫째, 오스테나이트계 스테인리스강은 일반적으로 용접하기가 가장 쉽다. 일반적으로 약 16~26 %의 높은 크롬 함량 이외에 6~22 % 범위의 높은 니켈 함량을 갖는다. 일부 니켈 대신 및 망간을 함유한 강도 오스테나이트 구조를 유지한다. 이 구조는 우수한 인성 및 연성을 부여하지만 경화되지 못하게 한다. 이러한 강철을 용접할 때 주요한 문제는 오스테나이트 구조에서만 나타나는 탄화물 석출 및 감수성(sensitization)이다. 이것은 강의 온도가 540~870℃ 사이일 때 발생하며 내부식성을 크게 감소시킨다.

> **참고** 탄화물 석출 및 감수성 방지 방법
> - 이 온도 범위에서는 용접 후 빠른 냉각 속도
> - 저탄소강의 모재와 용접봉(최대 탄소 0.03 %) 사용
> - 티타늄 등 안정화된 합금의 사용
> - 용접 후 탄화물을 재용해하는 용액 열처리 방법

둘째, 페라이트계 스테인리스강은 오스테나이트계보다 용접하기가 더 어렵다. 왜냐하면 모재보다 인성이 낮은 용접물을 생성하기 때문이다. 그렇기 때문에 일반적으로 오스테나이트계보다 내부식성이 낮다. 용접부의 취성 구조를 피하기 위해 예열과 후열처리가 필요하다. 일반적으로 예열 온도는 150~260℃ 정도이다. 풀림은 열처리 용접 후에 용접의 인성을 증가시키기 위해 사용한다. 셋째, 마텐자이트계 스테인리스강은 오스테나이트계보다 용접하기 어렵다. 이 강의 주요 합금 원소는 약 11~18 %의 크롬을 함유하며, 탄소 함량이 0.10 %를 초과하는 경우, 균열을 피하기 위해 예열이 필요하다. 예열의 범위는 약 205~315℃이다. 탄소 함유량이 0.20 %를 초과하는 스테인리스강은 용접부의 인성을 개선하기 위하여 풀림과 같은 용접 후 열처리가 요구되기도 한다.

① 용접 전원 : 용접을 위한 DC 전원은 정전류 형식이어야 하며, 용접 회로에 아크를 스타트하기 위해 필요한 고주파 전압을 중첩시켜 사용한다. 텅스텐 전극이 모재에 가깝게 되면 고주파가 모재에 발생되면서 아크가 스타트 된다. 텅스텐이 실제로 모재에 접촉하지 않기 때문에 텅스텐 전극봉을 오염시킬 가능성이 줄어들고 직류 정극성이 사용되어 깊은 용입의 용접이 된다. 아크 전압은 아크 길이에 비례하므로 자동 GTAW로 쉽게 용접할 수 있다. 핫 와이어(hot wire) 용접 방법은 용착 속도와 용접

속도를 크게 향상시킨다. [그림 2-82]와 같이 토치를 따라가는 와이어는 별도의 AC 전원으로 저항을 가열하고 이것을 접촉 튜브를 통해 공급하고 용융 풀에 접촉하기 전에 용융점에 접근하거나 도달한다. 따라서 텅스텐 전극은 모재를 녹이기 위해 열을 공급하고, AC 전원은 용접 와이어를 가열하기 위해 필요한 에너지를 공급한다. 이와 같은 열선법은 잠호 용접 및 가스 보호 플럭스 코어드 아크 용접에 사용되는 원리의 적용이다. 핫 와이어 용접에 사용되는 와이어는 일반적으로 1.2 mm이다.

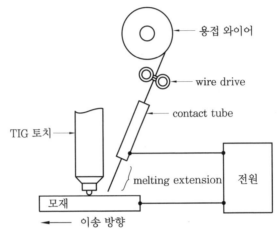

[그림 2-82] 자동 TIG 핫 와이어

[표 2-40]은 DCSP에서 스테인리스강의 용접 조건을 나타내고, [표 2-41]은 DCSP에서 용가재 없이 용접하는 자동과 수동 용접의 여러 가지 조건들이다.

[표 2-40] 스테인리스강(DCSP) 용접 조건

| 모재 두께 (mm) | 이음 방법 | 전극봉 지름 (mm) | 용접봉 지름 (mm) | 노즐 크기 | 보호 가스 흐름 | | 전류(A) | 이송 속도 (mm/min) |
|---|---|---|---|---|---|---|---|---|
| | | | | | 가스 | L/min | | |
| 1.6 | 맞대기 | 1.6 | 1.6 | 4, 5, 6 | Ar | 5 | 80~100 | 307 |
| | 필릿 | | | | | | 90~100 | 256 |
| 3.2 | 맞대기 | 1.6 | 2.4 | 4, 5, 6 | Ar | 5 | 120~140 | 307 |
| | 필릿 | | | | | | 130~150 | 256 |
| 4.8 | 맞대기 | 2.4 | 3.2 | 5, 6, 7 | Ar | 6 | 200~250 | 307 |
| | 필릿 | 2.4, 3.2 | | | | | 225~275 | 256 |
| 6.4 | 맞대기 | 3.2 | 4.8 | 8, 10 | Ar | 6 | 275~350 | 256 |
| | 필릿 | | | | | | 300~375 | 205 |

[표 2-41] TIG 자동과 수동 용접 조건(용가재 사용 없음)

| 재료 | 판 두께 (mm) | 자동·수동의 구별 | 전극 직경 (mm) | 용접 전류[1] (A) | 용접 속도 (mm/min) | 아르곤 유량 (l/min) | 극성[2] |
|---|---|---|---|---|---|---|---|
| 스테인리스 강판 | 0.8 | 자<br>수 | 1.6<br>1~1.6 | 90~140<br>30~50 | 1,000<br>300 | 7<br>3 | DCSP |
| | 1.2 | 자<br>수 | 1.6~2.4<br>1.6~2.4 | 120~180<br>40~70 | 750<br>250 | 8<br>4 | DCSP |
| | 1.6 | 자<br>수 | 2.4 | 140~200 | 620 | 8<br>4 | DCSP |
| | 2.4 | 자<br>수 | 2.4 | 160~250 | 380 | 9<br>5 | DCSP |

㈜ (1) 받침쇠 사용의 경우, (2) DCSP : 직류 정극성

② 전극봉과 용접봉 : 전극봉의 연마 방법은 탄소강의 연마 조건과 같으며, [표 2-42]는 텅스텐 전극봉 지름에 따른 사용 전류 범위와 아르곤 가스 유량 범위를 나타낸다.

[표 2-42] 토륨 텅스텐 전극봉 지름과 아르곤 가스 유량과의 관계

| 토륨 텅스텐 전극봉 지름(mm) | 용접 전류(A) | 아르곤 가스 유량(l/min) |
|---|---|---|
| 1.6 | 50~150 | 4~7 |
| 2.4 | 140~250 | 5~8 |
| 3.2 | 220~350 | 5~8 |
| 4.0 | 300~450 | 6~9 |

용가재는 자동 용접용 와이어 또는 수동 용접용 용접봉이 있다. 일반적으로 용접용 와이어는 지름이 0.9, 1.0, 1.2, 1.6, 2.0인 와이어가 사용되며, 수동 용접봉은 지름이 1.2, 1.6, 2.0, 2.4, 3.2 mm이다.

③ 보호 가스 : 보호 가스는 일반적으로 아르곤 가스를 사용하지만 헬륨 혹은 아르곤과 헬륨의 혼합 가스는 구조물이 복잡하거나 이음이 어려운 부분에 사용된다. 아르곤 가스는 아크가 보다 안정시키고, 아크 전압은 헬륨보다 다소 적어 박판 용접에서 용접사가 화상 없이 용접할 수 있다. 오스테나이트 스테인리스강의 용접에서 아르곤과 수소를 첨가한 혼합 가스는 비드 모양과 습윤을 개선하는 데 사용된다. 퍼징용 보호 가스는 아르곤과 질소 등의 보호 가스를 사용하여 스테인리스강의 용접으로 인한 산화를 방지하는 역할을 한다. 퍼지 댐은 수용성 종이, 일반 배관용 스펀지, 루버(rubber) 댐이나 테이프 등으로 한다([그림 2-83]). 퍼징 가스 인입선 쪽에는 퍼징 가스의 양을 확인할 수 있는 게이지를 부착한다. 퍼지 댐은 오염 및 연소 방지를 위해 용접부에서 최소 약 150 mm 이상 떨어져 설치한다. 용접 시 퍼징은 2차 패스까지 유지하고, 아르곤 가스는 낮은 곳에서 주입하여 높은 곳으로 배출, 질소 가스는 높은 곳에서 주입하

여 낮은 곳으로 배출한다. 용접 후 퍼지막을 반드시 제거하고, 배관이 긴 경우에는 송풍기 등을 이용하여 잔류 퍼징 가스를 배출한다. 퍼징 후 잔류 가스가 아르곤에서는 배관 아랫부분에 모이게 되므로, 아래로 구부러진 ∪ 형상에 주의하고, 헬륨 가스나 질소 가스는 배관 윗부분에 모이게 되므로, 위로 구부러진 ∩ 형상에 주의하여 배출한다.

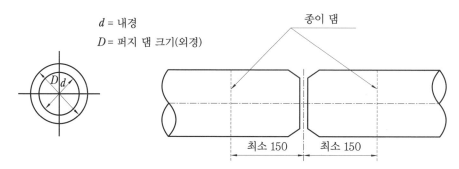

$d$ = 내경
$D$ = 퍼지 댐 크기(외경)

종이 댐

최소 150    최소 150

[그림 2-83] 퍼지 댐 설치 방법

[표 2-43] 파이프 지름에 따른 아르곤과 질소 퍼징 가스량

| 스테인리스 파이프 안지름(inch) | 최소 퍼징량(L/min) | |
|---|---|---|
| | 용접 전 | 용접 중 |
| 1~3 | 5 | 3~5 |
| 4~14 | 14 | 7~10 |
| 16~28 | 24 | 10~12 |
| 30~36 | 33 | 14~19 |

④ 용접 설계 : 오스테나이트 스테인리스강은 열팽창 계수가 상대적으로 높기 때문에 용접부 설계 시 변형에 대한 제어가 고려되어야 한다. 접합부의 용착 금속량은 필요한 특성을 제공할 수 있는 최소량으로 제한한다. [그림 2-84(c)]는 'V' 그루브보다 더 작은 용착량을 제공해야 한다. 이음의 양면에서 용접이 가능하면 이중 'U' 홈 및 'V' 홈 이음을 사용해야 한다. 이는 용착 금속의 양을 줄이고 수축 응력의 균형을 맞추는 데 도움이 된다. 또한 용접으로 인한 변형을 최소화하기 위해서는 용접 위치와 용접 순서를 고려해야 한다.

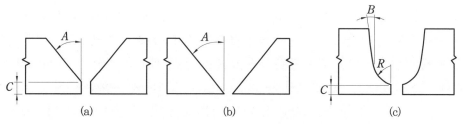

(a)    (b)    (c)

$A$ = 37 1/2° ± 2-1/2°    $B$ = 10° ± 1°    $C$ = 1.6 mm ± 0.8 mm    $R$ = 6.4 mm

[그림 2-84] 오스테나이트 스테인리스강의 일반적인 설계

⑤ 용접 시공 : 변형은 불균일한 팽창과 수축에 의해 발생하며, 오스테나이트계 스테인리스강의 높은 열팽창 계수와 낮은 열전도도 때문이다. 변형을 최소화하기 위한 방법으로 용접 순서, 용착 금속 체적의 최소화, 균형 있는 용접(양면 용접), 입열량 저감, 용접 층수의 감소, 후진 용접, 지그와 기계적 구속, 가용접 등이 있다. 이음 모재를 제자리에 고정하고 용접 중 이음 모재가 움직임에 저항하는 공구 및 고정 장치를 사용하고 가스 보호 공정을 사용하는 경우, 루트 패스가 만들어질 때 산화 방지를 위해 용접 루트에 가스 퍼지를 한다. 용접 지그, 접지 클램프는 스테인리스강을 오염시키지 않는 재료로 만들거나 피복되어 있어야 한다. Cu를 배킹재로 사용할 경우, 구리 냉각이 용접 영역 근처에서 사용되는 경우에는 구리가 열 영향부의 고온과 접촉하여 오스테나이트 스테인리스강의 결정 입계에 녹아 균열이 발생할 수 있으므로 니켈이나 크롬으로 코팅하면 감소시킬 수 있다.

⑥ 용접 방법

(개) TIG 용접기의 정면에서 직류 정극성 전원을 선택한다.

(내) 패널에서 가스를 점검 위치에 놓고 가스를 점검한다.

(대) 후기 시간, 크레이터와 펄스 등을 선택하여 조절한다.

(래) 가공된 모재를 준비하면서 퍼징에 대한 방법을 결정하여 루트 간격이 있는 맞대기 용접 시 반드시 퍼징을 한다.

(매) 아크의 스타트는 고주파 발생 장치를 이용하여 모재와 텅스텐 전극봉 사이를 1~3 mm 정도 가까이 하고 토치 스위치를 누르면 고주파가 발생되면서 아크가 발생된다.

(배) 용접은 시작점에서 모재를 용융하고 용접봉을 공급하면서 용접하게 되는데, 진행각과 작업각을 적절히 유지하여 용락되는 일이 없도록 각별히 주의하여 용접을 진행한다.

(새) 용접 시 용접 진행은 직선과 walking the cup, 운봉 등 여러 방법을 사용한다.

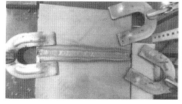  

(a) 맞대기 용접 표면 비드          (b) 파이프 이면 비드(퍼징)          (c) 아래보기 맞대기 용접

[그림 2-85] 맞대기 용접 비드와 용접 장면

(애) 용접이 끝나면 크레이터 처리를 하고 용접기 스위치를 'OFF' 하고, 보호 가스 밸브를 잠근다.

(재) 용접부를 점검한다.

## (3) 알루미늄과 알루미늄 합금 용접

알루미늄 용접은 순 텅스텐 전극봉을 사용하고 텅스텐 전극봉은 열을 적절히 퍼지게 하기 위해 그 끝부분을 볼 모양으로 해야 한다. 전원은 항상 교류로 사용하고 고주파가 필요하다. 알루미늄은 빛나는 용융 풀을 가지고 있고, 용접을 연속적으로 하기 쉽지만 부주의하면 갑자기 전체 용융 풀이 바닥으로 떨어지므로 주의한다. 그러므로 과열되지 않도록 해야 한다. AL은 열전도도가 강의 약 3배 정도 크며, 용융 금속이 응고할 때 수축량은 약 6 %에 달하고 AL에 함유되어 있는 불순물은 부식에 큰 영향을 주게 된다. [표 2-44]는 가공용 알루미늄 합금과 주물용 알루미늄 합금으로 분류한 것으로 4개의 숫자로 구분되며, 첫 번째 숫자는 주 합금 원소를 나타낸다. 1XXX 계열에서는 마지막 두 자리가 알루미늄의 순도를 나타내고, 그 외에는 합금의 종류를 표시한다. 둘째 자리에서 '0'은 본래의 합금을 나타내고, '1~9'는 개조한 것이다.

### [표 2-44] 알루미늄 합금의 분류

| 가공용 알루미늄 합금 | | 주물용 알루미늄 합금 | |
|---|---|---|---|
| 분류 기호 | 주합금 원소 | 분류 기호 | 주합금 원소 |
| 1XXX | Al(99.00 % 이상) | 1XXX | Al(99.00 % 이상) |
| 2XXX | Cu | 2XXX | Cu |
| 3XXX | Mn | 3XXX | Si, Cu(Mg) |
| 4XXX | Si | 4XXX | Si |
| 5XXX | Mg | 5XXX | Mg |
| 6XXX | Mg, Si | 6XXX | Sn |
| 7XXX | Zn(Mg, Cu) | 7XXX | Zn(Mg, Cu) |
| 8XXX | 기타 원소 | 8XXX | 미사용 |
| 9XXX | 미사용 | 9XXX | 기타 원소 |

가공용 알루미늄 합금에서 1XXX는 순수 알루미늄이며, 9XXX는 아직까지 미지정되어 있다. 비열처리 합금으로 분류하면 1XXX, 3XXX, 4XXX, 5XXX 계열이며, 열처리 합금은 2XXX, 6XXX, 7XXX 계열이다. 또한 주물용 알루미늄 합금에서 열처리 합금의 주 합금은 구리, 규소, 마그네슘 등이며, 고온 중에 사용하는 합금은 니켈을 함유하고, 항공기와 미사일 구조물에 쓰인다. 비열처리 합금은 구리, 규소, 마그네슘, 아연을 포함하고, 밸브 하우징(valve housing), 음식 취급 장비 등에 사용한다. 알루미늄 합금은 용접으로 인한 풀림 효과를 받으면 강도에 큰 변화가 일어나게 된다. 철보다 열전도도가 크며, 단위 면적당 50 % 정도의 수축이 크게 일어난다. 또한 고온 강도가 약하고, 용접 중 색이 변화되지 않아 식별이 어렵다.

> **참고** 강에 비해 알루미늄 합금 용접이 곤란한 이유
> - 비열 및 열전도도가 커서 단시간에 용융 온도로 올리기 위해 큰 열원이 필요하다.
> - 알루미늄은 용융점이 낮고, 용융되면 색을 구별하기 어려워 지나친 용융이 되도 식별이 어렵다.
> - 알루미늄 표면에 용융점이 약 2,072℃로 매우 높은 산화 알루미늄이 표면을 덮고 있어 용접 시 용착 금속 형성에 어려움이 있다.
> - 산화 알루미늄의 비중이 알루미늄의 비중보다 크므로 용융 금속 중에 남는다.
> - 팽창 계수가 매우 크다.
> - 고온에서 강도가 약하고, 용접 변형이 크고 균열 발생 위험이 있다.
> - 용접 시 수분이나 수소 가스 등으로 인하여 기공 발생의 원인이 된다.

① 용접 전원 : 알루미늄의 용접에서는 고주파를 이용한 평형 교류 용접기로 ACHF를 사용하며, 전류를 선택할 때는 표준 용접 조건에 따라 선택하지만 재료의 종류, 작업 조건, 용접 속도에 따라 약간의 증감이 필요하다. 용접 작업 전 다음 항목을 점검하여 이상 유무를 확인하여야 한다.

㈎ 각 케이블의 접속 상태

㈏ 스위치류의 작동 상태

㈐ 진동음, 냄새 등의 이상 유무

㈑ 냉각수의 순환 및 실드 가스 방출 상태

㈒ 노즐 내면의 결로의 유무

용접기의 이상 유무가 확인되면, 아크를 발생시켜서 모재면에서의 클리닝 작용 및 아크의 안정성이 양호하다는 것을 확인한다. [표 2-45]는 재료 두께와 이음 방법에 따른 TIG 용접 조건을 나타낸다.

### [표 2-45] 알루미늄(ACHF) TIG 용접 조건

| 모재 두께 (mm) | 이음 방법 | 전극봉 지름(mm) | 용접봉 지름(mm) | 노즐 크기 | 보호 가스 흐름 가스 | 보호 가스 흐름 L/min | 전류 (A) | 이송 속도 (mm/min) |
|---|---|---|---|---|---|---|---|---|
| 1.6 | 맞대기 | 1.6 | 1.6 | 4, 5, 6 | Ar | 7 | 60~80 | 307 |
| 1.6 | 필릿 | 1.6 | 1.6 | 4, 5, 6 | Ar | 7 | 70~90 | 256 |
| 3.2 | 맞대기 | 2.4 | 2.4 | 6, 7 | Ar | 8 | 125~145 | 307 |
| 3.2 | 필릿 | 2.4 | 3.2 | 6, 7 | Ar | 8 | 140~160 | 256 |
| 4.8 | 맞대기 | 3.2 | 3.2 | 7, 8 | Ar/He | 10 | 190~220 | 258 |
| 4.8 | 필릿 | 3.2 | 3.2 | 7, 8 | Ar/He | 10 | 210~240 | 230 |
| 6.4 | 맞대기 | 3.2 | 3.2 | 8, 10 | Ar/He | 12 | 260~300 | 256 |
| 6.4 | 필릿 | 3.2 | 3.2 | 8, 10 | Ar/He | 12 | 280~320 | 205 |

② 전극봉과 용접봉 : 텅스텐 전극봉은 KSD 7029에 규정하는 것을 사용하고 텅스텐 전극봉의 끝의 오염 및 손상, 산화, 모양 불량 등이 생긴 경우는 그라인더로 전극봉 끝을 다시 성형하거나 교체한다. 필러 금속(filler metal)은 와이어 또는 봉으로 되어 있으며, 기본 합금과 호환되어야 한다. 필러 금속은 건조해야 하고 습기가 있으면 120℃에서 2시간 동안 가열 후 사용하고, 산화물이나 그리스 또는 다른 이물질이 없어야 한다.

[표 2-46] 텅스텐 전극봉 지름에 대한 용접 전류 범위(교류)

| 전극봉 지름(mm) | 용접 전류 범위(A) | |
| --- | --- | --- |
| | 순 텅스텐 | 토륨 텅스텐, 산화 란탄 텅스텐, 산화 셀륨 텅스텐 |
| 1.0 | 10~60 | 20~80 |
| 1.6 | 20~100 | 30~130 |
| 2.0 | 40~130 | 50~180 |
| 2.4 | 50~160 | 60~220 |
| 3.2 | 100~210 | 110~290 |
| 4.0 | 150~270 | 170~360 |
| 4.8 | 200~350 | 220~450 |
| 5.0 | 200~350 | 220~450 |
| 6.4 | 250~450 | - |

③ 보호 가스 : 보호 가스는 용접 방법, 판 두께, 용접 자세 등에 따라 아르곤, 헬륨 또는 이것들의 혼합 가스를 사용한다. 또한 아르곤은 KSM1122에 따른다. 알루미늄 용접에서 발생하는 기공은 아크 분위기 중에 수분이 함유되어 있는 경우가 가장 많은 원인이 되며, 특히 아크가 불안정하면 발생하기 쉽다. 기공은 He-Ar 혼합 가스일 때 최소가 된다. 헬륨과 아르곤을 혼합하여 사용하면 아크가 안정되면서 용입이 깊고, 용접 속도가 빠르다. 여러 가지 조건에 따라 헬륨과 아르곤 가스의 비율을 75 : 25, 65 : 35, 50 : 50 등 다양한 방법으로 사용한다([표 2-47]). 알루미늄 용접에서는 가스의 순도가 중요하므로 아르곤 가스의 경우, 순도가 99.999 % 이상인 1급의 가스를 사용하는 것이 바람직하다. 용접을 처음 시작할 때는 가스를 몇 초간 분출한 후에 용접을 시작하는 것이 좋다. 왜냐하면 가스 호스에 남아 있던 불순물이나 수분이 혼입되어 나와 용접에 영향을 미칠 수 있기 때문이다.

### [표 2-47] 보호 가스 선택 및 사용

| 모재 | 두께 범위 | 용접 유형 | 실드 가스 종류 | 특성 |
|---|---|---|---|---|
| 알루미늄 합금 및 마그네슘 합금 | 박판 | 수동 | Ar | 양호한 아크 스타트, 용입 조절, 클리닝과 외관이 좋다. |
| | 후판 | 수동 | 75Ar-25He | 아르곤의 아크 스타트는 좋지만 용접 속도가 빨라 열 입력이 증가한다. |
| | 범용 | 수동 | Ar | 양호한 아크 스타트, 용입 조절, 클리닝과 외관이 가장 좋다. |
| | 박판 | 자동 | 50Ar-50He | 두께 20 mm 아래에서 높은 용접 속도, 아크 안정성과 아크 스타트가 양호하다. |
| | 후판 | 자동 | He | 가장 빠른 용접 속도, DCSP에서 더욱 깊은 용입, 까다로운 아크 스타트와 고정 장치 요구 사항, 높은 유량이 필요하다. |

④ 용접 시공

　㈎ 용접 준비 : 알루미늄 합금은 용접하기 까다로운 비철 금속이며, 산화 알루미늄은 용접하기 전에 표면을 깨끗하게 청소해야 한다. 알루미늄에는 열처리 합금과 비열처리 합금이 있다. 열처리 합금은 시간이 경과함에 따라 강도를 갖게 되는데, 인장 강도의 중대한 감소는 용접된 알루미늄이 오랜 시간이 지나 한계에 이를 때 일어날 수 있다.

　　㉠ 그루브 및 그루브 가공 : 그루브는 이음의 모양, 두께, 용접 방법, 용접 자세, 층수, 밑면 따내기의 유무, 작업상의 제약, 요구 품질 등을 고려하여 결정한다. 대표적인 그루브 중 판의 경우는 [표 2-48]에 나타나 있다.

### [표 2-48] GTAW를 위한 맞대기 용접 이음 준비(KSBISO9692-3)

(단위 : mm)

| 모재 두께 t | 명칭 | 단면 | 각도 $\alpha, \beta$ | 간격 b | 루트면 두께 c | 비고 |
|---|---|---|---|---|---|---|
| t≤4 | I형 맞대기 용접 | | – | b≤2 | – | – |
| 2≤t≤4 | 배킹을 갖는 I형 맞대기 용접 | | – | b≤1.5 | – | MIG |
| 3<t≤5 | V형 맞대기 용접 | | $\alpha \geq 50°$ | b≤3 | c≤2 | – |

| $3 \le t \le 15$ | 넓은 루트면을 갖는 V형 맞대기 용접 | | $\alpha \ge 50°$ | $b \le 2$ | $c \le 2$ | – |
|---|---|---|---|---|---|---|
| $4 \le t \le 10$ | 베벨 맞대기 용접 | | $\beta \ge 50°$ | $b \le 3$ | $c \le 2$ | – |

판 두께가 4 mm 이상의 차이가 있는 경우 또는 한쪽의 판 두께가 4 mm 미만이고 두꺼운 쪽과의 사이에 2 mm 이상의 차이가 있는 경우의 맞대기 이음의 그루브 모양은 후판 쪽에 테이퍼를 주어 급격한 변화가 일어나는 것을 피하는 것이 바람직하다. 이 경우의 권장 모양은 [그림 2-86]에 따른다.

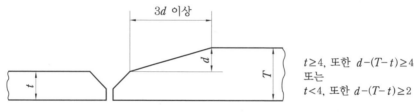

[그림 2-86] 판 두께가 다른 모재의 홈 모양

ⓛ 전처리 : 모재의 이음 부위는 가능한 한 용접 직전에 기계적 방법 또는 화학적 방법에 의해 표면의 산화물 또는 다른 부착물로 인하여 용접 결함의 원인이 되지 않도록 충분히 깨끗하게 한다. 기계적인 방법은 유기 용제로 탈지 후 깨끗한 스테인리스강제의 가느다란 와이어 브러시로 강하게 연마하여 산화막을 제거한다. 또한 화학적인 방법으로는 5~10 % 수산화나트륨 용액(약 70℃)에 30~60초간 담가 물로 씻은 다음에 약 15 % 질산(상온)에 약 2분간 담가 물로 씻은 후 온탕에서 세척하여 건조시킨다.

ⓒ 지그 및 고정구 사용 : 지그, 고정구 및 변형 방지는 다음에 따른다. 알루미늄은 용접으로 인한 변형이 생기기 쉬우므로 가능한 한 구속 지그, 고정구 등을 이용하여 용접하는 것이 바람직하며, 재료는 자기를 발생할 염려가 있는 경우는 비자성 재료를 이용하고, 또 다른 방법은 용접 순서를 대칭적으로 실시한다. 각 변형 등의 용접 변형은 적절한 방법으로 구속 또는 역변형을 가한다. 또한 수축에 대해서는 미리 수축값을 예상하여 용접한다.

ⓔ 받침쇠 및 배킹 : 이면에 보강을 할 필요가 있는 용접에서 받침쇠나 배킹 재료를 사용하여 용접한다. 받침쇠는 모재와 동일한 재료로 사용하고, 배킹은 구리 등의 비자성 재료나 스테인리스강을 사용하는 것이 바람직하다. 경우에 따라서는 홈이 있는 배킹재를 사용한다. 루트 간격이 1.5 mm보다 크거나 같은 경우 되도록 배킹을 이용해야 한다.

⑤ 용접 방법

㈎ 가접(tack weld)

　㉠ 가접은 고정구, 스패이서(spacer) 등에 의해 적정한 루트 간격을 유지하고, 본 용접 시에 판의 비틀림 등이 일어나지 않도록 한다.

　㉡ 가접은 균열 등의 용접 결함이 생기기 쉬우므로 비드의 길이 및 목 두께가 너무 작아지지 않도록 주의한다. 또한 모서리, 끝부분 및 기타 응력이 집중되는 중요한 장소에는 가접을 하지 않는다.

　㉢ 가접에 의해 생긴 산화막 등 결함은 본 용접 전에 충분히 제거한다.

　㉣ 가접은 가능한 한 작게 하고 고정 지그에 의해 구속하는 것이 바람직하다.

㈏ 예열 및 패스 간 온도 : 알루미늄인 경우 일반적으로 예열을 하고 있지 않지만, 두꺼운 판을 비교적 낮은 전류로 용접하고자 하는 경우, 용접 균열 방지, 기공 등의 발생을 방지하고자 예열을 하는 수도 있다. 예열은 풀림재는 200℃ 이하, 가공 경화재 및 열처리재는 100~150℃ 이하를 기준으로 한다. 패스 간 온도는 가능한 한 낮게 하여야 한다. 다층 용접 시에 패스 간 온도가 높으면 선행하는 비드에 과도한 열영향을 주어 국부적인 입계 용융에 의한 미세 갈라짐이 발생하거나 비드에 근접한 모재부의 결정 입자가 조대화하는 요인이 되는 경우가 있다.

㈐ 용접의 시점과 종점 및 비드 이음매의 처리 : 용접의 시점과 종점은 기공, 균열 등의 결함이 생기기 쉬우므로 용접 이음의 양끝에는 동일한 재질의 엔드 탭을 사용하고, 크레이터는 크레이터 처리 기능을 사용하여 시공하거나 크레이터부를 완전히 깎아내고 나서 비드를 이어서 용접한다. 한쪽에만 필릿 용접하는 경우는 끝부분을 돌려가면서 용접한다. 돌려가면서 하는 용접의 길이는 약 20 mm로 한다.

㈑ 용접의 표면 모양 : 다듬질하지 않는 비드 표면의 경우 일반적으로 끝부분은 응력 집중부가 되므로 되도록 매끄럽고 균일한 모양으로 비드의 끝에서 모재와 비드 표면이 이루는 각은 가능한 한 둔각이 되는 것이 바람직하다. 필릿 용접의 표면 모양은 평평하게 한다. 맞대기 용접의 덧살의 높이는 [표 2-49]에 따른다.

[표 2-49] 표면 덧살의 높이

(단위 : mm)

| 판 두께 또는 살 두께(t) | 덧살 높이 | 판 두께 또는 살 두께(t) | 덧살 높이 |
|---|---|---|---|
| 6 이하 | 2 이하 | 15 초과 25 이하 | 5 이하 |
| 6 초과 15 이하 | $\frac{1}{3}$ t 이하 | 25를 초과하는 것 | 7 이하 |

⒨ 변형 제거 : 용접으로 발생한 변형은 기계적 방법, 점 가열 방법, 선 가열 방법 등에 의해 교정한다. 기계적 방법은 롤러, 프레스, 잭, 해머를 이용한 방법이 사용되고, 재료를 국부적으로 가열한 후 수랭하여 열 수축을 이용한 방법, 가열 후 기계적인 방법에 의해 온간 또는 열간 가공하는 방법 등이 있다. 기계적 방법에 의한 변형 제거에서는 모재 표면을 손상시키지 않는 방법을 취한다. 가열 급랭에 의한 변형 제거 또는 가열 후 열간 가공에 의한 변형 제거를 하는 경우는 [표 2-50]과 같이 가열 한계 온도에서 실시한다.

[표 2-50] 여러 가지 알루미늄 합금의 가열 한계 온도

| 합금 | 가열 한계 온도(℃) | |
|---|---|---|
| | 가열 급랭 | 가열 가공 |
| A1070 | 450 이하 | 400 이하 |
| A1050 | 300 이하 | 300 이하 |
| A1100, A1200 | 200 이하 | 200 이하 |
| A2014 | 450 이하 | 400 이하 |
| A2017, A2219 | 300 이하 | 200 이하 |
| A3003 | 450 이하 | 400 이하 |
| A3203 | 350 이하 | 350 이하 |
| A5005, A5052, A5154 | 300 이하 | 250 이하 |
| A5254, A5056, A5083, A5N01 | 300 이하 | 250 이하 |
| A6101, A6061, A6N01, A6063 | 250 이하 | 250 이하 |
| A7003, A7N01 | 300~350 | 200 이하 |

⒫ 검사 : 용접 종료 후 용접부의 겉모양 및 표면 결함인 균열, 언더컷, 오버랩, 크레이터 등의 유무를 육안으로 조사한다. 표면의 갈라짐 등의 검사를 침투 탐상 시험에 의해 실시한다. 내부 결함은 방사선 투과 시험이나 초음파 탐상 시험에 의한 방법으로 품질을 검사한다.

## (4) 구리 및 구리 합금의 용접

구리의 열전도율은 강의 8배 이상, 알루미늄의 2배 정도로 모재가 용접열을 급속히 전체적으로 흡수하므로 용접부가 쉽게 용융되지 않아 용융 부족 현상이 생긴다. 그러므로 구리의 용접에는 고온의 예열 온도가 필요하다. 구리 합금은 합금 성분에 따라 예열 온도도 달라진다. 구리 및 구리 합금의 용융 온도는 약 900~1,100℃이다. 용융 금속이 응고될 때는 수소, 산소, 아황산가스 등이 발생하여 기공이 쉽게 용접 금속 내에 나타난다. 특히 인(P)이나 규소(Si), 알루미늄(Al) 등의 탈산제가 함유된 동합금 용접에는 더욱 심하므로

용접 시 주의를 요한다. 용접은 용접봉 없이 모재와 모재를 접합하는 단순한 용접은 피하고 용접봉을 사용하여 용접한다. 파이프 용접에서 루트 간격이 있는 용접을 할 때, 배킹 가스는 일반적으로 아르곤을 사용하고 아크는 가능한 한 짧게 유지하고 일반적으로 직류 정극성을 사용한다. 많은 표준 텅스텐 또는 합금 텅스텐 전극은 구리 및 구리 합금의 GTAW에 사용될 수 있다. 특정 종류의 구리 합금을 제외하고, 토륨화된 텅스텐(보통 EWTh-2)은 성능이 좋고, 수명이 길며, 오염에 대한 내성이 우수하기 때문에 선호한다.

① 용접성에 영향을 미치는 요소 : 특정 구리 합금을 구성하는 합금 원소 외에도 몇 가지 다른 요소가 용접성에 영향을 준다. 이러한 요소는 용접되는 합금의 열전도성, 보호 가스, 용접 중에 사용되는 전류의 유형, 이음 설계, 용접 위치, 표면 상태 및 청결도 등이다. 높은 열전도율을 갖는 구리 및 합금 구리 재료를 용접할 때, 전류 및 보호 가스의 유형은 접합부에 최대 열 입력을 제공하도록 한다. 단면 두께에 따라 열전도율이 낮은 구리 합금의 경우 예열이 필요할 수 있다. 패스 간 온도는 예열 온도와 같아야 한다. 일부 합금은 잔류 응력을 최소화하기 위해 냉각 속도를 제어해야 한다.

㈎ 용접 자세 : 구리 및 그 합금은 유동성이 높기 때문에 용접할 때마다 평평한 위치에서 한다. 수평 위치는 모서리 조인트 및 T 조인트의 일부 필릿 용접에 사용한다.

㈏ 석출 경화성 합금 : 가장 중요한 석출 경화 반응은 베릴륨, 크롬, 붕소, 니켈, 실리콘 및 지르코늄으로 얻어진다. 산화와 불완전한 융합을 피하기 위해 석출 경화성 구리 합금을 용접할 때 주의를 기울여야 한다. 가능하면 열처리된 상태에서 용접되어야 하며, 용접 금속에는 석출 경화 열처리가 주어져야 한다.

㈐ 고온 균열 : 구리-주석 및 구리-니켈과 같은 구리 합금은 응고 온도에서 고온 균열의 영향을 받기 쉽다. 이 특성은 넓은 액상선 대비 고상선 온도 범위를 갖는 모든 구리 합금에서 나타난다. 고온 균열은 용접 중 구속을 줄이고, 냉각 속도를 늦추고, 용접 응력의 크기를 줄이고, 루트 간격을 줄이고, 루트면을 증가시킴으로써 최소화할 수 있다.

㈑ 다공성 : 특정 원소(예 아연, 카드뮴, 인)는 용융점이 낮다. 용접 중에 이들 원소가 기화되면 다공성이 생길 수 있다. 이러한 요소를 포함하는 구리 합금을 용접하는 경우, 높은 용접 속도 및 이들 요소의 낮은 용접봉으로 인해 다공성이 최소화될 수 있다.

㈒ 표면 조건 : 작업 표면의 그리스와 산화물은 용접 전에 제거해야 한다. 알루미늄 청동 및 실리콘 청동의 표면의 작은 스케일은 일반적으로 기계적 수단을 통해 용접 영역으로부터 적어도 13 mm 떨어진 거리까지 제거한다. 구리 니켈 합금의 그리스, 도료, 크레용 마크, 먼지 및 이와 유사한 오염물은 취성을 유발할 수 있으므로 용접하기 전에 제거한다. 구리 니켈 합금의 연삭은 연삭 또는 산세로 제거한다. 와이어 솔질은 효과적이지 않다.

② 용접 이음 설계 : 구리 및 구리 합금 용접에 권장되는 이음 설계는 [그림 2-87]과

같다. 구리의 높은 열전도도 때문에 이음 설계는 연강에 사용되는 것보다 넓어서 적절한 용착과 용입이 가능하다.

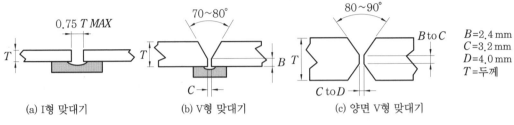

(a) I형 맞대기   (b) V형 맞대기   (c) 양면 V형 맞대기

[그림 2-87] 용접 이음 설계

③ 예열(pre-heating) : 두꺼운 구리 재료의 용접에는 용접 이음에서 주변 모재 속으로의 신속한 열전도로 인해 높은 예열이 필요하다. 대부분의 구리 합금은 열 확산이 구리보다 훨씬 적기 때문에 예열을 필요로 하지 않는다. 주어진 용도에 맞는 정확한 예열을 선택하려면 용접 공정, 합금이 용접되는 부분, 모재 두께와 어느 정도는 용접 구조물의 전체 질량을 고려해야 한다. 알루미늄 청동 및 구리-니켈 합금은 예열하지 않아야 한다. 연성의 손실을 초래할 수 있는 온도 범위가 되지 않도록 가능한 한 국부적인 영역으로 열을 제한하는 것이 바람직하다. 이음의 용접이 완료될 때까지 예열 온도를 유지하는 것도 중요하다. [그림 2-88]은 모재 두께와 보호 가스에 따른 예열 온도를 보여준다.

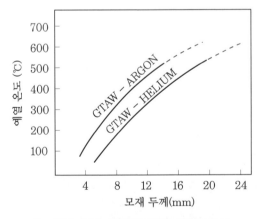

[그림 2-88] 모재에 따른 예열 온도

④ 가접(tack welding) : 탄소강에 비해 열팽창 계수가 높기 때문에 구리-니켈은 용접 시 변형될 가능성이 더 크다. 따라서 용접되는 부품들 사이의 균일한 간격과 정렬을 유지하기 위해 가접이 이루어져야 한다. 가접은 탄소강에 대해 보통 간격의 약 절반에 위치해야 한다. 가접부는 용접 금속이 잘 결합될 수 있도록 깨끗이 하기 위해 와이어 브러시를 사용한다.

⑤ 용접 방법 : 일반적으로 구리와 구리 합금의 용접 특성은 아래와 같다. [표 2-51]은 수동 GTAW의 일반적인 조건으로 용접하고자 하는 재료나 전류 등 여러 가지 조건에 따라 다르므로 참고 자료로 활용한다.

[표 2-51] 수동 GTAW의 일반적인 조건

| 모재 두께 (mm) | 용접 이음 | 보호 가스 | 텅스텐 전극봉 | 극성 | 용접봉 지름 (mm) | 예열 온도 (℃) | 용접 전류 (A) |
|---|---|---|---|---|---|---|---|
| 1.0~2.0 | *0.75 T MAX* | Ar | 토륨 | DCSP | 1.6 | – | 40~170 |
| 2.0~5.0 | 70~80° / 2.4 / 3.2 | Ar | 토륨 | DCSP | 2.4~3.2 | 50 | 100~300 |
| 6.0 | 70~80° / 2.4 / 3.2 | Ar | 토륨 | DCSP | 3.2 | 100 | 250~375 |
| 10.0 | 15° / 3.2 / 1.6~2.4 / R 3.2 / 1.6~2.4 | Ar | 토륨 | DCSP | 3.2 | 250 | 300~375 |
| 12.0 | 80~90° / 2.4~3.2 / 3.2~4.0 | Ar | 토륨 | DCSP | 3.2 | 250 | 350~420 |

⑷ 구리의 용접 : 탈산동, 타프피치동 등의 용접에 있어서는 예열이 필요하다. 보호 가스는 아르곤, 헬륨 또는 아르곤 25 %-헬륨 75 %로 혼합한 가스가 사용된다. 용가재는 동일한 재질의 YCu를 사용한다.

⑷ 황동의 용접 : 선박 기계류의 보수 용접에 많이 이용된다. 용가재는 아연 성분이 적은 황동의 용접에는 YCuSn-A와 YCuSi를 사용하고 아연 성분이 많은 황동 용접에는 YCuAl가 사용된다. 예열 온도는 200℃ 정도이며, 납이 0.5 % 이상 함유된 황동 용접은 유해한 가스가 발생되어 기공의 원인이 된다.

⑷ 규소 청동의 용접(CuSi A, CuSi B) : 결정 입자가 거칠고 커지는 것을 방지하기 위하여 용접할 때는 예열, 패스 간 온도 모두 되도록 낮게 하는 것이 바람직하다. 또한 피닝을 하는 것도 효과가 있다. 용가재는 YCuSi-A 또는 YCuSi-B를 사용하고 전류는 교류 또는 직류 정극성을 사용한다.

⑷ 인청동(CuSn A, CuSn B) : 인청동, 황동, 청동 주물 등의 용접 이외에 내마모 베어링 등의 덧살 보수에 사용되고 용접할 때는 필요에 따라 열간 피닝을

하면 용접 금속이 치밀해지고 잔류 응력이 감소된다. 용접 전 200℃로 예열한 후 신속하게 용접해야 한다. 용가재는 YCuSn A와 YCuSn B를 사용하고 보호 가스는 아르곤 또는 아르곤 25 %-헬륨 75 %를 혼합하여 사용한다.

㈜ 알루미늄 청동(CuAl) : 용접할 때는 후판 이외에서는 일반적으로 예열을 하지 않는다. 또한 용접 시 발생하는 알루미늄 산화물은 그 용융점이 높고, 슬래그를 생성한 경우 감김, 티그 용접 결함이 발생하기 쉽다. 따라서 클리닝 작용을 이용할 수 있는 교류 고주파가 바람직하다. 기공이 적게 발생되며 완전한 용접부가 얻어지고 비드 외관이 아름답다. 용가재는 YCuAl을 사용하며 보호 가스는 아르곤 25 %-헬륨 75 %의 혼합 가스가 양호하다.

[표 2-52] 알루미늄 청동의 TIG 용접 조건

| 판 두께 (mm) | 이음 | | 가스 유량 (l/min) | 층수 | 전류(A) |
| --- | --- | --- | --- | --- | --- |
| | 형식 | 형상 | | | |
| 6 | 맞대기 | 90° V형 | 8~10 | 2 | 200 |
| 10 | 맞대기 | 90° V형 | 8~10 | 3 | 250 |
| 12 | 맞대기 | 90° V형 | 8~10 | 4 | 260 |

㈜ 특수 알루미늄 청동(CuAlNiA, CuAlNiB, CuAlNiC) : 덧살, 보수, 이종 용접 등에 사용되며 용접 결함을 방지하기 위하여 교류를 사용한다.

㈜ 백동(CuNi-1, CuNi-3) : YCuNi-1, YCuNi-3는 비교적 고온의 사용에 적합하므로 복수기 도관 등의 용접, 덧살 용접에 사용된다. 일반적으로 예열은 하지 않는다.

## (5) Ti 및 Ti 합금의 용접

티타늄(titanium)은 암석이나 흙 속에 들어 있는 윤이 나는 흰색 금속 원소로 강도와 내식성이 크며 가열하면 강한 빛을 내며 탄다. 티타늄 합금에 포함된 주된 주요 합금 원소는 Al, Zr, Sn, V, Mo으로 순 티타늄, 알파($\alpha$) 합금, 알파 베타($\alpha + \beta$) 합금, 베타($\beta$) 합금이 있다. $\alpha$ 합금은 최대 7 %의 알루미늄과 소량의 산소, 질소, 탄소 및 철을 포함하는 합금으로 산에 대한 내식성이 좋아 염산, 황산 등을 사용하는 화학용기에 사용되고, 고온 강도가 높아 항공기 부품 등에 이용된다. $\alpha + \beta$ 합금은 최대 6 %의 알루미늄과 다양한 양의 베타 형성 성분인 바나듐, 크롬 및 몰리브덴을 추가한 구조를 가지고 있어 강도 조절이 용이하여 항공기 부품에 많이 쓰이며, 용접성 및 성형 가공이 용이한 특징을 가진다. $\beta$ 합금은 V, Mo, Cr 등을 다량으로 첨가하였으며, 쉽게 용접되지 않아 대부분 용접으로 인한 균열이 발생하지 않도록 적절한 열처리를 해야 하며 고온 강도를 갖는 특징이 있다. 일반적으로 가장 널리 사용되는 용접용 티타늄 합금은 6 %Al과 4 %V합금이다. 티타늄의 용접은 스테인리스강보다 더 세밀한 청결과 보조 보호 가스를 필요로 한다. 용융된 용접 풀은 대부분의 물질과 반응하며, 대기 또는 금속 표면의 물질로부터 오염되어 용접 부위가 잠식되고 부식 저항성이

상실될 수 있다. 이러한 문제를 방지하기 위해 철저한 청결을 요한다. 대부분의 경우 불활성 가스 충전 챔버(chamber)에서 용접을 수행한다. 예열은 금속 표면에서 습기를 제거할 때를 제외하고는 거의 사용하지 않는다. 용접 두께가 2.5 mm를 초과하는 경우 용접봉이 필요하며, 일반적으로 기본 금속과 같은 화학적 구성을 가져야 한다. 단, 접합부의 연성을 개선하기 위해 기본 금속보다 항복점이 낮은 용접봉을 사용할 수 있다. 티타늄 합금은 Ti은 비중이 약 4.5로 실용 금속 중 Mg, Al 다음으로 가볍고 강도가 높은 금속으로 해수 및 암모니아 등에 대하여 매우 우수한 내식성을 가지고 있어 원자력, 화력, 수력발전, 각종 화학 플랜트, 해수 담수화 시설 등에 널리 사용된다. 특히 강도/비중비가 높아 항공 우주, 각종 스포츠용품, 패션용품(안경, 자전거) 등에 이르기까지 다양하게 사용된다. 융점이 높고 탄소강에 비하여 밀도가 높으며 탄성계수는 스테인리스강에 비하여 약 1/2 정도이다. 그러나 [그림 2-89]에서 보는 바와 같이 대기 중에서 가열하면 250℃ 부근에서부터 변색되기 시작하여 600℃ 이상에서는 급격히 산화되어 Ti의 고유 광택인 은백색을 잃고 내식성 및 기계적 성질이 크게 손상되는 특징을 갖는다.

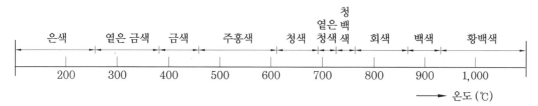

[그림 2-89] 대기 중에서 가열했을 때 Ti 표면색의 변화

① 용접 전원 : 직류 정극성 전원을 사용하며, 저전류 영역에서 아크가 안정되고 펄스 전류를 적절히 조정할 수 있는 인버터 타입의 장치, 고주파 아크 시동, 플로우 타임, 용접 중에는 용접 전류를 쉽게 조절할 수 있는 원격 조정 장치가 부착된 것이 바람직하다.

[표 2-53] Ti의 용접 조건(DCSP)

| 모재 두께(mm) | 용접 전류(A) 하향 | 용접 속도(cm/분) | 전극경(mm) | Ar 가스량(*l*/분) |
|---|---|---|---|---|
| 1.0 | 35 | 30 | 1.0 | 7 |
| 1.2 | 60 | 25 | 1.6 | 8 |
| 1.4 | 70 | 30 | 1.6 | 8 |
| 1.6 | 80 | 25 | 1.6 | 9 |
| 1.8 | 100 | 30 | 1.6 | 10 |
| 2.0 | 125 | 25 | 1.6~2.4 | 11 |
| 2.6 | 140 | 30 | 1.6~2.4 | 11 |
| 3.0 | 160 | 25 | 2.4~3.2 | 12 |
| 3.2 | 195 | 25 | 2.4~3.2 | 12 |

용접 토치는 충분한 용량을 가지고 용접부 뒤쪽 비드까지 충분히 보호할 수 있는
특별한 장치가 요구된다. trailing shield는 용접부를 보호하기 위한 장치로 [그림
2-90]과 같이 용도에 따라 여러 종류가 있다. 트레일링 실드는 튜브의 모양을 따르
고 파이프 주변의 GTAW 토치를 따른다. 보호는 토치와 아르곤 흐름이 지나간 후
용접부 위로 아르곤을 추가하여 보호한다.

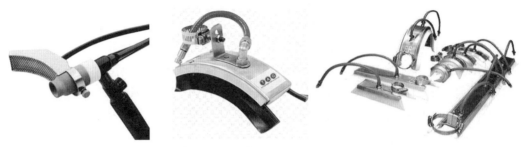

[그림 2-90] trailing shields

② 전극봉과 용접봉 : 질 높은 용접을 보장하기 위해, 티타늄을 용접할 때 텅스텐 전극
을 선택하는 것이 특히 중요하다. 텅스텐 전극봉은 DCSP 전원과 함께 전자 방사 능
력이 우수하고 불순물 부착이 적은 토륨 2 %가 포함된 텅스텐 전극봉을 사용하나 산
화 세륨 텅스텐 전극도 좋은 대안이다. 아크 집중을 좋게 하기 위해 전용 텅스텐 그
라인더에 텅스텐을 연마한다. 세라믹 노즐에서 돌출되는 텅스텐 전극봉 길이는 가능
한 한 짧게 하는 것이 유리하다.

[표 2-54] 전극봉 지름과 사용 전류

| 사용 전류(A) | 전극봉 지름(mm) |
|---|---|
| 최대 90 | 1.6 |
| 90~200 | 2.4 |
| 200 이상 | 3.2 |

일반적으로 용접되는 티타늄의 등급에 용접봉을 정확히 일치하도록 맞추어야 한
다. 일부 용도에서는 연성을 향상시키기 위해 모재 금속보다 항복 강도가 낮은 용접
봉과 같은 예외는 허용된다.

③ 보호 가스 : 아르곤, 아르곤과 헬륨의 혼합 가스가 사용되며, 티타늄 용접은 루트
패스의 뒷면에 보호 가스가 필요하다. 순수 아르곤 가스는 순도가 높고 수분 함량이
낮으며, 혼합 가스는 아르곤/헬륨의 75/25 혼합물을 사용하여 안정성을 향상시키고
용입을 증가시킬 수 있다. 일반적인 사양은 보호 가스가 적어도 99.995 % 이상이어
야 하며, 99.999 %의 순수한 아르곤 흐름을 권장한다. 용접부의 오염과 균열을 방지

하기 위하여 토치에 자체 trailing shield를 만들어 용접된 부분을 따라가면서 용접부가 약 250℃ 이하로 냉각될 때까지 용접부를 보호하기 위해 보호 가스를 사용한다. 토치와 트레일링 보호 가스 흐름은 시속 5.6 m³/Hr(CMH)로 설정하는 것이 가장 좋다.

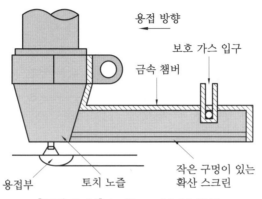

[그림 2-91] trailing shield 구조

퍼징(purging)은 파이프 내에 포함된 산소를 제거하는 프로세스로 티타늄 파이프를 용접할 때 필요하다. 이 과정은 수용성 댐, 고무 개스킷, 특수 테이프와 같은 모든 종류의 퍼지 댐으로 보호할 수 있다. 얇은 판재의 경우 백 퍼징에 유의하고, 특히 파이프의 경우 스테인리스강 용접에서와 같이 보호 가스를 충분히 공급한 후 용접해야 한다. 이때 보호 가스량이 많을 경우 내부 압력에 의해 이면 비드 형성이 나쁘게 되므로 주의할 필요가 있다. 아르곤은 배관 내에 포함된 산소를 대체하기 위해 댐 지역으로 흘러들어간다. 보호 가스를 토치, 트레일링 실드 및 퍼지로 운반할 때는 항상 깨끗한 플라스틱 호스를 사용한다. 고무 호스의 고무는 다공성이며, 용접을 오염시킬 수 있는 산소를 흡수한다. 보호 가스를 적정 기준값보다 많게 할 경우 기공 발생이 증가하게 되는데 이는 노즐에서 분출되는 보호 가스 속도가 빨라져 와류를 일으키며, 용착 금속의 냉각 속도를 빠르게 하여 용착부가 액상으로 유지 시간이 짧게 되어 가스 배출이 안 되기 때문이다. 풍속 2 m/s 이상에서는 이동용 칸막이 등을 이용한 방풍 장치를 해주어야 하며, 배출하는 공기는 위쪽에서 지면 방향으로 설계하는 것이 바람직하다.

④ 용접 방법

㈎ 절단 및 용접 준비 : 용접 재료의 절단 및 홈의 가공은 기계 가공이 바람직하고, 플라스마 또는 레이저 절단의 경우 용접 홈 내의 요철 등은 기계 가공으로 깨끗이 제거해야 하며, 변색된 부분까지 완전히 없애야 한다. 부적정한 홈의 가공은 불순물에 의해 기공의 원인이 되기도 하며, 조직이 조대화하는 경향이 있으

므로 기계 가공 후에도 용접부의 이물질을 세척액(알코올, 아세톤, 솔벤트 등)으로 깨끗이 세척한다. 산세(5 % HF-20 % HNO₃ 용액)의 경우 2분 이내에 완료하고 산세 후에도 24시간 이내에 용접하는 것이 좋다. 그라인더 가공의 경우 숫돌의 칼슘 카바이드 입자가 용접부에 남게 되면 기공 등이 발생하므로 사용을 금하고, 부득이한 경우 변색되지 않을 정도의 저속으로 작업하며 연삭된 부분은 세척한다. 와이어 브러시는 스테인리스강 제품이나 Ti재 브러시를 사용하고 다른 작업과 혼용하여 사용하는 일이 없어야 한다.

(나) 용접 조건 설정 : 가용접은 가능한 한 짧게 하고 본 용접과 동일한 조건에서 실시한다. 판재의 경우 대부분 두께가 얇기 때문에 I, V형 홈을 채택하여 가능한 한 패스 수를 적게 시공하는 것이 용접 변형 등 결함을 예방할 수 있다. [표 2-55]는 홈의 형상과 판 두께에 따른 여러 가지 일반적인 용접 조건을 나타낸다.

**[표 2-55] 티타늄의 표준 용접 조건**

| 판 두께 (mm) | 홈의 형상 | 층수 | 루트 간격 (mm) | 루트면 (mm) | 홈의 각 (°) | 용접 전류 (A) | 텅스텐 전극봉 (mm) | 용접봉 (mm) | 가스 유량 (l/min) |
|---|---|---|---|---|---|---|---|---|---|
| 0.5~0.8 | ⊏══╪══⊐ | 1 | – | 0.5~0.8 | – | 20~40 | φ1.0~φ1.6 | φ0.8~φ1.0 | 8~10 |
| | ⊏═╥═ | 1 | | – | | 25~40 | | | 10~15 |
| 1.5 | ⊏══╪══⊐ | 1 | – | – | – | 60~80 | φ1.6 | φ1.6 | 12~15 |
| | ⊏══╲═ | 1 | | | | | | | |
| 3.0 | ⊏══╲╱══⊐ | 2 | – | 0~0.5 | 50~60 | 60~120 | φ2.4 | φ2.4 | 15~18 |
| | ⊏═╥═ | 1 | | – | – | 80~150 | | | |
| 5.0 | ⊏══╲╱══⊐ | 3 | 0~3.0 | 0.5~1.5 | 50~60 | 60~140 | φ2.4~φ3.2 | φ2.4 | 18~20 |
| | ⊏══╥══ | 2 | – | – | – | 60~90 | | | |
| 10.0 | ⊏══╳══⊐ | 양면 2 | 3.0~4.0 | 0.5~1.5 | 50~60 | 70~160 | φ2.4~φ3.2 | φ2.4 | 18~20 |

층간 온도는 150℃ 이하로 유지하고 운봉은 가급적 피하는 것이 좋다. 운봉을 하게 되면, 보호 가스 분위기가 흐트러져 대기에 의한 오염을 증가시키고 용착부가 넓어지므로 바람직하지 못하다. 노즐은 일반 TIG 용접 시의 것보다 큰 구경을 사용하여 용접부를 충분히 보호할 수 있어야 한다.

(다) 아크 발생 및 용접 : 먼저 용접봉의 끝부분이 깨끗하고 오염이 없는 것을 확인한 후 용접을 시작한다. 용접 영역이 완전히 덮이도록 아크를 일으키기 전에 몇 초간 아르곤 가스를 흐르게 하여 보호한다. 전원은 인버터의 고주파 아

크-스타트 기능을 사용하여 아크를 발생시키고, 토치 각도, 용접 속도 및 용접봉 각도는 스테인리스강 용접에 사용된 것과 유사하다. [그림 2-92]와 같이 용접봉 공급 시 봉의 선단이 보호 가스 분위기 내에 있어야 봉 끝의 오염을 방지할 수 있으며 용접 중단 후 재작업을 할 때에도 사용하던 봉 끝을 확인하고 오염되었을 경우 오염부를 제거하여야 한다.

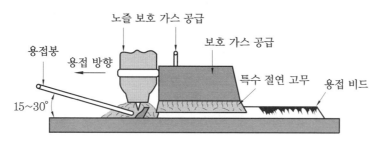

[그림 2-92] 용접 방법

티타늄으로 용융 풀을 만드는 것은 상당히 쉽지만 쉽게 이동하지 않을 수 있다. 용접하는 동안 보호 가스 기류 안에 용접봉이 있도록 해야 한다. 과도한 열은 용접 크랙이 발생할 수 있으므로 열 입력을 최소화하는 것도 중요하다. 용접을 마친 후에는 427℃ 임계점 아래로 냉각될 때 용접선을 보호하기 위해 20~25초간 보호 가스를 흐르게 한다. 이것은 산소가 더 이상 티타늄과 반응하지 않는 지점이다. 일부 용접부는 온도가 500℃ 이하로 떨어질 때까지 후플로가 필요할 수 있다. 티타늄은 용접이 완료되면 실제 색상을 보여줄 수 있는 이점을 제공한다. 용접 이음의 최종 색상은 차폐 가스가 용접물을 오염 물질로부터 얼마나 잘 보호하고 산화물 층이 얼마나 두꺼운지를 나타낸다. 육안 검사 외에도 염료 침투 탐상 검사, 경도 시험, X선, 초음파 및 파괴 시험이 티타늄 용접의 품질을 결정한다.

⑤ 용접 결함 : 적절한 예방 조치를 취할 경우 합금은 쉽게 용접이 된다. TIG는 아르곤 또는 아르곤-헬륨 가스를 보호 가스로 사용하여 일반적으로 두께가 10 mm 이하의 구성 부품 용접에 사용하고, 자동 용접에서는 3 mm 이하, 플라스마 용접에서는 6 mm 이하의 단면 두께에 사용할 수 있다. 용접 용접의 가장 큰 결함은 용접 금속의 다공성, 취성, 오염 균열이다.

㈎ 용접 금속의 다공성 : 용접 결함 중 가장 빈번하며, 가스 거품이 응고 과정에서 수지상 조직 사이에 끼어서 밖으로 배출되지 못하게 되었을 때 발생한다. 이것은 아크 환경의 수분 또는 용접봉과 모재 표면의 오염으로 인한 수소가 다공성의 원인일 가능성이 가장 높다. 다공성을 방지하기 위해서는 접합부와 주변 표면의 그리스 등 먼저 깨끗하게 청소하는 것이 필수적이다. 그런 다음에 표면 산화물을 산세척($HF-HNO_3$ 용액), 연안 연마재 또는 스테인리스 브러시를 사용하

여 제거한다. 어떤 경우에도 강철 브러시를 사용해서는 안 된다. 보풀이 없는 천으로 닦은 후에는 용접 전에 표면에 닿지 않도록 주의한다.

(나) 취성 : 취성은 가스 흡수에 의한 용접 금속 오염 또는 표면의 먼지(철 입자)와 같은 오염물을 용해함으로써 발생할 수 있다. 500℃ 이상의 온도에서 티타늄은 산소, 질소, 수소에 대한 친화력이 매우 높다. 용접 풀, 열 영향부 및 냉각되는 용접 비드는 불활성 가스 실드(아르곤 또는 헬륨)에 의해 산화로부터 보호되어야 한다. 산화 작용이 일어나면, 산화 표면의 얇은 층은 간섭색을 생성한다. 색상은 보호가 적절한지 또는 허용할 수 없는 정도의 오염이 발생했는지 여부를 나타낸다. 은색 또는 담황색(straw) 색상은 만족스러운 가스 차폐가 달성되었음을 나타내지만, 특정 조건의 경우 짙은 청색이 허용될 수 있다. 밝은 파란색, 회색 및 흰색은 일반적으로 수용 불가능한 높은 수준의 산소 오염을 보여준다. 소형 부품의 경우 보호 가스로 채워진 완전히 밀폐된 챔버에서 용접하면 효율적인 가스 보호를 달성할 수 있다. 용접하기 전에 ‘titanium-getter’라고 불리는 티타늄의 scrap piece에 아크를 일으켜 대기 중의 산소를 제거하는 것이 좋다. 튜브 용접에서 완전히 밀폐된 헤드는 용접 부위를 보호하는 데 효과적이며, 가스 노즐이 튜브 주위를 회전해야 하는 궤도 용접 장비보다 바람직하다. 개방부에서 용접할 때, 토치에는 냉각 시 과열된 용접 비드를 보호하기 위한 후행 실드가 장착된다. 실드의 크기와 형태는 조인트 프로파일에 의해 결정되며, 실드의 길이는 용접 전류와 이동 속도에 의해 영향을 받는다. 접합부의 하부가 산화로부터 보호되는 것은 대기 중 용접에서 필수적이다. 직선 주행의 경우, 홈이 있는 ‘trailing shield’를 사용하여 아르곤 가스를 이음면에 불어 넣어 사용한다. 튜브 및 파이프 용접에서는 일반적인 가스 퍼징 기법이 적절하다.

(다) 오염 균열(contamination cracking) : 구성 부품 표면에 철분 입자가 있을 경우, 용접 금속에서 용해되어 부식 저항성이 감소하며, 미세 균열이 발생할 수 있지만 철분이 풍부한 포켓(pocket)이 부식을 위한 우선 부위가 될 가능성이 더 높다. 가급적 특별히 지정된 깨끗한 영역을 지정해야 한다. 용접사는 다음을 통해 강철 입자가 재료 표면에 부착되지 않도록 한다.

㉠ 티타늄 구성 요소 주변에서 강철 제조 작업 방지

㉡ 표면에 정착하는 공기 중 먼지 입자를 방지하기 위한 덮개 구성품 사용

㉢ 이전에 강에 사용되었던 와이어 브러시를 포함한 공구 사용 방지

㉣ 용접 직전에 이음 부위를 스치는 긁힘이 없도록 할 것

㉤ 더러운 장갑으로 청소된 구성 부품을 취급하는 일이 없도록 할 것

부식 균열을 방지하고 철분 입자로 인한 결함을 최소화하려면 특별히 지정된 깨끗한 영역에서 티타늄을 제조하는 것이 가장 좋다.

## 2-6    GTA 용접 결함과 대책

용접으로 인한 결함은 한 가지 원인으로 인한 결함이라기보다는 여러 가지 원인이 복합적으로 일어나 결함과 연결되는 경우가 많다. 일반적으로 많이 발생하는 전극봉 혼입, 다공성, 오버랩, 언더컷, 불완전한 융합, 균열 등이 있다. [표 2-56]은 GTAW 결함의 종류에 따른 원인과 대책 방안에 대하여 기술하였다.

**[표 2-56] GTAW 결함의 종류에 따른 원인과 대책 방안**

| GTAW 결함 | 가능한 원인 | 방지 대책 |
|---|---|---|
| 텅스텐 혼입<br>(tungsten<br>inclusions) | 1. 주어진 전극봉의 크기 또는 이음 유형의 최대 전류 초과<br>2. 전극봉 팁이 용융 금속에 닿음<br>3. 가열된 전극봉 팁에 용접봉이 닿았을 때<br>4. 전극봉을 지나치게 길게 노출하여 사용<br>5. 부적절한 가스 보호 또는 과도한 바람으로 인한 산화<br>6. 부적절한 보호 가스 사용 | 1. 전류 감소<br>2. 텅스텐 전극봉 팁과 용융 금속 사이 거리 유지<br>3. 용접봉이 전극봉 팁에 닿지 않도록 주의<br>4. 전극봉 확장 최소화<br>5. 가스 유량 증가와 바람으로부터 아크 보호<br>6. 불활성 가스 사용 |
| 다공성<br>(porosity) | 1. 보호 가스 흐름이 부적절함<br>2. 과도한 용접 전류<br>3. 알루미늄 산화물에 포함된 습기, 모재 금속 또는 용접봉의 녹, 기름, 수분, 오물 등<br>4. 유황, 인과 같은 기본 금속의 불순물<br>5. 과도한 주행 속도(가스가 빠져나오기 전 용융 금속 응고)<br>6. 오염 또는 습기가 있는 보호 가스 | 1. 보호 가스 흐름을 증가시킴<br>2. 용접 전류를 낮춤<br>3. 모재의 청소<br><br>4. 기본 금속 변경<br>5. 주행 속도를 낮춤<br><br>6. 보호 가스 교체 |
| 언더컷<br>(undercutting) | 1. 과도한 용접 전류<br>2. 아크 전압이 너무 높음<br>3. 과도한 이송 속도<br>4. 용접봉 공급 부족<br>5. 과도한 운봉 속도<br>6. 수직, 수평 자세에서 부정확한 토치 각도 | 1. 용접 전류 감소<br>2. 짧은 아크 길이 유지<br>3. 이송 속도가 낮게<br>4. 용접봉을 충분하게 공급<br>5. 위빙을 사용할 때 양쪽 멈춤<br>6. 토치 각도를 적절하게 유지 |

| 융합 부족 (incomplete fusion) | 1. 과도한 주행 속도<br>2. 너무 낮은 용접 전류<br>3. 이음 준비 불량<br><br>4. 용접 금속이 아크보다 앞서가면서 용접 | 1. 주행 속도 감소<br>2. 용접 전류 증가<br>3. 이음 부분 가공 및 청결 상태 최상 유지<br>4. 적절한 전극봉 각도 |
|---|---|---|
| 오버랩 (overlapping) | 1. 너무 낮은 진행 속도<br>2. 용접 전류가 너무 낮음<br>3. 너무 많은 용접봉 첨가<br>4. 용융 금속을 비용융된 금속 위로 밀어내는 잘못된 토치 각도 | 1. 더 빠른 진행 속도<br>2. 더 높은 용접 전류<br>3. 첨가 용접봉 감소<br>4. 올바른 토치 각도를 유지하고 초과 용접 금속 연마 |
| 크레이터 균열 | 크레이터 처리 불량 | 크레이터 부분에서 용접 비드로 전극봉의 이동을 약간 되돌리거나 용접 전류를 제어하여 전류를 점진적으로 감소시켜 크레이터 처리 |
| 균열 (cracking) | 1. 부적절한 용접 절차<br><br>2. 용접사 기술 부족<br>3. 용접 재료 불량(과도한 황, 인, 납 함유)<br>4. 용접 금속의 단면적이 모재 금속의 질량에 비해 작을 때 | 1. 예열하여 용접부의 수축 응력 감소<br>2. 적정 기량 용접사가 용접<br>3. 용접 재료 교환<br><br>4. 용접 비드의 단면적을 증가 |
| 비드 밑 균열 (underbead cracks) | 1. 비드 두께에 비해 너무 작은 용접 비드<br>2. 높은 이음 구속<br>3. 크레이터 균열의 확장 | 1. 용접 비드 크기 증가<br><br>2. 예열<br>3. 크레이터 결함 방지 |
| 부적절한 보호 가스 | 1. 토치 및 호스의 흐름 차단<br>2. 가스 시스템 누출<br>3. 매우 높은 이동 속도<br>4. 부적절한 유속<br><br>5. 바람<br>6. 아크 길이가 길거나 텅스텐 전극 봉 돌출 길이 과다 | 1. 토치 및 호스 점검<br>2. 가스 시스템 수리<br>3. 적절한 이동 속도 유지<br>4. 보호 가스 잔량 등 확인 및 유량 게이지 교체<br>5. 바람 차단<br>6. 아크 길이 또는 돌출 길이 짧게 유지 |

## 2-7 안전 및 위생

안전은 용접 시 매우 중요한 사항으로 모든 용접 작업장에는 안전 프로그램이 있어야하며, 용접사 보호를 위한 안전 조치를 취해야 한다. 모든 용접사는 안전 주의 사항 및 절차를 숙지해야 한다. GTAW에서 필수적인 안전 사항에 대하여 알아보고자 한다.

### (1) 아르곤 가스 취급 안전

닫힌 공간에 아르곤이 방출되면 공기 중의 산소 농도가 저하되어 산소 결핍증이 생길 수 있기 때문에 산소 농도가 18 % 미만이 되지 않도록 환기 또는 그 이외의 조치를 취해야 한다. 또한 액화 아르곤은 대기압에서 약 -186℃로 매우 저온이므로 동상을 방지하기 위하여 가죽장갑 또는 보호구를 착용한다. 액화 아르곤을 보관할 경우에는 안전밸브 또는 방출 밸브를 설치한다. 또한 압축 아르곤은 통상적으로 고압으로 채워진 용기에 공급되기 때문에 감압 밸브를 사용해 밸브의 개폐를 천천히 행해야 한다.

### (2) 전기 쇼크(electrical shock)

용접사는 감전 가능성에 대해 주의해야 한다. 적절한 2차 회로가 있는 경우, 전류는 그 경로를 따라 흐르기 때문에 염려가 없으나, 연결 상태가 좋지 않거나 케이블이 노출된 곳, 젖은 상태인 경우 전격 위험이 발생한다. 전기 위험을 예방하기 위해 첫째, 아크 용접 장비가 올바르게 설치되고 접지되어 정상적으로 작동하는지 확인한다. 둘째, 마모되거나 균열된 절연체와 결함이 있거나 심하게 마모된 용접 케이블은 전기적 단락과 쇼크를 일으킬 수 있으므로 반드시 이상 유무를 확인한다. 셋째, 습기가 있거나 젖은 지역에서 용접하는 경우 절연용 고무 장화를 착용하고 건조하고 단열된 플랫폼(platform) 위에서 해야 한다. TIG 용접용 전원은 일반적으로 수하 특성이다. 수하 특성의 전원은 무부하 전압이 높으므로 전격의 위험이 있다. 직류 용접기는 전자 개폐기에 의해 작동되어 조금은 안전하나 교류 용접기에는 전자 개폐기를 부착하지 않은 것도 많아서 전격에 대한 주의가 특히 필요하다. 그 외 전원, 제어 장치 및 토치 등 전기 계통의 절연 상태를 항상 점검한다. 특히 전원 제어 장치의 접지 단자는 반드시 지면과 접지되도록 해야 한다. 또 케이블 연결부와 단자의 연결 상태가 느슨해지면 통전이 불량해지고 저항열이 발생하므로 주의한다.

## (3) 아크 광선과 화상

① 방진 마스크 : 방진 마스크는 사업장이나 그 밖의 장소에서 발생하는 입자상 물질을 흡입함으로써 인체에 해로울 염려가 있을 때 사용한다. 마스크는 주변 산소 농도가 18 % 미만인 곳, 인체에 해로운 영향을 미칠 수 있는 가스, 증기 혹은 휘발성 연무가 있는 장소에서 사용하여서는 안 된다. 마스크의 종류는 분리식(격리식과 직결식), 안면부 여과식이 있다.

(a) 격리식        (b) 직결식        (c) 안면부 여과식

[그림 2-93] 형태에 따른 방진 마스크의 종류

[표 2-57] 마스크의 등급 및 사용 장소(KSM 6673)

| 등급 | 사용 장소 |
|------|-----------|
| 특급 | • 베릴륨 등과 같이 독성이 강한 물질을 함유한 분진 등의 발생 장소<br>• 석면 취급 장소 |
| 1급 | • 특급 마스크 착용 장소를 제외한 분진 등의 발생 장소<br>• 금속 흄 등과 같이 열적으로 생기는 분진 등의 발생 장소<br>• 기계적으로 생기는 분진 등의 발생 장소(규소 등과 같이 2급 마스크를 착용하여도 무방한 경우는 제외한다.) |
| 2급 | 특급 및 1급 착용 장소를 제외한 분진 등의 발생 장소 |

구조는 쉽게 파손되지 않고 취급이 간단하며, 착용자가 필터나 그 밖의 재료를 흡입할 염려가 없어야 한다. 장착하였을 때 이상한 압박감이나 고통이 없고, 전면형은 호흡 시에 투시부가 흐려지지 않고 분리식은 여과재, 흡입 및 배기 밸브를 쉽게 교환할 수 있어야 한다.

② 방독 마스크 : 사업장에서 발생하는 유독 가스 및 증기를 함유한 공기를 정화하여 호흡하거나 유독 가스와 혼합되어 있는 흄, 미스트, 분진 등을 함유한 공기를 정화하기 위하여 사용한다. 방독 마스크는 산소 농도가 18 % 이상인 장소에서 사용하고, 고농도와 중농도에서 사용하는 방독 마스크는 전면형(격리식, 직결식)을 사용한다. 방독 마스크의 형태에 따른 종류로는 격리식 전면형, 격리식 반면형, 직결식 전면

형, 직결식 반면형이 있으며, 용접에서는 일반적으로 직결식 반면형 형태의 방독 마스크를 많이 착용하여 사용한다. 일반 구조로는 착용 시 압박감이나 고통이 없어야 하고, 착용자의 얼굴과 방독 마스크 사이의 공간이 너무 크지 않아야 한다. 또한 전면형은 호흡 시 투시부가 흐려지지 않아야 한다. 정화통의 외부 측면의 표시 색은 [표 2-58]과 같다.

[표 2-58] 정화통의 종류(KSM 6674)

| 종류 | 표시 색 |
|---|---|
| 유기 화합물용 | 갈색 |
| 할로겐용, 황화수소용, 시안화수소용 | 회색 |
| 아황산용 | 황색 |
| 암모니아용 | 녹색 |
| 복합용과 겸용 | 복합용은 해당 가스 모두 표시<br>겸용은 백색과 해당 가스 모두 표시 |

③ 아크 광선 : GTAW는 보이지 않는 자외선 및 적외선을 방출한다. 짧은 시간 동안 아크에 노출된 피부는 본질적으로 자외선 및 적외선 화상을 입을 수 있지만 용접으로 인한 화상은 훨씬 짧은 시간에 발생할 수 있으며 매우 고통스럽다. 그러므로 용접하기 전에 적합한 안전 보호구를 착용해야 한다. 가죽장갑은 SMAW보다 가벼운 것을 착용한다. 아크로 인하여 화상을 입는 것은 피부가 햇볕에 의해 입는 화상과 비슷하며, 약 24~48시간 동안 매우 고통스럽다. 일반적으로 아크 화상은 눈을 영구적으로 손상시키지 않지만 심한 통증을 유발한다. 적외선 아크 광선은 눈의 망막에 피로를 일으킨다. 또한 자외선은 백내장을 일으킬 수 있다. 필터 렌즈는 적외선, 자외선 및 아크에서 나오는 가시광선을 흡수할 수 있는 어두운 유리로 만들어져 있으며, 용접기, 금속 및 전류 수준에 따라 다르지만 GTAW에서는 11~12번 필터 렌즈를 권장한다. 렌즈 번호가 높을수록 렌즈가 더 어둡다. [표 2-59]는 AWS에서 권장하는 GTAW 필터 렌즈 번호이다.

[표 2-59] GTAW에 사용되는 권장 필터 렌즈(AWS Z49.1)

| 전류(A) | 최소 보호 렌즈 번호 | 필터 렌즈 번호 |
|---|---|---|
| 50 미만 | 8 | 10 |
| 50~150 | 8 | 12 |
| 150~500 | 10 | 14 |

## 연·습·문·제

**1.** 다음 중 TIG 용접에 있어 직류 정극성에 관한 설명으로 틀린 것은?
① 용입이 깊고, 비드 폭이 좁다.
② 극성의 기호는 DCSP로 나타낸다.
③ 산화 피막을 제거하는 청정 작용이 있다.
④ 모재에는 양(+), 토치에는 음(−)극을 연결한다.
해설 청정 작용은 알루미늄 등 경금속을 직류 역극성으로 용접할 때 나타난다.

**2.** 스테인리스강을 TIG 용접 시 보호 가스 유량에 관한 사항 중 옳은 것은?
① 용접 시 아크 보호 능력을 최대한으로 하기 위하여 가능한 한 가스 유량을 크게 하는 것이 좋다.
② 낮은 유속에서도 우수한 보호 작용을 하고 박판 용접에서 용락의 가능성이 적으며, 안정적인 아크를 얻을 수 있는 헬륨을 사용하는 것이 좋다.
③ 가스 유량이 과다하게 유출되는 경우에는 가스 흐름에 난류 현상이 생겨 아크가 불안정해지고 용접 금속의 품질이 나빠진다.
④ 양호한 용접 품질을 얻기 위해 78.5 % 정도의 순도를 가진 보호 가스를 사용하면 된다.

**3.** TIG 용접에서 전극봉의 어느 한쪽의 끝부분에 식별용 색을 칠하여야 한다. 순 텅스텐 전극봉의 색은?
① 황색          ② 적색          ③ 회색          ④ 녹색
해설 황색은 1 % 토륨 텅스텐 전극봉, 적색은 2 % 토륨 텅스텐 전극봉, 회색은 2 % 산화 셀륨 텅스텐 전극봉이다.

**4.** TIG 용접의 전극봉에서 전극의 조건으로 틀린 것은?
① 고용융점의 금속                    ② 전자 방출이 잘되는 금속
③ 전기 저항률이 높은 금속            ④ 열전도성이 좋은 금속

**5.** 불활성 가스 아크(TIG) 용접이 사용되는 곳으로 적합하지 않은 것은?
① 주철 용접                          ② 스테인리스강 용접
③ 알루미늄 용접                      ④ 동 용접
해설 TIG 용접은 철 및 비철 금속 용접이 가능하나 주철 용접은 구속응력 집중이 커 주로 피복 금속 아크 용접에 사용된다.

**6.** 불활성 가스 텅스텐 아크 용접을 설명한 것 중 틀린 것은?
① 직류 역극성에서는 청정 작용이 있다.
② 알루미늄과 마그네슘의 용접에 적합하다.
③ 텅스텐을 소모하지 않아 비용극식이라고 한다.
④ 잠호 용접법이라고도 한다.
해설 잠호 용접법은 서브머지드 아크 용접법이다.

**7.** TIG 용접에서 텅스텐 전극봉의 고정을 위한 장치는?

① 콜릿 척
② 와이어 릴
③ 프레임
④ 가스 세이버

**8.** TIG 용접에서 교류(AC), 직류 역극성(DCRP), 직류 정극성(DCSP)의 용입 깊이를 비교한 것 중 옳은 것은?

① DCSP < AC < DCRP
② AC < DCSP < DCRP
③ AC < DCRP < DCSP
④ DCRP < AC < DCSP

**9.** 불활성 가스 텅스텐 아크 용접에 주로 사용되는 가스는?

① He, Ar
② Ne, Lo
③ Rn, Lu
④ $CO_2$, Xe

**10.** TIG 용접법에 대한 설명으로 틀린 것은?

① 금속 심선을 전극으로 사용한다.
② 텅스텐을 전극으로 사용한다.
③ 아르곤 분위기에서 한다.
④ 교류나 직류 전원을 사용할 수 있다.

해설 금속 심선을 전극으로 하는 용접법은 $CO_2$ 가스 아크 용접 등이 있다.

**11.** 펄스 TIG 용접기의 특징에 대한 설명으로 틀린 것은?

① 저주파 펄스 용접기와 고주파 펄스 용접기가 있다.
② 직류 용접기에 펄스 발생 회로를 추가한다.
③ 전극봉의 소모가 많은 것이 단점이다.
④ 20 A 이하의 저전류에서도 아크의 발생이 안정적이다.

해설 전극봉의 소모가 적으며, 열 입력을 낮추어 박판 용접에서 발생하는 뒤틀림을 줄일 수 있다.

**12.** 불활성 가스 텅스텐 아크 용접에서 직류 전원을 역극성으로 접속하여 사용할 때의 특성으로 틀린 것은?

① 아르곤 가스 사용 시 청정 효과가 있다.
② 정극성에 비해 비드 폭이 넓다.
③ 정극성에 비해 용입이 깊다.
④ 알루미늄 용접 시 용제 없이 용접이 가능하다.

해설 정극성에 비해 용입이 얕다.

정답 1. ③ 2. ③ 3. ④ 4. ③ 5. ① 6. ④ 7. ① 8. ④ 9. ① 10. ① 11. ③ 12. ③

# 제 **3** 장 가스 금속 아크 용접

## 3-1 개요

가스 금속 아크 용접(GMAW : gas metal arc welding)은 1948년 바텔(Battelle) 기념 연구소에서 개발되었으며, 불활성 가스를 사용하여 높은 용착 속도를 가지고 비철 금속의 용접에 제한적으로 사용되었다. 1953년 이산화탄소를 이용하는 방법으로 좋은 품질의 용접 구조물을 만들게 되면서 널리 사용되었다. 1960년대 초 불활성 가스에 소량의 산소를 추가한 스프레이 아크 이행 방식이 개발되면서 자동차업계, 조선, 제조업에서 광범위하게 사용되고 있고, 용접 재료로는 탄소강, 스테인리스강, 알루미늄, 마그네슘, 구리 등의 합금에 활용된다.

[표 3-1] 불활성 가스 아크 용접의 분류

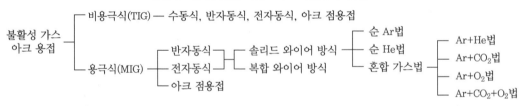

[표 3-2] 보호 가스 사용에 따른 분류

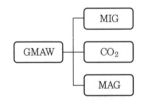

[표 3-2]는 보호 가스 사용에 따른 분류를 나타낸 것으로, 일반적으로 GMAW에는 보호 가스 사용 방법에 따라 불활성 가스를 사용하는 MIG(metal inert gas) 용접 또는 불활성 가스 금속 아크 용접, 이산화탄소($CO_2$) 가스를 사용하는 탄산가스(시오투) 용접이 있고, 불활성 가스, 활성 가스 또는 다른 가스와 혼합한 가스를 사용하는 용접은

MAG(metal active gas) 용접이 있다. 특히 GMAW에서 MIG 용접은 불활성 가스를 보호 가스로 사용하기 때문에 TIG 용접과 비슷하나 비소모성 전극봉인 텅스텐 대신에 소모성 와이어를 사용하는 용접을 MIG(metal inert gas) 용접이라 한다. GMAW에서 설명하는 내용은 MIG 용접을 기준으로 설명한 것이다.

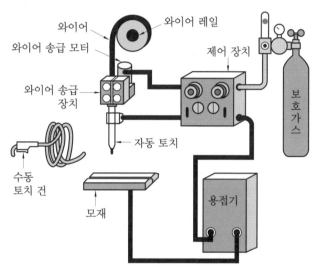

[그림 3-1] GMAW 장치 기본 구조

## (1) 원리

GMA 용접의 원리는 토치를 통하여 연속적으로 공급되는 소모성 전극인 와이어와 모재 사이에 아크를 발생시켜 그 아크열에 의해서 용접이 이루어지고 와이어, 용융지, 아크와 모재의 인접한 지역은 가스 노즐을 통해서 흘러나오는 보호 가스(shielding gas)에 의해 공기를 차단하고 용착 금속을 보호한다. 그 원리는 [그림 3-2]와 같다. MIG 용접은 거의 모든 금속에 적용되며 TIG 용접(GTAW)의 2~3배 용접 능률을 얻을 수 있다.

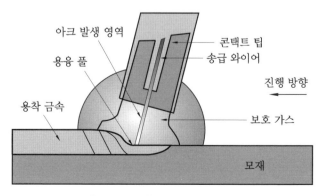

[그림 3-2] GMAW의 원리

## (2) 장·단점

① 장점 : GMA 용접은 플럭스 없이도 빠른 용접 속도로 높은 품질의 용접부를 얻을
수 있고 용접 후 처리가 필요 없다. 또한 용접물이 소형이거나 대량 생산에도 적합
하며, 아주 유용하게 사용된다.

(개) 용접하기 위한 용접봉(전극봉) 공급을 자동으로 하여 피복 금속 아크 용접보
다 작업자도 손쉽게 용접 방법을 익힐 수 있다.

(내) 피복 금속 아크 용접에서 용접을 중단하거나 시작할 때 발생하기 쉬운 기공,
슬래그 혼입 등의 결함이 발생할 염려가 거의 없다.

(대) 슬래그가 없고(복합 와이어 제외), 스패터가 최소로 되기 때문에 용접 후 처
리가 필요 없으므로 실질적인 가격 절감을 가져온다.

(래) 용접봉의 손실이 적기 때문에 용접봉에 소요되는 가격이 피복 금속 아크 용
접보다 저렴한 편이다. 피복 금속 아크 용접봉 실제 용착 효율은 약 60 %인
반면 MIG 용접에서는 손실이 적어 용착 효율이 95 % 정도이다.

(매) 전 자세 용접이 가능하다.

(배) [그림 3-3]과 같이 피복 아크 용접보다 전류 밀도가 크기 때문에 깊은 용입
으로 요구하는 용접 강도를 얻을 수 있다.

(새) 용접 속도가 빠르므로 모재의 변형이 적고, 전체 작업 시간은 수동 용접(피복
금속 아크 용접)의 1/2 정도이다.

(애) 후판에 적합하고 각종 금속 용접에 다양하게 적용할 수 있다.

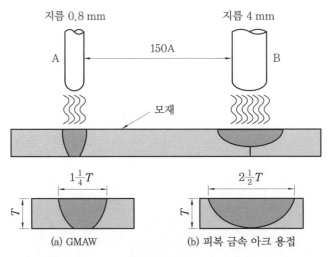

[그림 3-3] GMAW와 피복 금속 아크 용접의 용입 비교

② 단점 : GMA 용접은 피복 금속 아크 용접과 비교해서 다음과 같은 단점을 가진다.

(개) 연강 용접에서는 보호 가스(불활성 가스 사용)가 고가이므로 적용하기 부적당
하다(연강의 이면 비드를 형성하기 위한 용접은 제외).

㈏ 용접 토치가 용접부에 접근하기 곤란한 경우는 용접하기가 어렵다.

㈐ 바람이 부는 옥외에서는 보호 가스가 제대로 역할을 하지 못하므로 필요한 경우 바람막이를 사용한다.

㈑ 용착 금속 위에 슬래그가 없기 때문에 용착 금속의 냉각 속도가 빨라서 대부분의 금속에서는 용접부의 금속 조직과 기계적 성질이 변화하는 경우가 있다.

㈒ 박판 용접(3 mm 이하)에는 적용이 곤란하다.

## (3) 특성

① 아크 : MIG 용접의 아크는 대단히 안정되고 [그림 3-4]와 같이 그 중심인 원추부의 중앙에는 용융 방울이 고속으로 분출되고 있고, 외부는 이온화된 아르곤 가스에 의하여 발광한다. 또한 미광부는 아르곤 가스가 흐르면서 용접부를 보호하고 있다. MIG 용접의 용입은 극성에 따라 [그림 3-5]와 같은 용입을 얻게 되는데 TIG 용접법과 반대의 현상이 일어난다. 역극성은 스프레이 금속 이행 형태를 이루고, 양전하를 가진 용융 금속의 입자가 음전하를 가진 모재에 격렬히 충돌하여 좁고 깊은 용입을 얻게 되며, 안정된 아크와 양호한 용접 비드를 얻을 수 있다. 정극성은 용융 금속인 양전하와 양전하를 가진 모재와 충돌하여 용적을 들어올리게 되어 용적이 모재에 용입되는 것을 방해하여 전극의 선단이 평평한 머리부가 되며, 이 부분의 온도가 점차 높아져 중력에 의하여 큰 용적이 간헐적으로 낙하하게 되어 금속이 입적 이행 형태가 되므로 용입이 얇고 평평한 비드를 얻게 된다. 그러므로 MIG 용접은 직류 역극성을 사용한다. MIG 용접은 전류의 밀도가 대단히 높아 피복 아크 용접의 약 6배, TIG 용접의 약 2~3배이고 서브머지드 아크 용접과는 동일한 정도의 전류 밀도를 가진다.

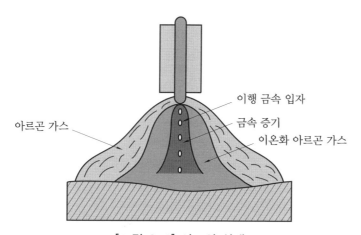

이행 금속 입자

아르곤 가스

금속 증기

이온화 아르곤 가스

[그림 3-4] 아크의 상태

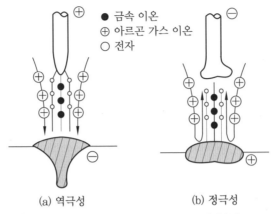

[그림 3-5] 아르곤 가스의 극성 현상

② 용융 속도 : 용융 속도는 용접 시 용융되는 와이어의 무게가 단위 시간당 얼마나 되는가를 나타내는 것으로 시간당 용융되는 와이어의 무게로 표시한다. MIG 용접에서는 용융된 금속이 모재에 용착되는 효율이 95 % 정도로 거의 용융 금속이 용착 금속이 된다. [그림 3-6]은 탄소강과 저합금강 와이어의 용융 속도로 와이어의 공급 속도가 증가할수록 용융 속도도 비례하여 증가한다. 와이어 공급 속도는 전류와 밀접한 관계가 있어 와이어 공급 속도의 증가는 전류의 증가를 나타낸다. 탄소강에서는 순 아르곤에 1 %의 산소를 혼합하면 용융 속도가 현저하게 증가한다. 직류 정극성은 용융 속도가 역극성에 비하여 2배 정도 빠르나 금속 이행이 큰 용적이 불연속적으로 이행되어 아크가 불안정하게 되므로 사용되지 않고 있다.

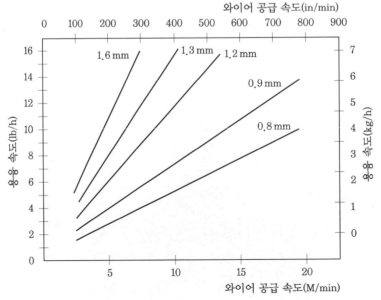

[그림 3-6] 탄소강과 저합금강 와이어의 용융 속도

③ 아크의 자기 제어 : 피복 금속 아크 용접에서 심선의 용융 속도는 아크 전류에 의해서 결정되고 전압에는 거의 영향이 없지만, MIG 용접에서는 아크 전압의 영향을 받아 같은 전류에서 아크 전압이 증가하면 용융 속도는 저하한다. 어떤 원인에 의해 와이어의 송급 속도가 급격히 감소하거나 아크의 길이가 짧아져 용융 금속이 오목하게 되는 현상이 나타나면 와이어 송급 속도가 변하여 원래의 아크 길이로 돌아오는 작용이 용접 중에 일어나 안정된 아크가 발생하게 된다. 이와 같은 현상을 아크의 자기 제어 기능이라 하며 이러한 특성을 만족하기 위해서는 전류의 증가에 따라서 전압이 약간 상승하는 특성인 상승 특성을 가져야 한다.

④ 금속 이행 형태 : GMAW에서 금속 이행 형태는 사용 전류와 와이어의 지름, 보호 가스의 조건에 따라 [그림 3-7]과 같이 네 가지 유형으로 나눌 수 있다.

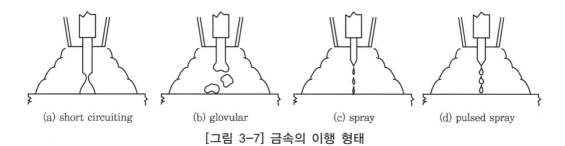

(a) short circuiting      (b) glovular      (c) spray      (d) pulsed spray

[그림 3-7] 금속의 이행 형태

㈎ 단락 이행(short circuiting transfer) : 단락 이행은 크기가 0.8~1.2 mm인 가는 와이어와 사용 전류가 낮고 아크 길이가 짧은 경우 일어나며, MIG의 낮은 전류, $CO_2$, MAG 용접에서 나타난다. 용접하는 동안 단락 이행은 초당 20~250회 정도 반복적으로 일어날 수 있으나 평균적으로 초당 90~150회 정도이다. 용접봉 직경에 따른 사용 전류 범위는 [표 3-3]과 같다.

[표 3-3] 단락 이행의 와이어 지름과 전류 범위(DCRP)

| 와이어 지름(mm) | F 자세 용접 전류(A) | | V, O 자세 용접 전류(A) | |
|---|---|---|---|---|
| | 최소 | 최대 | 최소 | 최대 |
| 0.8 | 50 | 150 | 50 | 125 |
| 0.9 | 75 | 175 | 75 | 150 |
| 1.2 | 100 | 225 | 100 | 175 |

이와 같은 이행은 용융지가 작고 빨리 굳기 때문에 일반적으로 박판의 모든 자세(all position) 용접과 루트 간격이 큰 용접물에 적합하고 후판의 수직과 위보기 자세에도 적합하다. 연속적인 이행 형태는 [그림 3-8]과 같으며, 그때의 전류와 전압은 [그림 3-9]와 같다.

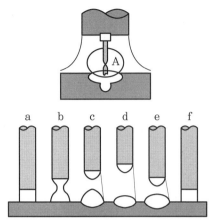

[그림 3-8] A부의 단락 이행

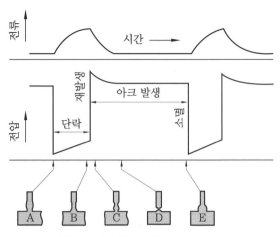

[그림 3-9] 단락 이행의 오실로그램

와이어가 용융지에 접촉할 때 전류는 증가하고 다시 아크가 발생될 때까지 [그림 3-9(C)]와 같이 계속 증가하는데, 전류 증가량은 용가재가 모재로 이동되기 전까지 와이어 끝이 녹을 만큼 충분해야 한다. 단락 이행은 단락 중에 용융 금속의 이동이 이루어지므로 보호 가스에 의한 영향은 거의 받지 않는다. 와이어의 이송 속도가 빠르면 초당 회로가 짧아지고 전류가 증가한다.

[표 3-4] MIG 용접의 탄소강 단락 이행 조건

| 재료 두께 (mm) | 와이어 지름 (mm) | DCRP (A) | DCRP (V) | 와이어 공급 속도(cm/min) | 용접 속도 (cm/min) | 보호 가스 공급(L/min) |
|---|---|---|---|---|---|---|
| 3.2 | 0.9 | 120~160 | 19~22 | 535~730 | 51~64 | 9~12 |
| 3.2 | 1.2 | 180~200 | 20~24 | 535~610 | 69~81 | 9~12 |
| 4.7 | 0.9 | 140~160 | 19~22 | 535~730 | 36~48 | 9~12 |
| 4.7 | 1.2 | 180~205 | 20~24 | 535~620 | 46~56 | 9~12 |
| 6.4 | 0.9 | 140~160 | 19~22 | 610~735 | 28~38 | 9~12 |
| 6.4 | 1.2 | 180~225 | 20~24 | 535~735 | 30~46 | 9~12 |

(나) 입상 이행(globular transfer) : 구상 이행, 글로뷸러 이행이라고도 하며, 단락과 분무 이행 사이의 이행 형태로, 단락이 일어나는 최대 전류 값보다 용접 전류와 전압을 증가시키면 금속 이행 형태가 다른 양상을 보이기 시작하는데 이것을 소위 말하는 입상 이행이라 한다. 용접봉에서 녹은 쇳물 방울의 크기가 용접봉 직경보다 2~3배 크게 되었을 때 용접봉으로부터 분리되어 아크를 통해서 모재로 [그림 3-10]과 같이 이행된다. 비교적 사용 전류와 전압이 낮기 때문에 아크 힘이 실질적으로 감소되어 용융 쇳물 방울에 물리적 힘이 가해져서 아주 불안정한 상태가 되기 때문에 많은 양의 스패터가 발생한다. 그러므로 입상 이

행은 탄산 가스를 보호 가스로 사용하여 연강 용접에 이용된다.

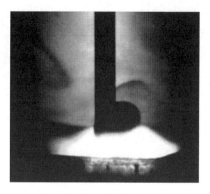

[그림 3-10] 입상 이행

㈐ 스프레이 이행(spray transfer) : 입상 이행 조건에서 전류와 전압을 더욱 증가 시키면 용융 금속의 이행은 분무 이행으로 된다. 이와 같이 스프레이 이행이 발생하는 최소 용접 전류 값을 천이 전류(transition current)라 한다. [표 3-5] 는 여러 사이즈의 와이어와 보호 가스에 따른 천이 전류 값을 나타낸다. 표에서 보는 바와 같이 천이 전류는 와이어 직경과 보호 가스에 의해 영향을 받으나 만약 탄소강을 용접할 때 보호 가스로서 $CO_2$ 가스를 15 % 이상 함유하면 입상 이행에서 스프레이 이행으로 변하지 않는다. 보호 가스로서 아르곤을 80 % 이상 함유해야 스프레이 이행으로 변한다. DCRP 및 불활성 가스를 사용하는 고전류 MIG/MAG 용접에 이용된다.

**[표 3-5] 스프레이 이행이 발생하는 최소 전류 값**

| 와이어 재질 | 와이어 지름(mm) | 보호 가스 | 최소 공급 전류 |
|---|---|---|---|
| 연강 | 0.8 | 98 % 아르곤+2 % 산소 | 150 |
| | 0.9 | | 165 |
| | 1.2 | | 220 |
| | 1.6 | | 275 |
| 스테인리스강 | 0.9 | 99 % 아르곤+1 % 산소 | 170 |
| | 1.2 | | 225 |
| | 1.6 | | 285 |
| 알루미늄 | 0.9 | 아르곤 | 95 |
| | 1.2 | | 135 |
| | 1.6 | | 180 |

[그림 3-11]은 스프레이 이행을 나타낸 것으로, 아크의 정교한 아크 기둥과 와이어 끝이 뾰족함을 나타내며, 와이어로부터 녹은 쇳물 방울은 아주 작고 아

크가 안정되고 단락은 거의 일어나지 않는다. 스프레이 이행의 장점은 스패터가 거의 없어 98 % 이상의 높은 용착 효율을 나타내고, 용접 비드가 우수하고, 용착 속도가 빠르고, 용입이 깊기 때문에 일반적으로 2.4 mm 이상 두께의 용접에 적합하여 알루미늄과 구리 이외의 금속 용접에서는 용융지가 크기 때문에 아래보기 자세 용접에서만 사용된다. 그러나 연강에서는 0.9 mm 또는 1.2 mm 직경의 와이어를 사용하여 용융지를 작게 하여 전 자세 용접을 할 수 있다.

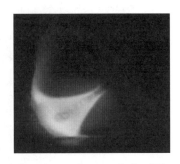

[그림 3-11] 스프레이 이행

[표 3-6] MIG 용접의 알루미늄 스프레이 이행 조건

| 재료 두께 (mm) | 모서리 가공 | 전극봉 지름 (mm) | DCRP (A) | DCRP (V) | 보호 가스 공급(L/min) |
|---|---|---|---|---|---|
| 6.4 | 단면 V형 맞대기 용접 홈각 60°, 배킹재 사용 루트면 가공 없음 | 1.2 | 180 | 24 | 16 |
| | I형 맞대기 용접 배킹재 사용 | 1.2 | 250 | 26 | 19 |
| | I형 맞대기 용접 배킹재 없음 | 1.2 | 220 | 24 | 16 |

㈘ 펄스 스프레이 이행(pulsed spray transfer) : 스프레이 이행 전류와 입적 이행 전류 범위 사이의 펄스 전류에 의해 이루어지는 형태로서 스프레이 이행이 일반적인 것보다 아주 낮은 전류에서 이루어진다. [그림 3-12]와 같이 용접봉으로부터 모재로의 금속 이동 형태는 일정한 펄스 주기에 따라 발생하며, 펄스 전류의 최대치는 스프레이 이행 전류 범위이고 최소치는 입적 이행 전류 범위이다.

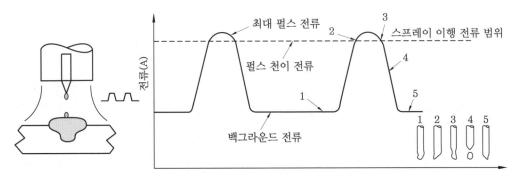

[그림 3-12] 펄스 스프레이 이행

　펄스 전류 주기 동안 용접 금속은 아크를 통해서 스프레이 이행 형태로 용접 이음부에 용착되는데, 일반적인 스프레이 이행 형태와 같이 연속적으로 이행하는 것이 아니고 전원으로부터 펄스 전류의 주기에 따라 이행한다. 이와 같이 일반적인 스프레이 이행 용접에서 필요로 하는 전류보다 낮은 평균 전류 값에서 스프레이 이행 형태가 이루어지므로 용락의 염려가 있는 박판 용접에도 효과적으로 사용할 수 있다.

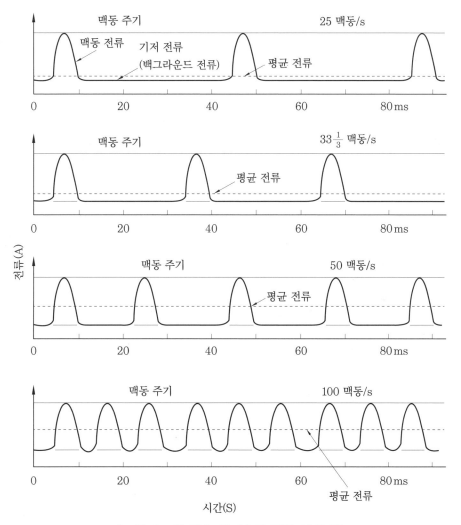

[그림 3-13] 펄스 주기수와 평균 전류 값

　[그림 3-13]은 펄스 주기와 평균 전류 값을 나타낸 것으로, 펄스 주기가 증가하면 평균 전류 값이 증가하므로 박판 용접에서는 펄스 주기를 작게 하여 용락을 방지하고, 판이 두꺼워지면 펄스 주기를 증가해야 평균 전류 값이 커져서 용접이 잘 된다.

[표 3-7] 와이어 종류와 스프레이 이행 형태의 용접 전류

| 와이어 종류 | 와이어 지름 (mm) | 보호 가스 | 스프레이 전류 (A) |
|---|---|---|---|
| 저탄소강 | 0.58 | 98 % 아르곤 – 2 % 산소 | 135 |
| | 0.76 | 98 % 아르곤 – 2 % 산소 | 150 |
| | 0.89 | 98 % 아르곤 – 2 % 산소 | 165 |
| | 1.14 | 98 % 아르곤 – 2 % 산소 | 220 |
| | 1.57 | 98 % 아르곤 – 2 % 산소 | 275 |
| | 0.89 | 95 % 아르곤 – 5 % 산소 | 155 |
| | 1.14 | 95 % 아르곤 – 5 % 산소 | 200 |
| | 1.57 | 95 % 아르곤 – 5% 산소 | 265 |
| | 0.89 | 92 % 아르곤 – 8 % 이산화탄소 | 175 |
| | 1.14 | 92 % 아르곤 – 8 % 이산화탄소 | 225 |
| | 1.57 | 92 % 아르곤 – 8 % 이산화탄소 | 290 |
| | 0.89 | 85 % 아르곤 – 15 % 이산화탄소 | 180 |
| | 1.14 | 85 % 아르곤 – 15 % 이산화탄소 | 240 |
| | 1.57 | 85 % 아르곤 – 15 % 이산화탄소 | 295 |
| | 0.89 | 80 % 아르곤 – 20 % 이산화탄소 | 195 |
| | 1.14 | 80 % 아르곤 – 20 % 이산화탄소 | 255 |
| | 1.57 | 80 % 아르곤 – 20 % 이산화탄소 | 345 |
| 스테인리스강 | 0.89 | 99 % 아르곤 – 1 % 산소 | 150 |
| | 1.14 | 99 % 아르곤 – 1 % 산소 | 195 |
| | 1.57 | 99 % 아르곤 – 1 % 산소 | 265 |
| | 0.89 | 아르곤 – 헬륨 – 이산화탄소 | 160 |
| | 1.14 | 아르곤 – 헬륨 – 이산화탄소 | 205 |
| | 1.57 | 아르곤 – 헬륨 – 이산화탄소 | 280 |
| | 0.89 | 아르곤 – 수소 – 이산화탄소 | 145 |
| | 1.14 | 아르곤 – 수소 – 이산화탄소 | 185 |
| | 1.57 | 아르곤 – 수소 – 이산화탄소 | 255 |
| 알루미늄 | 0.89 | 아르곤 | 95 |
| | 1.19 | 아르곤 | 135 |
| | 1.57 | 아르곤 | 180 |

| | 0.89 | 아르곤 | 180 |
|---|---|---|---|
| 탈산동 | 1.14 | 아르곤 | 210 |
| | 1.57 | 아르곤 | 310 |
| | 0.89 | 아르곤 | 165 |
| 규소 청동 | 1.14 | 아르곤 | 205 |
| | 1.57 | 아르곤 | 270 |

[표 3-8] 일반적인 GMAW 매개 변수(F 자세)

| 와이어 지름 | 와이어 이송 속도 | 용접 전류 | 평균 아크 전압 | 보호 가스 |
|---|---|---|---|---|
| mm | mm/s | A | V | – |
| 단락 이행형 | | | | |
| 0.9 | 63~85 | 70~90 | 18~20 | 75Ar-25He |
| 1.2 | 74~95 | 100~160 | 19~22 | 75Ar-25He |
| 스프레이 이행형 | | | | |
| 1.2 | 106~148 | 190~250 | 28~32 | 100Ar |
| 1.6 | 63~106 | 250~350 | 29~33 | 100Ar |
| 펄스 스프레이 이행형 | | | | |
| 0.9 | 127~190 | 75~150 | 30~34 | 75Ar-25He |
| 1.2 | 85~148 | 100~175 | 32~36 | 75Ar-25He |

⑤ 펄스 용접(pulse welding) : 펄스 용접은 저주파 펄스와 고주파 펄스로 나뉘며, 다시 싱글 펄스와 더블 펄스로 나뉜다. 이 용접법은 금속의 이행 방식인 단락 이행과 스프레이 이행의 장점을 겸비한 용접법으로 거의 모든 금속에 적용된다. 저주파와 고주파의 구분은 일반적으로 상용 주파수인 50 Hz를 기준으로 50 Hz 미만을 저주파 펄스 영역으로 보고 그 이상을 고주파 영역이라 한다.

(가) 특징

　㉠ 베이스 전류, 펄스 전류, 펄스 폭, 펄스 주파수를 개별적으로 세분화하여 조정이 가능하다.

　㉡ 와이어 지름에 대한 임계 전류 이하의 전류에도 스프레이 형태의 용적 이행이 얻어진다.

　㉢ 안정된 아크가 얻어지므로 운봉이 용이하여 용접의 작업성이 향상된다. 또한 박판의 고속 용접이 가능하다.

ⓔ 고전류 밀도에 의해 생기는 강한 핀치(pinch) 때문에 와이어 선단의 용융 금속은 중력 가속도보다 수십 배의 힘에 의해 이행된다. 그러므로 수직 자세나 수평 자세에서도 문제가 되지 않는다.

ⓜ 펄스 전류는 보통의 전류에 중첩하면 순간적으로 전류 밀도가 크게 되어 와이어가 지름이 커도 스프레이 이행이 일어날 수 있다. 이런 경향은 알루미늄, 스테인리스강에 있어서 현저하게 일어난다.

ⓗ 와이어 지름, 와이어 재질에 적합한 펄스 전류를 설정함에 따라 박판의 용접에도 결함이 없는 균일한 비드를 얻을 수 있다. 또한 용접 전류에 따른 모재의 입열 제어가 가능하므로 이음 효율이 향상된다.

(나) 저주파 펄스 용접 : 저주파 펄스는 용융 금속의 응고 제어를 목적으로 한 주파수 0.5~50 Hz 미만 영역을 말한다. 단락 아크와 스프레이 아크를 교대로 발생시키고, 아크 안정화를 위하여 와이어 송급 속도를 용접 전류의 대소 변화에 따라 스프레이 이행과 단락 이행이 이루어지면서 용융 금속의 용락을 방지시켜, 양호한 비드 외관과 용접부를 얻을 수 있고, 전 자세 용접에 적용할 수 있다.

(다) 고주파 펄스 용접 : 1초간에 50 Hz 이상의 펄스 전류를 베이스 전류에 중첩하는 용접법으로 입열 제어를 목적으로 한 것으로 철강, 비철 금속의 용접에 적용된다. 매 펄스마다 용적을 이행시키는 것으로 용적 이행이 불량한 재료, 저전류에서도 양호한 용접을 할 수 있다.

(라) 저주파 펄스와 고주파 펄스의 비교 : 와이어 송급량이 적은 소전류 영역에서는 저주파 펄스 용접을 하고 와이어 송급량이 많은 대전류에서는 고주파 펄스 용접을 한다.

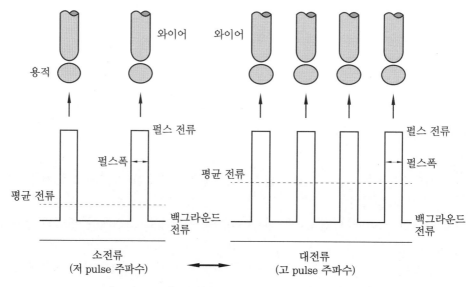

[그림 3-14] 저주파 펄스와 고주파 펄스의 비교

[표 3-9] 저주파 펄스와 고주파 펄스의 특성 비교

| 항목 | 저주파 펄스 | 고주파 펄스 |
|---|---|---|
| 펄스 주파수 | 약 0.5~50 Hz 미만 | 50 Hz 이상 |
| 적용 와이어 | 솔리드 와이어 | |
| 보호 가스 | Ar, Ar+$CO_2$, Ar+$O_2$ | |
| 전원 특성 | 정전압 | 정전압, 정전류 |
| 와이어 송급 방식 | 가변 속도 | 속도 일정 |
| 용착 금속 성능 | 양호 | |
| 비드 형상 | 비드 파형이 좁고 편평하며 아름답다. | |
| 용입 깊이 | 용접 조건에 따라 제어 가능 | |
| 아크 안정성 | 양호 | |
| 용적 이행 | 스프레이 | |
| 용접 자세 | 전 자세 | |

(마) 더블 펄스 용접(double pulse welding) : 펄스에 펄스를 중첩한 펄스로 펄스 용접으로도 완전하지 못한 용접을 위하여 개발되었다. 박판의 용접에 사용되고 맞대기 용접의 이면 용접인 루트 패스(root pass) 용접에 최적의 상태를 제공한다. 또한 용접 속도가 빠르고 기공이 감소하며, 용입이 증가하고 전 자세 용접이 가능하다. 박판인 2 mm 이하에 효과적이다.

[그림 3-15] 더블 펄스 미그 용접기

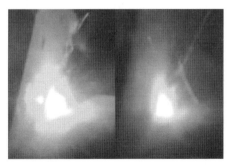

(a) 더블 펄스 용접 장면

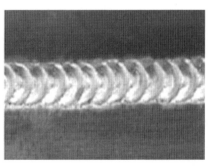

(b) 더블 펄스 용접 모재

[그림 3-16] 더블 펄스 용접 모재

(a) 펄스 용접 장면

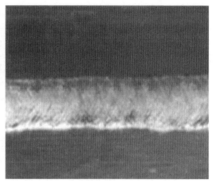
(b) 펄스 용접 모재

[그림 3-17] 펄스 용접 모재

⑥ 용접에 영향을 주는 변수 : 모재의 재질, 용접 와이어와 보호 가스가 정해지면 여러 가지 용접 변수들을 결정해야 한다.

---

**참고** **용접 특성에 많은 영향을 주는 용접 변수**

- 용접 전류(welding current)
- 용접봉 돌출 길이(electrode extension)
- 토치 위치(position of gun)
- 아크 전압(arc vlotage)
- 용접 속도(travel speed)
- 용접봉 직경(electrode size)

---

이러한 변수들은 변동 범위가 크므로 용접 전 세심한 주의를 기울여 결정해야 한다. 또 다른 변수로는 모재의 두께, 화학 성분, 용가재의 성분, 용접 자세, 요구되는 용접 품질, 작업량 등에 따라 결정해야 한다.

㈎ 용접 전류 : MIG 용접에서 용접 전류와 와이어 공급 속도(와이어 돌출 길이가 일정할 때)는 거의 정비례한다. 그러므로 와이어 송급 속도가 증가하면 용접 전류도 증가한다. [표 3-10]은 MIG 용접의 와이어 지름 및 용접 전류 범위를 나타낸다. [그림 3-18]은 연강 및 저합금강의 와이어 송급 속도에 대한 용접 전류와의 관계를 보여주는데, 0.9 mm 솔리드 와이어를 보면 전류가 200 A 이하에서는 용접 전류와 와이어 송급 속도가 정비례하여 증가하다가 210 A 이상에서는 와이어 공급 속도가 급격하게 증가하게 되어 전류 280 A에서는 와이어 송급 속도가 18.3 m/min로 최대가 됨을 알 수 있다. 높은 전류에서는 특히 와이어의 직경이 작으면 용융 커브는 곡선(포물선)이 되는데 여기서 전류가 높아지면 와이어의 용융을 더욱 더 촉진시킨다. 이것은 와이어의 전기 접촉 튜브로부터 돌출 길이의 저항열 때문인데 전류가 높아지면 저항열인 $I^2R$값이 더 커지기 때문이다.

[표 3-10] MIG 용접의 와이어 지름 및 용접 전류 범위(직류)

| 와이어 지름(mm) | 0.6 | 0.8 | 1.0 | 1.2 | 1.4 | 1.6 | 2.0 |
|---|---|---|---|---|---|---|---|
| 용접 전류 범위(A) | 20~50 | 40~100 | 70~180 | 110~250 | 130~310 | 150~350 | 200~430 |
| 와이어 지름(mm) | 2.4 | 2.8 | 3.2 | 4.0 | 4.8 | 5.6 | 6.4 |
| 용접 전류 범위(A) | 250~500 | 300~580 | 350~650 | 400~750 | 450~850 | 500~950 | 600 이상 |

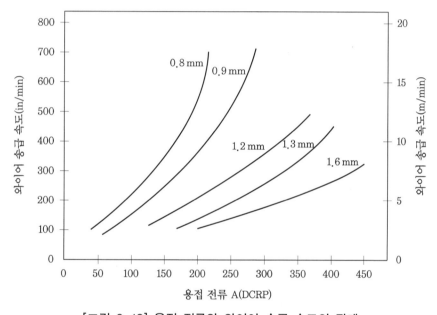

[그림 3-18] 용접 전류와 와이어 송급 속도의 관계

(나) 와이어 돌출 길이(wire extension) : 콘택트 팁(contact tip)에서 돌출된 와이어 끝까지의 길이를 와이어 돌출 길이라 하며, 와이어 돌출 길이는 주어진 와이어 공급 속도에서 와이어를 녹이는 데 필요한 전류에 영향을 준다. [그림 3-19]는 와이어 돌출 길이를 나타낸다. [그림 3-20]은 전기 접촉팁 끝에서 모재까지 거리가 변함에 따라 필요한 용접 전류가 변하는 것을 나타낸다. 즉, 와이어 돌출 거리가 증가함에 따라 전기적 열에너지인 $I^2R$값이 증가함으로써 와이어를 녹이는 데 필요한 용접 전류는 감소한다. 그러므로 팁 끝에서 모재까지의 거리를 적당히 조정하는 것이 중요하다. 일반적으로 돌출 길이는 3.2~32 mm 범위이다. 와이어 직경이 0.8~1.2 mm이며, 낮은 전류를 사용할 때는 3.2~9.5 mm의 짧은 돌출 길이가 좋고 와이어 직경이 2~2.4 mm이며 플럭스 코어드 와이어와 같이 높은 전류를 사용할 때는 25~32 mm의 긴 돌출 길이가

적합하다. 실험에 의하면 돌출 길이가 4.8 mm에서 16 mm로 변하면 용접 전류는 약 60 A 감소한다. 왜냐하면 돌출 길이가 증가하면 와이어의 예열이 많아져서 일정한 와이어 송급 속도에서 전원으로부터 용접에 필요한 전류가 작아지기 때문이다. 즉, 정전압 특성 전원의 자기 제어 특성 때문에 용접 전류가 감소되며 용입이 얕아진다. 반대로 돌출 길이가 줄어들면 와이어의 예열량이 적어지므로 일정한 공급 속도의 와이어를 용융하기 위해 보다 많은 전류를 공급해야 하므로 용입이 깊어진다.

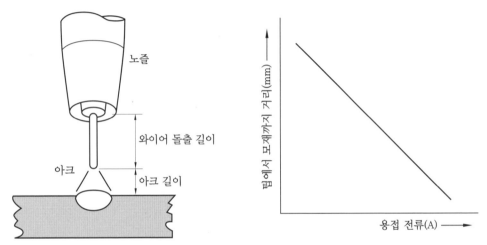

[그림 3-19] 와이어 돌출 길이    [그림 3-20] 팁에서 모재까지의 거리와 용접 전류의 관계

(대) 용접 속도 : 아크가 용접 이음부를 따라 움직이는 속도로서 단위는 보통 cm/min 이다. 같은 조건의 전류에서 모재 두께가 증가할수록 용접 속도는 느리게 해야 하고, 같은 이음 형상과 재료 두께에서는 전류가 증가하면 용접 속도도 증가한다. 또한 일정한 전류 밀도에서 용접 속도가 감소하면 용접 입열이 많아져서 용입이 깊어지며, 용접부 단위 길이당 용착 금속량이 증가하여 비드 높이와 폭이 커진다.

(라) 와이어 지름 : 비드 크기, 용입의 깊이, 용접 속도에 영향을 미친다. 일반적으로 같은 전류에서 와이어 지름이 작아지면 전류 밀도가 커지므로 용입이 깊어지고 동시에 와이어의 용착 속도가 증가하므로 용접 속도에도 영향을 준다. 일반적으로 용접봉의 성분은 모재와 동일해야 하며, 용접 자세와 다른 특별한 조건에 의해 와이어 지름을 결정한다.

(마) 아크 전압 : 와이어 끝과 모재 간의 전압으로서 용접 금속의 이행 형태에 중대한 영향을 미치며, 단락 이행 용접에서는 비교적 낮은 전압인 데 반해, 스프레이 이행 용접에서는 높은 전압이다. 아울러 용접 전류와 와이어 용융 속도가 증가하면 아크 전압은 아크 안정을 위해 다소 증가해야 한다. [그림 3-21]은 탄소강 MIG 용접에서 일반적으로 많이 사용되는 보호 가스에서 용접 전류와 전압의

관계를 나타내는데, 최상의 용접 조건이 되기 위해서는 전류가 증가하면 아크 전압도 증가되어야 함을 알 수 있다.

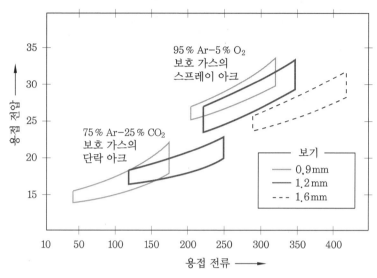

[그림 3-21] 탄소강의 와이어 지름에 따른 용접 전압과 전류의 관계

---

### 3-2 용접 장치

### (1) 용접 장치의 종류

MIG 용접을 기준으로 보면, 반자동(semi-automatic)식과 자동(automatic)식이 있다. 반자동식은 토치의 조작을 작업자가 직접 하고 와이어만 자동으로 송급하는 방식이고 자동식은 모든 용접 과정을 기계적인 조작에 의해서 용접하는 방식이다.

① 반자동 MIG 용접 장치 : 토치를 손으로 조작하면서 용접할 수 있기 때문에 복잡한 구조물이라도 용접이 가능하고 작업 범위가 광범위하여 일반적으로 가장 많이 사용되고 있다. MIG 반자동 용접 장치의 구성은 [그림 3-22]와 같이 용접 전원 장치, 와이어 송급 장치, 제어 장치, 용접 토치, 부속 기기로는 가스 유량계와 원격으로 조정되는 전류와 전압 조정기가 있다. 용접기의 용량은 전류 값에 따라 다르며, 보통 박판에 사용되는 것은 정격 전류 값은 200 A, 300 A 정도의 용접기가 사용되며, 비교적 후판 용접에 사용되는 용접기는 정격 전류 500 A 이상을 사용한다.

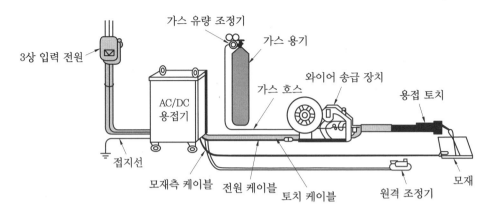

[그림 3-22] MIG 반자동 용접 장치의 구성

미그 용접은 주로 경합금 또는 동합금의 후판 용접에 많이 사용한다. 알루미늄 합금 와이어는 토치 케이블이 구부러져 있는 경우, 연강에 비하여 와이어가 연성이 많아 송급 시 저항에 의해 송급 장치에서 와이어 꼬임이 발생하므로 송급 방식의 선택에 신중을 기해야 한다. [그림 3-23]은 펄스 MIG 반자동 용접기를 보여준다. 용접 전원은 직류 전원을 사용하여 임의로 펄스파를 조정하여 수 kHz의 높은 주파수 범위까지 펄스 용접이 가능하게 되었다. 펄스 용접기의 특징은 스패터의 발생이 현저히 줄어들고 균일한 용입을 얻을 수 있으며 비드 외관이 아름답다는 것이다. 따라서 작업 능률이 향상되는 장점이 있다. 그러나 숙련자가 아니면 펄스 주파수 등 용접 조건을 설정하기가 어렵다.

[그림 3-23] 펄스 MIG 반자동 용접기

② 자동 MIG 용접 장치 : [그림 3-24]와 같이 구성된다. 반자동 MIG 용접 장치에 비하여 작업자의 용접 기량으로 인한 문제를 해결할 수 있고, 우수한 품질의 용접물을

얻을 수 있으며 용접 속도가 **빠르고** 용착 효율이 좋아 능률이 높다. 자동 용접기의 주요 장치는 전원 장치, 제어 장치, 와이어 송급 장치, 토치와 자동 용접 기구로 구성된다.

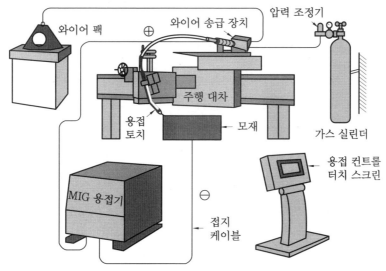

[그림 3-24] 자동 MIG 용접 장치의 구성

토치는 자동 이송 용접 장치에 고정되어 상·하로 높이를 조절하여 와이어 돌출 길이를 맞추며 고전류를 사용하는 용접에는 수랭식 토치를 사용한다. 또한 알루미늄과 강의 후판 용접에 고능률을 목적으로 고전류 자동 용접기가 개발되어 사용되고 있는데, 이 용접기의 특징은 고전류 용접에서도 아크 집중이 좋고 깊은 용입이 얻어진다는 것이다. 고전류 용접기는 수하 특성과 정전류 특성의 직류 전원을 사용한다. 알루미늄 용접에서는 사용 전류에 한계가 있어 용접 전류가 어느 정도 이상이 되면 청정 작용이 일어나지 않아 산화가 심하게 생기며, 아크 길이가 불안정하게 변동되어 비드 표면에 거칠게 주름이 생기는 퍼커링(puckering) 현상이 생긴다. 이 퍼커링 현상이 발생하는 한계 전류 값은 사용하는 와이어 지름, 보호 가스의 조성, 용접 전류, 용접 속도 등 많은 원인에 의해 생긴다.

## (2) 장치별 기능

① 용접 전원 : MIG 용접은 정전압 특성 또는 상승 특성의 직류 용접기가 사용되고 있다. MIG 용접기의 조정 방식 중에는 아크 전압이 어느 정도 이상 되면 아크 전류를 자동적으로 차단하는 장치가 있으나 동작 시간이 길어 번 백(burn back)이 발생하여 와이어가 팁과 함께 녹아 팁을 교환해야 하는 문제가 발생한다. 그러나 정전압

특성의 용접기를 사용하면 번 백과 단락의 폭이 넓어져 이에 따른 전류의 변화폭이 커진다. 이 때문에 실제로 와이어가 모재에 단락하기 전에 급속히 용융되어 단락이 예방되고, 번 백도 방지되어 아크 전압이 일정하게 된다. 또한 아크의 발생은 순간적으로 고전류가 흐르므로, 매우 용이하게 됨과 동시에 용접 중에 전압을 일정하게 유지한 상태로 전류의 단독 조정이 가능하다. 따라서 정전압 또는 상승 특성을 이용하는 것이 수하 특성을 이용하는 경우보다 유리하다.

② 제어 장치 : 용접 전류 제어, 보호 가스 공급 제어, 냉각수를 사용하는 경우 냉각수 순환 기능을 갖고 있다. 반자동 용접기는 토치 스위치에 의해 원격 제어될 수 있으며, 토치 스위치를 누르는 즉시 전자밸브를 작동시켜 가스가 흐르기 시작하고 전자 개폐기에 의해 전류가 전극 와이어로 통전되는 동시에 와이어 송급 장치의 롤러로부터 와이어가 토치로 송급되어 아크를 발생시킨다. 제어 장치의 모든 기능은 기본적으로 타이머 장치에 의해 제어된다. 즉, 용접을 위해 토치 스위치를 누르는 순간부터 용접이 끝나고 제어 기능이 완전히 멈추는 시점까지 용접 전류와 전압을 순간적 또는 수 초간에 고저의 변화를 주거나 와이어 송급 속도와 가스 유출 시간을 조절하여 시작점과 크레이터 부위에 용접 결함을 방지하는 기능을 갖고 있다. [그림 3-25]는 GMAW 용접기의 여러 가지 제어 기능에 대하여 보여준다. 제어 장치의 기능은 다음과 같다.

㈎ 예비 가스 유출 시간 : 아크가 처음 발생되기 전 보호 가스를 흐르게 하여 아크를 안정되게 하여 결함 발생을 방지하기 위한 기능이다.

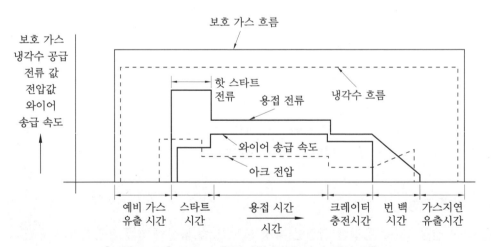

[그림 3-25] GMAW 용접기의 여러 가지 제어 기능

㈏ 스타트 시간 : 아크가 발생되는 순간 용접 전류와 전압을 크게 하여 아크를 신속하게 안정화시키기 위한 핫 스타트(hot start) 기능과 와이어 송급 속도를

아크가 발생하기 전 천천히 송급시켜 아크 발생 시 와이어가 튀는 것을 방지하는 슬로우 다운(slow down) 기능이 있다.

㈐ 크레이터 처리 시간(crate fill time) : 크레이터 처리를 위해 용접이 끝나는 지점에서 토치 스위치를 다시 누르면 용접 전류와 전압이 낮아져 쉽게 크레이터가 채워져 결함을 방지하는 기능이다.

㈑ 번 백 시간(burn back time) : 크레이터 처리 기능에 의해 낮아진 전류가 서서히 줄어들면서 아크가 끊어지는 기능으로 이면 용접부가 녹아내리는 것을 방지한다.

㈒ 가스 지연 유출 시간 : 용접이 끝난 후에도 5~25초 동안 가스가 계속 흘러나와 크레이터 부위의 산화를 방지하는 기능이다.

③ 와이어 송급 장치 : 와이어 송급 장치(wire feeder)는 대부분 정전압 전원과 함께 일정한 속도로 공급하는 직류 전동 장치, 전원 케이블, 와이어 릴, 전류와 전압 제어 조정기, 용접 토치로 구성된다. 와이어 이송 속도는 전류의 세기에 따라 와이어 송급 속도가 달라진다.

[그림 3-26] 와이어 송급 장치

㈎ 와이어 송급 방식 : 와이어 송급 롤러의 위치에 따라 [그림 3-27]과 같이 네 종류가 있으며 반자동 용접기에는 주로 푸시(push) 방식이 사용되고, 자동 용접기에는 풀(pull) 방식이 사용된다.

㉠ 푸시 방식 : 푸시 방식은 와이어 릴의 바로 앞에 와이어 송급 장치를 부착하여 송급 라이너를 통해 와이어를 용접 토치에 송급하는 방식으로 용접 토치의 송급 저항으로 인하여 연한 재질의 가는 와이어는 구부러져 송급에 지장을 받을 우려가 있다. 송급 라이너의 길이가 3 m 이상일 경우 강은 0.6 mm 이상의 지름을 가진 와이어를 사용해야 하며 알루미늄은 1.2 mm 이상의 와이어를 사용한다.

ⓒ 풀 방식 : 송급 장치를 용접 토치에 직접 연결시켜 토치와 송급 장치가 하나로 된 구조로 되어 있어 송급 시 마찰 저항을 작게 하여 와이어 송급을 원활하게 한 방식으로 주로 작은 지름의 연한 와이어 사용 시 이 방식이 적용된다.

ⓒ 푸시-풀 방식 : 와이어 릴과 토치 측의 양측에 송급 장치를 부착하는 방식으로 송급 튜브가 수십 미터 길이에도 사용된다. 이 방식은 양호한 송급이 되는 반면에 토치에 송급 장치가 부착되어 있어 토치의 조작이 불편하다.

ⓡ 더블 푸시 방식 : 이 방식은 용접 토치에 송급 장치를 부착하지 않고 긴 송급 튜브를 사용할 수 있다. 즉, 푸시식 송급 장치와 용접 토치의 중간에 보조의 푸시 전동기를 장입시켜 2대의 푸시 전동기에 의해 송급하는 방식이다. 용접 토치는 푸시 방식의 것을 사용할 수 있어 조작이 간편하다.

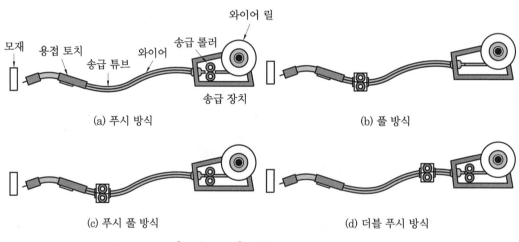

[그림 3-27] 와이어 송급 방식

㈏ 송급 기구 : 송급 기구는 전동기, 감속 장치, 송급 롤러 및 와이어 가이드(guide)로 구성된다.

㉠ 전동기 : 전동기는 회전수 조절이 가능한 직류 전동기를 사용하고 정속도로 회전한다.

㉡ 감속 장치 : 전동기의 회전을 제어하여 송급 롤러의 회전수까지 감속하는 장비이다.

㉢ 송급 롤러 : 와이어와 직접 접촉하여 그 마찰력에 의해 와이어를 밀거나 당기는 힘을 주는 것으로 와이어의 종류와 지름에 따라 여러 가지 형태의 송급 롤러가 사용된다. [그림 3-28]과 같이 송급 롤러의 세 가지 유형으로 V형, U형, 룰렛형(knurled type)이 있다.

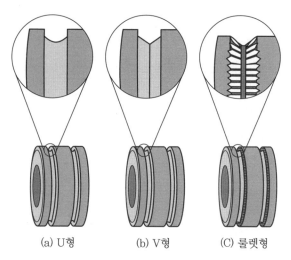

(a) U형          (b) V형          (C) 룰렛형

[그림 3-28] 롤러의 홈 형태

　롤러의 선택은 사용하는 와이어의 재질이나 굵기에 따라 결정된다. 보통 V형은 2.4 mm 이하의 단단한 솔리드(solid) 와이어에 적용된다. U형은 알루미늄 와이어 또는 기타 매우 부드러운 소재의 재료를 사용하도록 되어 있고 와이어 표면 손상을 최소화하고 둥근 모양을 유지하면서 라이너(liner)를 통해 와이어를 공급한다. 대체로 2.4 mm 이상의 와이어에 적합하다. 룰렛형은 3.2 mm 이상의 연한 와이어나 용제가 내장된 플럭스 코어드 와이어에 사용되며, 가압력을 크게 할 수 없으므로 룰렛형이 적합하다. 이 유형의 드라이브 롤러는 톱니 모양으로 되어 있어 와이어의 일부가 떨어져 나와 라이너를 막히게 하고 와이어 공급에 부정적인 영향을 줄 수 있다. 롤러 가압 방식에는 [그림 3-29]와 같이 2개의 롤러만 이용하여 가압시키는 2단식과 상하 각각 2개씩 롤러를 이용하는 4단식이 있다. 4단식은 2단식에 비하여 와이어를 미는 힘이 강하고 송급이 정확히 이루어지며 와이어의 슬립(slip) 현상이 거의 없어 안정된 공급을 할 수 있다.

(a) 2단식 송급 롤러          (b) 4단식 송급 롤러

[그림 3-29] 롤러 가압 방식

④ 토치 : MIG 용접 토치는 형태, 냉각 방식, 와이어 송급 방식 또는 용접기의 종류에 따라 그 종류가 매우 다양하다. 토치는 사용 와이어의 재질, 용접 전류 값, 사용 가스

등을 고려하여 작업에 맞는 토치를 선택한다. 일반적으로 사용되는 반자동 토치는 전원 케이블, 가스 송급 호스와 스위치 케이블로 구성된다. 토치의 종류를 형태에 따라서 분류하면 [그림 3-30]과 같이 커브형이 있고 직선형의 송급 튜브를 가진 피스톨형이 있는데 피스톨형은 일명 건형이라고 한다. 커브형은 주로 단단한 와이어를 사용하는 $CO_2$ 용접에 사용되며, 피스톨형은 연한 비철 금속 와이어를 사용하는 MIG 용접에 적합하다. 특히 알루미늄 MIG 용접에는 와이어가 연하므로 구부러지는 것을 방지하기 위해 송급 튜브가 직선인 피스톨형이 유리하다.

(a) 커브형 토치                (b) 피스톨형 토치

[그림 3-30] MIG 용접 토치

토치 부품의 종류는 [그림 3-31]과 같이 와이어를 송급하고 보호 가스를 분출하는데 필요한 부품으로 되어 있다.

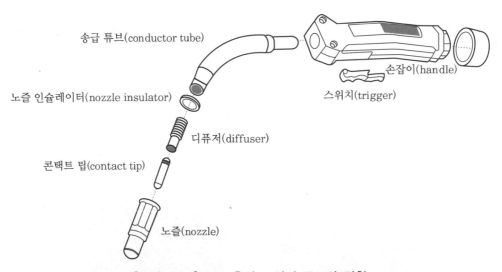

송급 튜브(conductor tube)
노즐 인슐레이터(nozzle insulator)
콘택트 팁(contact tip)
디퓨저(diffuser)
노즐(nozzle)
손잡이(handle)
스위치(trigger)

[그림 3-31] MIG 용접 토치의 구조와 명칭

플렉시블 송급 튜브(flexible conductor tube)는 와이어 송급 장치로부터 토치 몸체까지 와이어가 원활하게 송급되도록 안내하는 역할을 하며, 가스 분출기(diffuser)는 토치 내부의 가스 공급 호스로부터 나오는 가스를 분출시키는 데 사용한다. 팁은 일명 콘택트 팁(contact tip)이라 하며 와이어가 송급되면서 전류를 통전시키는 역

할을 한다. 인슐레이터(insulator)는 노즐과 토치 몸체 사이에서 통전을 막아 절연시키며, 노즐(nozzle)은 보호 가스가 용융지 전체를 보호할 수 있도록 가스를 분출시키는 역할을 한다.

⑤ 압력 조정기와 혼합기 : 아르곤 가스는 압력 용기에 의해 15 MPa 정도로 충전하여 사용하고, 압력 조정기는 압력 변동이 적은 2단식이 보통 사용된다. 유량계는 아르곤 가스의 압력과 볼의 중량의 평형의 원리를 이용하여 유량을 측정하므로 만약 경사지게 하면 정확한 눈금 지시가 되지 않으므로 반드시 수직으로 세워서 사용해야 한다. 유량계의 출구에는 가스 유량 조정을 위한 니들 밸브가 있어 유량계의 눈금을 보면서 가스 유량을 조정하도록 되어 있다.

(a) 아르곤 게이지　　　　　(b) $CO_2$ 게이지　　　　　(c) 가스 혼합기

[그림 3-32] GMAW용 게이지와 가스 혼합기

## 3-3　용접 시공

### (1) 용접 준비

① 용접 와이어(welding wire) : GMAW에서 고려해야 할 가장 중요한 요소 중 하나는 올바른 용접 와이어의 선택이다. 가능한 한 모재와 같은 화학적 조성과 일치하거나 가장 근접한 재질을 선택해야 한다. 왜냐하면 용융 금속이 친화력이 강해 이상적인 결합을 하기 때문이다. 따라서 모재의 화학적 성분, 모재의 기계적 성질, 사용할 보호 가스, 용접부 이음 형상 등을 고려하여 용접 와이어를 선택한다.

> **참고** 용접 와이어 선택에 영향을 미치는 다섯 가지 주요 요소
> 1. 모재의 화학 조성　　　　　　2. 모재의 기계적 성질
> 3. 사용된 보호 가스　　　　　　4. 적용 가능한 사양 요구 사항
> 5. 용접 이음의 종류

와이어 직경은 0.8~1.6 mm 범위에서 가장 널리 사용된다. 와이어는 일반적으로 코일(coil) 또는 스풀(spool)에 포장된 길고 연속적인 와이어 가닥으로 되어 있고, 스풀의 무게는 보통 0.9~27 kg, 코일의 무게는 일반적으로 27 kg이다. 용접 와이어의 용융 속도는 일반적으로 약 254~1,524 cm/min의 범위이다. 와이어의 크기가 작아 표면 대 부피 비율이 높기 때문에 와이어의 청결도가 매우 중요하다. 전극 와이어의 표면에 있는 화합물, 녹, 오일 또는 기타 이물질은 다공성 및 균열과 같은 용접 결함을 일으킬 수 있다.

㈎ 연강 용접 와이어 : 연강 및 고장력강용 용접 와이어는 일반적으로 MIG 용접에서는 경제적인 문제로 사용하지 않고 $CO_2$ 용접에서 많이 사용된다. MIG 용접에서는 일부 보호 가스를 아르곤을 사용하여 파이프의 이면 비드 용접에 사용하고 있다.

㈏ 스테인리스강 용접 와이어 : 스테인리스강 용접 와이어를 선택할 때는 와이어의 용융 금속 이행 형태에 따라, 모재와 와이어의 화학 성분에 따라 선택해야 한다. [표 3-11]은 AWS(미국 용접 협회)에서 규정한 스테인리스 용접 와이어의 규격과 요구하는 화학 성분을 나타낸다. 탄소강과는 달리 용접 금속이 요구하는 기계적 성질은 없다. 다음은 가장 일반적으로 많이 사용하는 와이어의 규격과 주된 용도이다.

㉠ ER308 : 일반적으로 304 스테인리스강 또는 대략 19 % 크롬과 9 % 니켈을 함유하는 모재의 용접에 사용

㉡ ER308L : ER308과 같은 재료의 용접, 크롬과 니켈의 함량은 ER308과 동일하나 탄소 함량이 적어 탄소 석출에 의한 입계 부식이 감소됨

㉢ ER308LSi : 20Cr-10Ni-Si와 극저 C 함유, 용접 후 열처리 불가할 경우 용접, ER304 및 ER304L강의 용접, 실리콘 함량이 많아서 아크는 안정되나 크랙 감수성은 증가함. 용접 금속의 웨팅(wetting) 특성이 향상됨

㉣ ER309 : ER309 Clad강 용접, 이종 금속의 용접, 309S 스테인리스강 용접

㉤ ER316 : 316과 319 스테인리스강 용접에 사용하고 몰리브덴을 함유하고 있어 크립 저항(creep resistance)이 요구되는 고온도에서 사용하는 제품의 용접

㉥ ER316L : 탄소 함량이 적기 때문에 ER316을 사용하는 경우에 일어나는 카바이드 석출에 의한 입계 부식 현상을 감소시킬 수 있음

㉦ ER317 : 안정제인 니오브(Nb) 또는 탄탈(Ta)의 첨가로 카바이드 석출에 의한 입계 부식 현상이 적고 고온 강도가 요구되는 곳의 용접

[표 3-11] 스테인리스 용접 와이어의 화학 성분

| AWS 규격 | 화학 성분(%) | | | | | | | |
|---|---|---|---|---|---|---|---|---|
| | C | Si | Mn | P | S | Ni | Cr | Mo |
| ER308 | 0.08 max | 0.60 max | 1.0 ~2.5 | 0.03 max | 0.03 max | 9.0 ~11.0 | 19.5 ~22.0 | - |
| ER308L | 0.030 max | 0.60 max | 1.0 ~2.5 | 0.03 max | 0.03 max | 9.0 ~11.0 | 19.5 ~22.0 | - |
| ER308LSi | 0.030 max | 0.65~ 1.00 max | 1.0 ~2.5 | 0.03 max | 0.03 max | 9.0 ~11.0 | 19.5 ~22.0 | - |
| ER309 | 0.12 max | 0.60 max | 1.0 ~2.5 | 0.03 max | 0.03 max | 12.0 ~14.0 | 23.0 ~25.0 | - |
| ER309L | 0.030 max | 0.60 max | 1.0 ~2.5 | 0.03 max | 0.03 max | 12.0 ~14.0 | 23.0 ~25.0 | - |
| ER309LSi | 0.030 max | 0.65~ 1.00 max | 1.0 ~2.5 | 0.03 max | 0.03 max | 12.0 ~14.0 | 23.0 ~25.0 | - |
| ER310 | 0.15 max | 0.60 max | 1.0 ~2.5 | 0.03 max | 0.03 max | 20.0 ~22.5 | 25.0 ~28.0 | - |
| ER316 | 0.08 max | 0.60 max | 1.0 ~2.5 | 0.03 max | 0.03 max | 11.0 ~14.0 | 18.0 ~20.0 | 2.0 ~3.0 |
| ER316L | 0.030 max | 0.60 max | 1.0 ~2.5 | 0.03 max | 0.03 max | 11.0 ~14.0 | 18.0 ~20.0 | 2.0 ~3.0 |
| ER316LSi | 0.030 max | 0.65~ 1.00 max | 1.0 ~2.5 | 0.03 max | 0.03 max | 11.0 ~14.0 | 8.0 ~20.0 | 2.0 ~3.0 |
| ER317 | 0.08 max | 0.60 max | 1.0 ~2.5 | 0.03 max | 0.03 max | 13.0 ~15.0 | 18.5 ~20.5 | 3.0 ~4.0 |
| ER317L | 0.030 max | 0.60 max | 1.0 ~2.5 | 0.03 max | 0.03 max | 13.0 ~15.0 | 18.5 ~20.5 | 3.0 ~4.0 |
| ER321 | 0.08 max | 0.60 max | 1.0 ~2.5 | 0.03 max | 0.03 max | 9.0 ~10.5 | 18.5 ~20.5 | - |
| ER347 | 0.08 max | 0.60 max | 1.0 ~2.5 | 0.03 max | 0.03 max | 9.0 ~11.0 | 19.0 ~21.5 | - |
| ER430 | 0.10 max | 0.50 max | 0.6 max | 0.03 max | 0.03 max | 0.6 max | 15.5 ~17.0 | - |
| ER410 | 0.12 max | 0.50 max | 0.6 max | 0.03 max | 0.03 max | 0.6 max | 11.5 ~13.5 | 0.6 max |

㈐ 알루미늄 합금 용접 와이어 : 와이어 제조의 기본적인 합금 원소는 마그네슘, 망간, 주석, 규소 그리고 구리이다. 이러한 합금 첨가는 순 알루미늄의 강도를 증가시키고 내식성과 용접성을 향상시키고자 함이다. 망간을 함유하는 5536과 규소를 함유하는 4043이 가장 많이 사용하는 와이어이다. [표 3-12]와 같이

알루미늄은 가공용과 주조용 알루미늄 합금으로 나누고 다시 가공용 합금은 열처리형 합금으로는 Al-Cu계, Al-Mg-Si계, Al-Zn계, 비열처리형 합금은 순 알루미늄계, Al-Mn계, Al-Si계, Al-Mg계로 나눌 수 있다.

**[표 3-12] 알루미늄 합금의 분류**

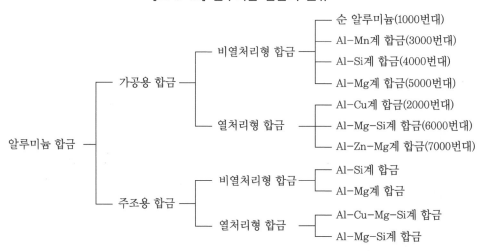

㉠ 순 알루미늄계(A1000 계열) : A1000계 알루미늄은 가공성, 내식성, 표면 처리성이 뛰어나지만 낮은 강도 때문에 구조용으로는 부적합하다. 전기 전도성, 열전도성도 우수해 송·배전용 재료 및 방열 재료로도 많이 사용된다.

㉡ Al-Mn계(A3000 계열) 합금 : 2 % Mn 이하의 합금이 사용되며, A3003은 3000계의 대표적인 합금으로, 가공성 및 용접성이 좋으므로 각종 저장용 통, 기름통 등에 이용된다.

㉢ Al-Si계(A4000 계열) 합금 : 널리 실용되고 있는 11~14 % Si를 함유하는 합금을 실루민(silumin) 또는 알팩스(alpax)라 한다. 기계적 성질이 우수하고 용융점이 낮아 많이 사용되고 있다. A4032는 단조 피스톤 재료로, A4043은 용융 온도가 낮아 용접 와이어로 사용된다.

㉣ Al-Mg계(A5000 계열) 합금 : 주조용과 가공용으로 사용되며, 실용 합금은 6 %의 Mg 정도이다. 내해수성이 좋고, 용접도 가능하다. 주로 A5005, A5052, A5083이 일반적이다.

㉤ Al-Cu계(A2000 계열) 합금 : A2017(두랄루민), A2024(초두랄루민)가 대표적이며, 담금질과 시효에 의하여 강도가 증가하고 연신율, 절삭성이 좋으나 고온 취성이 크며 주물의 수축에 의한 결점이 있다. 용접성이 떨어져 기계적 접합법을 이용한다.

㉥ Al-Mg-Si계(A6000 계열) 합금 : 강도와 인성, 내식성이 우수하고 열처리에 의해 기계적 성질이 개선된다. A6061, A6063은 뛰어난 압출성을 보유하여 새시(sash) 재료로 쓰인다.

ⓐ Al-Zn계(A7000 계열) 합금 : 가장 높은 강도를 가진 Al-Zn-Mg-Cu(A7075, 초초두랄루민)계 합금과 용접 구조용 Al-Zn-Mg계 합금(A7N01)이 대표적이다. A7075는 항공기 재료, 스포츠 용품류에 사용된다.

[표 3-13] 알루미늄 와이어의 화학 조성

| AWS 규격 | 화학 성분(%) | | | | | | | | | |
|---|---|---|---|---|---|---|---|---|---|---|
| | 마그네슘 | 철&규소 | 철 | 규소 | 구리 | 망간 | 크롬 | 아연 | 니켈 | 티탄 |
| ER1100 | – | 1.0 | – | – | 0.05~0.20 | 0.05 | – | 0.10 | – | – |
| ER1260 | – | 0.40 | – | – | 0.04 | 0.01 | – | – | – | – |
| ER2319 | 0.02 | – | 0.30 | 0.20 | 5.8~6.8 | 0.20~0.40 | | 0.10 | – | 0.10~0.20 |
| ER4145 | 0.15 | – | 0.80 | 9.3~10.7 | 3.3~4.7 | 0.15 | 0.15 | 0.20 | – | – |
| ER4043 | 0.05 | – | 0.80 | 4.5~6.0 | 0.30 | 0.05 | – | 0.10 | – | 0.20 |
| ER4047 | 0.10 | – | 0.80 | 11.0~13.0 | 0.30 | 0.15 | – | 0.20 | – | – |
| ER5039 | 3.3~4.3 | – | 0.40 | 0.10 | 0.03 | 0.03~0.50 | 0.10~0.20 | 2.4~3.2 | – | 0.10 |
| ER5554 | 2.4~3.0 | 0.40 | – | – | 0.10 | 0.50~1.0 | 0.05~0.20 | 0.25 | – | 0.05~0.20 |
| ER5654 | 3.1~3.9 | 0.45 | – | – | 0.05 | 0.01 | 0.15~0.35 | 0.20 | – | 0.05~0.15 |
| ER5356 | 4.5~5.5 | 0.50 | – | – | 0.10 | 0.05~1.20 | 0.05~0.20 | 0.10 | – | 0.06~0.20 |
| ER5556 | 4.7~5.5 | 0.40 | – | – | 0.10 | 0.50~1.0 | 0.05~0.20 | 0.25 | – | 0.05~0.20 |
| ER5183 | 4.3~5.2 | – | 0.40 | 0.40 | 0.10 | 0.50~1.0 | 0.05~0.25 | 0.25 | – | 0.15 |
| R-CN4A | 0.03 | – | 1.0 | 1.5 | 4.0~5.0 | 0.35 | – | 0.35 | – | 0.25 |
| R-CN42A | 1.2~1.8 | – | 1.0 | 0.70 | 3.5~4.5 | 0.35 | 0.25 | 0.35 | 1.7~2.3 | 0.25 |
| R-SC51A | 0.40~0.60 | – | 0.80 | 4.5~5.5 | 1.0~1.5 | 0.50 | 0.25 | 0.35 | – | 0.25 |
| R-SG70A | 0.20~0.40 | – | 0.60 | 6.5~7.5 | 0.25 | 0.35 | – | 0.35 | – | 0.25 |

㈑ 구리 합금용 용접 와이어 : 구리는 비철 금속류로 물리적, 화학적 특성을 이용하여 사용되고, 또한 은(Ag) 다음으로 전기 전도도가 높고 내식성이 우수하며 가공하기 쉬워 전기 재료로 많이 쓰인다. 구리 합금은 순구리에 비하여 전기 전도도는 떨어지나 여러 가지 합금 원소를 첨가하여 내식성, 강도, 내마모성을 개선하여 주조재나 압연재로 사용된다. 구리와 구리 합금의 용접에서 와이어의 선택은 주로 모재의 화학 성분에 의해 좌우된다. 구리와 구리 합금은 첨가한 원소에 따라 분류하면 다음과 같다.

㉠ 구리 : 구리는 탈산동과 무산소동이 있으며, 구리 중에 산소는 산화동을 만들고 풀림 취성의 원인이 되며 내식성이 나빠지므로, 용접에서는 산소 함유량(0.08 % 이하)이 적은 것이 좋다. 구리는 열전도도가 크고(연강의 약 8배) 냉각 효과가 크기 때문에 후판에서는 예열하지 않으면 용접이 어렵다.

㉡ 황동 : Cu-Zn계 합금으로 아연을 40 % 이하 함유한 것으로 용접은 아연 증발로 용접성과 작업성이 떨어진다.

㉢ 인청동 : Cu-Sn계 합금으로 Sn의 일부를 P로 치환한 합금이다. 내식성, 내마모성이 좋으므로 주물에도 많이 쓰인다.

㉣ 규소 청동 : Cu-Si계 합금으로 규소를 소량 첨가한 것으로 내식성과 전기 전도율이 좋다.

㉤ 알루미늄 청동 : Cu-Al계 합금으로 알루미늄을 약 12 % 함유한 구리 합금이다. 자생 보호 피막인 알루미늄 산화물에 의해서 내마모성, 내피로성 및 내식성이 매우 우수하여 화학 공업용 기계, 선박, 항공기 등의 부품에 적당하다.

㉥ 니켈 청동 : 니켈을 10~30 % 함유한 구리-니켈계 합금으로 백동이라고도 하며, 전기 저항의 온도 계수가 적어 열전대(thermo-couple)와 인성이 풍부하고 내식성이 크므로 수압이 있는 주물에 사용한다.

② 보호 가스(shielding gas) : GMAW에 사용하는 보호 가스에 따라서 아크의 안정성, 비드 형태, 용입 깊이, 기공 발생, 용접 속도 등에 상당한 영향을 미치므로 최적의 보호 가스를 선택해야 한다. GTAW나 GMAW에 사용되는 세 가지 기본적인 가스는 아르곤, 헬륨, 탄산 가스이며 GMAW에서는 이들 가스 중 한 가지 또는 두 가지 이상 혼합해서 사용할 수도 있다.

㈎ 아르곤(argon) : 불활성 가스이므로 용접부에서 다른 물질과 결합하지 않고 열전도성이 낮아서 아크 플라스마가 집중되어 아크 밀도가 커진다. 특히 알루미늄을 용접할 때 아크 플라스마, 즉 열에너지가 집중되어 불화성 산화물을 제거할 수 있는데, 이러한 현상 때문에 알루미늄 산화 피막을 쉽게 제거할 수 있고 이러한 작용을 청정 작용(cleaning)이라 한다. 아크 밀도가 커지면 모재에 보다 많은 열이 가해져서 결과적으로 용접부 중심 쪽에 비교적 좁고 깊은 모양의 비드를 만든다. [그림 3-33]은 보호 가스와 비드 단면 형태에서 여러 가지 보호 가스에 따른 용입 현상을 나타낸다.

[표 3-14] GMAW에서 보호 가스 선택 기준

| 재질 | 보호 가스 | 장점 |
|---|---|---|
| 알루미늄 | 아르곤 | 25 mm 이하 : 용융 금속 이동 형태와 아크 안정성이 좋고 스패터가 적다. |
| | 아르곤(35 %), 헬륨(65 %) | 24~75 mm : 순 아르곤보다 용접 입열이 크다. |
| | 아르곤(25 %), 헬륨(75 %) | 75 mm 이상 : 용접 입열이 최대로 되고 기공이 감소된다. |
| 마그네슘 | 아르곤 | 청정 작용이 뛰어나다. |
| 탄소강 | 아르곤-산소(3~5 %) | • 아크 안정성을 증대시킨다.<br>• 순 아르곤일 때보다 용접 속도가 빠르고 언더컷을 최소화한다.<br>• 결합이 잘되고 비드 형상이 좋다. |
| | 탄산 가스 | • 자동 용접에서는 용접 속도가 빠르다.<br>• 수동 용접에서는 가격이 저렴하다. |
| 저합금강 | 아르곤-산소(2 %) | 언더컷이 없어지고 인성(toughness)이 좋아진다. |
| 스테인리스강 | 아르곤-산소(1 %) | • 아크 안정성을 증가시킨다.<br>• 용융 금속의 유동성이 좋고 용융지 조성이 쉽다.<br>• 결합이 잘되고 비드 형상이 좋다. |
| | 아르곤-산소(2 %) | • 후판에서 언더컷이 최소화된다.<br>• 박판 스테인리스강 용접에서 1 % 산소 혼합 가스보다 용접 속도 아크 안정성과 결합성이 더 좋아진다. |
| 구리-니켈과 그들의 합금 | 아르곤 | • 웨팅(wetting) 작용이 좋다.<br>• 3.2 mm 이하 두께에서는 용접 금속의 유동을 감소시킨다. |
| | 아르곤 + 헬륨 | 헬륨을 50~70 % 혼합하면 후판에서 열전도가 높은 것을 보상할 수 있다. |
| 티탄 | 아르곤 | • 아크 안정성이 좋다.<br>• 용접부 오염을 최소로 한다.<br>• 용접부 뒷면에 아르곤 가스로 공급하여 공기의 오염을 방지해야 한다. |

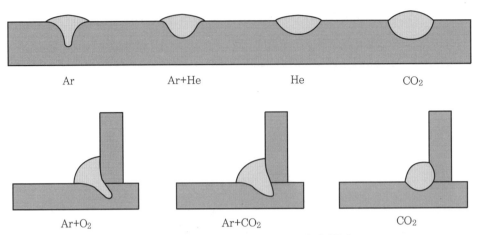

[그림 3-33] 보호 가스와 비드 단면 형태

㈏ 헬륨(helium) : 불활성 가스이며 공기보다 가볍고, 높은 열전도성을 갖기 때문에 헬륨을 보호 가스로 사용하면 아르곤일 때보다 용입이 비교적 얕고, 비드가 넓어지는 형상이 된다. 헬륨도 알루미늄, 마그네슘, 구리 같은 비철 금속 용접에 주로 사용한다.

㈐ 아르곤-헬륨 : 용입과 아크 안정성의 균형을 이룰 수 있으며, 헬륨에 아르곤 25 %를 혼합하면 순 아르곤만 사용할 때보다 용입도 깊고, 아크 안정성은 순 아르곤을 사용할 때와 거의 비슷하다. 또한 아르곤일 때보다 용접 입열이 크고 기공의 발생도 적으며, 헬륨일 때보다 아크가 조용하고 조정이 쉽다. 그러므로 알루미늄-구리-니켈 합금 같은 비철 금속 후판 용접에 적합하며, 모재 두께가 두꺼울수록 헬륨의 함량을 증가시켜 사용한다.

㈑ 아르곤-탄산 가스 : 불활성 가스에 탄산 가스 같은 활성 가스를 혼합하면 아크가 안정되고 용융 금속의 이행을 빨리 촉진시키며, 스패터가 감소한다. 탄소강과 저합금강, 스테인리스강 용접에서는 용입의 형태도 변화시키며 또한 용융지 가장자리를 따라 용융 금속의 유동성이 좋아서 언더컷을 방지한다.

㈒ 헬륨-아르곤-탄산 가스 : 단락형 이행이 되고 오스테나이트 스테인리스강을 용접할 때 사용하며, 일반적으로 헬륨 90 %, 아르곤 7.5 %, 탄산 가스 2.5 %를 혼합한 것을 사용한다. 또한 비드 표면 덧살이 아주 작아지므로 비드 표면 덧살이 문제가 되는 용접에 아주 적합하며 주로 스테인리스강 파이프 용접에 많이 이용된다.

㈓ 아르곤+산소 : 아르곤은 분무형 이행을 가능케 하므로 미그 용접에서는 우수한 보호 가스이다. 그러나 강이나 스테인리스강을 아래보기나 수평 필릿 용접할 때 순 아르곤을 사용하면 가장자리에 언더컷이 발생한다. 이와 같은 현상을 방지하기 위해 아르곤에 산소를 1~5 % 첨가하면 산소에 의해 약간의 제한된 산화가 일어나 아크를 통과하는 용융 금속의 온도를 증가시켜 액상 상태의 시간을 길게 하며 생성된 산화물은 일종의 플럭스 역할을 하여 용접부 가장자

리에 녹은 쇳물이 잘 스며들게 되어 언더컷이 없어지고 우수한 형태의 비드를 얻을 수 있다. 그래서 아르곤+산소의 혼합 가스는 스테인리스강 용접에서는 일반적으로 많이 사용된다. [그림 3-34]는 스테인리스강 용접에서 아르곤 가스를 사용할 때와 아르곤-산소 혼합 가스를 사용할 때의 용입 깊이와 표면 현상을 비교한 것이다.

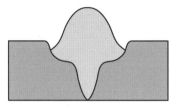 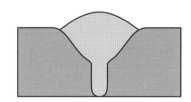

　　　　　아르곤 가스　　　　　　　　　　아르곤-산소 혼합 가스

[그림 3-34] 가스에 따른 용입 깊이와 표면 현상

아르곤에 산소를 1 %, 5 % 첨가한 가스를 사용하는데 두 가지 가스 모두 GMAW에만 사용되며 GTAW 용접에서는 산소가 텅스텐 전극봉을 산화시키기 때문에 사용하지 않는다.

(사) 질소(nitrogen) : 구리 및 구리 합금을 용접할 때 종종 질소가 차폐 가스로 사용된다. 질소는 아르곤보다 더 잘 침투하고 구형 금속 전달을 촉진하는 경향이 있기 때문에 헬륨과 유사한 특성을 지닌다. 아르곤과 혼합하여 사용할 수 있다.

③ 용접 야금(welding metallurgy) : 용접 야금의 기본 사항을 아는 것은 GMAW 공정을 이용할 때 금속에서 발생하는 화학적 및 물리적 변화를 이해할 수 있는 확고한 기반을 제공한다.

(가) 용접의 특성 : 용접에는 다음과 같은 특성이 있으며 이러한 항목은 용접 품질을 결정한다.

　㉠ 화학적 구성 요소

　㉡ 기계적 강도 및 연성

　㉢ 현미경 조직

화학적 특성은 사용되는 재료의 유형에 따라 영향을 받는다. 용접의 기계적 성질 및 현미경 조직은 용접 입열뿐만 아니라 재료의 화학적 조성에 의해 결정된다.

(나) 화학적 및 물리적 특성 : 화학적 조성, 융점 및 열전도율과 같은 화학적 및 물리적 특성은 금속의 용접성에 큰 영향을 미친다. 예열 및 후열은 용접으로 인한 열 영향부가 약해지거나 균열이 가지 않도록 방지하기 위해 사용한다. 금속을 용접할 때, 모재 및 용접 금속의 화학적 조성은 부식 및 내산화성, 크리프 저항(creep resistance), 고온 및 저온에 영향을 미친다. 스테인리스강과 비철 금속 용접의 경우 용접의 화학적 조성이 가장 중요하며, 내식성, 열 및 전기 전도성 및 외관이 주요 고려 사항인 경우, 용접의 화학적 조성은 모재

금속의 조성과 일치해야 한다. 예열은 균열을 방지하기 위해 용접의 냉각 속도를 감소시킨다. 필요한 예열의 양은 용접되는 모재의 종류, 모재의 두께, 이음 구속의 정도에 따라 달라진다. 비철 금속의 경우 예열의 한도는 금속의 융점 및 열전도율에 따라 결정된다.

[표 3-15] GMAW로 용접된 다양한 금속의 예열 값

| 금속의 종류 | 예열 온도(℃) |
|---|---|
| 저탄소강 | 실내 온도 또는 최대 93 |
| 중탄소강 | 205~260 |
| 고탄소강 | 260~315 |
| 저합금 니켈강<br>• 두께가 6.4 mm 미만<br>• 두께가 6.4 mm 이상 | 실내 온도<br>260 |
| 저합금 니켈크롬강<br>• 탄소 함유량 20 % 미만<br>• 탄소 함유량 0.20~0.35 %<br>• 탄소 함유량 0.35 % 초과 | 93~150<br>315~425<br>480~595 |
| 저합금 망간강 | 205~315 |
| 저합금 크롬강 | 최대 400 |
| 저합금 몰리브덴강<br>• 탄소 함유량 0.15 % 미만<br>• 탄소 함유량 0.15 % 초과 | 실내 온도<br>205~345 |
| 오스테나이트계 스테인리스강 | 실내 온도 |
| 페라이트계 스테인리스강 | 66~260 |
| 마텐자이트계 스테인리스강 | 66~150 |
| 주철 | 370~480 |
| 구리 | 260~425 |
| 니켈 | 93~150 |
| 알루미늄 | 실내 온도 또는 최대 150 |

㊀ 필요한 실제 예열 온도는 모재 두께와 같은 몇 가지 다른 요소에 따라 달라질 수 있다.

필요한 예열량을 결정하는 또 다른 주요 요소는 모재의 두께이다. 두꺼운 금속은 많은 열을 흡수하기 위해 기본 금속보다 높은 예열 온도를 필요로 한다. 또한 열을 많이 흡수하므로 용접의 냉각 속도도 빨라진다. 예열량을 결정하는 세 번째 주요 요인은 이음 구속의 양이다. 이음 구속(joint restraint)은 용접 영역의 가열 및 냉각 중에 용접으로 인한 응력을 이동 또는 완화하는 이음의 구속이다. 움직이거나 고강도의 이음 구속에 대한 저항력이 있는 경우,

많은 양의 내부 응력이 형성되고 이음 구속이 증가함에 따라 더 높은 예열 온도가 필요하다. 냉각 속도가 느리면 내부 응력의 양이 줄어든다.

## (2) 용접 방법

① 모재 준비 : 용접 전 모재 이음의 청소는 용접의 품질 향상에 결정적인 요소이다. 이음 부분의 산화물, 녹, 기름, 페인트, 그리스(grease) 등 이물질을 완전히 제거해야 용접부의 외관 불량, 기공, 융합 부족 등 용접 결함을 예방할 수 있다. 모재의 이음 형상은 일반적으로 맞대기 반자동 용접하는 경우에 0.6~4.0 mm인 경우에는 개선 없이 I형 용접이 가능하나 두께가 6.0 mm 이상이 되면 60~90°의 개선 가공이 필요하다. 배킹(backing) 방법에는 동판을 이용하는 방법과 모재와 같은 재질로 영구적인 뒷받침재를 사용하는 방법, 세라믹을 이용한 방법, 적절한 공구를 사용한 가스 배킹 방법이 있다.

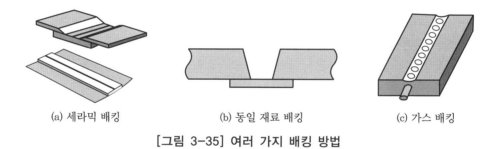

| (a) 세라믹 배킹 | (b) 동일 재료 배킹 | (c) 가스 배킹 |

**[그림 3-35] 여러 가지 배킹 방법**

② 토치 각도 : 용접 이음부에 대한 토치 위치는 두 가지 각으로 표현되는데 [그림 3-36]과 같이 하나는 진행(길이 방향)각이고 다른 하나는 작업(가로 방향)각이라 한다.

㈎ 진행각 : 전진법은 용접하는 방향으로 토치를 진행할 때, 토치가 용접면에 대해서는 75~80° 각도이나 용접면에 직각에서의 기울어진 각도에서는 10~15°를 유지하면서 용접을 진행한다. 아크가 차가운 모재에서 발생되기 때문에 용입이 얕고 아크 힘으로 용융 금속을 비드 앞쪽으로 밀기 때문에 비드 형상이 평평해진다. 후진법으로 용접하면 아크가 용융지 안으로 들어가 높은 열을 집중시키므로 용입이 비교적 깊고 비드 폭이 좁고 높다. 진행각을 10°로 하여 최대의 용입을 얻을 수 있고 진행각을 감소시키면 비드 높이는 낮아지고 폭은 넓어진다. 또한 아크가 안정되고 스패터도 줄어든다.

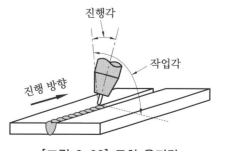

**[그림 3-36] 토치 유지각**

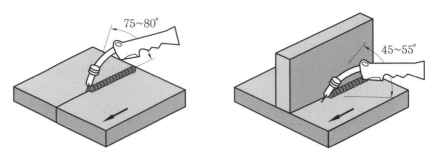

[그림 3-37] 맞대기와 필릿 용접 자세

(나) 작업각 : 용접 와이어가 용접 방향의 수직면과 이루는 각으로 필릿 용접에서는
일반적으로 작업각은 두 모재가 이루는 각의 반으로 45°이며 맞대기 용접에서는
모재 표면에서 90°를 이룬다. [그림 3-37]은 용접에서 가장 기초적인 자세로 모
든 자세에서 가능한 자세이므로 용접 시 자세 유지에 신중을 기해야 한다.

(다) 토치의 운봉법 : 박판 용접에는 직선 비드가 적당하고 맞대기 용접에서의 백
비드는 직선 또는 약간의 운봉이 필요하다. 폭이 넓은 비드는 진행 방향으로
비드 폭만큼 여러 가지 방법으로 운봉한 위빙 비드가 적당하다. 필릿 등 직선
용접은 용접 진행 방향으로 10 mm를 전진하고 1회 후퇴하는 방법으로 진행하
면, 용접부의 냉각을 지연시키고 기공의 발생을 방지하기 때문에 효과적이다.

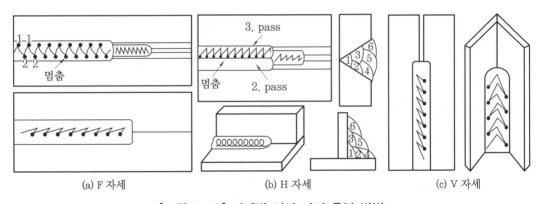

(a) F 자세        (b) H 자세        (c) V 자세

[그림 3-38] 자세별 여러 가지 운봉 방법

③ 용접 결함과 대책 : GMAW에서 모재에 따라 알맞은 용접 조건, 용접 기법으로 양호
한 용접부를 얻을 수 있으나 여러 가지 변수로 인하여 용접 결함이 발생하게 된다.
대부분의 결함은 부적당한 용접 조건과 용접 방법에서 기인되고, 많이 발생하는 결
함으로는 용입 부족, 용융 부족, 언더컷, 기공, 오버랩 등이 있다.

(가) 용입 부족(incomplete penetration) : 용접 비드가 모재의 전 두께에 용입되
지 않았을 때, 두 대칭되는 비드가 서로 겹치지 않았을 때, 용접 비드가 필릿
용접부에 용입되지 않고 단순히 모재 위에 비드가 쌓여 있을 때 나타난다([그
림 3-39]). 용접 전류는 용입에 가장 큰 영향을 주는데 용입 부족은 항상 용

접 전류가 낮기 때문에 야기되므로 전류를 증가시키면 된다. 다른 원인은 용접 속도가 너무 늦거나 토치 각도가 부적당할 때 일어나는데, 두 경우 모두 녹은 용접 금속이 아크 전방으로 흘러서 용입을 방해하는 쿠션 역할을 하여 발생하므로 아크는 용융지 선단에 위치시켜야 용입이 깊어진다.

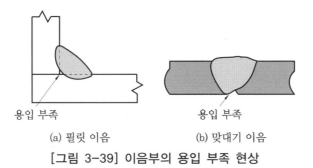

(a) 필릿 이음          (b) 맞대기 이음

**[그림 3-39] 이음부의 용입 부족 현상**

(나) 융합 부족(lack of fusion) : 용접 금속과 용접 금속 또는 용접 금속과 모재 표면 사이에 서로 용융되어 결합하지 않을 때 발생하며, [그림 3-40]에서 보는 바와 같다. 대부분의 원인은 용접사의 기능 미숙, 개선 각도가 작거나 용접 속도가 빠르고 용접 전류가 낮아 용접 입열량이 불충분해 모재를 용융하지 못하고 와이어만 용융되어 모재와 충분히 융합을 못한 현상이다. 또는 용접 이음부가 너무 클 때인데, 만약 아크가 이음부 중앙을 향하면 모재는 녹지 않고 용융 금속만 모재 표면을 따라 흘러 굳게 된다. 이 경우는 이음부를 좁게 하거나 모재 이음 표면 쪽으로 토치를 운봉하여 모재가 용융되도록 한다. 용접 전압이 너무 낮아서도 발생하는데 결과적으로 비드의 웨팅 작용(wetting action)이 나빠진다. 알루미늄 용접에서는 산화 알루미늄 때문에 용융 부족 결함이 발생하는데, 산화 알루미늄은 용융점이 2,038℃ 정도로서 용융 알루미늄에 용해되지 않는다. 이와 같은 산화물이 모재 표면에 존재하면 모재의 용융이 방해되므로 가능한 한 용접 전 산화물을 제거한다.

**[그림 3-40] 융합 부족**

(다) 용입 과다(excessive penetration) : 용입이 너무 깊으면 용락의 원인이 되는데 용접부에 열이 많을 때 일어난다. 이런 경우 전류를 낮게 하기 위해 와이어 송급 속도를 감소시키든지 용접 속도를 증가시키면 된다. 용접 이음부 설계가 부적당할 때, 예를 들어 루트 간격이 너무 크거나 루트면이 너무 작을 때도 용락이 잘 일어난다. 과다한 용입의 방지책으로 토치 위빙과 용접이 잘 되는 범위에 한해서 용접봉 돌출 길이를 길게 하면 된다.

(a) 용입 과다          (b) 이면 비드 과다

**[그림 3-41] 이면 용입 과다**

㈜ 공동(void) : X-ray 검사에서 진흙길의 수레바퀴 자국과 비슷하게 용착 금속 양쪽 가장자리에 길게 나타나므로 'wagon track'이라 부르기도 한다. 이 결함은 다층 용접에서 나타나는데 아래층 용접부 비드 형상이 아주 볼록하거나 언더컷이 있을 때 다음 층 용접에서 아래층 비드 양쪽 가장자리에 충분한 용융 금속을 채울 수가 없으므로 발생한다. 이와 같은 결함을 방지하기 위해서 각층 용접 때마다 언더컷이 발생하지 않도록 용접부 가장자리에 용융 금속으로 채우고 용접 비드 형상이 약간 오목 형상이 되도록 한다.

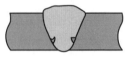
(a) 공동

(b) X-ray 필름

[그림 3-42] 공동 그림과 필름

㈜ 기공(porosity) : 용접에서 가장 많이 발생하는 용접 결함으로 용접부 표면에 발생한 기공은 쉽게 찾을 수 있으나 용접부 내부에 발생한 기공은 X-ray 또는 다른 검사 방법으로 발견이 가능하다. [그림 3-43]은 기공과 X-ray 필름을 보여준다. 대부분 기공은 공기에 의한 오염 또는 부적당한 용접 방법에 의해 발생하며, 또한 수분이 분해하여 생긴 가스가 용융 금속의 응고 중 외부로 탈출하지 못하고 용착 금속 내에 남거나 용접부 표면에 도달하여 내부 또는 외부 기공을 만든다. 이와 같은 기공 발생의 원인은 다음과 같다.

㉠ 용접 속도가 너무 빨라서 보호 가스의 역할이 불충분하여 용접부가 공기에 오염된다.

㉡ 보호 가스 공급량이 미흡하여 용접부로부터 공기를 완전히 차단하지 못한다.

㉢ 보호 가스 공급량이 너무 많아 [그림 3-44]와 같이 가스 흐름이 직선이 아니고 교란되어 주위의 공기를 빨아들여 보호 가스의 역할을 감소시킨다.

㉣ 사용 가스의 순도가 나쁘고, 수분이 포함되어 있다.

㉤ 옥외에서 용접할 때 바람이 불면 보호 가스가 제대로 역할을 하지 못한다.

㉥ 사용하는 용접봉 와이어에 비해 용접 전류가 너무 높아 용접 와이어가 과열되어 탈산제와 합금원소가 소손될 경우, 기공 발생과 용접 금속의 기계적 성질에 심각한 영향을 미친다.

㉦ 용접 와이어나 용접할 모재에 기름, 그리스, 먼지, 페인트 등의 이물질이 있으면 기공의 원인이 된다.

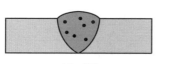
(a) 기공

(b) X-ray 필름

[그림 3-43] 기공과 X-ray 필름

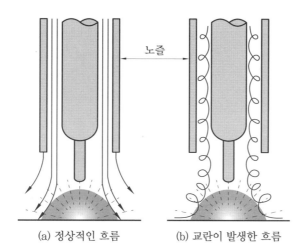

(a) 정상적인 흐름　　　(b) 교란이 발생한 흐름

[그림 3-44] 기공 발생 원인의 비교

㈐ 웜홀 기공(wormhole porosity) : 가늘고 긴 가스주머니로 기공이 길게 나타나는 현상으로 탄소강의 황 또는 모재 표면의 수분에 의해서 발생한다. 웜홀 기공은 용접 강도를 심각하게 저하시킬 수 있다. 방지 방법으로는 이음 표면을 깨끗하게 하고 예열하여 습기를 제거하며, 모재 선택에 신중을 기한다.

[그림 3-45] 웜홀 기공

㈑ 언더컷(undercutting) : [그림 3-46]에서 보는 바와 같이 언더컷은 용접부 가장자리를 따라 모재에 홈으로 나타나는 결함인데, 겹치기 필릿 용접에서 많이 발생하나 맞대기 이음이나 필릿에서도 나타난다. 용접을 하게 되면 용융 금속이 모재와 융합하면서 표면장력의 힘으로 모재의 표면과 경계를 이루다가 다시 융합하게 되는데, 그 시간이 충분하지 못하면 모재와 용융 금속 간에 경계가 나타나게 된다.

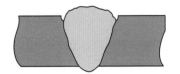

[그림 3-46] 언더컷

[표 3-16] 언더컷의 원인과 예방

| 원인 | 예방 |
| --- | --- |
| 과도한 용접 전류 | 용접 전류 감소 |
| 아크 전압이 너무 높을 때 | 용접 전압 감소 |
| 과도한 진행 속도 | 모재와 용융 금속 간 충분히 녹아 모재와 융합할 수 있는 느린 속도 |
| 용접 와이어의 송급 속도가 부적당할 때 | • 콘택트 튜브 내부의 노즐 청소<br>• 라이너 청소 |
| 부적당한 운봉 속도 | 비드의 가장자리에서 멈춤 |
| 부적당한 토치 각도(특히 수직, 수평 용접) | 토치 각도 수정 |

(아) 오버랩(overlapping) : 용접 비드의 가장자리 또는 모서리 부분에 용접 금속이 돌출하여 필요 이상으로 용접되는 것이다. 이것은 노치(notch)를 생성하고 균열이 발생할 수 있는 불완전한 용접 영역이다. 용접 후 가능하면 그라인더로 제거한다.

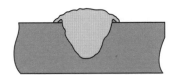

[그림 3-47] 오버랩

[표 3-17] 오버랩의 원인과 예방

| 원인 | 예방 |
| --- | --- |
| 용접 전류가 너무 낮다. | 높은 용접 전류 |
| 진행 속도가 너무 느리다. | 용융 풀이 와이어보다 뒤에 오도록 진행 속도를 높인다. |
| 부적당한 토치 각도(아크 힘이 용융 금속을 비융착 부위로 밀어낼 수 있는 각도) | 올바른 토치 각도 |

## 3-4  각종 금속의 용접

GMAW는 저탄소강, 스테인리스강, 알루미늄 합금, 동 합금, 티타늄 합금 등 여러 가지 다양한 금속의 용접에 사용된다. 보호 가스는 아르곤, 헬륨의 불활성 가스와 탄산가스 등 혼합 가스를 모재의 재질과 용융 금속의 이행 형태에 따라 선택해야 한다. 용접용 와이어는 일반적으로 모재의 재질과 같은 종류를 사용하고, 특별한 경우에는 가장 비슷한 와이어를 선택하여 사용한다.

### (1) 스테인리스강의 용접

보호 가스는 90 % He+7.5 % Ar+2.5 % $CO_2$ 가스나 75 % Ar+25 % $CO_2$ 그리고 Ar+1~5 % $O_2$ 등이 사용되나 $CO_2$ 가스 독자적으로는 내식성에 해를 주어 사용할 수 없다. 박판 용접에서는 단락 이행 방식으로 용접하고 혼합 가스의 사용은 단층 및 다층 용접에서 용접부의 내식성과 아크의 안정성이 좋아진다. $CO_2$ 가스와 혼합한 가스는 용접부가 내식성에 문제가 되지 않을 경우 단층 용접에만 사용한다. 스테인리스강의 GMAW에는 단락 아크 용접, 스프레이 아크 용접, 펄스 아크 용접이 사용된다.

[표 3-18] GMAW의 스테인리스강의 용접 조건

| 모재 두께 (mm) | 패스 수 | 와이어 지름 (mm) | 전압 (V) | 전류 (A) | 와이어 송급 속도 (cm/min) | 유량 (L/min) | 진행 속도 (cm/min) |
|---|---|---|---|---|---|---|---|
| 2.4 | 1 | 0.9 | 18~21 | 125~150 | 635~812 | 7 | 63~76 |
| 3.2 | 1 | 0.9 | 19~24 | 130~160 | 660~838 | 7 | 51~63 |
| 3.2 | 1 | 1.2 | 19~24 | 150~225 | 406~635 | 7 | 51~76 |
| 4.0 | 1 | 1.2 | 22~26 | 190~250 | 508~736 | 9 | 63~76 |
| 6.4 | 2 | 1.2 | 24~30 | 225~300 | 635~940 | 12 | 63~76 |

① 단락 아크 용접 : 0.8~1.2 mm 지름의 와이어를 사용하며, 보호 가스는 Ar+1~5 % 산소 또는 Ar+5~25 % $CO_2$ 가스가 쓰인다. 단일 패스의 용접에는 $CO_2$ 가스와 혼합시켜 사용해도 무방하나 여러 패스를 용접하는 경우 $CO_2$ 가스는 내식성에 해를 끼친다. 용접 시 와이어의 돌출 길이는 보호 가스의 공급에 영향을 미치지 않는 범위에서 가능한 한 짧게 유지하는 것이 좋다. 필릿 용접에서는 후진법을 이용하여 용접하는 것이 비드가 깨끗하고 용입도 깊다. 그러나 맞대기 용접은 전진법을 사용하는 것이 좋다.

② 스프레이 아크 용접 : 지름 2.4 mm까지 와이어를 사용할 수 있으나 보통 1.6 mm 와

이어를 많이 사용한다. 비교적 높은 전류에서 나타나며, 사용하는 보호 가스나 와이어 굵기에 따라 다르지만 1.6 mm 와이어를 쓰는 경우 300~350 A의 전류가 필요하다. 전원은 직류 역극성을 사용하고, 보호 가스로는 단락 용접과 비교하여 $CO_2$ 가스 함유량이 적은 Ar+1~2 % 산소 또는 Ar+5~10 % $CO_2$ 가스가 사용된다. 특히 고품질의 용접 이음이 요구될 때에는 Ar+30~50 % He의 혼합 가스가 사용된다.

③ 펄스 아크 용접 : 지름 1.2 mm 와이어로서 최저 80 A, 지름 1.6 mm 와이어로서 최저 100 A의 전류로 용접이 가능하다.

## (2) 알루미늄 및 그 합금의 용접

용접 전류는 직류 역극성을 사용하고 아크 청정 작용이 있다. 높은 전류 밀도를 갖고 있어 용착 효율이 높고 용접 속도가 빠르다. 후판에 많이 사용되고 이음 설계는 두께 6.4 mm까지는 맞대기 용접을 하고 그 이상의 것은 60~90°로 한쪽 또는 양쪽 V형 맞대기로 하고 용접봉은 통상 지름이 0.8~1.6 mm인 것을 사용한다. 용접봉 지름에 따른 용착 효율이 지름이 큰 와이어를 사용하면 용착 효율이 높아 용접 속도가 빨라진다. 반면에 용접봉의 전류 밀도가 낮아져 스프레이 이행이 일어나지 않고 입적 이행이 되어 사용에 제한을 받을 수 있다. 고전류의 문제점은 용접부에 산화물 혼입의 특별한 형태인 거칠고 검은 색의 용접 표면 현상인 퍼커링(puckering)이 일어난다는 것이다. 이것은 용융 금속 내에 심한 와류에 의해 보호 가스가 분산되어 대기 중의 산소와 산화물을 형성하여 이것이 용융 금속에 혼입되어 발생한다. GMAW 알루미늄 용접은 그 용적 이행 형태에 따라 단락 아크 용접, 스프레이 아크 용접, 펄스 아크 용접, 고전류 아크 용접법으로 분류된다.

[표 3-19] GMAW 알루미늄 합금의 용접 조건

| 모재 두께(mm) | 와이어 지름(mm) | 전류(A) | 와이어 속도(cm/min) | 보호 가스 |
|---|---|---|---|---|
| 1.5 | 0.8 | 80 | 850 | Ar |
| 3.0 | 1.0 | 130 | 890 | Ar |
| 6.0 | 1.2 | 200 | 930 | Ar |
| 12 | 1.6 | 250 | 700 | Ar |

① 단락 아크 용접 : GMAW에서 단락 아크 용접은 저전류, 저전압에서 나타나며, 주로 박판 용접이나 가용접을 하기 위해, 가는 와이어로 저전류 용접 시 사용된다. 가는 와이어 사용 시 보통 사용하는 푸시 방식의 송급 방식으로는 와이어 송급이 곤란하므로 풀 방식의 토치가 사용된다. [그림 3-48]은 풀 방식의 토치로 0.5 kg의 소형

스풀을 장착시켜 토치에서 직접 와이어가 송급되도록 되어 있다. 보호 가스로는 주로 아르곤 25 %와 헬륨 75 %를 혼합시킨 가스로, 제조 시 가스 혼합기를 사용하여 용기에 정확한 비율의 가스를 혼합시킨 것과, 아르곤과 헬륨 가스의 용기로부터 나오는 가스를 각각 다르게 압력 조정기로 가스의 양을 조절하여 혼합기를 통해 가스를 혼합시켜 사용하는 경우가 있다.

[그림 3-48] 풀 방식 토치

② 스프레이 아크 용접 : 알루미늄 합금의 GMAW에서는 임계 전류 이상의 용접 전류에 의해 나타나는 스프레이 아크 용접이 주로 많이 사용되고 있다. 용접 장치는 직류 정전압 특성의 전원과, 정속도 송급 방식의 와이어 송급 장치로서 아크 자기 제어 특성에 의해 안정된 스프레이 아크가 발생된다. 수평이나 수직 자세 용접에서는 용융지가 커서 용융 금속이 흘러내려 처지는 문제가 있다.

③ 펄스 아크 용접 : 펄스 아크 용접은 임계 전류 이하의 저전류에서도 안정된 아크 상태에서 용적이 이행되며, 스패터가 극히 적어 비드가 깨끗하고 작업성이 매우 우수하다. 또한 단락 아크 처리 용접 속도에 제한을 받지 않아 박판의 고속 용접이 가능하고 전 자세 용접이 가능하다. 스프레이 아크는 펄스 용접에서는 스프레이와 단락 용적 이행의 중간 형태의 용적이 되므로 용융지가 처지는 일이 없이 쉽게 용접할 수 있다. 펄스 아크는 고주파 펄스 아크와 저주파 펄스 아크 두 가지로 분류되는데 각각 특성이 다르므로 적용되는 곳도 다르다.

## (3) 구리 및 그 합금의 용접

GMAW는 외관이 곱고 능률적이고, 기계적 성질이 우수하다. 탈산동에는 Cu 및 Cu-Si 와이어를 사용하며 면가공을 넓게 해서 용착이 쉽도록 해준다. 6 mm 이상의 모재는 200℃ 정도로 예열한다. 피닝(peening)과 풀림(annealing)을 하면 용착 금속의 조직이 치밀해진다. 구리와 구리 합금의 용접은 다른 금속에 비하여 용접하기에 어려운 점이 있는데 그 이유는 다음과 같다.

- 열전도율이 높고 냉각 속도가 크다.
- 구리 중의 산화구리($Cu_2O$)를 함유한 부분이 순수한 구리에 비하여 용융점이 약간 낮으므로, 먼저 용융되어 균열이 발생하기 쉽다.
- 열팽창 계수는 연강보다 약 50 % 크므로, 냉각에 의한 수축과 응력 집중을 일으킨다.
- 가스 용접, 그 밖의 용접 방법으로 환원성 분위기 속에서 용접하면 산화구리는 환원($Cu_2O+H_2 = 2Cu+H_2O$)될 가능성이 커진다. 이때, 용적은 감소하여 스펀지(sponge) 모양의 구리가 되므로 더욱 강도를 약화시킨다.
- 수소와 같이 확산성이 큰 가스를 석출하여, 그 압력 때문에 더욱 약점이 조성된다.
- 구리는 용융될 때 심한 산화를 일으키며, 가스를 흡수하기 쉬우므로 용접부에 기공 등이 발생하기 쉽다.

그러므로 용접용 구리 재료는 전해구리보다 탈산구리를 사용해야 하며, 탈산구리 용접 와이어 또는 합금 용접 와이어를 사용해야 한다.

[표 3-20] 구리 및 구리 합금의 GMAW 용접 조건(Ar 사용)

| 합금 | 모재 두께 (mm) | 와이어 지름 (mm) | 예열 온도 (℃) | 전류 범위 (A) | 전압 범위 (V) | 와이어 속도 (cm/min) |
|---|---|---|---|---|---|---|
| 구리 | 6 | 1.6 | 없음 | 240~320 | 25~28 | 550~650 |
|  | 12 |  | 최대 500 | 320~380 | 26~30 | 550~650 |
|  | 18 |  | 최대 500 | 340~400 | 28~32 | 550~650 |
| 구리-규소 | 6 | 1.6 | 없음 | 250~320 | 22~26 | 600~850 |
|  | 12 |  | 없음 | 300~330 | 24~28 | 600~850 |
|  | 18 |  | 없음 | 330~400 | 26~28 | 600~850 |
| 구리-알루미늄 | 6 | 1.6 | 최대 150 | 280~320 | 26~28 | 450~550 |
|  | 12 |  | 최대 150 | 320~350 | 26~28 | 580~620 |
|  | 18 |  | 최대 150 | 320~350 | 26~28 | 580~620 |
| 구리-니켈 | 6 | 1.6 | 최대 150 | 270~330 | 22~28 | 450~550 |
|  | 12 |  | 최대 150 | 350~400 | 22~28 | 550~600 |
|  | 18 |  | 최대 150 | 350~400 | 24~28 | 550~600 |

① Cu : 전기동과 무산소동은 GMAW로는 그다지 품질이 좋지 못하나 탈산동은 용접성이 우수하다. 용접 와이어는 Cu와 CuSi를 사용하고 홈의 각도는 90° 정도가 알맞다. 6 mm 이상의 후판 용접에서는 200℃로 예열한 후 고전류로 용접한다. 또한 피닝과 풀림 열처리를 하면 용착 금속의 조직이 치밀해진다. Ar, He, $N_2$ 또는 이들의

혼합 가스를 보호 가스로 사용한다.

② Cu-Zn : 황동에는 CuSn-C나 CuSi 와이어를 사용하면 좋은 결과를 얻을 수 있다. 작업성이 좋고 용착 금속의 성능이 좋다. 보호 가스로는 헬륨이나 아르곤을 사용한다. CuSn-C 와이어는 후판에서 홈 각을 70°로 하고 CuSi 와이어는 60°로 한다.

③ Cu-Si : 용접 와이어는 CuSi계를 쓰고, 보호 가스는 아르곤 또는 아르곤과 헬륨의 혼합 가스를 사용한다. 예열은 필요 없으며, 용접 시 모재가 과열되는 것을 피하기 위해 용착을 신속히 하는 것이 중요하다. 용접 속도는 20 cm/min 정도가 적당하다. 다층 용접 중에는 매 층마다 와이어 브러시로 산화막을 깨끗이 제거하면서 용접한다.

④ Cu-Sn : GMAW에서 용접성이 우수하나 고온 균열의 염려가 있으므로 용접 속도를 빠르게 하고 크레이터를 반드시 채워야 한다. 규소 청동보다 열전도율이 높기 때문에 홈의 각도를 넓게 하고 전류도 높아야 하며 후판은 200℃ 정도의 예열이 필요하다.

⑤ Cu-Al : 용접성이 우수하며 예열은 필요 없다. 용접 와이어는 같은 재질의 CuAl계를 사용한다. 용접 시 토치를 전후로 움직이면서 진행하는 휘핑(whipping) 운봉법을 사용하면 기공의 발생을 감소시킬 수 있고 용입이 깊어진다. 역극성 전원을 사용하기 때문에 산화 알루미늄을 분해하는 클리닝(cleaning) 작용이 있어 다층 용접 시 적합하다.

⑥ Cu-Ni : 동합금 중에서 가장 용접성이 우수하며, 용가재는 CuNi계 와이어에 아르곤이나 헬륨 가스를 사용하고 홈의 각도는 60°로 한다. 가능한 한 아래보기 자세로 용접하는 것이 좋다. 열전도가 강과 같아 예열이 필요 없고, 고온 취성이 있어 패스 간 온도를 낮게 억제해야 한다.

## 연·습·문·제

**1.** 다음 중 MIG 용접 시 크레이터 처리 기능에 의해 낮아진 전류가 서서히 줄어들면서 아크가 끊어지는 기능으로 이면 용접부가 녹아내리는 것을 방지하는 기능과 관련이 깊은 것은?

① 스타트 시간(start time)
② 번 백 시간(burn back time)
③ 슬로우 다운 시간(slow down time)
④ 크레이터 처리 시간(crate fill time)

[해설] • 스타트 시간 : 아크가 발생되는 순간 전류와 전압을 높여 아크를 안정시키는 핫 스타트 기능
• 슬로우 다운 시간 : 아크를 발생하기 전 와이어 송급을 천천히 하여 와이어가 튀는 것을 방지하는 기능
• 크레이터 처리 시간 : 용접이 끝나는 지점에 발생하는 크레이터가 채워져 결함을 방지하는 기능

**2.** 불활성 가스 금속 아크(MIG) 용접에 관한 설명으로 틀린 것은?

① 용접 후 슬래그 또는 잔류 용제를 제거하기 위한 처리가 필요하다.
② 청정 작용에 의해 산화막이 강한 금속도 쉽게 용접할 수 있다.
③ 아크가 극히 안정되고 스패터가 적다.
④ 전 자세 용접이 가능하고 열의 집중이 좋다.

[해설] 용접 후 슬래그 또는 잔류 용제를 제거하기 위한 처리가 필요 없으며, 피복 금속 아크 용접보다 전류 밀도가 크기 때문에 깊은 용입을 얻을 수 있다.

**3.** MIG 용접에서 사용되는 와이어 송급 장치의 종류가 아닌 것은?

① 푸시 방식(push type)
② 풀 방식(pull type)
③ 펄스 방식(pulse type)
④ 푸시-풀 방식(push-pull type)

**4.** 다음 중 MIG 용접의 특성이 아닌 것은?

① 반자동 또는 자동으로 용접 속도가 빠르다.
② 아크 자기 제어 특성이 있다.
③ 전류 밀도가 매우 높아 1 mm 이하의 박판 용접에 많이 이용된다.
④ 직류 역극성 사용 시 청정 작용이 있어 Al, Mg 용접이 가능하다.

[해설] 아크 자기 제어 특성은 어떤 원인에 의해 와이어의 송급 속도가 급격히 감소하거나 아크 길이가 짧아지면 원래의 아크 길이로 돌아오게 하여 안정된 아크가 발생하도록 하는 기능이며, 후판에 적합하다.

**5.** 불활성 가스 아크 용접의 용적 이행 방식 중 용융 이행 상태는 아크 기류 중에서 용가재가 고속으로 용융, 미립자의 용적으로 분산되어 모재에 용착되는 용적 이행은?

① 용락 이행
② 단락 이행
③ 스프레이 이행
④ 글로뷸러 이행

해설 단락 이행 : 0.8~1.2 mm인 가는 와이어와 사용 전류가 낮고, 아크 길이가 짧은 경우 일어난다.
글로뷸러 이행은 단락과 분무 이행 사이의 이행 형태로, 용접봉 직경보다 2~3배 크게 되어 이행한다.

**6.** MIG 용접에 사용되는 보호 가스로 적당하지 않은 것은?

① 순수 아르곤 가스　　　　　　② 아르곤–산소 가스
③ 아르곤–헬륨 가스　　　　　　④ 아르곤–수소 가스

**7.** 불활성 가스 금속 아크 용접(MIG 용접)의 전류 밀도는 피복 아크 용접에 비해 약 몇 배 정도인가?

① 2배　　　　　② 6배　　　　　③ 10배　　　　　④ 12배

해설 TIG 용접의 2~3배

**8.** 불활성 가스 금속 아크 용접에 관한 설명으로 틀린 것은?

① 박판 용접(3 mm 이하)에 적당하다.
② 피복 아크 용접에 비해 용착 효율이 높아 고능률적이다.
③ TIG 용접에 비해 전류 밀도가 높아 용융 속도가 빠르다.
④ $CO_2$ 용접에 비해 스패터 발생이 적어 비교적 아름답고 깨끗한 비드를 얻을 수 있다.

해설 모재의 변형이 적고 후판에 적합하다.

**9.** MIG 용접의 기본적인 특징이 아닌 것은?

① 아크가 안정되므로 일반적으로 연강에 적합하다.
② TIG 용접에 비해 전류 밀도가 높다.
③ 피복 아크 용접에 비해 용착 효율이 높다.
④ 바람의 영향을 받기 쉬우므로 방풍 대책이 필요하다.

해설 연강 용접에서는 보호 가스(불활성 가스 사용)가 고가이므로 적용하기 부적당하다(연강의 이면 비드를 형성하기 위한 용접은 제외).

**10.** 저주파 펄스와 고주파 펄스를 비교 설명한 것으로 거리가 먼 것은?

① 일반적으로 저전류에서는 저주파 펄스 용접을 한다.
② 비드 파형은 넓고 일반적으로 비드가 높다.
③ 용적 이행은 스프레이 이행 형태이다.
④ 솔리드 와이어에서 적합하다.

해설 비드 파형은 좁고 편평하다.

정답 **1.** ②　**2.** ①　**3.** ③　**4.** ③　**5.** ③　**6.** ④　**7.** ②　**8.** ①　**9.** ①　**10.** ②

# 제 **4** 장 탄산 가스 아크 용접

## 4-1 개요

GMAW의 보호 가스 사용 방법에 따른 분류에 속하며, MIG 용접의 불활성 가스 대신에 탄산 가스를 사용하는 용극식 아크 용접이다. 이 방법은 저합금 및 고장력강 용접에 사용되는 피복 금속 아크 용접봉을 연구하던 중 용접 시 발생되는 가스를 분석한 결과 피복제로부터 발생되는 가스는 80～90 %가 산화탄소와 일산화탄소로 되어 있었다. 일산화탄소는 밀폐된 곳에서 공기와 접촉이 불충분할 때 소량 발생할 뿐이고, 공기와 접촉하면 다시 이산화탄소로 된다는 사실을 알게 되면서 피복 금속 아크 용접법과 대등하게 사용되고 있다. 탄산 가스 아크 용접을 이산화탄소 아크 용접, $CO_2$(시오투) 아크 용접이라 부른다.

### (1) 원리

코일에 감겨 있는 용접 와이어는 자동으로 송급 모터에 의해 용접 토치로 공급된다. 이 경우, 용접 금속이 대기 중의 산소 및 질소의 영향을 받지 않도록 용접 토치의 노즐로부터 $CO_2$ 가스를 공급하며, 콘택트 팁을 통해 통전된 용접 와이어는 전극과 모재 사이의 아크를 발생하고 아크 열은 와이어와 모재를 녹여 용착 금속이 되어 용접이 된다.

이 용접에 사용되는 $CO_2$ 가스는 초고온 아크 열에 의해 해리되어 아크 근처의 CO 및 O로 분해된다.

$$CO_2 \rightleftarrows CO+O \cdots ①$$

분해된 산소는 용융 금속과 결합하여 FeO를 형성한다.

$$Fe+O \rightleftarrows FeO \cdots ②$$

순차적으로, 강에 함유된 C는 Fe보다 O와 결합하기 쉽고, 용접 금속에 남아 있어 블로홀(blowholes)을 형성하기 쉬운 CO 가스를 발생시킨다.

$$FeO+C \rightleftarrows Fe+CO \cdots ③$$

용접 와이어에 CO 가스로 인한 블로홀을 방지하기 위해 O와의 친화성이 강한 Si와 Mn을 첨가하여 사용한다. 이 경우, FeO 중의 O는 Si 및 Mn과 결합하고, $SiO_2$ 및 MnO 의 슬래그를 형성하기 위해 용접 풀 표면으로 부상한다.

$$FeO+Mn \rightleftarrows Fe+MnO \cdots ④$$

$$2FeO+Si \rightleftarrows 2Fe+SiO_2 \cdots ⑤$$

블로홀을 방지하는 Si 및 Mn 외에도, 용접 금속이 필요한 강도, 충격 인성, 내식성 및 다른 특성을 갖도록 용접 와이어에 다양한 다른 화학 원소가 추가된다.

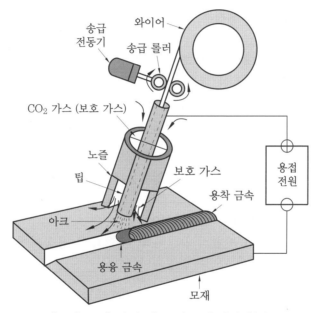

[그림 4-1] 탄산 가스 아크 용접의 원리

## (2) 용접법의 분류

탄산 가스 아크 용접에는 사용하는 가스 및 와이어의 종류에 따라 솔리드 와이어 $CO_2$법, 솔리드 와이어 혼합 가스법, 플럭스 와이어 $CO_2$법이 있다. 솔리드 와이어 혼합 가스법에는 송급 가스에 따라 $CO_2+O_2$법, $CO_2+Ar$법, $CO_2+Ar+O_2$법이 있으며, 플럭스 와이어 $CO_2$법에는 복합 와이어의 형태에 따라 아코스 아크법, 퓨 즈 아크법, NCG법, 유니언 아크법이 있다.

[표 4-1] 탄산 가스 아크 용접의 종류

```
┌ 솔리드 와이어 CO₂법
│                        ┌ CO₂ + O₂법
├ 솔리드 와이어 혼합 가스법 ┼ CO₂ + Ar법
│                        └ CO₂ + Ar + O₂법
│                        ┌ 아코스(arcos) 아크법
└ 플럭스 와이어 CO₂법 ─────┼ 퓨즈(fuse) 아크법
                         ├ NCG법
                         └ 유니언(union) 아크법
```

## (3) 장·단점

피복 금속 아크 용접과 비교하여 $CO_2$ 아크 용접은 다음과 같은 장점과 단점이 있다.

① 장점

㈎ 용접 전류 밀도가 높고, 용착 속도가 빠르다.

㈏ 아크가 한곳으로 집중되면 깊은 용입이 가능하다.

㈐ 아크 발생률이 높아 용접 비용이 낮아지고 공정이 경제적이다.

㈑ 용착 효율이 높고 슬래그(복합 와이어 제외)를 제거할 필요가 없다.

㈒ 용접 금속에 포함된 수소량이 적어 기계적 성질이 우수하므로 좋은 용접 품질을 얻을 수 있다.

㈓ 박판(약 0.8 mm까지) 용접은 단락 이행 용접법에 의해 가능하며, 전 자세 용접도 가능하다.

㈔ 가시 아크이므로 용융지의 상태를 보면서 용접할 수 있어 용접 진행의 양·부 판단이 가능하고 시공이 편리하다.

㈕ 저렴한 탄산 가스 사용으로 비용이 적게 든다.

㈖ 용제를 사용할 필요가 없으므로 용접 완료 후 처리가 간단하다.

② 단점

㈎ $CO_2$ 가스 아크 용접에서는 바람의 영향을 크게 받으므로 풍속 2 m/s 이상이면 방풍 스크린(screen)이 필요하다.

㈏ 비드 외관이 약간 거칠다(복합 와이어 제외).

㈐ 용접기의 가동 영역이 제한적이다(피복 금속 아크 용접기에 비해).

㈑ 적용 재질이 탄소강 계통으로 한정되어 있다.

---

**4-2** **용접기의 특성 및 제어 장치**

## (1) 용접 장치의 구성

용접법은 수동식, 반자동식, 자동식이 있으며, 수동식은 거의 사용되지 않고, 반자동식과 자동식이 널리 사용된다. [그림 4-2]는 탄산 가스 아크 용접의 반자동 장치이다. 용접 장치로는 주행 대차, 와이어 송급 장치와 토치 조작을 자동으로 하는 자동식과 토치를 수동으로 조작하고 나머지는 자동으로 작동시켜 용접하는 반자동식이 있다. 와이어 송급 방식에는 가장 많이 사용하는 푸시식과 풀식, 푸시 풀식 등이 있다. 전체적인 구성은 용접 전원 장치는 정류 직류 전원, 직류 전동 발전기, 교류 전원이 있으며, 제어 장치로는 와이어 송급 제어, 실드 가스 공급 제어, 냉각수 공급 제어가 있고, 토치로는 반자동과 자동이 있으며, 수랭식과 공랭식으로 구분한다. 보호 가스는 순수한 탄산 가스 또는 산소나 아르곤을 혼합한 혼합 가스가 사용된다.

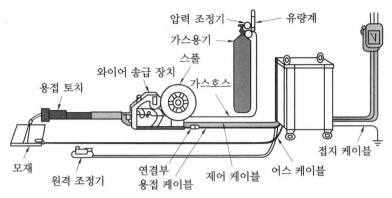

[그림 4-2] 탄산 가스 아크 용접의 반자동 장치

## (2) 전원 특성

일반적으로 직류 정전압 특성이나 상승 특성의 용접 전원이 사용되며, 와이어 송급은 정속도 송급 방식이 사용된다. 정속도 송급 방식이란 와이어 송급 속도를 한 번 조정하면 일정한 속도로 송급되는 방식을 말한다.

① 용접 전원 : 일반적으로 교류 전원에서 동력을 끌어 정류해서 용접 전류를 공급하며, 1차 입력측이 3상이나 단상으로 되어 있으며, 용량은 300~650 A 정도가 가장 많이 사용된다. 또한 최근에는 인버터 방식의 용접기가 많이 보급되어 미세한 전류 조정이 가능하고 소용량의 포터블(portable) 용접기가 보급되고 있다. 각종 와이어에 따른 용접 전류의 범위는 [표 4-2]와 같이 솔리드 와이어에서 가장 많이 사용하는 지름 1.2 mm의 적정 전류 범위는 80~350 A이며, 복합 와이어의 지름 1.2 mm의 적정 전류 범위는 80~300 A으로 솔리드 와이어가 용접 전류 범위가 크다는 것을 알 수 있다. 아크 전압은 다음 식에 의하여 구할 수 있다.

㈎ 박판의 아크 전압

$$V_0 = 0.04 \times I + 15.5 \pm 1.5$$

㈏ 후판의 아크 전압

$$V_0 = 0.05 \times I + 11.5 \pm 2.0$$

위 식에서 I는 사용 용접 전류의 값이다.

[표 4-2] 각종 와이어에 따른 용접 전류 범위

| 와이어의 종류 | | 와이어 지름(mm) | 적정 전류 범위(A) | 사용 가능 전류 범위(A) |
|---|---|---|---|---|
| 솔리드 와이어<br>(soild wire) | | 0.6 | 40~90 | 30~180 |
| | | 0.8 | 50~120 | 40~200 |
| | | 0.9 | 60~150 | 50~250 |
| | | 1.0 | 70~180 | 60~300 |
| | | 1.2 | 80~350 | 70~400 |
| | | 1.6 | 300~500 | 150~600 |
| 복합 와이어<br>(flux cored wire) | 소 | 1.2 | 80~300 | 70~350 |
| | | 1.6 | 200~450 | 150~500 |
| | 대 | 2.4 | 150~350 | 120~400 |
| | | 3.2 | 200~500 | 150~600 |

② 정전압 특성 : 정전압 특성(constant voltage characteristic)은 [그림 4-3]에 나타 낸 것과 같이 어떤 원인에 의해 전류가 증가하거나 감소하여도 전압은 일정하게 유 지되는 특성을 말하고, 전류가 증가할 때 전압이 다소 높아지는 특성을 상승 특성 (rising characteristic)이라 한다. 아크의 발생점은 전원의 외부 특성과 아크 특성 이 만나는 점이 된다. 만나는 점 $K_0$, 용접 전류 $I_0$, 아크 전압 $V_0$ 이때의 아크 길이 $l_0$로서 안정된 용접 상태는 $A_0$이다. 이때, 어떤 원인에 의하여 아크 길이가 길어질 때 $A_1$의 상태로 이동된다. 아크 길이는 $l_0$에서 $l_1$으로 길게 된다. 아크 발생점은 $K_0$에 서 $K_1$으로 이동하기 때문에 용접 전류는 $I_0$에서 $I_1$으로 감소된다. 전류 감소로 와이어 의 용융 속도가 낮아지지만 와이어 송급 속도는 일정하므로, 다시 아크는 $A_0$의 상태 로 돌아간다. $A_2$의 상태로 아크가 짧게 될 때는 용접 전류가 증가해서 다시 $A_0$로 돌 아가게 된다. 이와 같이 정전압 특성의 전원과 와이어 송급 방식의 관계에서는 아크의 길이 변동에 따라 전류가 대폭 증가 또는 감소하여도 아크 길이는 일정하게 유지시키 는 작용이 있다. 이 작용을 '전원의 자기 제어 특성에 의한 아크 길이 제어'라고 한다. 이러한 특성의 용접기는 솔리드 와이어나 직경이 작은 복합 와이어 등에 적합하다.

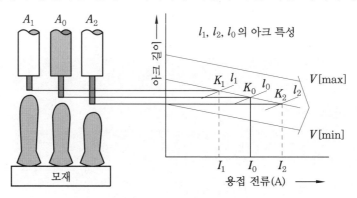

[그림 4-3] 정전압 특성

③ 크레이터 시퀀스 : 용접이 끝난 종점의 비드가 급격한 냉각으로 인하여 오목하게 들어가는 현상을 크레이터(crater)라 하며, 균열 등 결함이 발생하게 되는데 이를 방지하기 위한 방안으로 크레이터 처리 기능이 있고, 조작에는 크레이터 '무'와 '유'가 있다. [그림 4-4]는 크레이터 '무'일 때의 시퀀스로 토치 스위치를 'ON' 하면 와이어와 가스가 동시에 공급되고, 용접 전류는 와이어가 모재와 접촉하면 아크가 발생되고, 스위치를 'OFF' 하면 전원 공급과 와이어 송급이 멈추고 가스만 일정 시간 공급되면서 종료된다. 크레이터 처리는 작업자가 직접 해야 한다.

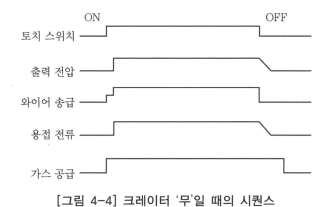

[그림 4-4] 크레이터 '무'일 때의 시퀀스

[그림 4-5]는 크레이터 '유'의 상태로 토치 스위치를 'ON' 하면 와이어와 가스가 동시에 공급되는 것은 같으나 'OFF' 상태가 되어야 용접 전류가 용접 모드로 되어 용접이 가능하고, 토치 스위치를 누른 상태에서는 크레이터 처리 모드가 되어 정상적인 출력이 나오지 않아 용접을 할 수 없다. 용접을 중지할 때는 토치 스위치를 'ON' 하면 미리 선택된 크레이터 전류가 되어 용접 전류와 전압이 낮아져 크레이터를 처리한 후 토치 스위치를 놓으면 용접을 완료하게 된다.

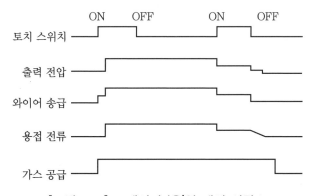

[그림 4-5] 크레이터 '유'일 때의 시퀀스

### (3) 제어 장치

와이어 송급 장치([그림 4-6]), 보호 가스 공급 장치, 수랭 장치 등이 있다. 와이어 송급은 구동 모터에 의해 감속기 롤러를 통하여 일정한 설정 속도로 송급하도록 되어 있으며, 보호 가스의 공급은 용접 토치 스위치의 작동에 의해 솔레노이드 밸브(solenoid valve)를 작동시켜 제어하도록 되어 있다.

[그림 4-6] 와이어 송급 장치

CO₂ 압력 조정기

솔레노이드 밸브

[그림 4-7] 보호 가스 설비

보호 가스 설비는 [그림 4-7]과 같이 용기(cylinder), 히터(heater), 조정기(regulator), 유량계(flowmeter) 및 가스 연결용 호스로 구성된다. 가스 유량은 저전류 영역에서는 10 ~15 L/min가 좋고 고전류 영역에서는 20~25 L/min가 필요하다. $CO_2$ 가스 압력은 실린더 내부에서 조정기를 통해 나오면서 배출 압력으로 낮아진다. 이때 상당한 열을 주위로부터 흡수하여 조정기와 유량계가 얼어버리는 경우가 있으므로 이를 방지하기 위하여 일반적으로 $CO_2$ 유량계는 히터가 부착되어 있다.

### (4) 토치

토치에는 자동과 반자동이 있다. 자동은 주행 대차에 와이어 송급 롤러 및 모터와 함께 용접 헤드를 구성하거나 로봇에 장착되어 자동으로 제어한다. [그림 4-8]은 일반적으로 많이 사용되는 공랭식 반자동 $CO_2$ 가스 용접용 토치의 구조를 나타낸 것으로 그립(grip)과 케이블로 구성되어 있으며, 공랭식은 200 A까지 사용하고 그 이상은 작업 빈도에 따라 수랭식을 사용하는 것이 바람직하다. 콘택트 팁은 가는 구리관으로 되어 있어 용접 와이어가 이곳을 통해 나가면서 전기를 받아 예열되어 아크를 일으킨다. 팁에는 구멍의 내경이 표시되어 있으므로 사용하는 와이어 굵기에 맞는 것을 선택하여 사용해야 한다. 용접 케이블은 와이어 피더(wire feeder)와 그립을 연결하는 것이지만 그 속에는 용접 전선과 가스 호스, 스프링 라이너 등이 들어 있고 필요에 따라 냉각수 호스도 함께 들어 있다.

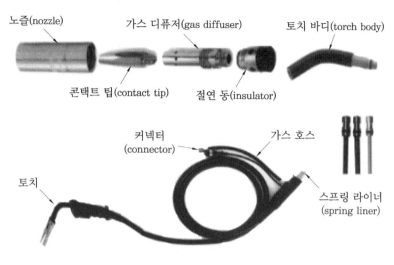

[그림 4-8] 탄산 가스 아크 용접용 토치 구성

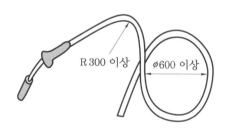

[그림 4-9] 토치 케이블

용접 시 토치 케이블이 지나치게 굴곡되어 있어 라이너를 통해 나오는 와이어가 저항을 받게 되면, 용접 와이어 송급이 원활하지 못하여 용접 품질에 문제가 발생하므로 [그림 4-9]와 같이 케이블 굴곡 지름이 600 mm 이상이 되도록 한다.

## (5) 탄산 가스 실린더(cylinder)

고압가스 실린더는 이음매 없는 실린더와 용접 실린더로 구분된다. 이음매 없는 실린더는 고압의 압축 가스 또는 탄산 가스 등 고압의 액화가스를 충전하는 데 사용되며, 용접 실린더는 LPG, 아세틸렌 실린더 등 비교적 저압용 실린더로 사용된다. 초저온 실린더는 임계 온도 -50℃ 이하의 액화 가스를 충전하기 위한 실린더로 액체 산소, 액체 질소, 액체 아르곤, 액체 탄산 가스, 액체 이산화질소 등을 액체 상태로 운반·저장해 기화기로 기체 상태의 가스를 소정의 유량으로 공급하며, 용량은 80~240 L까지 다양하다.

참고 **가스 실린더의 세 가지 유형**

1. 고압 실린더 : 다양한 크기로 제공되며, 가스의 예로는 질소, 헬륨, 수소, 산소 및 이산화
   탄소가 있다.
2. 저압 실린더 : 다양한 크기로 제공되며, 가스의 예로는 LPG 및 냉매 가스가 있다.
3. 아세틸렌 실린더 : 실린더에 다공성 물질로 채워지고 아세톤에 용해되는 아세틸렌은 별
   도로 분류한다.

탄산 가스는 충전된 용기나 저장 탱크 내에서는 액체 상태로 존재하며 밀폐된 공간에
서는 질식에 유의해야 한다.

[표 4-3] 탄산 가스 실린더의 종류

| 내용적(L) | 충전량(kg) | 내용적(L) | 충전량(kg) |
| --- | --- | --- | --- |
| 10 | 5 | 40 | 20 |
| 15.6 | 10 | 47 | 40 |

① 탄산 가스 용기 취급상 주의 사항
 ㈎ 실린더, 밸브, 가스 압력 조정기의 유지 보수는 제조업체가 승인한 사람만 수
   행해야 한다.
 ㈏ 실린더 명칭 및 제조자 라벨은 모든 실린더에 표시한다.
 ㈐ 실린더는 적당한 핸드 트럭(hand truck)이나 카트(cart)를 사용하여 이동
   한다.
 ㈑ 실린더는 수평으로 보관하지 않고 수직으로 보관한다.
 ㈒ 실린더를 벽에 고정할 때는 실린더 높이의 약 2/3 지점에서 적당한 띠(가죽
   이나 철로 된 고리)를 사용한다.
 ㈓ 항상 환기가 잘되는 곳에서 가스 실린더를 사용한다.
 ㈔ 연결 부속 및 라인에 누설이 없는지 확인한다.
 ㈕ 사용하지 않을 때는 항상 실린더 밸브를 닫는다.
 ㈖ 파손이나 부식이 있는 가스 실린더는 사용하지 않는다.
 ㈗ 운반 시에는 반드시 밸브 보호용 캡을 씌워서 운반한다.
 ㈘ 실린더 보관 장소에는 방폭형 휴대용 손전등 외의 등화(燈火)를 지니고 들어
   가지 않는다.
 ㈙ 충전 용기는 항상 40℃ 이하를 유지하고, 직사광선을 받지 않도록 한다.
② 용기의 각인 : 고압용기 어깨부의 두꺼운 살 부분에 지워지지 않도록 [그림 4-10]과
   같이 각인한다.
 ㈎ 용기 제조자명 또는 그 약호
 ㈏ 충전하는 가스의 종류

㈐ 용기의 제조 번호

㈑ 내용적(기호 : V, 단위 : L)(액화석유 가스 용기는 제외)

㈒ 용기의 질량(밸브 및 캡은 포함하지 않는다.)(기호 : W, 단위 : kg)

㈓ 내압 시험 연월(연-월, 보기 : 2019-01)

㈔ 내압 시험 압력[기호 : TP, 단위 : MPa(보기 : TP 24.5)]

㈕ 최고 충전 압력[기호 : FP, 단위 : MPa(보기 : FP 14.7)]

㈖ 검사 기관 명칭 또는 그 약호

㈗ 원산지 표시(스티커 부착으로 갈음한다.)

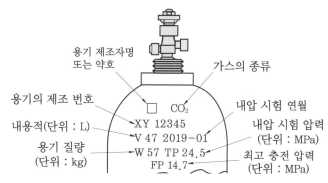

[그림 4-10] 탄산 가스 실린더의 각인 기호

③ 용기의 도색 및 표시 : 용기 제조자 또는 수입자는 용기의 외면에 도색하고 충전하는 가스의 명칭을 표시해야 한다. [표 4-4]는 용기의 종류 및 표시를 나타내며, 의료용 가스 용기는 산업용과 도색이 다르다.

[표 4-4] 가스의 종류 및 표시(KS B 6210)

| 가스의 종류 | 도색의 구분 | 가스의 종류 | 도색의 구분 |
|---|---|---|---|
| 액화 탄산 가스 | 청색 | 액화 암모니아 | 백색 |
| 액화 석유 가스 | 회색 | 산소 | 녹색 |
| 수소 | 주황색 | 질소 | 회색 |
| 아세틸렌 | 황색 | 아르곤 | 회색 |
| 액화 염소 | 갈색 | 그 밖의 가스 | 회색 |

## (6) 탄산 가스 압력 조정기(regulator)

레귤레이터는 작동/사용 전에 가스 실린더에 장착되는 가장 중요한 안전 장치로 실린더 내용물의 높은 압력을 사용 가능한 작동 압력까지 낮출 수 있다. 재질은 황동 또는 스테인리스강으로 제작한다. 많은 양의 $CO_2$ 가스가 용기로부터 빠른 속도로 흘러나올 때에는 팽창에 의해 온도가 낮아져 고체 모양의 $CO_2$ 가스(드라이아이스)가 되어 가스의 흐름을 막는 경우가 있으므로 $CO_2$ 가스 용기의 압력 조정기는 밸브의 냉각을 막고 가스의 흐름을 원활하게 할 수 있는 전기 장치인 히터(heater)가 필요하다. 레귤레이터를 가스 실린더 밸브에 연결할 때 연결부에 윤활제를 사용해서는 안 된다. 또한 인화성 가스용 레귤레이터는 왼나사산이며, 불연성 가스 조절기와 구별하고 있다.

## 4-3 | 용접 재료

### (1) 와이어

와이어 지름은 0.8, 0.9, 1.0, 1.2, 1.4, 1.6, 2.0, 2.4, 3.2 mm 등이 있다. [그림 4-11]은 용접 와이어와 드럼 팩(drum pack)을 보여준다. 표면의 구리 도금은 녹을 방지하며 전류의 가속을 개선하도록 되어 있다. 무게는 5 kg, 10 kg, 12.5 kg, 15 kg, 20 kg 등으로 구분하고 스풀(spool)로 감겨져 있다. 대용량은 드럼 팩으로 제공되며 150 kg, 200 kg, 250 kg, 300 kg, 350 kg 등으로 공급된다.

[그림 4-11] 용접 와이어와 드럼 팩

① 솔리드(solid) 와이어 : 나체 와이어라고도 불리며, 단면 전체가 균일한 강으로 되어 있다. 이 와이어는 단락 이행에 의한 박판이나 전 자세, 고전류에 의한 후판의 스프레이 이행 방식을 사용하고 전 자세 용접이 가능하여 널리 사용되고 있다. 보호 가스 $CO_2$에 아르곤을 75~85 % 혼합할 경우 아크가 안정되고 스패터(spatter)도 감소하는 등 용접 품질 향상을 기대할 수 있다. 또, 산소를 약 1~5 % 혼합하면 용착강의 산화 반응을 활발하게 하므로 용융지의 온도가 상승하며, 용입이 증대되고, 비금속 개재물의 응집으로 용착강이 청결해지는 등 좋은 용접 결과를 얻을 수 있다.

㉮ 와이어의 종류는 실드 가스, 주요 적용 강종 및 와이어의 화학 성분에 따라 구분하고 [표 4-5]와 같다.

[표 4-5] 연강 및 고장력강용 마그용 용접 솔리드 와이어(KS D 7025)

| 와이어의 종류 | 실드 가스 종류 | 주요 적용 강종 |
|---|---|---|
| YGW11 | 탄산 가스 | 연강 및 인장 강도 490 MPa급 고장력강 |
| YGW12 | | |
| YGW13 | | |
| YGW14 | | |
| YGW15 | 80 % 아르곤＋20 % 탄산 가스 | |
| YGW16 | | |
| YGW17 | | |
| YGW21 | 탄산 가스 | 연강 및 인장 강도 590 MPa급 고장력강 |
| YGW22 | | |
| YGW23 | 80 % 아르곤＋20 % 탄산 가스 | |
| YGW24 | | |

와이어의 표시 방법은 YGW11에서 Y : 용접 와이어, GW : 마그용접용, 11 : 실드 가스, 주요 적용 강종 및 와이어 화학 성분을 나타낸다.

⑷ 와이어의 화학 성분

[표 4-6] 와이어의 화학 성분(KS D 7025)

| 와이어의 종류 | C | Si | Mn | P | S | Cu | Ni | Cr | Mo | Al | Ti+Zr |
|---|---|---|---|---|---|---|---|---|---|---|---|
| YGW11 | 0.15 이하 | 0.55 ~1.10 | 1.40 ~1.90 | 0.030 이하 | 0.030 이하 | 0.50 이하 | — | — | — | 0.10 이하 | 0.30 이하 |
| YGW12 | 0.15 이하 | 0.55 ~1.10 | 1.25 ~1.90 | 0.030 이하 | 0.030 이하 | 0.50 이하 | — | — | — | — | — |
| YGW13 | 0.15 이하 | 0.55 ~1.10 | 1.35 ~1.90 | 0.030 이하 | 0.030 이하 | 0.50 이하 | — | — | — | 0.10 ~0.50 | 0.30 이하 |
| YGW14 | 0.15 이하 | — | — | 0.030 이하 | 0.030 이하 | 0.50 이하 | — | — | — | — | — |
| YGW15 | 0.15 이하 | 0.40 ~1.00 | 1.00 ~1.60 | 0.030 이하 | 0.030 이하 | 0.50 이하 | — | — | — | 0.10 이하 | 0.13 이하 |
| YGW16 | 0.15 이하 | 0.40 ~1.00 | 0.85 ~1.60 | 0.030 이하 | 0.030 이하 | 0.50 이하 | — | — | — | — | — |
| YGW17 | 0.15 이하 | — | — | 0.030 이하 | 0.030 이하 | 0.50 이하 | — | — | — | — | — |

| | | | | | | | | | | | |
|---|---|---|---|---|---|---|---|---|---|---|---|
| YGW21 | 0.15 이하 | 0.50 ~1.10 | 1.30 ~2.60 | 0.025 이하 | 0.025 이하 | 0.50 이하 | – | – | 0.60 이하 | 0.10 이하 | 0.30 이하 |
| YGW22 | 0.15 이하 | – | – | 0.025 이하 | 0.025 이하 | 0.50 이하 | – | – | – | – | – |
| YGW23 | 0.15 이하 | 0.30 ~1.00 | 0.90 ~2.30 | 0.025 이하 | 0.025 이하 | 0.50 이하 | 1.80 이하 | 0.70 이하 | 0.65 이하 | – | 0.20 이하 |
| YGW24 | 0.15 이하 | – | – | 0.025 이하 | 0.025 이하 | 0.50 이하 | – | – | – | – | – |

㈜ 구리 도금이 되어 있는 경우는 구리를 포함한다.

㈐ [표 4-7]은 와이어가 용착되었을 때 기계적 성질인 용융 금속의 인장 강도, 항복점, 또는 항복 강도, 연신율을 나타낸다.

[표 4-7] 용착 금속의 기계적 성질(KS D 7025)

| 와이어의 종류 | 인장 시험 | | 연신율(%) |
|---|---|---|---|
| | 인장 강도(MPa) | 항복점 또는 항복 강도(MPa) | |
| YGW11 | 490 이상 | 390 이상 | 22 이상 |
| YGW12 | | | |
| YGW13 | | | |
| YGW14 | 420 이상 | 345 이상 | |
| YGW15 | 490 이상 | 390 이상 | |
| YGW16 | | | |
| YGW17 | 420 이상 | 345 이상 | |
| YGW21 | 570 이상 | 490 이상 | 19 이상 |
| YGW22 | | | |
| YGW23 | | | |
| YGW24 | | | |

솔리드 와이어의 고전류 용접은 입상 이행의 아크이기 때문에 MIG 용접이나 복합 와이어 용접법에 비교하면 스패터가 많고 비드 외관이 그다지 좋지 못하다.

㈑ 와이어의 치수 및 허용차

[표 4-8] 와이어의 지름 및 허용차(KS D 7025)

| 지름 | 0.6, 0.8, 0.9, 1.0, 1.2, 1.4 | 1.6, 2.0 |
|---|---|---|
| 허용차 | +0.02 -0.03 | +0.03 -0.05 |

㈜ [그림 4-12]에서 보는 것과 같이 솔리드 와이어의 용착 속도가 큰 것은 서브
머지드 아크 용접 와이어나 복합 와이어보다 가는 지름의 와이어에 높은 전류
를 흘려서 전류 밀도를 높이기 때문이다.

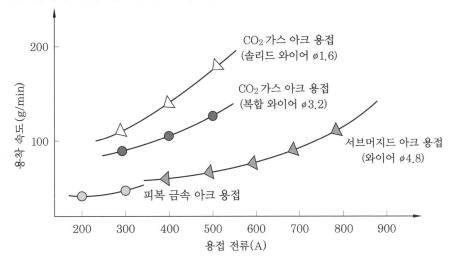

[그림 4-12] 용접 전류에 따른 용착 속도 비교

㈜ [그림 4-13]은 솔리드 와이어를 사용한 용접과 서브머지드 아크 용접이나 복
합 와이어 탄산 가스 아크 용접과 비교한 그래프로, 솔리드 와이어가 용입이
가장 깊은 것으로 나타난다.

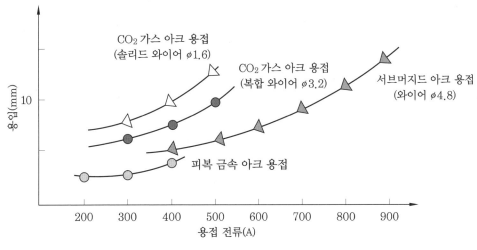

[그림 4-13] 용입 깊이와 용접 전류의 비교

② 복합 와이어 : 용제에 탈산제, 아크 안정제 등 합금 원소가 포함되어 있어 양호한
용착 금속을 얻을 수 있고, 아크도 안정되어 스패터가 적고 비드 외관이 깨끗하며
아름답다. 복합 와이어의 품질이 향상되고 가격이 저렴하게 됨에 따라 탄소강 및 저

합금강의 용접은 피복 아크 용접에 의한 지금까지의 수동 용접보다 복합 와이어 용접(FCAW)이 많이 이용되고 있다.

㉮ 이중 굽힘형(double folded type) : 박판의 철판을 절곡해서 그 속에 탈산제, 합금 원소 및 용제를 말아 넣은 것으로서 [그림 4-14]와 같이 구조상 여러 가지가 있다.

    (a) NCG 와이어      (b) 아코스 와이어      (c) Y관상 와이어      (d) S관상 와이어

**[그림 4-14] 복합 와이어의 구조**

재료는 가공이 용이한 연강으로, 합금 원소 및 탈산제는 분말의 형태로 첨가하는 것이 보통이다. 이 분말 조성은 연강, 고장력강은 물론 저합금강, 표면경화 덧붙이용까지 여러 종류가 제조되고 있다. 용제(flux)에는 슬래그 생성제, 아크 안정제 등이 배합되어 있으며 와이어 지름은 1.2~3.2 mm로 되어 있다. 분말상 물질은 와이어 전 중량의 20~25 %로 그 대부분은 슬래그로 되어, 잔무늬의 깨끗한 비드를 형성시킨다. 또, 아크 안정제가 교류 전원에서도 안정된 아크를 유지할 수 있으나, 와이어의 흡습 또는 녹슬기 쉬운 것이 결점이다.

㉯ 단일 인접형(single abutting type) : 비교적 두께가 큰 철판을 단순한 원통 모양으로 하여 그 속에 주로 탈산제 및 합금용 원소를 충전한 1.2~2.4 mm 굵기의 복합 와이어도 제조 시판되고 있다. 이 와이어는 직류 정전압의 전원을 사용하여 용접할 수 있고, 솔리드 와이어의 능률성과 복합 와이어의 작업성을 겸비한 와이어라고 할 수 있다.

㉠ 화학 성분 : [표 4-9]는 내후성 강용 탄산 가스 아크 용접 플러스 충전 와이어(KS D 7109)의 용착 금속의 화학 성분을 나타낸 것이다.

**[표 4-9] 용착 금속의 화학 성분**

| 와이어의 종류 | 화학 성분(%) | | | | | | | |
|---|---|---|---|---|---|---|---|---|
| | C | Si | Mn | P | S | Cu | Cr | Ni |
| YFA-50W | 0.12 이하 | 0.90 이하 | 0.50 ~1.60 | 0.03 이하 | 0.03 이하 | 0.30 ~0.60 | 0.45 ~0.75 | 0.05 ~0.70 |
| YFA-58W | | | | | | | | |
| YFA-50P | 0.12 이하 | 0.90 이하 | 0.50 ~1.60 | 0.03 이하 | 0.03 이하 | 0.20 ~0.50 | 0.30 ~0.60 | – |
| YFA-58P | | | | | | | | |

㊂ 표시 방법은 YFA-50W에서 Y : 용접 와이어, F : 플럭스 충전, A : 내후성 강용, 50 : 용착 금속의 최소 인장 강도의 수준, W : 용착 금속의 화학 성분을 말한다.

ⓛ 기계적 성질

[표 4-10] 용착 금속의 기계적 성질

| 와이어의 종류 | 인장 시험 | | | 주요 적용 강종 |
|---|---|---|---|---|
| | 인장 강도 (MPa) | 항복점 또는 항복 강도(MPa) | 연신율 (%) | |
| YFA-50W | 490 이상 | 390 이상 | 20 이상 | 인장 강도 400 MPa급 및 490 MPa급 내후성 강의 W 타입 |
| YFA-50P | | | | 인장 강도 400 MPa급 및 490 MPa급 내후성 강의 P 타입 |
| YFA-58W | 570 이상 | 490 이상 | 18 이상 | 570 MPa급 내후성 강의 W 타입 |
| YFA-58P | | | | 570 MPa급 내후성 강의 P 타입 |

ⓒ 치수 및 허용차

[표 4-11] 와이어의 지름 및 허용차

| 지름 | 1.2, 1.4, 1.6 | 2.0, 2.4 | 3.2, 4.0 |
|---|---|---|---|
| 허용차 | +0.03 −0.05 | ±0.10 | +0.10 −0.20 |

③ 솔리드 와이어와 복합 와이어의 비교 : [표 4-12]는 솔리드 와이어와 복합 와이어의 용접 형상을 비교한 것으로 솔리드 와이어는 지름이 보통 0.6~1.6 mm이며, 복합 와이어의 경우 단일 인접형은 지름이 1.2~2.0 mm이고, 이중 굽힘형은 2.4~3.2 mm 정도이다. 용입은 솔리드 와이어, 복합 와이어 순이고, 복합 와이어는 지름이 작은 단일형 와이어가 용입이 깊다. 또한 [표 4-13]은 솔리드 와이어와 복합 와이어를 용접 전류 400 A, 아크 전압 36 V의 동일한 조건에서 용접 비드의 단면 형상은 그림과 같이 솔리드 와이어는 용입이 깊고 비드 폭은 복합 와이어에 비하여 좁게 나타났으며, 복합 와이어는 용입이 얕고 비드 폭이 넓다.

[표 4-12] 솔리드 와이어와 복합 와이어의 비교

| 구분 | 솔리드 와이어 | 복합 와이어 | |
|---|---|---|---|
| 형상 | | | |
| 치수(mm) | 0.6~1.6 | 1.2~2.0 | 2.4~3.2 |
| 실드 가스 | $CO_2$, $CO_2$ + Ar | $CO_2$ | $CO_2$, No gas |

| 스패터 | 일반적 : 약간 많다.<br>단락 이행 : 약간 적다. | 적다. | 약간 적다. |
|---|---|---|---|
| 용입 | 대전류 : 깊다.<br>단락 이행 : 얕다. | 중간 | 약간 얕다. |
| 슬래그 | 적다. | 많다. | 많다. |
| 용착 속도(g/min) | 110($\phi$1.6, 400 A) | 120($\phi$1.6, 400 A) | 105($\phi$1.6, 400 A) |
| 용착 효율(%) | 90~95 | 75~80 | 75~80 |
| 비드 외관 | 보통 | 미려 | 미려 |

[표 4-13] 솔리드 와이어와 복합 와이어의 비드 비교

| 구분 | 솔리드 와이어($\phi$1.6) | 복합 와이어($\phi$1.6) |
|---|---|---|
| 전류 전압 | 400 A, 36 V | 400 A, 36 V |
| 아크 상태 | 아크가 집중된다.<br>아크 길이 : 2 mm | 아크가 넓게 퍼진다.<br>아크 길이 : 2 mm |
| 비드 외관 | 슬래그가 적다.<br>표면이 약간 요철 | 슬래그가 두껍다.<br>표면이 매끈 |
| 부착 스패터 | 많다. | 적다. |
| 단면 형상(mm) | 3.5 7.5 10.5 | 3.2 3.8 20.5 |

④ 와이어에 첨가되는 합금 원소의 특징 : 탄산 가스 아크 용접으로 저탄소강과 합금강용 와이어는 대부분 철에 기본적인 합금 원소들을 함유하고 있다. 이들 합금 원소들의 주 기능은 용융지의 탈산과 용접 금속의 기계적 성질을 향상시키는 데 있다. 탈산이란 용융지로부터 산소와 합금 원소가 결합하여 표면에 슬래그를 만드는 것으로 용융지의 산소를 제거함으로써 용접 금속의 기공 발생을 방지하는 역할을 한다.

㉠ 규소(Si) : 일반적으로 0.40~1.00 %의 규소를 함유하고 용접용 와이어의 탈산제로서 가장 많이 사용된다. 규소 양이 더 증가하면 용접부 강도는 증가하나 인성과 연성은 약간 감소하고 1~1.2 % 이상이 되면 용접 금속의 크랙(crack) 감수성이 커진다.

㉡ 망간(Mn) : 일반적으로 연강 와이어에 1.00~2.00 % 함유하고 탈산제와 강도를 증가시키는 데 사용된다. 망간 함량이 증가하면 용접 금속의 강도를 상당량 증가시키나 용착 금속의 열간 크랙에 민감하게 된다.

㉢ 알루미늄(Al), 티탄(Ti), 지르코늄(Zr) : 일반적으로 0.2 % 이하로 첨가시키며 이 범위에서는 강도를 증가시킨다. 이들 원소들은 대단히 강한 탈산제이다.

ⓔ 탄소(C) : 탄소는 어느 원소보다 구조적 및 기계적 성질에 지대한 영향을 미치며 탄산 가스 아크 용접을 할 때 기공을 만든다. 만약 와이어나 모재의 탄소 함량이 0.12 % 이상이면 용접 금속 중의 탄소는 산소와 결합하여 일산화탄소(CO)로 되어서 기공의 원인이 되므로 탈산제를 추가해야 한다.

ⓜ 기타 : 니켈(Ni), 크롬(Cr)과 몰리브덴(Mo)은 내부식성과 기계적 성질을 향상시키기 위해 첨가하고 탄소강 와이어에 소량 첨가로 용접 금속의 인성과 강도를 개선한다. 탄산 가스를 보호 가스로 사용할 때에는 Si, Mn과 다른 탈산제 원소들은 감소할 것으로 예상할 수 있으나 Ni, Cr, Mo과 탄소의 함량은 변하지 않는다.

## (2) 보호 가스

일반적으로 공급되어 사용되는 가스는 세 종류가 있다. 첫째, 압축 가스로 질소, 산소, 공기, 이산화탄소, 헬륨 등이 있으며, 둘째로는 온도 40℃에서 압력이 0.2 MPa 이상인 액화 가스로 LPG, 액화된 일산화질소, 셋째는 용해 가스로 아세틸렌이 있다.

① $CO_2$ 가스 : 이산화탄소 또는 탄산 가스라고도 하며, 액화 가스로 용기에 충전한 액화 탄산 가스는 제조원에 따라 불순물 함유량이 달라진다. 순도가 좋지 못한 $CO_2$ 가스를 사용할 경우에는 용접부에 나쁜 영향을 미치게 된다. 액화 $CO_2$ 가스의 순도는 [표 4-14]에서와 같이 규격화되어 있으며, 품질에 따라 KS I 2107에 1종, 2종, 3종의 세 종류가 있다.

[표 4-14] 액화 이산화탄소의 품질(KS I 2107)

| 구분 | 품질 | | |
|---|---|---|---|
| | 1종 | 2종 | 3종 |
| 이산화탄소 vol% (건조 가스 중) | 99.5 이상 | 99.5 이상 | 99.9 이상 |
| 수분 vol% | 0.12 이하 | 0.012 이하 | 0.005 이하 |
| 냄새 | 이상한 냄새가 없어야 한다. | 이상한 냄새가 없어야 한다. | 이상한 냄새가 없어야 한다. |

이산화탄소는 다음 식에 따라 산출한다.

$$CO_2 = 100-(A_O+A_N)$$

$CO_2$ : 이산화탄소(vol%), $A_O$ : 산소(vol%), $A_N$ : 질소(vol%)

액화 탄산의 임계 온도는 31℃이므로, 용기를 직사광선에 노출시키면 폭발할 위험이 있으므로 주의한다. 사용 시간은 예를 들어 10 L/min의 유량으로 연속 사용할 경우 액체 이산화탄소 20 kg들이 실린더는 대기 중에서 이산화탄소 1 kg이 완전히 기화되면 1기압 하에서 약 510 L가 되므로 가스량이 약 10,200 L이므로 약 17시간 사용된다.

> **참고 CO2 가스의 특징**
> • CO2 가스는 대기 중에서 기체로 존재하며 비중은 1.53으로 공기보다 무겁다.
> • 상온 상압에서 무색, 무취, 무미이나 공기 중의 농도가 높아지면 눈, 코, 입 등에 자극을 느끼게 된다.
> • 상온에서도 쉽게 액화되므로 저장·운반이 용이하며 비교적 값이 저렴하다.
> • 용기에 충전된 액체 상태의 CO2 가스는 용기 상부에서 기체로 존재한다.
> • 그 전체 중량은 완전 충전했을 때 용기의 약 10 % 정도가 기체 가스이다.

② 아르곤 가스 : 용접용 아르곤 가스는 KS 규격으로 정하며, 순도 99.995 % 이상을 시판하고 있다. 아르곤 가스 용기는 15 MPa의 고압으로 충전되어 있으며, 용기 한 개의 가스량은 내용적 47 L의 경우 대기 중에서 7,050 L가 되므로 유량 20 L/min로 연속 사용할 때 약 6시간 사용할 수 있다.

③ 혼합 가스 : CO2 가스와 아르곤 가스 또는 산소와 아르곤 가스의 혼합 가스를 사용할 경우 가스 제조 회사에 가스 비율을 지정하여 혼합 가스를 1개의 용기에 충전하면 가장 이상적이나, 그렇지 못할 경우 간단히 혼합 가스를 얻는 방법도 있다. [그림 4-15]는 두 종류의 가스를 혼합실을 통하여 혼합하는 방법으로 혼합비는 유량계를 조정함으로써 얻어진다. 이때 가스 방류를 개시할 때 혼합비가 일정하지 못하므로 아크 스타트 직전 수 초간 가스를 방출시켜 혼합비가 안정되도록 한다. 또한 혼합비가 클 경우는 정확한 혼합을 기대하기 어려우므로 가스 제작 회사에 의뢰하는 것이 바람직하다.

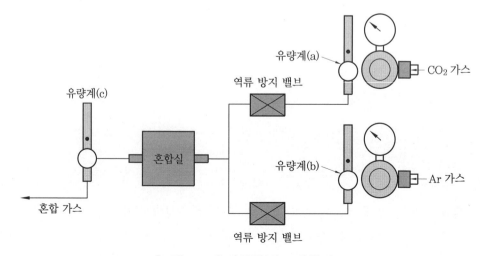

[그림 4-15] 간단한 가스 혼합법

## (3) 뒷댐 재료

CO$_2$ 가스 아크 편면 용접은 서브머지드 편면 용접과 함께 작업 능률 향상, 작업 환경 개선 등의 이점을 가진다. 뒷댐 재료는 CO$_2$ 가스 아크 편면 용접에 있어서 뒷면에 뒷댐재를 부착하여 표면 용접과 동시에 뒷면 비드를 형성하여 뒷면 가우징 및 뒷면 용접을 생략할 수 있는 장점을 갖추고 있으며 모재의 중량에 따른 뒤엎기(turn over) 작업을 생략할 수 있어 시간을 단축할 수 있다. 뒷댐 재료에는 구리 뒷댐재와 글라스 테이프, 세라믹 제품 등이 사용되고 있으나 일반적인 CO$_2$ 가스 아크 용접용 뒷댐 재료는 [그림 4-16]에서와 같은 세라믹 제품이 많이 사용되며 여러 가지 모양으로 제조 시판되고 있다. 이 재료는 독특한 마디 이음으로 원주, T형 등 곡선 부위까지도 사용할 수 있도록 되어 있다. 구리 뒷댐재는 고전류 용접이나 용융 금속량이 많을 때에는 용착 방지를 위하여 뒷댐재를 수랭시킬 필요가 있으며 고속 용접이나 후진법에서는 구리 뒷댐재가 용착되기 쉬우므로 주의가 필요하다.

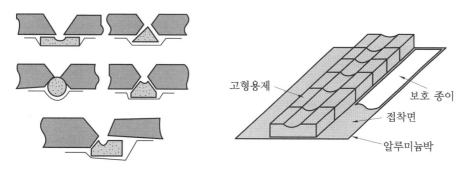

[그림 4-16] 세라믹 뒷댐 재료의 여러 가지 모양

## 4-4 용접 조건과 안전

## (1) 용접 조건

① 용접 전류 : 용입을 결정하는 가장 큰 요인으로 정전압 특성의 전원은 토치 선단에서 송급된 와이어를 용융하여 아크를 유지할 수 있는 필요 전류를 자동적으로 공급하는 특성을 갖게 된다. 따라서 이 경우의 전류 조정은 와이어 송급 속도를 변화시키는 것에 의해 제어된다. 와이어 지름이 1.2로 약 200 A 이하에서 용접할 때 외관이 아름다운 비드가 얻어지며, 약 200 A 이상에서는 깊은 용입을 얻을 수 있어 후판 용접에 주로 사용된다. [표 4-15]는 자세별 용접 적정 전류를 나타낸다.

[표 4-15] 용접 적정 전류(DCRP)

| 와이어의 지름(mm) | | 1.2 | 1.6 |
|---|---|---|---|
| 용접 전류(A) | 아래보기 자세 | 120~300 | 200~450 |
| | 수평 자세 | 120~250 | 180~280 |
| | 수직 자세 | 120~300 | 200~450 |

전류를 높이면 와이어의 용융이 빠르고 용착률과 용입이 증가한다. 일반적으로 전류 값을 높이면 아크 전압도 함께 높여 주어야 좋은 용접 결과를 기대할 수 있다. [그림 4-17]은 용접 전류에 따른 비드 단면 형상을 나타낸다.

| 전류(A) | 250 | 300 | 350 | 400 | 450 |
|---|---|---|---|---|---|
| 전압(V) | 26 | 29 | 31 | 35 | 38 |

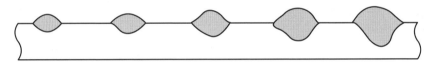

용접 속도 : 40cm/min, 판 두께 : 12mm

[그림 4-17] 용접 전류와 비드 단면 형상

[그림 4-18]은 탄산 가스 아크 용접에서 솔리드 와이어 지름 1.6 mm를 사용하여 용접 전류가 같은 조건에서 팁과 모재와의 거리를 달리할 때 와이어 용융 속도의 변화를 나타낸 그래프로 팁과 모재와의 거리가 멀면 와이어 용융 속도가 증가하는 것을 볼 수 있다.

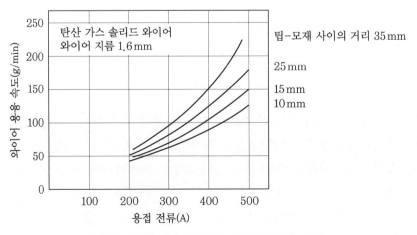

[그림 4-18] 용접 전류와 와이어 용융 속도

② 아크 전압 : 아크 전압은 비드 형상을 결정하는 가장 중요한 요인이다. 아크 전압을 높이면 비드가 넓어지고 납작해지며, 지나치게 아크 전압을 높이면 기포가 발생한다. 또한 너무 낮은 아크 전압은 볼록하고 좁은 비드를 형성하며, 와이어가 용융 금속 위에서 바로 용융되지 않고 용융지 안으로 파고들어가 모재 표면에 부딪치고 토치를 들고 일어나는 현상이 생긴다. 그러므로 용접 전류에 맞는 적정한 아크 전압이 필요하다. [그림 4-19]는 아크 전압에 따른 비드 형상으로 낮은 전압일수록 아크가 집중되기 때문에 용입은 약간 깊어진다. 반대로 높은 전압의 경우는 아크가 길어지므로 비드 폭은 넓어지고 높이는 납작해지며 용입은 약간 낮아진다.

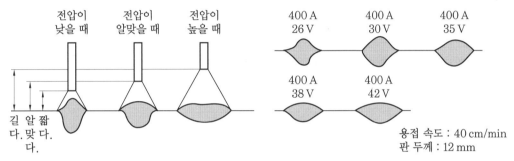

[그림 4-19] 아크 전압에 따른 비드 형상

CO₂ 가스 아크 용접의 경우는 전압 조절 장치에 의하여 용접 전원의 특성을 변화시킬 수밖에 없다. [그림 4-20]은 용접 전류, 전압 범위를 나타낸 것으로 적정한 아크 전압값은 아크 특유의 '치-' 하는 연속음을 내며, 아크 전압이 낮을 경우 불연속 단절음으로 들린다. 용입은 전류, 전압, 속도에 따라 크게 좌우되나 용접 홈의 모양, 와이어 굵기 등에도 크게 영향을 받는다.

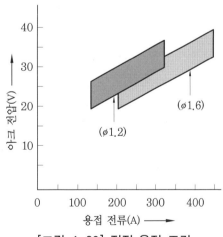

[그림 4-20] 적정 용접 조건

③ 용접 속도 : 용접 속도는 용접 전류, 아크 전압과 함께 용입 깊이, 비드 형상, 용착 금속량 등이 결정되는 중요한 요인이 된다. [그림 4-21]은 용접 속도가 빠르면 모재의 입열이 감소되어 용입이 얕고 비드 폭이 좁으며, 반대로 늦으면 용융 금속이 용접 진행 방향으로 흘러들어 쿠션(cushion) 역할을 하게 되어, 아크의 힘을 약화시켜서 용입이 얕으며, 비드 폭이 넓은 평탄한 비드를 형성한다. 반자동 용접에서는 30~50 cm/min

범위에서 위빙 및 토치 이동을 하는 것이 좋다. 용접 속도를 60~70 cm/min 이상으로 할 경우 올바른 용접 자세로 용접하는 데 어려움이 있고, 용융 금속의 상태를 관찰하면서 용접하기가 어렵게 된다.

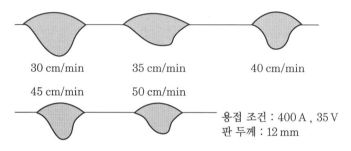

30 cm/min     35 cm/min     40 cm/min

45 cm/min     50 cm/min

용접 조건 : 400 A , 35 V
판 두께 : 12 mm

[그림 4-21] 용접 속도와 비드 단면

④ 와이어 돌출 길이 : 와이어 돌출 길이는 콘택트 팁의 끝에서 아크 발생 지점의 와이어까지의 거리를 말하며, 실제로는 [그림 4-22]와 같이 팁 끝에서 아크 길이를 제외한 길이로서 소모성 전극 와이어를 이용하는 용접법에서는 중요한 요인 중의 하나이다. 이것은 용접부 보호 및 용접 작업성을 결정하는 것으로 돌출 길이가 길어짐에 따라 용접 와이어의 예열이 많아지고 따라서 용착 속도와 용착 효율이 커지며 보호 효과가 나빠지고 용접 전류는 낮아진다. 거리가 짧아지면 가스 보호는 좋으나 노즐에 스패터가 부착되기 쉽고, 용접부의 외관도 나쁘며, 작업성이 떨어진다. 팁과 모재 간의 거리는 저전류 영역(약 200 A 미만)에서는 10~15 mm 정도, 고전류 영역(약 200 A 이상)에서는 15~25 mm 정도가 적당하다. 일반적으로 용접 작업에서의 거리는 10~15 mm 정도로 한다.

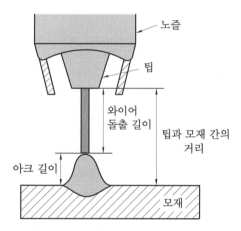

노즐

팁

와이어
돌출 길이

팁과 모재 간의
거리

아크 길이

모재

[그림 4-22] 와이어 돌출 길이

## (2) 표준 용접 조건

솔리드 와이어를 사용하는 연강의 탄산 가스 아크 용접 조건은 [표 4-16]으로 I형 맞대기 용접의 단락 용접 조건을 나타낸다. 연강에 대한 탄산 가스 아크 용접은 전류와 전압의 영향을 가장 많이 받게 되므로 용접 조건을 적합하게 조정하는 것이 무엇보다도 중요한 사항이다. [표 4-17]과 [표 4-18], [표 4-19]를 참조하여 용접 조건을 선택한다.

[표 4-16] I형 맞대기 용접의 단락 용접 조건

| 모재 두께 (mm) | 루트 간격 (mm) | 와이어 지름 (mm) | 전류 (A) | 전압 (V) | 용접 속도 (cm/min) |
|---|---|---|---|---|---|
| 1.6 | 0.0 | 0.8~1.0 | 90 | 18 | 45 |
| 2.0 | 0.5 | 0.8~1.0 | 100 | 18 | 50 |
| 2.3 | 1.0 | 1.0~1.2 | 120 | 19 | 55 |
| 3.2 | 1.2 | 1.0~1.2 | 140 | 19 | 50 |
| 4.5 | 1.5 | 1.2 | 160 | 23 | 50 |
| 6.0 | 1.5 | 1.2 | 260 | 26 | 50 |
| 8.0 | 1.5 | 1.2 | 320 | 32 | 50 |

[표 4-17] 아래보기 필릿 용접 조건

| 모재 두께 (mm) | 목 길이 (mm) | 와이어 지름 (mm) | 용접 전류 (A) | 용접 전압 (V) | 용접 속도 (cm/min) |
|---|---|---|---|---|---|
| 1.6 | 3.0 | 0.8~1.0 | 130 | 20 | 50 |
| 2.0 | 3.0 | 0.8~1.2 | 130 | 20 | 45 |
| 2.3 | 3.0 | 0.8~1.2 | 140 | 20.5 | 45 |
| 3.2 | 4.0 | 1.0~1.2 | 170 | 21 | 45 |
| 4.5 | 4.5 | 1.2 | 230 | 23 | 50 |
| 6.0 | 6.0 | 1.2 | 290 | 28 | 50 |
| 9.0 | 7.0 | 1.2 | 330 | 33 | 45 |
| 12.0 | 11.0 | 1.6 | 400 | 28 | 25 |

[표 4-18] 수평 필릿 용접 조건

| 모재 두께 (mm) | 목 길이 (mm) | 와이어 지름 (mm) | 용접 전류 (A) | 용접 전압 (V) | 용접 속도 (cm/min) |
|---|---|---|---|---|---|
| 1.2 | 3.0 | 0.8~1.0 | 100 | 19 | 50 |
| 1.6 | 3.0 | 0.8~1.2 | 120 | 20 | 50 |
| 2.0 | 3.0 | 0.8~1.2 | 130 | 20 | 50 |
| 2.3 | 3.5 | 1.0~1.2 | 140 | 20.5 | 50 |
| 3.2 | 4.0 | 1.0~1.2 | 160 | 21 | 45 |
| 4.5 | 4.5 | 1.2 | 230 | 23 | 55 |
| 6.0 | 6.0 | 1.2 | 290 | 28 | 50 |
| 8.0 | 8.0 | 1.2 | 320 | 32 | 55 |

[표 4-19] 맞대기 이음의 표준 홈 형상

| 홈의 형상 | | | 판 두께 | 용접 자세 | 받침판 유무 | 홈의 각도 $\alpha$(℃) | 루트 간격 G(mm) | 루트면 R(mm) |
|---|---|---|---|---|---|---|---|---|
| I형 | | | 1.2~4.5 | F | 무 | – | 0~2 | T |
| | | | 9 이하 | F | 유 | – | 0~3 | T |
| | | | 12 이하 | F | 무 | – | 0~2 | T |
| 베벨형 | | | 60 이하 | F | 무 | 45~60 | 0~2 | 0~5 |
| | | | | | 유 | 25~50 | 4~7 | 0~3 |
| | | | | H | 무 | 45~60 | 0~2 | 0~5 |
| | | | | | 유 | 35~50 | 4~7 | 0~2 |
| | | | | V | 무 | 40~50 | 0~2 | 0~5 |
| | | | | | 유 | 30~50 | 4~7 | 0~3 |
| V형 | | | 60 이하 | F | 무 | 45~60 | 0~2 | 0~5 |
| | | | | | 유 | 35~60 | 0~6 | 0~3 |
| | | | 50 이하 | V | 무 | 45~60 | 0~2 | 0~5 |
| | | | | | 유 | 35~60 | 3~7 | 0~2 |
| K형 | | | 100 이하 | F | 무 | 45~60 | 0~2 | 0~5 |
| | | | | V | 무 | 45~60 | 0~2 | 0~5 |
| | | | | H | 무 | 45~60 | 0~3 | 0~5 |
| X형 | | | 100 이상 | F | 무 | 45~60 | 0~2 | 0~5 |
| | | | | V | 무 | 45~60 | 0~2 | 0~5 |

## (3) 용접 진행 방법

토치의 진행 방향에 따라 전진법과 후진법으로 구분한다. 각각의 특징은 다음과 같다.

① 전진법(push) : 토치각을 용접 면에 수직선에서 진행 방향의 반대쪽으로 15~20°로 유지하지만, 이 경사각을 크게 할 때는 아크 발생점보다 앞쪽에 다량의 용융 금속이 압축되어 비드 폭이 고르지 않고 스패터는 큰 입자의 것이 다량으로 발생하고 용입도 낮아진다. 전진법은 다음과 같은 특징이 있다.

㈎ 용접 시 용접선을 잘 볼 수 있어 운봉을 정확하게 할 수 있다.

㈏ 비드 높이가 낮아 평탄한 비드가 형성된다.

㈐ 스패터가 많고 진행 방향으로 흩어진다.

㈑ 용착 금속이 진행 방향으로 앞서기 쉬워 용입이 얕다.

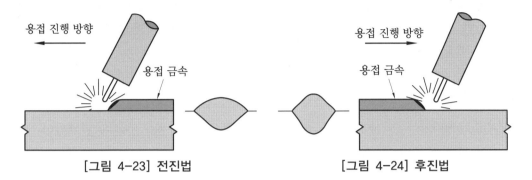

[그림 4-23] 전진법          [그림 4-24] 후진법

② 후진법(drag) : 토치각을 용접 면에 수직선에서 진행 방향 쪽으로 15~20°로 유지하면서 용접하는 방법으로 다음과 같은 특징이 있다.

㈎ 용접 시 용접선이 노즐에 가려 잘 보이지 않아 용접 진행 방향으로 운봉을 정확히 하기가 어렵다.

㈏ 비드 높이가 높고 폭이 좁은 비드를 얻을 수 있다.

㈐ 스패터 발생이 전진법보다 적게 발생한다.

㈑ 용융 금속이 진행 방향에 직접적인 영향이 적어 깊은 용입을 얻을 수 있다.

㈒ 용접하면서 비드 모양을 볼 수 있어 비드의 폭과 높이를 제어하면서 용접할 수 있다.

③ 전진법과 후진법의 비교

[표 4-20] 전진법과 후진법의 비교

| 구분 | 전진법 | 후진법 |
|---|---|---|
| 토치 각도 | 수직선에서 진행 반대 방향으로 15~20° | 수직선에서 진행 방향으로 15~20° |
| 용접선 | 잘 보임 | 잘 안 보임 |
| 운봉의 정확도 | 쉽다. | 어렵다. |
| 비드 | 높이가 낮고 폭이 넓다. | 높이가 높고 폭이 좁다. |
| 용입 | 얕다. | 깊다. |
| 스패터 | 많다. | 적다. |

## (4) 용적 이행 방식

용적 이행이란 소모성 전극을 이용한 아크 용접에서 와이어와 모재에서 발생한 아크 열에 의해 와이어의 용융된 금속이 모재로 이동하는 현상을 말한다. 용적 이행은 용접법과 용접 조건에 따라 여러 가지 형태로 나타난다. 단순한 이행 형태인 단락 이행과 입적 이행, 스프레이 이행이 있고, 단락과 스프레이가 동시에 일어나는 더블 펄스 이행도 있다. 이러한 용적 이행을 지배하는 힘은 중력, 표면 장력, 전자기력, 플라스마 기류, 금속의 기화에 의한 반발력 등이 있다. 용적의 이행 형태는 아크 전압, 용접 전류, 와이어의 재질, 와이어의 굵기, 와이어 돌출 길이, 보호 가스의 종류 등에 의해 크게 영향을 받는다. 이들 이행 방식은 MIG 용접과 비슷한 형태의 용적 이행으로 GMAW를 참조할 수 있다.

① 단락 이행(short circuiting transfer) : 단락 이행은 보호 가스 종류에 관계없이 $CO_2$ 가스 아크 용접, MIG 용접 등 어느 경우에도 비교적 저전류(약 200 A 이하), 저전압 조건에서 와이어는 0.8∼1.2 mm의 가는 지름의 와이어를 사용하는 경우에 발생하며, 모재에 대한 입열이 적고 용입이 얕기 때문에 박판이나 이면 비드 용접에 널리 응용된다. 수직이나 위보기 용접의 두꺼운 재료, 큰 틈새의 용접에 적합하다. 용접 와이어와 용융 풀 사이에 접촉이 이루어지거나 단락이 있을 때만 와이어에서 용융 풀로 전달되며, 와이어는 초당 20∼200회 단락된다. 단락 이행의 생성 과정은 [그림 4-25]에서와 같이 ① 아크가 발생 → ② 용적 생성 → ③ 와이어와 모재 단락 → ④ 전자기적 수축으로 핀치 효과 → ① 아크 발생 순으로 순환하면서 이행이 일어난다.

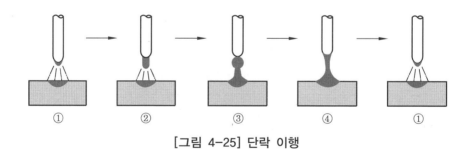

①      ②      ③      ④      ①

[그림 4-25] 단락 이행

[표 4-21]은 와이어의 단락 이행 최적 조건의 전류 범위를 보여준다. 이 전류의 범위는 보호 가스의 종류에 따라 달라질 수 있다.

[표 4-21] 와이어 지름에 따른 최적 단락 전류 범위

| 와이어의 지름 | 최소 전류 | 최대 전류 |
|---|---|---|
| 0.8 | 50 | 150 |
| 0.9 | 75 | 175 |
| 1.2 | 100 | 225 |

② 글로뷸러 이행(globular transfer) : 단락 이행 용접 전류 최대치 이상으로 증가함에 따라 금속 이행이 다른 형태로 나타나게 되는데 이것은 일반적으로 원호 형태로, 용융 방울이 와이어 지름보다 큰 용적이 단락되지 않고 옮겨가는 현상을 말한다. $CO_2$ 가스 아크 용접에서는 전류가 높아짐에 따라 금속 기화에 의한 반발력이 더욱 크게 작용하고 아크가 움직임으로써 전자기력이 비대칭으로 작용하기 때문에 커다란 용적이 비 축 방향으로 이행한다. 이 아크에서는 깊고 양호한 형상의 용입을 얻을 수 있어 능률적이나, 스패터가 과다하게 발생하는 결점이 있다.

[그림 4-26] 글로뷸러 이행

③ 스프레이 이행(spray transfer) : 용접 전류와 전압을 더 높이면 금속 이행이 스프레이 아크가 된다. Ar 보호 가스 분위기에서 MIG 용접 시 전류 값이 높을 때 많이 나타나는 이행 형태로 [그림 4-27]과 같이 와이어에 대한 전류가 어느 값(임계 전류) 이상이 되면 용적은 아주 작은 상태로 이행되며 스패터의 발생이 적고 깨끗한 파형의 비드 외관이 얻어진다. 전형적으로 80 % Ar+20 % $CO_2$는 독특한 용융 금속 전달 체계로 높은 용접 전류에서 '스프레이 이행'을 통해 용융 금속이 이행되도록 한다.

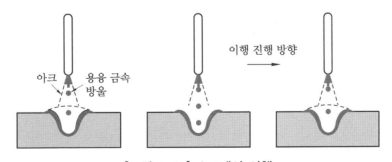

[그림 4-27] 스프레이 이행

## (5) 용접 결함

$CO_2$ 가스 아크 용접 결함 종류는 다공성(porosity), 균열(cracking), 용입 부족(lack of penetration), 용융 부족(lack of fusion), 슬래그 혼입(slag inclusion), 언더컷, 스패터 등이 있다. 결함이 일어나는 가장 큰 원인은 용접 조건 선정 미숙 등 작업자의 미숙련이다.

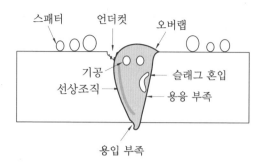

[그림 4-28] 용접 결함 조직

① 용접 결함과 원인

(카) 다공성 : $CO_2$ 가스 아크 용접에서 일반적으로 다공성의 원인이 되는 가스는 질소, 수소 및 일산화탄소이다. 수소는 페인트 같은 수소 화합물로부터 발생하여 다공성을 형성한다.

㉠ 질소에 의한 다공성 : 보호 가스 내의 제한된 질소 함유량은 3 % 이하이다. 상업용 $CO_2$ 용기는 최소 0.2 % 미만을 함유하며, 액화 $CO_2$ 가스의 경우 질소 함유량은 더욱 낮다. 그러므로 용접 중의 다공성 발생 원인은 공기로부터 흡수된 질소로 볼 수 있다.

㉡ 수소에 의한 다공성 : 다공성의 원인은 수분이나 유지(油脂) 등이다. 그러나 상업용 가스 용기의 수분 함량은 0.015 % 이하이므로 수분으로 인한 용접 불량은 고려하지 않아도 된다. 습기 찬 모재와 녹이 슨 모재 표면 등은 다공성의 진행을 도울 수 있으므로 특히 주의한다.

㉢ 일산화탄소에 의한 다공성 : 실리콘이나 망간 등의 탈산제 첨가로 CO에 의한 다공성을 방지할 수 있으나 약간의 잔류 실리콘은 용접 금속 내에 적은 양의 슬래그 혹은 환원 생성물로 남는다.

(나) 균열 : 균열의 여러 가지 형태는 $CO_2$ 가스 아크 용접에서 생길 수 있는데 이음매에서 위치가 일원화된다. 고온 균열은 용접 금속에서 일어나고, 보통 세로 길이로 나타난다. 저합금강의 열 영향부에서 높은 농도의 수소는 적용된 응력의 범위 내, 특별히 낮은 온도에서 미세 균열의 원인이 된다.

(다) 용입 부족 : 요구된 용융의 깊이가 부족한 결함을 용입 부족이라 한다. 이것은 보통 용접 부분에 대한 입열이 너무 낮기 때문에 일어난다.

(라) 용융 부족 : 용융 부족은 용접사의 기량 부족으로 충분히 모재를 녹여주지 못하여 생기는 경우가 대부분이다. 아래보기 자세에서 용융 부족은 주로 금속이 아크보다 앞에 흐름이 허용되는 자동화된 용접에서 많이 일어난다. 시정 방법은 토치 각을 용융지로 직접 향하게 한다.

(마) 슬래그 혼입 : 솔리드 와이어 방식에서는 일어나지 않지만, 복합 와이어에서 슬래그 혼입은 낮은 전류의 사용으로 인한 운봉 불량 상태에서 일어난다.

(바) 언더컷 : 용접 용융부와 나란한 홈(groove) 또는 채워지지 않은 면적은 사용

된 용접 전류에 대하여 아주 빠른 용접 속도에서 언더컷이 발생한다. 언더컷은 보통 용접 속도를 감소시킴으로써 방지할 수 있다.

(사) 스패터 : 가스 노즐 혹은 전류 접촉관(contact tube)에서 작용하여 용접 구역 으로부터 방출된다. 스패터는 다공성 및 용입 부족의 원인이 될 수도 있다.

② 용접 결함과 그 대책

[표 4-22] 용접 결함과 그 대책

| 용접 결함의 종류 | 원인 | 점검 부위 및 대책 |
|---|---|---|
| 1. 기공 | 1. $CO_2$ 가스 유량 부족 | • 작업 조건에 맞는 유량 조절<br>• $CO_2$ 가스 용기 확인 후 교체 |
| | 2. $CO_2$ 가스에 공기 혼입 | • 호스에 구멍은 없는지 점검<br>• 접촉부 조임 상태 확인<br>• 개선부 용접에서는 토치 경사각을 지나치게 할 때 발생하는 경우가 있어 토치 각도를 약 70~90° 사이로 유지 |
| | 3. 바람에 의해 $CO_2$ 가스가 소멸 | 풍속 2 m/s 이상의 장소에서는 방풍 장치 설치 |
| | 4. 노즐에 스패터가 다량 부착 | 스패터 제거(스패터 부착 방지제를 사용) |
| | 5. $CO_2$ 가스의 품질 저하 | 용접용 $CO_2$ 가스(3종)를 사용하고 있는지 확인 |
| | 6. 용접 부위가 지저분할 때 | 기름, 녹, 물, 페인트 등이 부착되어 있는지 여부 확인 |
| | 7. 노즐과 모재 간 거리가 지나치게 길 때 | 통상 10~25 mm로 조절 |
| | 8. 복합 와이어 흡습 | 와이어를 건조하여 사용 |
| | 9. 솔리드 와이어 녹 발생 | 와이어 교체하여 사용 |
| 2. 아크 불안정 | 1. 팁과 와이어 지름 치수 부적합 | 와이어 크기로 팁 교체 |
| | 2. 장기간 사용으로 팁의 마모 | 팁 교체 |
| | 3. 와이어 송급 불안정 | • 와이어를 손으로 잡고 약간의 힘을 준 상태에서 토치 스위치를 누르면 와이어가 일정하게 송급되고 있는지 확인 가능<br>• 와이어가 스풀에서 풀려있는지 확인<br>• 가압 롤러의 조임 상태 확인<br>• 가압 롤러에 기름 등 이물질이 있으면 점검하여 제거 |
| | 4. 전원 전압이 불안정 | 1차 입력 전압이 매우 심하게 변동하지 않는지 확인 |

| | | |
|---|---|---|
| 2. 아크 불안정 | 5. 팁과 모재 간 거리가 지나치게 길 때 | 통상 와이어 지름의 10~15배 유지 |
| | 6. 낮은 용접 전류 | 와이어 지름에 알맞은 전류로 조정 |
| | 7. 어스의 접속 불안정 | • 어스를 완전히 접속<br>• 어스 부분 녹이나 페인트 확인 |
| | 8. 와이어 종류가 부적합 | 용접 이행 상태에 따라 와이어를 사용 |
| 3. 와이어가 팁에 용착 | 1. 팁과 모재 간 거리가 짧을 경우 | 팁과 모재 간 거리는 사용 와이어 지름에 따라 결정 |
| | 2. 아크 스타트 방식 불량 | 적당한 거리를 유지한 상태에서 아크 스타트를 함 |
| | 3. 팁이 불량 | 팁 교체 |
| | 4. 와이어 선단부에 용적이 붙어 있어 스타트 불안정 | 와이어 선단을 절단 |
| 4. 스패터 과다 | 1. 용접 조건이 부적합 | 용접 조건인 전류와 전압 확인 |
| | 2. 모재의 과열 | 모재를 냉각 후 용접 |
| | 3. 자기 쏠림 | • 어스 위치를 변경<br>• 엔드 탭을 부착 |
| | 4. 와이어 종류가 부적당 | 용적 이행 상태에 따라 와이어를 선택하여 사용 |
| 5. 언더컷 | 1. 아크 전압이 높음 | 아크 전압을 알맞게 조절 |
| | 2. 빠른 운봉 속도 | 운봉 속도를 용접 조건에 맞게 조절 |
| | 3. 용접 전류가 높음 | 용접 전류를 적정 전류로 내림 |
| 6. 용입 불량 | 1. 빠른 용접 속도 | 용접 속도를 늦춤 |
| | 2. 용접 입열이 낮음 | 용접 전류를 높임 |
| 7. 비드 외관 불량 | 1. 높은 아크 전압 | 전류, 전압, 용접 속도 등의 적정 조건 선택 |
| | 2. 빠른 운봉 속도 | 운봉 속도를 적절하게 선택 |
| | 3. 모재의 과열로 입열 부적당 | 모재를 냉각 후 용접 |
| | 4. 부적절한 운봉 속도 | 거리와 간격 등 일정하게 운봉 |

## (6) 용접 안전

$CO_2$ 가스 아크 용접에 있어서 안전에 특히 주의해야 할 점은 $CO_2$, CO, 자외선, 복사 에너지, 금속 증기 등이 있으며, 현장에서는 용접부의 검사에 방사선을 사용하는 경우가 많다. 방사선은 인체에 피폭되어도 당장 이상을 느끼지 않기 때문에 자신도 모르는 사이에 많은 양의 선량(직접 선량)을 받아 장기간 누적되면 문제가 되므로 특히 주의가 필요하다.

① $CO_2$ 가스가 인체에 미치는 영향 : 아크 내에서 $CO_2$가 해리에 의해 생성된 일산화탄소

로부터 중독 작용의 위험보다 $CO_2$의 축적으로부터 오는 질식의 위험이 크다. $CO_2$는 비중이 크기 때문에 용접하는 과정에서 작업장 바닥에 축적되며, 특히 가스 누설이 있으면 질식의 원인이 되므로 작업장은 통풍을 잘 시켜야 한다. 고농도에서는 이산화탄소가 건강에 해로우며, 호흡하는 공기가 3~5 vol%의 $CO_2$를 함유하고 있을 때 두통, 호흡 장애 및 불편함을 느낀다. 8~10 vol%에서 경련, 의식 불명, 호흡 정지 및 사망이 발생할 수 있다. 이 시점에서 공기의 산소 함량은 19 vol%이며 여전히 충분하다. 따라서 이러한 높은 $CO_2$ 농도의 유해한 영향은 산소 결핍이 아니라 이산화탄소의 직접적인 영향이다. 따라서 0.5 vol%는 $CO_2$의 시간 가중 평균 노출 기준이다. [표 4-23]의 '노출 기준'이란 근로자가 유해인자에 노출되는 경우 노출 기준 이하 수준에서는 거의 모든 근로자에게 건강상 나쁜 영향을 미치지 아니하는 기준을 말하며, 1일 8시간 작업을 기준으로 하여 유해인자의 측정치에 발생 시간을 곱하여 8시간으로 나눈 값인 '시간 가중 평균 노출 기준(TWA : time weighted average)'으로 나타낸다. 일산화탄소는 체내에 흡수되면 독성물질로 작용한다. 일산화탄소가 공기 중에 소량만 포함되어 있어도 혈액의 산소 운반 능력을 저해시킬 수 있기 때문에 치명적이다.

[표 4-23] $CO_2$ 가스의 작용

| 인체에 미치는 영향 | $CO_2$(vol%) |
|---|---|
| 시간 가중 평균 노출 기준(TWA) | 0.5(5,000 ppm) |
| 불쾌감 | 2 |
| 두통, 귀울림, 현기증 | 4 |
| 호흡 곤란 | 8 |
| 구토, 감정 둔화 | 9 |
| 시력 장애, 1분 이내 의식 불명 | 10 |
| 중추 신경 마비 단기간 내 사망 | 20 |

[표 4-24] CO 가스의 작용

| 인체에 미치는 영향 | CO(vol%) |
|---|---|
| 시간 가중 평균 노출 기준(TWA) | 0.003(30 ppm) |
| 1~2시간 내 두통 및 어지러움 | 0.04 |
| 20분 내 두통 및 메스꺼움 | 0.16 |
| 5~10분 내 두통 및 어지러움, 30분 내 치명적 상태 | 0.32 |
| 1~3분 내 치명적 상태 | 1.28 |

출처 : 고용노동부 고시 제2018-62호 화학물질 및 물리적 인자의 노출 기준, 한국산업안전공단

② $CO_2$ 아크 용접 안전 : 이산화탄소 중독의 가장 대표적인 후유증은 기억력 장애로 인한 건망증, 치매, 기억 상실이다. 또한 장기간 노출될 경우 산소 공급 부족으로

인한 뇌의 손상을 일으킬 수 있다. 급성 중독 증상으로는 시력 장애, 두통, 구토, 졸음 등이 있으며, 만성적 혹은 반복적인 노출에 의해 뇌신경 손상 및 폐포 손상, 기억 장애, 치매, 운동 능력 저하 등을 일으킬 수 있다. 응급 처치는 환자 발견 즉시 안전한 장소로 옮기거나 곤란한 경우 환기하고, 환자 몸은 보온을 해주어야 한다. 의식이 있으면 심호흡을 5분 정도 시키고 안정을 취하게 한다. $CO_2$ 가스를 사용하는 작업자는 동일 공장 내의 다른 작업자들보다 더 기침을 하거나 감기에 걸리는 경우, 이것은 $CO_2$ 가스와 불량한 통풍 장치에 의해서 발생하므로, 이러한 작업 환경에서는 환기를 위한 통풍 팬을 반드시 설치한다.

---

**참고** $CO_2$ **아크 용접 안전 준수 사항**
- $CO_2$ 가스 공급 라인의 연결부 및 호스 수시 점검
- 밀폐된 곳에서의 작업은 작업 전 산소 농도 측정 후 작업
- 인화성 물질 취급 작업과 동시 작업 금지
- 보호구(용접면, 귀마개, 장갑 등) 착용 및 차광막 설치
- $CO_2$ 및 $CO$ 가스의 중독 작업에 대한 사전 지식 습득
- 산소 결핍, 가스 질식 사고 발생 시 신속히 응급 처치 후 환자 병원 후송

---

## 4-5 용접 시공

용접 전에 안전을 위해 용접 안전 보호구를 착용하고 용접 대상물의 용도나 작업 조건 등을 면밀히 검토하여 용접용 와이어, 홈 가공 방법, 용접 자세 등 도면에 따라 용접 순서를 선택한다. 또한 대상물의 정밀도에 따라 여러 가지 변형 방지 대책과 능률 향상 및 품질 향상, 원가 절감 등을 고려하여 사전에 철저히 준비한다.

### (1) 용접 준비

용접 제품의 품질은 용접 전의 준비 상황에 따라 품질에 큰 영향을 미친다. 준비 사항으로는 용접 재료에 따른 지그 준비와 가접, 홈의 가공과 청소 작업 등을 들 수 있다.

① 재료 준비 : 용접 재료는 용접 도면이나 용접 절차 사양서에 따라 용접 모재, 용접 와이어, 보호 가스를 작업 조건에 맞도록 준비한다. 용접 모재는 제조회사의 이력서를 참고하여 규격, 재료 치수, 화학 성분, 기계적 성질 및 열처리 조건 등을 파악한다.

② 용접 지그 준비 : 구조물을 정확한 치수로 제작하기 위해서는 작업에 필요한 정반 및 용접 작업대, 용접 구조물 고정용 지그 등이 필요하다. 특히 박판으로 된 제품은

용접 변형이 심하므로 변형을 억제하기 위한 지그를 사용해야 한다. 또한 형태가 복잡한 공작물은 자유로이 회전할 수 있는 용접 포지셔너(positioner)나 용접 머니퓰레이터(manipulater)가 활용된다.

③ 홈의 가공과 청소 : 용접부의 개선 정도는 용접 결과를 좌우하는 중요한 요인 중 하나이다. 각도에 따라서 용입 부족의 원인이 될 수 있으므로 피복 아크 용접의 경우보다 정밀한 홈 가공이 요구된다. 용접부의 오염은 피복 아크 용접보다 민감하므로 기름, 페인트, 흑피, 녹 등은 용접 전에 완전히 제거한다. 도면에서 지시한 개선각을 기계나 가스 절단기를 사용하여 개선을 취하여 판 두께, 이음 형상, 용접 자세에 따른 루트면을 가공한다.

④ 조립 및 가용접 : 조립 순서는 용접 순서 및 용접 작업 특성을 고려하여 계획하고 변형이나 잔류 응력이 적게 발생하도록 사전에 철저히 검토한다. 가용접(tack welding)은 용접 시공에 있어서 본 용접과 동등하게 중요한 공정으로 용접 결과에 직접 영향을 준다.

---

참고 **조립과 용접 시 유의 사항**

- 동일 평면 내에 이음이 다수일 때는 수축은 자유단으로 보낸다.
- 일반적으로 조립 순서는 수축이 큰 맞대기 이음을 먼저 용접하고 다음에 필릿 용접을 한다.
- 큰 구조물에서는 구조물의 중앙에서 끝으로 향하여 용접을 실시하며 또한 대칭으로 용접을 진행하는 것도 고려한다.

---

참고 **가용접 시 주의 사항**

- 본 용접 작업과 동등한 기량을 가진 용접사가 시행한다.
- 구조물의 모서리 부분은 응력 집중이 생기므로 피해야 한다.
- 가용접의 비드 길이는 판 두께에 따라 달라진다(일반적으로 판 두께의 15~30배).
- 가용접은 소정의 홈의 치수를 유지하고 용접 변형을 방지하여야 한다.
- 박판의 경우 피치를 작게 하고, 비드는 가늘고 짧게 하여 본 용접 시 용입 부족, 비드 불량을 예방하여야 한다.
- 중·후판은 가용접의 피치 간격을 넓고 단단하게 해야 하며, 이면 비드 용접의 경우 가용접 부위에 이면 비드가 나오게 한다.
- 중요 부분의 조립은 지그를 사용하여 가용접을 한다.
- 이음의 시점과 종점은 가접을 피한다.

---

㈎ 아크 발생 : 아크 발생 전 노즐을 모재에 일정한 각도를 유지한 상태에서 와이어를 모재와 약 3 mm 유지하고 토치 스위치를 누르면 아크가 발생한다. 또한 노즐을 모재에 가볍게 접촉시킨 후 와이어와 모재 거리를 약 3 mm 되게 하고 스위치를 눌러 아크를 발생시키는 방법이 있으나 이 방법은 와이어가 팁

의 선단까지 녹아들어가 팁에 용융되는 경우가 있으므로 주의한다. 이와 같은 경우는 솔리드 와이어보다는 복합 와이어에서 많이 발생한다.

(나) 크레이터 처리 : 크레이터는 용접을 끝내고 결함이 발생하지 않도록 용접 종점 부위를 덧살 용접하는 것으로 크레이터 제어 방식에 의해 전류를 낮게 제어하여 토치의 스위치 조작으로 하는 방법과 [그림 4-29]와 같이 수동으로 크레이터부에서 스위치 'ON'과 'OFF'를 3회 정도 짧게 실시하여 덧살 용접으로 크레이터를 처리하는 방법이 있다.

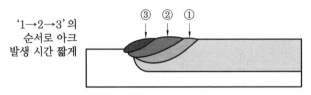

'1→2→3'의 순서로 아크 발생 시간 짧게

[그림 4-29] 크레이터 수동 처리 방법

(다) 가용접 : 정확한 개선 치수를 유지하고 용접 변형을 방지하며, 안정된 용접 결과를 얻는 데 필수적이다. [그림 4-30]은 이음 형상별 가접의 위치를 나타낸다.

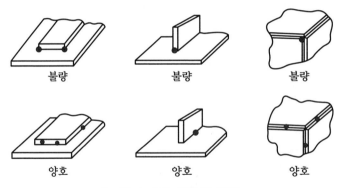

불량      불량      불량

양호      양호      양호

[그림 4-30] 가용접 방법

## (2) 탄소강과 저합금강의 용접

탄소강과 저합금강은 건설 공사, 조선, 철도, 자동차 기타 일반 기계 공장에서 가장 많이 사용되는 재료로, 가장 큰 비중을 차지한다. 용접성을 좌우하는 것은 철강의 구성 성분이므로 용접성이 좋은 재료를 사용해야 원하는 용접 결과를 얻을 수 있다.

① 아래보기 비드 용접 : 모든 용접의 가장 기초가 되는 용접으로 용접 전류와 전압, 용접 속도, 운봉 방법, 크레이터 처리 등 정확한 용접법을 숙련한다.

(가) 재료 준비
   ㉠ 연강판 : T9(T6)×200×200
   ㉡ 용접 와이어 : 연강용 솔리드 와이어, 지름 1.2

ⓒ 보호 가스 : $CO_2$ 가스(유량은 $15 \pm 5$ L/min)

(나) 용접 조건 설정 : 용접 전류 $100 \sim 150$ A, 용접 전압 $20 \sim 24$ V, 크레이터 전류 는 용접 전류의 약 70 %, 전압은 용접 전압보다 $1 \sim 2$ V 낮게 설정한다.

(다) 전진법과 후진법 습득

　ㄱ 전진법 : 작업자의 우측에서 좌측으로 진행하는 방법으로 와이어의 돌출 길 이는 $10 \sim 15$ mm 정도, 작업각은 90°, 용접 진행 방향의 수평면에 $75 \sim 85$° 정도 유지하면서 용접한다.

　ㄴ 후진법 : 작업자의 좌측에서 우측으로 진행하는 방법으로 와이어의 돌출 길 이는 $10 \sim 15$ mm 정도, 작업각은 90°, 용접 진행 방향의 수평면에 $75 \sim 85$° 정도 유지하면서 용접한다.

(라) 운봉 방법

　ㄱ 직선 비드 : 전진법과 후진법을 익히기 위해 직선으로 용접하면서 크레이터 처리와 비드 잇기, 전류와 전압 조정 방법, 토치의 노즐과 모재의 간격 일정 하게 유지, 용접 속도 등을 익히게 된다.

　ㄴ 운봉 비드 : 넓은 비드로 용접하기 위해서는 토치를 운봉하면서 용접하게 되는데, 운봉 방법은 반달형, 타원형, 지그재그형 등 여러 가지가 있다.

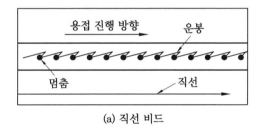

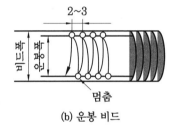

(a) 직선 비드　　　　　　　　　　(b) 운봉 비드

**[그림 4-31] F 자세 직선 비드와 운봉 비드**

② 아래보기 맞대기 용접 : 솔리드 와이어는 판 두께 12 mm까지, 복합 와이어는 용입이 얕아 8 mm 정도까지 I형 개선으로 양면 1층 용접을 할 수 있다. 맞대기 용접에 사 용되는 뒷댐 재료는 박판에서 후판까지 홈이 파인 동판이나 글라스 테이프 또는 세 라믹 뒷댐재를 사용한다.

(가) 세라믹 뒷댐재를 이용한 가용접 : 가용접은 아크 중단 시 수축공이 발생하여 용접 결함을 유발하기 쉽기 때문에 이를 방지하는 것이 매우 중요하다. 아크 중단부에서 크레이터 처리를 하지 않은 경우 용접 중단부의 형상은 비스듬하 게 되지만 크레이터부 내에는 수축공이 남아 있어 다음 비드를 연결하기 전에 가우징이나 그라인딩을 하지 않으면 안 된다.

(나) 용접 조건 : 맞대기 용접은 표면 용접과 동시에 이면 비드를 형성하므로 이면 가우징 및 중량물의 뒤집기를 생략할 수 있고, 공정을 단축할 수 있어 생산성 향상을 위해 필요한 용접 이음법이다. [표 4-25]는 자세별 맞대기 표준 용접 조

건이며, [표 4-26]은 연강용 솔리드 와이어의 모재 두께와 이음 형식에 따른 용접 조건이다.

[표 4-25] 자세별 맞대기 표준 용접 조건

| 용접 자세 | 와이어 지름 (mm) | 전류 (A) | 전압 (V) | 용접 속도 (cm/min) | 루트 간격 (mm) | 운봉 방법 |
|---|---|---|---|---|---|---|
| 아래 보기 | 1.2 | 180~250 | 24~28 | 10~20 | 5±2 | |
| 수직 (상진) | 1.2 | 160~200 | 23~26 | 7~15 | 3±2 | |
| 수평 | 1.2 | 180~220 | 24~27 | 15~25 | 4±2 | |

[표 4-26] 모재 두께와 이음 형식에 따른 용접 조건

| 판 두께 (mm) | 이음 형식과 용접 자세 | 전류 (A) | 전압 (V) | 용접 속도 (cm/min) | 와이어 지름 (mm) | 가스 유량 (L/min) | 비고 |
|---|---|---|---|---|---|---|---|
| 1.2 | | 70 | 18 | 45 | 0.8 | 10~15 | R = 0 |
| 1.6 | | 100 | 19 | 50 | 0.8~1.0 | 10~15 | R = 0 |
| 2.3 | | 120 | 20 | 55 | 0.8~1.2 | 10~15 | R = 1.0 |
| 3.2 | | 140 | 20 | 50 | 1.0~1.2 | 10~15 | R = 1.5 |
| 4.5 | | 220 | 23 | 50 | 1.2 | 10~15 | R = 1.5 |
| 3.2 | I형 맞대기 1층 용접(동 뒷받침) | 200 | 22 | 50 | 1.0~1.2 | 10~15 | R = 1.5 |
| 4.5 | | 240 | 23 | 55 | 1.2 | 10~15 | R = 1.5 |
| 6.0 | | 270 | 27 | 55 | 1.2 | 10~15 | R = 1.5 |
| 9.0 | | 420 | 38 | 50 | 1.6 | 20 | R = 1.0 |
| 1.6 | I형 맞대기 1층 용접(동 뒷받침) | 90 | 19 | 50 | 0.8~1.0 | 10~15 | L = 3.0 |
| 2.3 | | 120 | 20 | 50 | 1.0~1.2 | 10~15 | L = 3.0 |
| 3.2 | | 140 | 20.5 | 50 | 1.0~1.2 | 10~15 | L = 3.5 |
| 4.5 | | 160 | 21 | 45 | 1.0~1.2 | 10~15 | L = 4.0 |
| 6.5 | | 230 | 23 | 55 | 1.2 | 10~15 | L = 6.0 |
| 9.0 | | 290 | 28 | 50 | 1.2 | 10~15 | L = 7.0 |
| 12.0 | | 360 | 36 | 45 | 1.6 | 20 | L = 8.0 |
| 1.2 | | 90 | 19 | 50 | 1.8~1.2 | 10~15 | 1 |
| 1.6 | | 120 | 19 | 50 | 1.0~1.2 | 10~15 | 1 |
| 2.3 | 겹치기 이음 | 130 | 20 | 50 | 1.0~1.2 | 10~15 | 1 |
| 3.2 | | 160 | 21 | 50 | 1.0~1.2 | 10~15 | 2 |
| 4.5 | | 210 | 22 | 50 | 1.2 | 10~15 | 2 |
| 6.0 | | 270 | 26 | 50 | 1.2 | 10~15 | 2 |
| 8.0 | | 320 | 32 | 50 | 1.2 | 10~15 | 2 |

㈐ 운봉 방법 : 운봉은 아래보기 자세의 운봉 방법과 비슷하다. 이면 비드 용접을 위한 1차 용접은 직선과 운봉법을 병행하여 실시하며, 운봉은 루트면의 가장자리에서 머물러 주면서 이면 비드가 형성되게 용접한다.

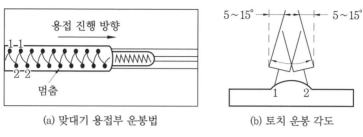

(a) 맞대기 용접부 운봉법      (b) 토치 운봉 각도

**[그림 4-32] F 자세 맞대기 용접 운봉 방법**

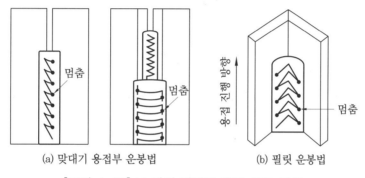

(a) 맞대기 용접부 운봉법      (b) 필릿 운봉법

**[그림 4-33] V 자세 맞대기 용접 운봉 방법**

③ 수평 필릿 용접

㈎ 단층 용접 : [그림 4-34(a)]는 필릿 단층 용접 운봉 방법이며, 필릿 용접의 단층에 의해 얻어지는 목 두께의 한계는 7~8 mm이다. 더 많은 각장이 필요할 때는 다층 용접을 해야 한다.

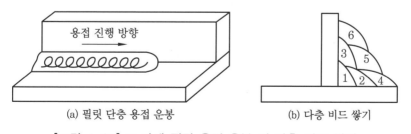

(a) 필릿 단층 용접 운봉      (b) 다층 비드 쌓기

**[그림 4-34] H 자세 필릿 용접 운봉 및 다층 비드 쌓기**

㈏ 다층 용접 : 다층 필릿 용접에서는 다음의 패스를 넣기 쉽도록 비드의 배치, 비드 형상에 주의한다. 1층 용접과 달리 최종 패스 이외는 큰 용접 전류를 사용한다. 비드 배치는 [그림 4-34(b)]와 같이 전체적으로 같은 목 길이가 되도록 하고, 최종 패스는 용접 전류를 낮게 하여 언더컷이나 비드의 처짐을 방지한다.

## 연·습·문·제

**1.** $CO_2$ 가스 아크 용접 조건에 대한 설명으로 틀린 것은?
① 전류를 높게 하면 와이어의 녹아내림이 빠르고 용착률과 용입이 증가한다.
② 아크 전압을 높이면 비드가 넓어지고 납작해지며, 지나치게 아크 전압이 높으면 기포가 발생한다.
③ 아크 전압이 너무 낮으면 볼록하고 넓은 비드가 형성되며, 와이어가 잘 녹는다.
④ 용접 속도가 빠르면 모재의 입열이 감소되어 용입이 얕아지고 비드 폭이 좁아진다.
해설 아크 전압이 너무 낮으면 볼록하고 좁은 비드가 형성되며, 와이어가 잘 녹지 않는다.

**2.** $CO_2$ 가스 아크 용접에서 후진법과 비교한 전진법의 특징에 대한 설명으로 옳은 것은?
① 용융 금속이 앞으로 나가지 않으므로 깊은 용입을 얻을 수 있다.
② 용접선을 잘 볼 수 있어 운봉을 정확하게 할 수 있다.
③ 스패터의 발생이 적다.
④ 비드 높이가 약간 높고 폭이 좁은 비드를 얻는다.
해설 전진법은 용접선이 잘 보이며, 용입이 얕고 스패터가 많다.

**3.** 이산화탄소 아크 용접의 특징이 아닌 것은?
① 전원은 교류 정전압 또는 수하 특성을 사용한다.
② 가시 아크이므로 시공이 편리하다.
③ 모든 용접 자세로 용접이 가능하다.
④ 산화나 질화가 되지 않는 양호한 용착 금속을 얻을 수 있다.
해설 전원은 일반적으로 직류 정전압 특성이나 상승 특성을 사용한다.

**4.** $CO_2$ 가스 아크 용접에서 솔리드 와이어와 비교한 복합 와이어의 특징을 설명한 것으로 틀린 것은?
① 양호한 용착 금속을 얻을 수 있다.  ② 스패터가 많다.
③ 아크가 안정된다.  ④ 비드 외관이 깨끗하며 아름답다.
해설 스패터가 적어지고 아크가 안정되고 비드 외관이 아름답다.

**5.** $CO_2$ 가스 아크 용접의 보호 가스 설비에서 히터 장치가 필요한 가장 중요한 이유는?
① 액체 가스가 기체로 변하면서 열을 흡수하기 때문에 조정기의 동결을 막기 위하여
② 기체 가스를 냉각하여 아크를 안정하게 하기 위하여
③ 동절기의 용접 시 용접부의 결함 방지와 안전을 위하여
④ 용접부의 다공성을 방지하기 위하여 가스를 예열하여 산화를 방지하기 위하여

해설 탄산 가스가 용기로부터 빠른 속도로 흘러나올 때 기체로 변하면서 열을 흡수하여 압력 조정기 밸브를 동결시켜 가스의 흐름을 방해할 수 있으므로 이를 예방하여 가스가 원활하게 흐르도록 히터 장치를 설치한다.

**6.** 이산화탄소 아크 용접에서 아르곤과 이산화탄소를 혼합한 보호 가스를 사용할 경우에 대한 설명으로 가장 거리가 먼 것은?
  ① 스패터의 발생이 적다.
  ② 용착 효율이 양호하다.
  ③ 박판의 용접 조건 범위가 좁아진다.
  ④ 혼합비는 아르곤이 80 %일 때 용착 효율이 가장 좋다.

**7.** 이산화탄소 아크 용접의 시공법에 대한 설명으로 옳은 것은?
  ① 와이어의 돌출 길이가 길수록 비드가 아름답다.
  ② 와이어의 용융 속도는 아크 전류에 정비례하여 증가한다.
  ③ 와이어의 돌출 길이가 길수록 늦게 용융된다.
  ④ 와이어의 돌출 길이가 길수록 아크가 안정된다.
  해설 와이어의 돌출 길이가 길어지면 용착 속도가 빨라지고 용접 전류가 낮아지며, 돌출 길이가 짧아지면 노즐에 스패터가 부착되기 쉽고 용접부의 외관도 나쁘다.

**8.** 탄산 가스 아크 용접의 종류에 해당하지 않는 것은?
  ① NCG법          ② 테르밋 아크법    ③ 유니언 아크법      ④ 퓨즈 아크법
  해설 플럭스 와이어 탄산 가스 아크 용접법에는 아코스 아크법, NCG법, 유니언 아크법, 퓨즈 아크법이 있다.

**9.** $CO_2$ 가스 아크 용접 결함에 있어서 다공성이란 무엇을 의미하는가?
  ① 질소, 수소, 일산화탄소 등에 의한 기공을 말한다.
  ② 와이어 선단부에 용적이 붙어 있는 것을 말한다.
  ③ 스패터가 발생하여 비드의 외관에 붙어 있는 것을 말한다.
  ④ 노즐과 모재 간 거리가 지나치게 작아서 발생하는 와이어 송급 불량을 의미한다.
  해설 다공성은 용융 금속 중에 발생한 기포가 응고 시에 용접부 내에 잔류하여 발생하는 기공들로 질소, 수소, 일산화탄소 등에 의해 발생한다.

**10.** 이산화탄소 아크 용접에서 일반적인 용접 작업(약 200 A 미만)에서의 팁과 모재 간 거리는 몇 mm 정도가 가장 적당한가?
  ① 0~5          ② 10~15          ③ 40~50          ④ 30~40
  해설 저전류(약 200 A 미만) 영역에서는 10~15 mm 정도가 적당하며, 고전류(약 200 A 이상)에서는 15~25 mm 정도가 적당하다.

**정답** 1. ③  2. ②  3. ①  4. ②  5. ①  6. ③  7. ②  8. ②  9. ①  10. ②

# 제 **5** 장 플러스 코어드 아크 용접

## 5-1 개요

    FCAW(flux-cored arc welding) 또는 플러스 코어드 아크 용접은 아크 작용, 금속 이행, 용접 금속 특성, 용접 외관을 개선하기 위해 MIG(metal inert gas) 용접 공정에서 발전하였다. FCAW와 MIG 용접을 구분하는 것은 주로 사용되는 와이어 전극 유형과 용융 금속이 대기로부터 보호되는 방식이다. MIG 용접과 마찬가지로 FCAW는 와이어 및 용융 금속을 공기로부터 보호하기 위한 방법이 필요하다. MIG 공정과는 달리 플러스 코어 방식은 용접 아크의 열에 의해 연소될 때 플러스 매개물과 차폐 가스를 생성하는 재료로 만들어진 내부 코어를 포함하는 와이어를 사용한다. 이 유형은 내부 차폐 특성을 갖기 때문에 외부 가스 공급 장치가 필요 없다. 따라서 SMAW(shield metal arc welding) 또는 스틱(stick) 용접에 사용되는 전극에 더 가깝다고 볼 수 있다. flux-cored arc 용접은 두꺼운 재료(20 mm 이상 권장)를 용접할 때 MIG 용접보다 우수하며, 단일 패스로 양호하고 강력한 용접을 할 수 있어 조선, 산업 기계, 건설 기계, 플랜트 산업에서 폭넓게 적용된다. 대부분 탄소강, 주철, 니켈 합금, 일부 스테인리스강 용접에 이용되며, 비철 금속은 용접이 어렵다.

### (1) 원리

    FCAW는 MIG 용접과 마찬가지로 세 가지 주요 요소인 전기, 공급 와이어, 공기로부터의 보호 형태가 필요하다. 토치의 스위치를 누르면 와이어가 송급 장치를 통해 송급하고 동시에 전기적으로 충전되어 모재에 접촉하게 되면 아크가 발생하고, 그 아크열을 이용해 용융 금속을 형성하면서 동시에 플러스 코어를 녹여 공기로부터 보호막을 만들어 용접부를 오염으로부터 보호하는 슬래그를 생성하면서 용접하게 된다. 공기로부터 용접부와 아크를 보호하기 위한 방법에 따라 보호 가스를 외부에서 공급하는 가스 보호 플러스 코어드 아크 용접(gas shielded flux cored arc welding)과, 외부에서 보호 가스 공급 없이 용접 중 용접봉 속의 플러스가 연소되면서 발생하는 가스로써 용접부를 자체적으로 보호하는 자체 보호 플러스 코어드 용접(self shielded flux cored arc welding)이 있다.

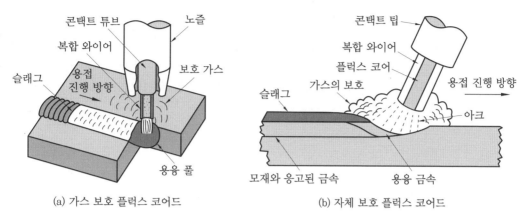

(a) 가스 보호 플럭스 코어드

(b) 자체 보호 플럭스 코어드

[그림 5-1] 플럭스 코어드 아크 용접

## (2) 특징

### ① 장점

㈎ SMAW, MIG 솔리드 와이어보다 비용이 적게 들고 용착 속도가 빠르고, 이동 속도가 빠르다.

㈏ 작은 직경 와이어를 사용하여 전 자세 용접이 가능하다.

㈐ 자체 보호 FCAW에서는 외부 보호 가스가 불필요하여 장비가 간단하다.

㈑ SMAW와 비교하여 용착 효율이 높다.

㈒ SMAW와 비교하여 우수한 용입을 얻을 수 있다.

㈓ 용접 비드 모양이 중요하고 정밀한 용접 홈 가공이 필요 없는 곳에 이상적이다.

㈔ 솔리드 와이어 MIG 용접보다 스패터가 적다.

㈕ 필릿 용접에서 솔리드 와이어에 비해 10 % 이상 용착 속도가 빠르고, 수직이나 위보기 자세에서는 탁월한 성능을 보인다.

㈖ 솔리드 와이어에서는 박판 외에는 용융 금속이 흘러내려 어려운 수직 하진 용접도 우수한 용착 성능을 나타낸다.

㈗ 비드 표면이 고르고 표면 결함 발생이 적어 양호한 용접 비드를 얻을 수 있다.

㈘ 아크가 부드럽고 안정되어 초보 작업자도 쉽게 용접이 가능하다.

㈙ 용접 대상물의 두께에 제한이 없다.

㈚ 전 자세 용접에서 용융 금속의 처짐이 적어 자동화하기 쉽다.

### ② 단점

㈎ 용접할 수 있는 금속의 종류에 따라 제한적이다(연강, 고장력강, 저온강, 내열강, 내후성강, 스테인리스강 등).

㈏ 용접 후에 슬래그 층이 형성되어 있어 항상 제거해야 한다.

㈐ 용접 중 흄 발생량이 많다.

⒟ 같은 재료의 와이어에서 복합 와이어가 가격이 비싸다.

⒠ 와이어 송급 장치가 대상물과 인접해 있어야 용접이 가능해 장소에 제한이
있다.

⒡ 플럭스 코어드 와이어의 대부분인 저합금 및 연강 와이어는 SMAW 용접봉보
다 용접 조건의 변화에 더 민감하다.

---

## 5-2  용접 장치 및 종류

### (1) 용접 장치

플럭스 코어드 아크 용접은 반자동, 자동으로 적용되지만 일반적으로 반자동 방식이
많이 사용되고 있다. 반자동의 와이어 피더는 전극 와이어를 공급하고 전원은 아크 길
이를 유지한다. FCAW는 와이어를 공급하고 아크 길이를 유지하는 것 외에 기계 가공
작업을 제공하는 자동 용접에도 사용된다. 이 경우 용접 작업자는 지속적으로 모니터링
을 하면서 용접 매개 변수를 조정한다. 이와 같은 자동 용접은 높은 생산 응용 분야에
서 적용한다.

① 전원 공급 장치 : FCAW 전원 공급 장치는 GMAW에 필요한 정전압과 동일한 유형으
로 최대 1,500 A까지 용접 전원을 사용할 수 있다.

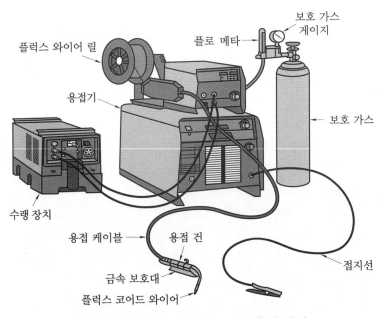

[그림 5-2] 플럭스 코어드 아크 용접 장치

② 토치 : 수랭식과 공랭식이 있으며 대부분 공랭식을 사용하지만 고전류로 인한 높은 열이 필요할 때는 수랭식을 사용한다.

[표 5-1] 수랭식과 공랭식의 비교

| 구분 | 수랭식 | 공랭식 |
|------|--------|--------|
| 전류 | 고전류 | 수랭식보다 저전류 |
| 이동 | 공랭식보다 불편하다. | 용이하다. |
| 냉각 장치 | 필요 | 불필요 |

(a) 가스 보호 용접 토치        (b) 자체 보호 용접 토치

[그림 5-3] 플럭스 코어드 용접 토치

③ 흄 추출 노즐(extraction nozzle) : 용접 중 발생하는 흄을 배출하기 위한 시스템으로 진공을 사용하여 용접 중 일어나는 연기를 배출하는 역할로 일반 토치보다 무거운 단점이 있지만 용접으로 인한 흄이 작업자가 호흡하기 전에 배출되어 깨끗한 공기를 호흡할 수 있고, 작업장의 공기의 질을 향상시킬 수 있다.

④ 와이어 송급 장치 : GMAW에서 사용된 것과 유사하여 2롤 및 4롤을 사용하고 최근에는 2중으로 와이어 롤을 설치하여 공급할 수 있는 장치가 설계되어 솔리드 와이어와 플럭스 코어가 차례대로 실행할 수 있는 2세트의 와이어 롤과 토치가 있다.

[그림 5-4] dual wire feeder

## (2) 종류

① 가스 보호 FCAW : 일반적으로 와이어의 돌출 길이는 약 20 mm 미만이며, 용접부의 보호는 전극 와이어에 포함된 플럭스와 외부에서 공급되는 보호 가스에 의해 이루어 진다. 3.2 mm 정도의 박판까지도 용접이 가능하며, 용입 및 용착 효율이 다른 용접 방식에 비해 현저히 높고 자동화 용접 방식으로 수요가 점차 증가하고 있다. 용접의 질적 향상과 경제성을 추구할 수 있으며, 스패터 및 흄 가스의 발생으로 인한 용접

결함을 보완할 수 있다. 또한 이중으로 보호한다는 의미에서 듀얼 보호(dual shield) 용접이라 한다.

(가) 장점

    ㉠ 높은 전류를 사용하여 높은 용착 속도가 가능하다.

    ㉡ 깊은 용입이 가능하여 맞대기 용접에서 면취 개선 각도를 최소한도로 줄일 수 있다.

    ㉢ 용접성이 양호하고 스패터가 적으며, 슬래그 제거가 빠르고 용이하다.

    ㉣ 다른 용접에 비해 이중 보호로 인해 용착 금속의 대기 오염 방지를 효과적으로 할 수 있다.

    ㉤ 용착 금속은 균일한 화학 조성 분포를 가진다.

    ㉥ 전 자세 용접이 가능하다.

    ㉦ 다양한 강도와 충격에 강한 저합금강 용접에 적합하다.

    ㉧ 자체 보호 FCAW보다 용접봉의 소모량과 용접 시간을 현저히 줄일 수 있다.

(나) 단점

    ㉠ 용접 후 슬래그를 항상 제거해야 한다.

    ㉡ 열처리 후 충격 강도가 떨어진다.

    ㉢ 토치선이 너무 길면 플럭스 코어드 와이어 송급이 어려워진다.

    ㉣ 용접 과정에서 흄 발생이 많다.

(다) 보호 가스(shielding gas) : $CO_2$ 가스가 보호 가스로 가장 광범위하게 사용되며, 75 % Ar과 25 % $CO_2$를 혼합한 가스도 많이 사용된다. 탄산 가스는 용입이 깊으며, 용접 중 탄산 가스의 일부가 아크의 고온에 의해 일산화탄소로 분해되어 용접 결함의 원인이 될 수 있어 이것을 방지하기 위해 용접봉 속의 플럭스에 탈산제를 첨가한다. 탄산 가스에 아르곤 가스를 첨가하면 [그림 5-5(a)]와 같은 언더컷이 극소화되고, 모재와의 결합부 가장자리를 따라 균일한 용융이 일어나는 웨팅 작용(wetting action)이 증가하고, 아크가 안정되며, 스패터가 감소된다. 이 경우 용융 금속의 이동 형태는 분무형(spray mode)에 가깝다.

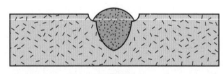
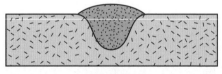

(a) 언더컷                      (b) 웨팅

[그림 5-5] 언더컷과 웨팅

플럭스 코어드 와이어는 완전 탄산 가스나 75 % Ar과 25 % $CO_2$ 혼합 가스에도 모두 적용되게 만들어져 있는 반면, 일부는 탄산 가스 또는 아르곤/탄산 가스 혼합 가스에만 사용되도록 만들어져 있어 규정된 보호 가스를 와이어와 같이 사용해야 한다. 왜냐하면 아르곤과 같은 불활성 가스는 다른 원소와 화

합하지 않기 때문이다. 그러므로 다른 원소들이 아크를 통해서 용접 금속에 들어가 용접 결함이 발생할 수 있다. 탄산 가스를 사용해야 하는 복합 와이어는 규소와 망간 같은 탈산제를 함유한다. 만약 이러한 복합 와이어를 아르곤 가스로 사용하면 탈산제들이 용접 금속에 들어가서 용접 금속들의 연성을 저하시킨다. 반대로 75 % Ar과 25 % $CO_2$ 혼합 가스로 사용하게 되어 있는 복합 와이어는 높은 항복 강도와 인장 응력에 적합하다. 만약 탄산 가스만 사용하게 되면, 탄산 가스가 이러한 응력을 유지하는 데 필요한 원소들이 용접 금속에 들어갈 수 없어 원하는 용접 금속을 얻을 수가 없다.

② 자체 보호 FCAW : 외부 보호 가스 장비가 없어 간단하며, 저합금 및 스테인리스강 용접용 자체 보호 와이어가 개발되었지만 연강 용접에 널리 사용되고 있다. 자체 보호 FCAW 방법은 긴 토치를 사용하고 콘택트 튜브와 용해되지 않는 전극의 끝단부 사이의 거리는 일반적으로 12~95 mm 정도이다. 그 이유는 와이어에 포함된 습기를 제거하기 위해 와이어를 예열하기 위해서이다. 이 예열은 와이어 전극을 더 빠른 속도로 연소시켜 용착을 증가시킨다. 또한 와이어 전극의 예열은 모재를 용용할 수 있는 열을 감소시켜 결과적으로 가스 보호 FCAW보다 용입이 얕다. 가장 큰 단점은 용착 금속의 야금학적 성질이다. 그 이유는 플럭스의 가스 형성 물질의 연소에 의해 용접부를 보호하기 때문에 많은 탈산제와 탈질제(denitrify)로 알루미늄을 함유하기 때문이다. 알루미늄은 아크 주위의 산소와 질소의 나쁜 영향을 잘 중화하는 역할을 하지만, 용용 금속 중에 알루미늄이 포함되면 연성과 저온 충격 강도를 저하시킨다. 이러한 이유로 자체 보호 방식은 일반적으로 중요도가 조금 떨어지는 분야와 외풍이 있는 장소에서 용접하는 데 더 적합하다.

㈎ 장점
  ㉠ 사용이 간편하고 용접부 품질이 균일하다.
  ㉡ 옥외의 바람이 부는 곳에도 용접이 가능하다.
  ㉢ 전 자세 용접이 가능하다.
  ㉣ 용접 토치가 가볍고 조작하기 쉬워 작업 능률이 향상된다.
  ㉤ 플럭스에 알루미늄 등 합금을 함유하고 있어 아크 영역에서 산소와 질소를 중화하는 데 탁월하다.
  ㉥ 보수 용접, 기계 제작, 조선, 저장 탱크, 건물의 구조물 용접 등 응용 범위가 광범위하다.

㈏ 단점
  ㉠ 플럭스에 함유된 알루미늄은 저온에서 연성 및 충격 강도를 감소시킨다.
  ㉡ 일반적으로 강도가 약한 응용 분야로 제한된다.

㈐ 플럭스 작용 : 플럭스 코어드 와이어의 플럭스 양은 전체 무게의 15~20 % 정도이며 역할은 다음과 같다.

㉠ 대기로부터 아크를 보호하고 탈산제, 탈질제의 역할을 하고 용접부의 비드를 깨끗하게 한다.

㉡ 용접 금속을 보호하여 슬래그를 형성한다.

㉢ 아크를 안정시키고, 스패터를 감소시킨다.

㉣ 합금 원소의 첨가로 강도를 증가시킨다(연성과 저온 충격 강도의 감소에 유의).

㉤ 용접 중 플럭스가 연소하여 보호 가스를 형성한다.

③ 자체 보호와 가스 보호 플럭스 코어드 용접의 비교

[표 5-2] 자체 보호와 가스 보호 FCAW 비교

| 구분 | 자체 보호 FCAW | 가스 보호 FCAW |
|---|---|---|
| 보호 방식 | 자체 플럭스 보호 | 가스 및 자체 플럭스 보호 |
| 돌출 길이 (stick-out) | 약 12~95 mm | 약 12~39 mm |
| 전류 | 다소 낮은 전류 | 높은 전류 |
| 용착 속도 | 느리다. | 빠르다. |
| 응용 분야 | 기계적 강도가 다소 약하고 외풍이 있는 장소 | 기계적 강도가 강한 분야 |

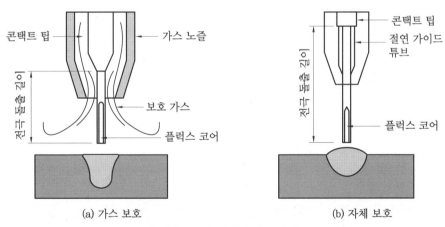

(a) 가스 보호    (b) 자체 보호

[그림 5-6] 전극 돌출 길이

## 5-3   용접에 영향을 주는 요소

용접에 영향을 주는 요소는 용접기의 성능에서부터 용접 전류, 전압, 전극 돌출 길이, 용접 자세, 토치 각도, 작업 환경 등이 있다. 이와 같은 여러 가지 변수들이 용접 조건에 적합해야 우수한 용착 금속을 얻을 수 있다.

## (1) 토치 각도

 토치의 각도는 용접 시 용입의 깊이에 가장 많은 영향을 준다. [그림 5-7(a)]와 같이 가스 보호 플럭스 코어드 아크 용접에서 용접 진행 방향이 좌측에서 우측인 경우는 보호 가스가 용융지 바로 위를 향하게 되고 아크 흐름이 용융지를 향하기 때문에 용입이 다소 깊어지고 비드 폭이 좁고 높아진다. 진행각은 후판 용접에서 일반적으로 용접 진행 방향의 수직선에 2~15° 정도 기울인 각도로 용접한다. 작업자들은 아크 현상을 잘 볼 수 있고 용접되는 부분을 관찰하면서 용접할 수 있다.

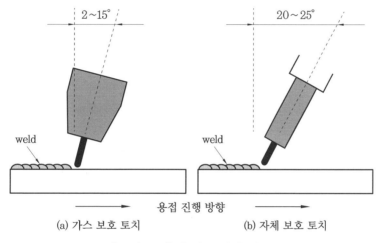

[그림 5-7] 용접 토치의 각도

 [그림 5-7(b)]와 같이 자체 보호 플럭스 코어드 아크 용접은 아래보기 자세에서 가스 보호 플럭스 코어드 아크 용접보다 토치 각도를 더 기울여 20~25°로 한다.

## (2) 와이어 돌출 길이

 와이어 돌출 길이는 [그림 5-8]과 같이 전류 콘택트 팁(contact tip)으로부터 용접봉 끝까지의 거리를 말하며, 전기 저항 열을 받아 이 부분의 와이어는 용접 전에 예열된다. 그러므로 이 돌출 길이는 용접부 품질, 용입, 아크 안정성, 용접 속도 등에 영향을 미친다. 가스 실드 타입에서는 일반적으로 최소 길이는 12~19 mm 범위이고 최대는 39 mm 정도이다. 돌출 길이가 너무 길면 스패터, 불규칙한 아크 현상, 약간의 보호 가스 손실을 가져오며, 반대로 짧으면 노즐과 전류 접촉 팁에 스패터가 빨리 쌓이게 되고 가스의 흐름에 영향을 미치게 되며 용입이 더 깊어진다.

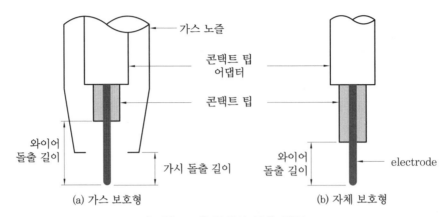

[그림 5-8] 와이어 돌출 길이

자체 보호 플럭스 코어드 아크 용접에서 콘택트 팁에서부터의 허용 돌출 길이는 일반적으로 12~95 mm 범위로서 70 mm 정도가 되면 노즐 끝에서 용접봉 끝까지 눈에 보이는 돌출 길이는 단지 32 mm밖에 되지 않는다. 만약 돌출 길이가 95 mm 정도로 길어지면 긴 가이드 팁을 이용하고, 이 경우 전압과 전류는 증가시켜야 하나, 돌출 길이 12~25 mm 정도는 가이드 팁을 사용하지 않는다.

## (3) 아크 시스템(arc systems)

FCAW 방법은 정전압 및 정전류 전원 모두 작동이 가능하다. 그러나 일반적으로 정전압 유형의 특성을 선호한다. 정전압 아크 시스템에서 아크에 전달되는 전압은 거의 일정한 수준을 유지하므로 연속적으로 공급되는 와이어 전극을 필요로 하는 공정에 널리 사용된다. 이 시스템은 전원의 전압 레벨을 설정하여 아크 길이를 제어하고 와이어 공급 속도를 설정하여 용접 전류를 제어한다. 어떤 원인에 의해서 아크 길이에 변동이 발생하면 이에 해당하는 조건에 맞도록 아크 길이를 조절할 수 있도록 전류를 공급하여 아크 길이가 일정하게 유지된다.

## (4) 전류

용접 전류는 와이어의 이송 속도에 비례하여 영향을 미치므로, 와이어의 이송 속도를 높이면 적정 전압 및 아크 길이를 유지하기 위해 더 많은 용접봉이 소요되며 자동적으로 높은 전류가 공급되어 용착 속도를 증가시킨다. 즉, 단위 용접 길이에 더 많은 와이어와 열이 소요되며 결과적으로 비드 폭이 크게 되고 용입도 깊어지는데, 와이어 이송 속도를 낮추면 반대 현상이 생긴다. 용접 전류는 아래와 같은 다양한 효과가 나타난다.

① 전류가 증가하면 와이어의 이송 속도가 증가한다.
② 용접 전류가 낮으면 와이어의 이송 속도가 감소한다.

③ 전류가 증가하면 용착률이 증가하고 용입이 깊어진다.

④ 자체 보호 플럭스 코어드 아크 용접에서 용접 시 전류가 낮으면 용착 금속 내의 질소의 양이 증가하고, 기공이 많이 발생한다.

## (5) 전압

아크 전압은 아크 길이에 비례하여 영향을 미치므로, 적절한 아크 전압은 양호한 용접부를 형성하는 아주 중요한 요소이다. 가장 적절한 전압은 선택 조건에서 와이어 끝이 모재의 용융 금속 바로 위에서 위치하고 용융되어 이행될 때이다. 용접 전압은 아래와 같이 다양한 변화를 나타낸다.

① 아크 전압이 높으면 아크 길이도 길어지고, 비드 폭이 커지는데 지나치게 길어지면 스패터가 심하게 발생하고 불균일한 비드를 생성한다.

② 아크 전압이 낮으면 아크 길이가 짧아지며, 모재가 열을 덜 받아 비드 폭이 좁게 되며 높이가 높아진다.

③ 전압이 너무 높으면 질소에 의한 용접부의 결함을 초래하여, 연강 용접에서는 기공이 발생하고, 스테인리스강 용접에서는 균열의 원인이 된다.

## (6) 이송 속도

아크를 용접선을 따라 움직이는 속도로, 적정 이송 속도보다 빠르면 용착 금속은 아크에 의해 용융되어 용착되는 시간이 충분하지 못해 용접 비드는 충분히 채우지 못하고 홈을 가지게 되어 용접 비드 가장자리에 언더컷이 발생한다. 또한 속도가 느리면 비드가 커지고, 모재에 열을 많이 받게 되어 용입이 깊어지고, 용착량이 증가한다. 모든 용접 조건이 정확하고 일정하게 유지되면 우수한 용착 금속을 얻게 되고 이송 속도는 선택된 변수 안에 머물면서 용융 금속의 유동성을 제어할 수 있는 이송 속도가 된다. 정확한 이송 속도를 알아내는 또 다른 방법은 복합 와이어 제조업체의 추천 차트에서 선택한 변수를 활용하는 것이다.

## (7) 금속 이행 방식

금속 이행 방식은 와이어에서 용융된 금속이 아크를 가로질러 모재 금속으로 전달되는 형태를 나타낸 것이다. 기본적으로 플럭스 코어드 와이어는 용융 방울 이송이 비축 방향으로 이행되는 글로뷸러 이행(globular transfer)과 스프레이 이행(spray transfer)이 주로 이용된다. 금속의 이행 형태는 용접 전원은 용접 비드의 모양과 용입 깊이, 와이어의 크기, 재료의 유형과 두께, 사용되는 보호 가스의 종류 및 최적인 용접 자세에 따라 결정된다.

① 글로뷸러 이행 : 박판 재료에 사용될 수 있으며 일반적으로 초당 몇 번의 펑펑(pops) 터지는 소리가 들리고 와이어에서 형성된 용융 금속이 모재의 용접부에 떨어지는 것을 볼 수 있다. 용접 전류가 전이 전류 미만일 때 발생하며, 와이어 지름의 2∼3배 크기로 성장된 용융 금속이 이행된다. 이 큰 방울로 된 금속은 무게에 의한 중력으로 인해 불안정해지면서 아크를 가로질러 모재에 전달되면서 스패터를 유발할 수 있다. 박판 모재에서는 가는 와이어를 사용하고 직류 전원의 와이어 전극을 음극으로 하여 사용하면 아크가 안정되고 전 자세 용접에서 제어하기 쉽다. 후판에서는 지름이 큰 와이어를 사용하고 직류 전원의 와이어 전극을 양극으로 하여 용접한다.

② 스프레이 이행 : 보호 가스 FCAW의 스프레이 이행은 가장 일반적인 용접 방법으로 용입이 깊고, 용착 속도가 빠르며 탁탁(cracking) 소리가 난다. 사용된 전압과 전류가 금속을 접합부에 분무하듯이 이송된다. 큰 와이어와 높은 전류, 보호 가스의 조합은 전극 와이어의 끝부분이 아크를 통해 분사되면서 용융 금속이 형성된다. 스프레이 이행은 매끄러운 아크로 초당 250개 정도의 작은 용융 방울이 용융 풀로 전달된다. 스프레이 이행의 조건은 고전류 및 대구경의 전극 와이어가 필요하며, 보호 가스로는 이산화탄소, 이산화탄소와 아르곤 등이 필요하다.

③ 용접 방법에 따른 금속 이행 형태

[표 5-3] 용접 방법에 따른 금속 이행 형태

| 용접 방법 | 단락 이행 | 글로뷸러 이행 | 스프레이 이행 | 펄스 이행 |
|---|---|---|---|---|
| MIG | ○ | | ○ | ○ |
| FCAW(gas shield) | ○ | ○ | ○ | |
| FCAW(self shield) | ○ | ○ | | |
| metal cored | ○ | | ○ | ○ |

## (8) 일반적인 용접 조건

① 전압은 적정 전압보다 약간 높은 편이 좋으며, 용접 전원은 일반적으로 직류 정전압 특성으로 100 % 사용률의 것이어야 하며, 역극성으로 사용한다. 단, [표 5-4]는 100 % 탄산 가스에 의한 것이며, 혼합 가스(75 % 아르곤+25 % 탄산 가스)의 경우는 상기 값보다 전압을 약 1.5 V 낮추어야 하며 자동 용접 시에는 약 25 % 올려서 용접한다.

[표 5-4] 탄산 가스 실드의 플럭스 코어드 아크 용접 조건

| 구분 | 수평 및 아래보기 용접 | | | | 수직 용접 | |
|---|---|---|---|---|---|---|
| 용접 와이어 크기(mm) | 1.2 | 1.6 | 2.0 | 2.4 | 1.2 | 1.6 |
| 전류(A) | 200 | 275 | 350 | 450 | 160 | 200 |
| 전압(V) | 27 | 28 | 29 | 31 | 25 | 26 |
| 유량(L/min) | 16 | 20 | 22 | 24 | 16 | 20 |
| 와이어 돌출 길이(mm) | 15 | 20 | 25 | 30 | 15 | 20 |

② 유량은 보호 가스의 종류에 따라 유동적이며, 유량이 너무 적으면 바람에 쉽게 영향
을 받아 용접부를 보호하지 못해 기포가 발생할 수 있고, 너무 많으면 용접 부위의
유속이 너무 빨라 용착 금속을 급랭시켜 기포가 생기므로 적정 유량을 사용해야 한다.

③ 돌출 길이가 너무 길거나 짧으면 스패터 및 불규칙한 아크가 발생하므로 노즐 끝에
서 모재 사이의 거리는 16~19 mm 정도가 적당하다.

④ 모재의 두께가 10 mm 이하인 경우, 2.4 mm 이상의 와이어는 사용을 피한다.

## 5-4 용접 재료

플럭스 코어드 와이어는 용도에 따라 연강용, 고장력강용, 저온강용, 내열강용, 표
면경화육성용, 스테인리스강용 등으로 구분하며, 와이어 지름은 0.8, 0.9, 1.0, 1.2,
1.4, 1.6, 2.0, 2.4, 3.2, 4.0, 4.8 mm 등이 있다. 일반적으로 DCRP를 사용하지만,
자체 보호 플럭스 코어드 와이어는 DCRP, DCSP, 겸용 등 용도에 따라 전원을 사용한
다. 플럭스 코어드 와이어는 다음과 같이 세 가지로 분류해서 생산하며 그 단면은 [그
림 5-9]와 같다.

• 단층 용접용 와이어
• 플럭스에 여러 가지 원소를 첨가한 다층 용접용 와이어
• 외부에서 보호 가스를 공급하지 않는 자체 보호 플럭스 코어드 와이어

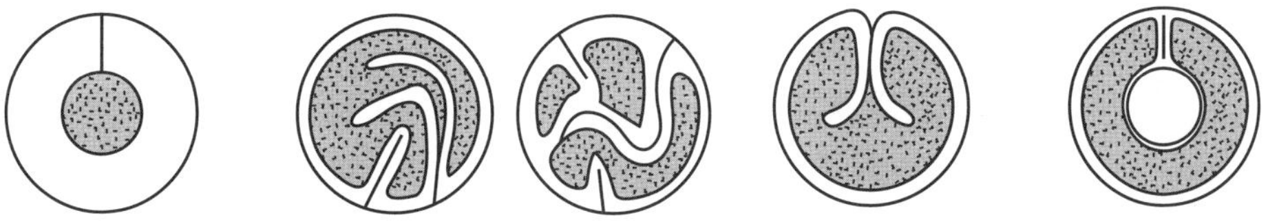

(a) NCG형(단일형)　　(b) 아코스형(이중굽힘형)　　(c) Y관상　　(d) S관상

[그림 5-9] 플럭스 코어드 와이어의 단면도

## (1) 전류 밀도

전류 밀도는 용접봉 단위 면적당 통과하는 전류량으로서 플럭스 코어드 와이어와 솔리드 와이어의 전류 밀도는 차이가 있다. 플럭스 코어드 와이어의 코어 부분은 플럭스로 되어 있어 전류가 잘 통하지 않는다. 같은 전류에서 플럭스 코어드 와이어는 솔리드 와이어보다 전류가 통하는 단면이 적지만 상대적으로 전류 밀도는 높은 것을 알 수 있다. 따라서 와이어의 용착 속도가 증가하고 용입은 깊어진다.

## (2) 플럭스 와이어의 선택

연강, 고장력강 및 저온강용 아크 용접 플럭스 코어드 와이어의 규격은 KSD 7104에 규정되어 있고 내열강용, 스테인리스강용 등이 있다. [표 5-5]는 연강 및 고장력강용으로 선의 종류에 따른 실드 가스 및 용도를 나타낸다.

[표 5-5] 연강 및 고장력강용 선의 종류

| 선의 종류 | 실드 가스 | 주된 적용 강종 |
|---|---|---|
| YFW-C430X | 탄산 가스($CO_2$) | 연강 |
| YFW-C500X | | 연강 및 490 MPa급 고장력강 |
| YFW-C50DX | | |
| YFW-C502X | | |
| YFW-C50GX | | |
| YFW-C55DX | | 540 MPa급 고장력강 |
| YFW-C60EX | | 590 MPa급 고장력강 |
| YFW-C60FX | | |
| YFW-C602X | | |
| YFW-C60GX | | |
| YFW-A430X | 아르곤-탄산 가스의 혼합 가스($Ar-CO_2$) | 연강 |
| YFW-A500X | | 연강 및 490 MPa급 고장력강 |
| YFW-A50DX | | |
| YFW-A502X | | |
| YFW-A50GX | | |
| YFW-A55DX | | 540 MPa급 고장력강 |
| YFW-A60EX | | 590 MPa급 고장력강 |
| YFW-A60FX | | |
| YFW-A602X | | |
| YFW-A60GX | | |

| YFW-S430X | | 연강 |
|---|---|---|
| YFW-S500X | 없음<br>(셀프 실드) | |
| YFW-S50DX | | 연강 및 490 MPa급 고장력강 |
| YFW-S502X | | |
| YFW-S50GX | | |

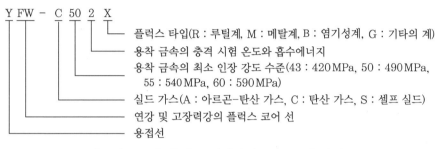

Y FW - C 50 2 X
- 플럭스 타입(R : 루틸계, M : 메탈계, B : 염기성계, G : 기타의 계)
- 용착 금속의 충격 시험 온도와 흡수에너지
- 용착 금속의 최소 인장 강도 수준(43 : 420 MPa, 50 : 490 MPa, 55 : 540 MPa, 60 : 590 MPa)
- 실드 가스(A : 아르곤-탄산 가스, C : 탄산 가스, S : 셀프 실드)
- 연강 및 고장력강의 플럭스 코어 선
- 용접선

**[그림 5-10] 플럭스 와이어의 종류 표시 방법**

플럭스 타입에서 루틸계는 루틸($TiO_2$)을 플럭스의 주성분으로 하는 타입이고, 염기성 계는 염기 생성분 플럭스 및 플루오르화물 등을 플럭스의 주성분으로 하고, 메탈계는 철분, 합금분 등의 금속가루 등을 주성분으로 한다. 또한 그 밖의 계인 R, B 및 M은 어느 쪽에도 속하지 않는 플럭스를 주성분으로 한다.

**[표 5-6] 연강 및 고장력강용 선 용착 금속의 화학 성분**

| 선의 종류 | 화학 성분(%) | | | | | | | | |
|---|---|---|---|---|---|---|---|---|---|
| | C | Si | Mn | P | S | Cu* | Ni | Mo | Al |
| YFW-C430X | 0.20<br>이하 | 0.90<br>이하 | 1.50<br>이하 | 0.030<br>이하 | 0.040<br>이하 | 0.50<br>이하 | – | – | – |
| YFW-C500X | 0.20<br>이하 | 0.90<br>이하 | 2.00<br>이하 | 0.030<br>이하 | 0.040<br>이하 | 0.50<br>이하 | – | – | – |
| YFW-C50DX | | | | | | | – | – | – |
| YFW-C502X | | | | | | | 1.00<br>이하 | – | – |
| YFW-C50GX | – | – | – | 0.030<br>이하 | 0.040<br>이하 | – | – | – | – |
| YFW-C55DX | 0.20<br>이하 | 1.10<br>이하 | 2.30<br>이하 | 0.030<br>이하 | 0.040<br>이하 | 0.50<br>이하 | – | 0.30<br>이하 | – |
| YFW-C60EX | 0.15<br>이하 | 0.80<br>이하 | 2.00<br>이하 | 0.030<br>이하 | 0.030<br>이하 | 0.50<br>이하 | – | – | – |
| YFW-C60FX | | | | | | | 2.00<br>이하 | 0.65<br>이하 | – |
| YFW-C602X | | | | | | | | | |

| | | | | | | | | | |
|---|---|---|---|---|---|---|---|---|---|
| YFW-C60GX | – | – | – | 0.030 이하 | 0.040 이하 | – | – | – | – |
| YFW-A430X | 0.20 이하 | 0.90 이하 | 1.50 이하 | 0.030 이하 | 0.040 이하 | 0.50 이하 | – | – | – |
| YFW-A500X | 0.20 이하 | 0.90 이하 | 2.00 이하 | 0.030 이하 | 0.040 이하 | 0.50 이하 | – | – | – |
| YFW-A50DX | | | | | | | – | – | – |
| YFW-A502X | | | | | | | 1.00 이하 | – | – |
| YFW-A50GX | – | – | – | 0.030 이하 | 0.040 이하 | – | – | – | – |
| YFW-A55DX | 0.20 이하 | 1.10 이하 | 2.30 이하 | 0.030 이하 | 0.040 이하 | 0.50 이하 | – | 0.30 이하 | – |
| YFW-A60EX | 0.15 이하 | 0.80 이하 | 2.00 이하 | 0.030 이하 | 0.030 이하 | 0.50 이하 | – | – | – |
| YFW-A60FX | | | | | | | 2.00 이하 | 0.65 이하 | – |
| YFW-A602X | | | | | | | | | – |
| YFW-A60GX | – | – | – | 0.030 이하 | 0.040 이하 | – | – | – | – |
| YFW-S430X | 0.20 이하 | 0.50 이하 | 1.20 이하 | 0.030 이하 | 0.040 이하 | – | 2.00 이하 | – | 2.00 이하 |
| YFW-S500X | 0.30 이하 | 0.50 이하 | 1.50 이하 | 0.030 이하 | 0.040 이하 | – | 2.00 이하 | – | 2.00 이하 |
| YFW-S50DX | 0.20 이하 | | | | | – | | – | |
| YFW-S502X | | | | | | – | | – | |
| YFW-S50GX | – | – | – | 0.030 이하 | 0.040 이하 | – | – | – | – |

🗝 * : 구리도금이 되어 있을 경우는 도금한 구리를 포함한다.

## 5-5 용접 기법

### (1) 아래보기 자세 용접

① 용접 전 준비

㈎ 콘택트 팁과 가스 노즐 : 스패터를 제거하고 마모되었을 경우 콘택트 팁을 교체
한다.

㈏ 와이어 직경, 콘택트 팁 크기, 라이너 크기 : 와이어 직경, 콘택트 팁 크기 및
고정 상태를 확인한다.

㈐ 가스와 냉각수 : 가스 및 수랭 장치 작동 상태를 확인한다(수랭식 토치).

㈃ 와이어 송급 장치 : 와이어가 비틀림이 있는지, 롤러 홈에 미세한 금속이 있
  는지 확인한다.

㈄ 보호 가스 : 가스 유량을 15~20 L/min으로 조정한다.

㈅ 아크 돌출 길이 : 와이어 지름이 1.2, 1.4 mm인 경우 15~20 mm 정도 유지한다.

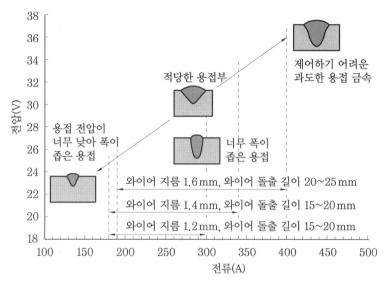

[그림 5-11] 와이어 돌출 길이에 따른 전류와 전압

㈆ 극성 : DCRP(direct current reverse polarity) 극성 선택

㈇ 용접 매개 변수 설정 : 용접 조건에 맞도록 용접 전류, 아크 전압, 와이어 이
  송 속도 등을 설정한다. [표 5-7]은 용접 자세에 따른 와이어 지름 1.2 mm,
  와이어 돌출 길이(stick-out) 15~20 mm, 보호 가스는 75 % Ar + 25 % $CO_2$
  혼합 가스인 경우의 권장 표준 설정 값이며, 보호 가스가 $CO_2$인 경우는 1~2 V
  정도 높게 하여야 한다.

[표 5-7] 자세별 권장 표준 설정 값

| 자세 | 그림 | 기타 조건 | 전류(A) | 전압(V) | 와이어 송급 속도(m/min) |
|------|------|-----------|---------|---------|--------------------------|
| F, H |      | – | 180~300 | 24~31 | 6.0~14.0 |
| V, O |      | – | 180~250 | 23~28 | 6.0~10.0 |
| F |      | ceramic backing | 180~200 | 23~26 | 6.0~8.0 |
| H |      | ceramic backing | 180~210 | 23~26 | 6.0~8.5 |
| V |      | ceramic backing | 180~220 | 23~27 | 6.0~8.0 |

② 아래보기 자세 비드 용접

㈎ 용접 진행 방법

㉠ 후진법 : 일반적으로 우수한 용입과 용융 풀 앞에 슬래그가 흐르지 않도록
하려면 용접 진행 방향으로 수평면에 70~80°가 되도록 각도를 항상 유지하
면서 용접한다. 슬래그가 앞서 진행 방향으로 용융 풀보다 앞서는 경우 슬
래그 혼입이나 융합 부족 현상이 발생할 수 있다. 또한 후진법에서 토치 각
도가 너무 작으면 같은 현상이 일어난다.

• 장점
– 용접할 때 용융된 용접 풀의 뒷면을 볼 수 있어 비드 모양을 보면서 할
수 있다.
– 많은 양의 용접 금속이 공급되고, 이송 속도가 느려 균일한 용접부를 만
들 수 있다.
– 용접 이음의 용입이 깊어진다.

• 단점
– 용접 비드가 볼록(돌출 또는 둥글게)하게 된다.
– 용접 비드 모양으로 인하여 그라인더로 연마가 필요한 경우 더 많은 작
업 시간이 필요하다.
– 용접 이음에서 손과 토치가 이음 위에 위치하여 이음을 따라가기 어
렵다.
– 경험이 부족한 경우 용접 풀에 와이어를 멀리하여 용접 풀 표면에 녹은
와이어가 쌓이면 용입이 낮아진다.

㉡ 전진법 : 후진법과 반대의 현상으로 우측에서 좌측으로 이동하는 용접법으로
전진법 용접은 균일한 외관을 제공할 수 있지만 용입은 종종 낮아질 수 있다.

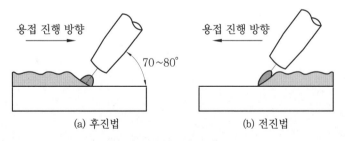

(a) 후진법 (b) 전진법

[그림 5-12] 진행 방법

• 장점
– 비드가 있는 이음 부분을 쉽게 볼 수 있다.
– 콘택트 튜브 팁을 쉽게 볼 수 있어 일정한 돌출 길이를 유지할 수 있다.
– 용입이 낮아 박판 용접에 유리하다.
– 수직 상진과 위보기 이음에 적합하다.

- 단점
  - 박판 용접은 용접 이음에서 쌓인 용착 금속을 볼 수가 없어 보강 용접이 부족한 부분이 발생할 수 있다.
  - 이동 속도가 빨라 용융 금속이 적게 용착되어 균일한 용접 비드에 어려움이 있다.
  - 일부 비산된 슬래그가 용접 비드의 전면에 있거나 용접 풀에 포함될 수 있어 용접 결함이 발생할 수 있다.
  - 스패터가 약간 증가할 수 있다.

㈏ 아크 스타트 : 용접을 처음 시작할 때는 모재가 가열되어 있지 않아 아크를 시작하면 용융 풀이 충분히 형성되지 않을 수 있다. 이와 같은 결점을 보완하기 위해 아크를 이음의 시작 부분에서 모재와 같은 재료를 부착하여 부착된 재료에서 아크를 시작하거나, 이음 시작점에서 용접 진행 방향으로 약 20~30 mm의 아크를 시작하여 실제 시작점으로 신속하게 이동시켜 약간 예열된 상태에서 용접한다. 처음 아크를 시작할 때 10~20 mm 정도 와이어 돌출 길이를 줄이면 열 입력이 더욱 향상될 것이다.

③ 아래보기 자세 V형 맞대기 용접 : FCAW의 두 가지 방법 모두 SMAW보다 더 용입이 깊으며, 이를 통해 더 작은 홈 각, 더 큰 루트면 및 더 좁은 루트 간격을 갖는 좁은 홈을 사용할 수 있다. 가스 차폐 전극 와이어는 더 깊게 침투되기 때문에 두 가지 FCAW 방법에도 차이가 있다. [그림 5-13]은 받침쇠(backing strip)를 사용한 아래보기 V형 맞대기 용접의 두 가지 이음 조건이다.

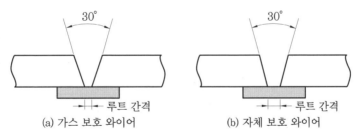

[그림 5-13] 아래보기 맞대기 용접에서 비교

자체 보호 와이어의 이음은 홈의 루트에 더 잘 접근할 수 있도록 더 큰 루트 간격을 필요로 한다. 그러나 가스 보호 와이어의 이음은 완전한 용입을 얻기가 더 용이해서 루트 간격을 크게 할 필요가 없다. 이 이음 설계의 차이점은 보통 받침쇠를 사용할 때만 적용된다. 받침쇠가 필요 없는 이음의 경우 가스 보호 및 자체 보호는 동일한 이음 설계에 사용한다. 아래보기 맞대기 비드 쌓기에서 넓은 위빙 비드(full width weaving bead)는 높은 입열이 필요하며, 짧은 위빙 비드(split weaving bead)는 중간 입열로 인성이 좋고, 직선 비드 용접은 낮은 입열로 인성이 좋아진다.

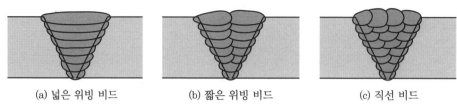

(a) 넓은 위빙 비드        (b) 짧은 위빙 비드        (c) 직선 비드

[그림 5-14] 아래보기 비드 쌓기 운봉법

## (2) 수직 자세 비드 용접

보호 가스 플럭스 코어드 용접은 진행각을 수직면의 수평선에서 용접 방향의 반대 방향으로 수평선에서 5~10° 기울게 하여 용접하고, 자체 보호 플럭스 코어드는 수평선에서 용접 진행 방향으로 5~10° 기울게 하여 용접한다.

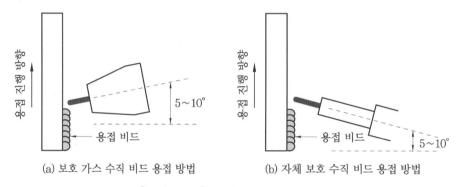

(a) 보호 가스 수직 비드 용접 방법        (b) 자체 보호 수직 비드 용접 방법

[그림 5-15] 수직 비드 용접 방법

## (3) 수평 자세 필릿 용접

1차 비드는 45°로 작업각을 유지하면서 용접을 진행하고, 2차 비드는 도면의 목 두께를 참고하여 토치의 방향이 아래로 향하게 하고 기준선에서 50~60° 정도로 유지하면서 진행하고, 3차에서는 기준선에서 30~40° 정도로 작업각을 주어 용접한다.

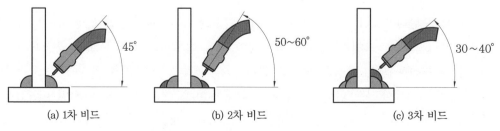

(a) 1차 비드        (b) 2차 비드        (c) 3차 비드

[그림 5-16] 필릿 용접 시 토치 각도

**5-6** 용접 결함

## (1) 결함의 종류와 원인 및 대책

장비의 유지 보수 및 용접사의 교육은 용접 결함을 예방하는 데 도움이 되므로 절대적으로 필요하다. 가장 일반적인 원인을 해결하면 용접사가 문제를 신속하게 해결하는 데 도움이 된다. 아래는 가장 일반적인 용접 결함과 가능한 원인이다.

[표 5-8] 용접 중 일어나는 오류와 가능한 원인

| 용접 진행 오류 | 가능한 원인 |
|---|---|
| 와이어가 모재에 부딪침<br>(wire stubbing) | 1. 잘못된 매개 변수<br>2. 와이어 이송 속도에 비해 전압이 낮음<br>3. 전압에 비하여 속도가 너무 빠름 |
| 와이어 번 백(burn-back) | 1. 스풀 와이어 가압 핸들 조임 과다<br>2. 마모된 콘택트 팁<br>3. 송급 롤러에서 와이어 미끄러짐 |
| 과다 스패터 | 1. 잘못된 매개 변수<br>2. 보호 가스 선택 오류<br>3. 가스 흐름 오류<br>4. 와이어 송급 오류<br>5. 손상되거나 마모된 콘택트 팁 |
| 불안전한 와이어 속도 | 1. 롤러 눌림 압력이 너무 높아 와이어 변형<br>2. 롤러 홈 마모<br>3. 롤러 또는 가이드 롤러의 오 정렬<br>4. 손상되거나 마모된 라이너<br>5. 잘못된 라이너 직경이나 유형<br>6. 잘못된 콘택트 팁 크기<br>7. 손상되거나 마모된 콘택트 팁<br>8. 스풀 롤러 눌림 압력이 너무 높음<br>9. 스풀 롤러 눌림 압력이 너무 느슨함(와이어 꼬임)<br>10. 스풀 롤러 홈의 이물질이나 기름때 |
| 불안전한 아크 | 1. 잘못된 매개 변수<br>2. 불규칙한 와이어 송급<br>3. 불완전한 가스 흐름<br>4. 자기 쏠림, 접지 케이블 불량 |

용접부에 결함이 발생하면 그 원인은 한 가지 또는 그 이상이며 만족할 수 있는 용접부를 얻기 위해서는 결함 발생 원인을 찾아 수정하거나 방지 대책을 세워야 한다.

[표 5-9] 용접 결함과 원인

| 용접 결함 | 가능한 원인 | 방지 대책 |
|---|---|---|
| 융합 부족 | 1. 용접 진행 속도가 너무 빠름<br><br>2. 잘못된 용접 조건<br>3. 전진법 용접<br>4. 루트 간격이 좁을 때 | 1. 용접 진행 속도 감소/가장자리에서 멈춤 시간 허용<br>2. 용접 조건 조정<br>3. 후진법으로 용접<br>4. 루트 간격을 넓게 |
| 용입 부족 | 1. 용접 전류가 너무 낮음<br>2. 아크 전압이 너무 높음<br>3. 진행 속도 너무 빠름<br>4. 진행 속도가 너무 느림<br><br><br>5. 전진법 용접<br>6. 토치 각도가 너무 작음<br>7. 루트 간격이 너무 좁을 때<br>8. 홈 각이 너무 작을 때 | 1. 와이어 송급 속도 및 아크 전압 증가<br>2. 아크 전압 감소<br>3. 진행 속도 감소<br>4. 진행 속도 증가 : 용융 풀에 앞서 슬래그가 나가지 않도록 하고 용융 풀의 가장자리에 머무름<br>5. 후진법 용접<br>6. 토치 각도 조절<br>7. 루트 간격 넓게<br>8. 홈 각을 크게 |
| 슬래그 혼입 | 1. 용접 전류가 너무 낮음<br>2. 아크 전압이 너무 높음<br>3. 진행 속도가 너무 낮음<br><br>4. 전진법<br>5. 토치 각도가 너무 작음<br>6. 볼록한 비드 | 1. 용접 전류 증가<br>2. 아크 전압 감소<br>3. 진행 속도 증가 : 용융 풀에 앞서 슬래그가 나가지 않게<br>4. 후진법<br>5. 토치 각도(70~90° 정도)<br>6. 아크 전압 증가나 약간의 운봉법 사용 |
| 오버랩 | 1. 전류에 비하여 전압이 높다.<br><br>2. 전류가 낮고 용접 속도가 느리다. | 1. 전류에 맞게 전압을 맞춰 모재가 용융되게 한다.<br>2. 전류를 높이고 용접 속도를 증가시킨다. |
| 언더컷 | 1. 용접 속도가 빠르다.<br>2. 전류가 높고 운봉이 부적당하다.<br>3. 필릿에서 토치의 각도가 부적당하다. | 1. 용접 속도를 늦춘다.<br>2. 전류를 낮추고 운봉을 적절하게 한다.<br>3. 필릿에서 토치의 각도를 정확하게 한다. |
| 피트, 블로홀 | 1. 보호 가스 공급이 너무 낮다.<br>2. 노즐과 콘택트 팁에 스패터가 다량으로 있어 가스 흐름을 방해한다.<br>3. 보호 가스 순도가 불량하다.<br>4. 용접면에 불순물이 많다.<br>5. 아크 길이가 길다.<br>6. 와이어 송급 장치에서 와이어의 송급이 불량하다.<br>7. 와이어가 녹슬어 있다.<br>8. 팁과 모재의 사이가 부적당하다.<br>9. 가스 공급이 너무 많다. | 1. 유량을 조절한다.<br>2. 노즐과 콘택트 팁을 청소하거나 교환한다.<br>3. 보호 가스를 교체한다.<br>4. 용접 면취부에 있는 불순물을 제거한다.<br>5. 아크 길이를 적당히 한다.<br>6. 와이어 송급 장치를 점검하여 와이어가 일정하게 송급되도록 한다.<br>7. 와이어가 녹슨 곳을 제거하거나 교환한다.<br>8. 팁과 모재 사이 거리를 조정한다.<br>9. 가스 공급을 낮춘다. |

## (2) 부적절한 용접 조건으로 인한 결함

용접의 결함의 대부분은 용접 전류, 전압, 용접 속도, 토치와 모재의 거리, 토치의 각도에 가장 많은 영향을 받게 된다.

[표 5-10] 결함 조건에 따른 해결 방안

| 결함 | 해결 방안 | | | | |
|------|------|------|--------|--------------------|-----------|
|      | 전류 | 전압 | 용접 속도 | 토치와 모재의 거리 | 토치의 각도 |
| 용락 | − | + | + | + | − |
| 오버랩 | + | − | − | − | + |
| 용입 불량 | + | − | − | − | + |
| 언더컷 | − | + | − | + | − |
| 블로홀 | + | − | − | − | + |

㈜ + : 증가, 크게, − : 감소, 작게, **토치의 각도** : 평면 기준

## 연·습·문·제

**1.** 플럭스 코어드 와이어의 플럭스 작용으로 거리가 먼 것은?
① 탈산제 역할을 한다.
② 용착 금속이 응고할 때 용접 금속 위에 슬래그를 형성하여 보호한다.
③ 아크를 안정시키고, 스패터를 감소시킨다.
④ 합금 원소의 첨가로 강도, 연성과 저온 충격 강도를 증가시킨다.
해설 합금 원소의 첨가로 강도를 증가시키나 연성과 저온 충격 강도 감소에 유의해야 한다.

**2.** 플럭스 코어드 아크 용접으로 가능한 용접 금속으로 거리가 먼 것은?
① 연강          ② 고장력강          ③ 스테인리스강          ④ 알루미늄
해설 용접할 수 있는 금속의 종류에 따라 제한적이다(연강, 고장력강, 저온강, 내열강, 내후성 강, 스테인리스강 등).

**3.** 보호 가스의 공급 없이 와이어 자체에서 발생한 가스에 의해 아크 분위기를 보호하는 용접 방법은?
① 일렉트로 슬래그 용접          ② 플라스마 용접
③ 자체 보호 플럭스 코어드 아크 용접          ④ 테르밋 용접

**4.** 자체 보호 플럭스 코어드 아크 용접에 대한 설명으로 옳은 것은?
① 용접부의 품질이 균일하지 않다.          ② 전 자세 용접은 어렵다.
③ 용접 장치가 복잡하다.          ④ 옥외 바람 부는 곳도 용접이 가능하다.
해설 사용이 간편하고 용접부 품질이 균일하며, 전 자세 용접이 가능하다.

**5.** 다음 특성 중 용접을 위한 와이어를 선택하기 위한 기본 규칙은 무엇인가?
① 인장 강도          ② 모재와 비슷한 와이어
③ 용융 온도          ④ 최소 비용

**6.** 용접에서 언더컷을 일으킬 수 있는 경우는 어느 것인가?
① 전류가 너무 높음          ② 너무 낮은 전류
③ 예열 불량          ④ 너무 복잡한 이음
해설 용접 속도가 빠르거나, 전류가 높고 운봉이 부적당한 경우, 필릿에서 토치의 각도가 부적당할 때 발생한다.

**7.** 와이어가 양극이고 모재가 음극이면 전자는 모재에서 와이어 전극으로 흐른다. 어떤 극성이 사용되고 있는가?
① AC          ② DCRP          ③ DCSP          ④ DCEN
해설 DCSP와 DCEN은 와이어가 음극이고 모재가 양극일 때이다.

정답  1. ④  2. ④  3. ③  4. ④  5. ②  6. ①  7. ②

# 제 6 장 서브머지드 아크 용접

## 6-1 개요

### (1) 원리

용접하기 전 플럭스 분말을 모재의 용접선에 도포하고 연속적으로 공급되는 와이어 전극과 모재 사이에 발생하는 아크열은 온도가 상승하고 용융되면 플럭스가 전도성이 되어 용접부를 형성하면서 이동대차에 의해 이동하면서 연속적으로 용접하는 자동 용접 방법이다. 용접 중 아크 발생이 보이지 않고, 플럭스는 부분적으로 녹아서 용접 풀을 산화 및 기타 대기 오염으로부터 보호하는 슬래그를 형성하고 용접 후 남아 있는 플럭스는 회수기를 통해 회수하여 반복 사용이 가능하다. 용접을 시작하면 처음에는 모재에 플럭스가 도포되어 모재 표면에 아크 발생이 잘 되지 않으므로 모재와 와이어 사이에 스틸 울(steel wool)을 끼워서 전류를 통하게 하여 아크 발생을 쉽게 하거나 고주파를 사용하여 아크를 발생시킨다. 또한 아크열에 의하여 해리되어 이온화된 용융 슬래그 및 가스는 아크의 지속을 용이하게 한다.

서브머지드 아크 용접법은 1935년 미국의 유니언 카바이드사가 개발하였다. 아크가 용제 속에서 발생하여 보이지 않으므로 잠호 용접, 개발회사의 상품명인 유니언 멜트 (Union Melt) 용접, 링컨회사에서 이름 붙인 링컨 용접(Lincoln Welding), 발명자의 이름인 케네디(Kennedy) 용접이라고도 한다. 이 용접법은 비교적 두꺼운 용접부를 가능한 한 적은 패스로 채울 수 있는 가장 효율적인 방법이고, 또한 자동 용접으로 인해 용접 결함이 줄어든다. 탄소강, 합금강 및 스테인리스강이나 일부 특수 금속에도 용접이 가능하며, 조선, 압력 용기, 저장 탱크, 교량, 후판 구조물 제작에 사용된다. [그림 6-1]은 서브머지드 아크 용접의 원리 및 용접 장면을 나타낸 것으로 용접선에 먼저 플럭스를 도포하고 아크열에 의해 용접이 이루어지며, 일부 플럭스는 회수기를 통하여 회수한다.

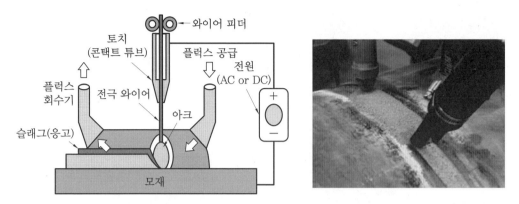

[그림 6-1] 서브머지드 아크 용접법의 원리 및 용접 장면

## (2) 장·단점

① 장점

㈎ 열효율이 60 % 정도로(피복 금속 아크 용접의 경우 25 %) 높다.

㈏ 용융 속도 및 용착 속도가 빠르다.

㈐ 용접부의 차폐로 용접부 및 열 영향부 냉각 속도가 감소한다.

㈑ 작업 능률이 수동에 비하여 판 두께 12 mm에서 2~3배, 25 mm에서 5~6배, 50 mm에서 8~12배 정도로 높다.

㈒ 개선각을 작게 하여 용접 패스 수를 줄일 수 있다.

㈓ 기계적 성질(강도, 연신, 충격치, 균일성 등)이 우수하다.

㈔ 유해 광선이나 흄 등이 적게 발생하고 스패터가 발생하지 않는다.

㈕ 비드 외관이 매우 아름답다.

㈖ 대전류 사용이 가능하여 용입이 깊고 능률적이다.

㈗ 일반적으로 대형 구조물에 적합하다.

㈘ 실내 및 실외 작업이 가능하다.

㈙ 자동화에 적합하다.

② 단점

㈎ 용접 중 용접부를 관찰할 수 없어 용접부 상태를 알 수 없다.

㈏ 직선 용접과 지름이 큰 파이프 용접, 필릿 용접에 한정되어 있다.

㈐ 용접부에 슬래그 개재물이 혼입될 수 있다.

㈑ 소형이나 복잡한 구조물 등 공정의 적용에 제한이 있다.

㈒ 두꺼운 재료에 제한적이다.

㈓ 용접선이 짧거나 복잡한 경우 수동에 비하여 비능률적이다.

㈔ 개선 홈의 정밀을 요한다(배킹재 미사용 시 루트 간격 0.8 mm 이하 유지 필요).

㈕ 적용 자세에 제약을 받는다(대부분 아래보기 맞대기 및 수평 필릿 용접).

㉔ 용접 입열이 크므로 모재에 변형을 가져올 우려가 있고 열 영향부가 넓다.

㉕ 결함이 한 번 발생하면 대량으로 발생할 위험이 있다.

## 6-2 용접 장치의 구성 및 종류

### (1) 용접 장치의 구성

일반적으로 용접 장치는 [그림 6-2]에서와 같이 자동 용접 시 와이어 릴에 감긴 와이어를 송급 모터에 의해 연속적으로 송급하여 콘택트 팁에서 전류를 공급받아 모재에 이르게 된다. 또한 플럭스는 용제 호퍼의 나비 밸브를 통과하여 호스를 따라 분류관에서 모재의 용접선 위에 일정한 높이로 도포된다. 또 다른 방법으로 콘택트 튜브(contact tube)에서 와이어와 플럭스가 동시에 공급되는 방식이 있다. 와이어의 송급 속도는 전압 제어 장치에 의하여 자기 제어되므로 항상 일정한 아크 길이가 유지될 수 있도록 해 준다. 용접 후 미용융된 플럭스는 진공 회수기로 회수하여 반복 사용할 수 있다. 전원 장치, 이송 레일, 용접 헤드로 구성되며, 용접 헤드는 와이어 송급 장치, 제어 장치(전류, 전압, 주행 속도 등), 콘택트 팁, 이송 장치, 용제 호퍼로 구성된다. 이 용접 헤드는 주행 대차에 실려서 용접선과 평행하게 놓인 안내 레일 위나 반자동인 경우에는 직접 강판 위를 조정된 일정한 속도로 이동하면서 용접하며, 원둘레를 용접할 경우에는 용접 헤드를 고정시키고 피용접물을 회전시키면서 용접한다.

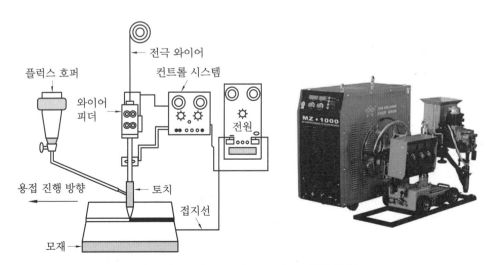

[그림 6-2] 서브머지드 아크 용접 장치

## (2) 용접 장치의 종류

용접 장치는 모양에 의해 분류하는 방법과 전류 용량에 의한 분류로 구분한다. [표 6-1]은 서브머지드 아크 용접 장치를 전극 형상과 전극의 수, 주행 장치의 종류에 따라 분류하였고 특히 다전극에는 탠덤식, 횡 병렬식, 횡 직렬식이 있다.

① 전원 : 용접 전원으로는 직류(DC)와 교류(AC) 어느 것이나 사용할 수 있으나 일반적으로 직류를 많이 사용한다.

㈎ 직류 : 직류는 아크 발생이 편리하고 비드 형상이나 용입 깊이, 용접 속도 등의 조절이 용이하다. DCRP(direct current reverse polarity)는 용융 풀이 비교적 작아 비드 형상을 조절하기 편하며 높은 용착 효율을 얻을 수 있다. 그러므로 약 400 A 이하에서 비교적 얇은 판을 고속 용접하거나 동합금, 스테인리스강 용접에 사용하면 아름다운 용접 비드를 얻을 수 있다. DCRP는 서브머지드 아크 용접이나 탄산 가스 아크 용접과 같이 고전류 밀도의 자동 아크 용접에 적합하다. 아크의 발생이 쉽고 안정되며, 전류 조정이 용이한 점에서 매우 우수하다. 그러나 자기 불림(arc blow) 현상이 발생하기도 한다. 용접기는 300, 400, 600, 900, 1200 A 등이 있다.

**[표 6-1] 서브머지드 아크 용접 장치의 종류**

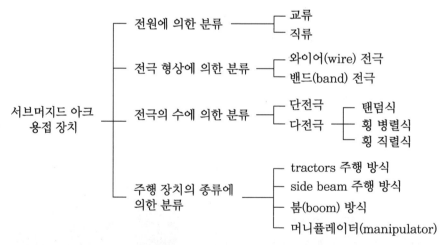

㈏ 교류 : 교류 전원은 자기 불림 현상이 발생하지 않고 장비의 가격이 저렴하여 좋으나 초기 아크 발생이 잘 되지 않는 결점도 있다. 또한 용접기의 외부 전원 특성은 수하 특성(또는 정전류 특성)도 좋으나 정전압 특성의 직류 용접기가 많이 사용된다. 용접기는 500, 750, 1000, 2000, 4000 A 등이 있고 두께는 75 mm까지 1층 비드로 용접이 가능하다. 아크 발생은 한 번 와이어 전극을 모재에 접촉시킨 다음에 아크를 발생시켜 용접하는 방식이 사용되고 있으나 아크 발생에 어려움이 있고, 스타트 부분에 결함이 발생하는 경우가 많아

최근에는 고주파를 이용한 아크 스타트가 쓰인다. 이것은 와이어 전극을 모재의 약 5 mm 이하의 간격으로 접근시키면 고주파가 발생하여 아크가 발생하므로 매우 편리하다. 고주파는 아크가 발생하면 차단된다.

(대) 전류 용량에 의한 분류 : 서브머지드 아크 용접기의 전류 용량에 따라 분류하면 다음과 같이 네 가지 유형이 있다.

㉠ 최대 전류 4,000 A로 판 두께 75 mm 정도까지 한 번에 용접할 수 있는 대형 용접기

㉡ 최대 전류 2,000 A의 표준 만능형 용접기

㉢ 최대 전류 1,200 A의 경량형 용접기

㉣ 최대 전류 900 A의 수동식 토치를 사용하는 반자동형 용접기

② 전극 형상

(개) 와이어 전극(wire electrode) : 용가재 형태로 용접 회로의 일부가 되어 용접 전류가 통전되어 용접하게 된다. 와이어 전극은 일반적으로 연강인 경우 두 가지 이유로 표면을 구리로 도금하는데, 첫째는 대기 부식으로부터 보호하고, 둘째는 전류 용량을 증가시키기 위해 도금한 것[그림 6-3(a)]과 도금하지 않은 것[그림 6-3(b)]으로 되어 있다.

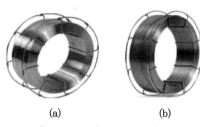

(a)        (b)

[그림 6-3] 와이어 전극

(내) 밴드 전극(band electrode) : 밴드 전극은 띠 전극, 대상(hoop) 전극, 스트립(strip) 전극이라고도 하며, 덧살붙임 용접(build-up welding) 시 사용되는 띠 상의 재료로 일반적으로 폭이 15~120 mm 정도이고 두께는 0.5 mm 이하의 금속판이다. 스테인리스강 및 각종 합금 성분으로 되어 있다. 덧붙이 용접부를 균일하게 고속으로 얻을 수 있다.

[표 6-2] V 사에서 생산되는 스트립

| 폭(mm) | 두께(mm) | 포장 형태 | 중량(kg) |
|---|---|---|---|
| 15 | 0.5 | 코일 | 15~20 |
| 20 | 0.5 | 코일 | 20~25 |
| 30 | 0.5 | 코일 | 25~30 |
| 60 | 0.5 | 코일 | 55~60 |
| 90 | 0.5 | 코일 | 75~90 |

③ 전극 수 : 전극의 수에 의한 분류는 단전극과 다전극으로 나뉜다. 전극 와이어를 1개 사용하는 단전극이 많이 사용되고 있으나, 용접 능률의 향상, 기타 특수한 목적으로 2개 이상의 다전극을 사용하는 탠덤식, 횡 병렬식, 횡 직렬식이 있다.

   ㈎ 탠덤식(tandem process) : [그림 6-4]에 나타난 바와 같이 두 개의 전극 와이어를 독립된 전원(교류 또는 직류)에 접속하여 용접선에 따라 전극의 간격을 10~30 mm 정도로 하여 2개의 전극 와이어를 동시에 녹게 함으로써 한꺼번에 다량의 용착 금속을 얻을 수 있는 용접법이다. 전원의 조합은 교류와 직류, 교류와 교류가 좋으며, 직류와 직류는 자기 불림 현상이 생기므로 사용하지 않는다. 이 방법은 비드 폭이 좁고 용입이 깊은 것이 특징이며, 단전극에 비해 용접 속도가 빨라 매우 능률적이다. [그림 6-5]와 같이 전극을 3개 사용할 시 두 개의 전극 와이어보다 능률을 올릴 수 있으나 전원이 다른 2개의 장비를 각각 제어해야 되기 때문에 조정이 번거로운 결점도 있다.

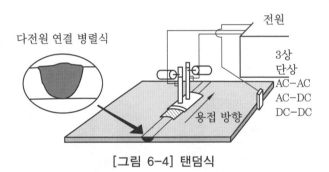

[그림 6-4] 탠덤식

[그림 6-5] 다전극 탠덤식

   ㈏ 횡 병렬식 : [그림 6-6]에서와 같이 두 개의 와이어 전극을 한 종류의 전원에(직류와 직류, 교류와 교류) 접속하여 용접하는 방법으로 비드 폭이 넓고 용입이 깊은 용접부가 얻어지므로 능률이 높다. 두 개의 와이어 전극에

하나의 용접기로부터 같은 콘택트 팁을 통하여 전류가 공급되므로 용착 속도를 증대시킬 수 있다. 또한 이 방법은 비교적 홈이 크거나 아래보기 자세로 큰 필릿 용접을 할 경우에 사용되고 용접 속도는 단전극 사용 시보다 약 5 % 증가한다.

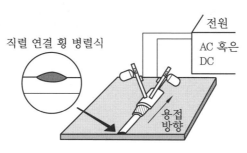

[그림 6-6] 횡 병렬식

㈐ 횡 직렬식 : [그림 6-7]과 같이 두 개의 와이어에 전류를 직렬로 연결하여 한쪽 전극 와이어에서 다른 쪽 전극 와이어로 전류가 흐르면 두 전극에서 아크가 발생하고 그 복사열에 의해 모재를 가열·용융하여 용접이 이루어지므로 비교적 용입이 얕아 스테인리스강 등의 덧붙이 용접(built up welding)에 흔히 사용된다. 두 와이어는 서로 45° 경사를 이루고 각기 다른 송급 장치에 의해 개별 제어된다.

또한 전원에 의한 분류는 직류 용접과 교류 용접으로 나눌 수 있다. 직류 용접은 교류 용접에 비해 비드가 아름답다. 직류 역극성(DCRP) 사용 시 용입이 최대가 되고 직류 정극성(DCSP)은 용착 속도가 최대가 되고 용입은 최소가 된다. 그리고 아크 발생은 안정되나, 자기 불림 현상이 생기는 단점이 있다.

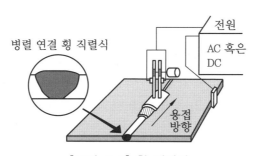

[그림 6-7] 횡 직렬식

④ 주행 장치의 종류 : [그림 6-8]은 주행 장치의 종류를 나타낸다. tractors 주행 방식(트랙터 대차 주행 방식), side beam 주행 방식(측면 보 주행 방식), 붐(boom) 방식, 머니퓰레이터(manipulator) 방식으로 분류한다.

(a) tractors 주행 방식            (b) side beam 주행 방식

(c) boom 방식            (d) manipulator 방식

[그림 6-8] 주행 장치의 종류

## 6-3   용접용 와이어 및 용제

### (1) 용접용 와이어

용접용 와이어는 비피복선으로 코일 모양으로 감겨져 있으며 와이어 링에 끼워서 바깥쪽에서부터 풀리게 하여 사용한다. 와이어는 콘택트 팁과 전기적 접촉을 좋게 하고 녹이 스는 것을 방지하기 위하여 표면에 구리도금을 한 것을 주로 사용한다. 와이어의 지름은 1.2, 1.6, 2.0, 2.4, 3.2, 4.0, 4.8, 6.4, 7.9, 9.5, 12.7 mm가 있으며 보통 2.4~7.9 mm가 많이 사용된다. 와이어 코일의 중량은 작은 코일(S) 12.5±2 kg, 중간 코일(M) 25±3 kg, 큰 코일(L) 75±3 kg, 초대형 코일(XL) 100±3 kg으로 구분된다.

① 와이어의 종류 : 와이어의 사용은 일반적으로 탄소강, 저합금강(고장력강, 내열강, 저온용강, 내후성강), 고탄소강, 특수 합금강, 스테인리스강 등으로 구분하고, 경화 용접에는 복합 와이어를 사용한다. 또한 덧살붙임 용접(build-up welding) 시 사용되는 띠 모양의 밴드 전극이 있다.

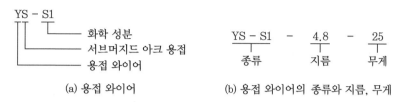

(a) 용접 와이어          (b) 용접 와이어의 종류와 지름, 무게

**[그림 6-9] 용접 와이어 표시 방법**

㉮ 저탄소강용 및 고장력강(저합금강)용 와이어 : 연강용 와이어는 일반적으로 망간의 함유량에 따라 나뉜다. 연강용 와이어로 가장 많이 사용되는 것은 저망간(0.35~0.6 %)계와 고망간(1.8~2.2 %)계의 저탄소 림드강 와이어이고 중망간(0.8~1.1 %)계도 사용된다. 용융형 용제와 조합 시에는 1~2 % 망간계 와이어가 사용된다. 용접부의 강도는 망간의 양에 따라 가감되므로 일반적으로 2 %의 망간계가 사용되고 보다 큰 강도가 요구되는 경우에는 몰리브덴(Mo) 0.5 % 첨가된 망간계 와이어가 사용된다.

**[표 6-3] H 사에서 생산하는 고장력강용 와이어(상품명 : S-707×L-8)의 예**

1. 용착 금속의 기계적 성질의 일례

| 항복점 MPa[kg/mm²] | 인장 강도 MPa[kg/mm²] | 연신율 (%) | 충격치 J(kgf · m) | | 모재 | 두께 (mm) |
|---|---|---|---|---|---|---|
| | | | -20℃ | -40℃ | | |
| 490(50) | 560(57) | 31 | - | 70(7) | SS400 | 25 |

2. 용착 금속의 화학 성분의 일례(%)

| C | Si | Mn | P | S |
|---|---|---|---|---|
| 0.07 | 0.40 | 1.40 | 0.028 | 0.015 |

3. 용접 조건의 일례

| 두께 (mm) | 와이어경 (mm) | 개선 형상 | 적층 순서 (Run No.) | 전류 (A) | 전압 (V) | 속도 (cm/분) | 비고 |
|---|---|---|---|---|---|---|---|
| 25 | 4.0 | 30°  12.5 | 1~13 | 570 | 30 | 40 | AWS A5.17 |

㉯ 스테인리스강 와이어 : 스테인리스강 와이어는 일반적으로 모재와 같은 재질이 사용되나 Cr-Mo 내열강, Cr-Ni, Cr-Ni-Mo, Cr-Ni-Nb 등의 와이어가 있으며, 스테인리스강 용접, 이종재료의 용접 등에 사용된다. [표 6-4]는 표준 용접 조건 범위로 작업 시 참조할 사항이다.

[표 6-4] 표준 용접 조건

| 와이어 지름(mm) | 용접 전류(A) | 아크 전압(V) | 용접 속도(cm/min) |
|---|---|---|---|
| 3.2 | 300~400 | 28~36 | 25~40 |
| 4.0 | 450~550 | 28~36 | 25~40 |

　　㈐ 기타 와이어 : 기타 비철 금속 와이어는 규소 청동 와이어(규소 청동용, 아연
　　　도금 강재용, 주물용), 탈산동 와이어(구리용), 알루미늄 청동 와이어, 기타 니
　　　켈(Ni), 모넬(monel), 인코넬(inconel)용 와이어 등이 있다.

　② 와이어의 선택 : 용접하고자 하는 구조물의 종류, 용접부재의 재질 및 판 두께, 용접
　　이음의 형태, 사용 용접기의 특성에 따라 와이어의 종류(재질) 및 규격을 결정한다.
　　용제는 아크의 특성 및 용접 품질에 직접적으로 영향을 주고 와이어는 아크 열에 의
　　해 용융 접합되므로 와이어의 선택은 플럭스와 조합하여 결정한다. [표 6-5]는 와이
　　어와 용제의 선정 기준으로 연강을 용접할 경우와 고장력강을 용접할 경우 표와 같
　　이 선택하여 사용한다.

[표 6-5] 와이어와 용제의 선정 기준

| 용접 재료<br>용제　와이어 | 연강 용접 | | | 고장력강 용접 | | 비고 |
|---|---|---|---|---|---|---|
| | 고망간 | 중망간 | 저망간 | 고망간 | 중망간 | |
| 고망간 | | | ○ | | ○ | - |
| 중망간 | | ○ | | ○ | | - |
| 저망간 | ○ | | | | | - |

## (2) 용제(flux)

　용접용 용제는 용접부를 대기로부터 보호하면서 아크를 안정시키고 야금 반응에 의
하여 용착 금속의 재질을 개선하기 위한 광물성 분말이다. 미국의 린데(Linde)사의 상
품명으로 컴포지션(composition)이라고 부르기는 하지만 일반적으로 용제라 부른다.
용제는 25 kg, 50 kg들이로 포장되어 있거나 200 kg들이 드럼에 들어 있는 것도 있다.
또한 용제는 사용 후 보관 시 밀봉해서 건조한 장소에 보관해야 하며, 만일 부주의로
수분을 흡수하거나 불순물이 혼입되면 용접 시 아크열에 의해 수소와 산소로 분해되어
기공이나 균열 등 결함의 원인이 된다. 그러므로 용제는 항상 건조시켜 사용하는 것이 좋
으며 수분이 흡수되었을 경우는 제조회사에 따라 차이는 있으나 약 200~300℃에서 1시
간 정도 건조하여 사용한다.

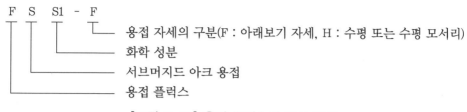

F S S1 - F
　　　　　└─ 용접 자세의 구분(F : 아래보기 자세, H : 수평 또는 수평 모서리)
　　　　└── 화학 성분
　　　└─── 서브머지드 아크 용접
　　└──── 용접 플럭스

**[그림 6-10] 용접 플럭스의 표시 방법**

① 용제의 구비 조건

　㈎ 아크 발생 용이, 지속을 유지하여 안정된 용접을 할 수 있을 것

　㈏ 적당한 용융 온도, 점성을 가져 양호한 비드를 얻을 수 있을 것

　㈐ 용착 금속에 적당한 합금 원소의 첨가 및 탈산, 탈황 등의 정련 작용으로 양
　　호한 용접부를 얻을 수 있을 것

　㈑ 알맞은 입도를 가져 아크의 보호성이 좋을 것

　㈒ 용접 후 슬래그의 이탈성이 좋을 것

② 용제의 종류 : 용제는 그 제조 방법의 차이에 따라 용융형 용제(fused flux), 소결형
　용제(sintered flux), 혼합형 용제(bonded flux)로 나눈다. 용융형 용제는 용해한
　뒤 과립화하여 만들고, 소결형 용제는 원료 재료를 분쇄한 과립형 혼합물을 결합시
　켜 제조한다. 혼합형 용제는 제조자가 두 가지 종류 이상의 것을 혼합하여 만든 모든
　용제를 포함한다. 플럭스의 등급은 1, 2, 2B, 3, 4등급이 있으며 4등급에는 1~3등
　급으로 분류될 수 없는 플럭스가 속한다.

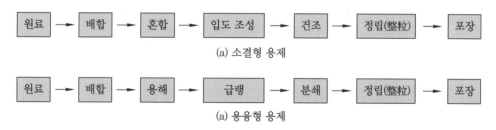

원료 → 배합 → 혼합 → 입도 조성 → 건조 → 정립(整粒) → 포장
(a) 소결형 용제

원료 → 배합 → 용해 → 급랭 → 분쇄 → 정립(整粒) → 포장
(a) 용융형 용제

**[그림 6-11] 소결형 및 용융형 용제의 제조 공정**

　㈎ 용융형 용제 : 각종 광물질의 원재료를 배합하여 전기로 등에서 약 1,200℃ 이상
　　의 고온으로 용융하고, 급랭 후 분말 상태로 분쇄하여 적당한 입도로 만든 유리
　　질로 유리 모양의 광택이 난다. 특히 흡습성이 적어 보관상에 편리한 이점이 있
　　다. 용융형 용제의 입도는 12×150(1.4~0.1 mm), 20×D(0.84~0 mm) 등으로
　　표시되며, 일반적으로 입자가 가늘수록 용입이 얕고, 비드 폭이 넓으며, 평활한
　　비드를 얻을 수 있다. 또한 화학 성분에 따라 미국 린데(Linde)사의 상표인
　　G20, G50, G80 등으로 나타내는 것이 일반적이다. 용제의 입도는 용제의 용
　　융성, 발생 가스의 방출 상태, 비드의 형상 등에 영향을 미치게 된다. 즉, 가는

입자의 것일수록 높은 전류에 사용해야 한다. 또한 이것은 비드 폭이 넓으면서 용입이 얕으나 비드의 외형은 아름답게 된다. 거친 입자의 용제에 높은 전류를 사용하면 보호성이 나빠지고 비드가 거칠며 기공, 언더컷 등의 결함이 생기기 쉬우므로 낮은 전류에서 사용한다. 이와 같이 용제의 입도, 산포량은 용접 결과에 많은 영향을 미치게 된다. [표 6-6]은 플럭스 입도에 따른 적정 전류를 나타낸다.

[표 6-6] 용접 전류와 용제 입도의 관계

| 입도 | 적정 전류 |
|---|---|
| 8×48 | 600 이하 |
| 12×65 | 600 이하 |
| 12×150 | 500~800 |
| 12×200 | 500~800 |
| 20×200 | 800~1,100 |
| 20 이상 | 800 이상 |

용접 종료 후에는 용융되지 않은 용제는 회수하여 다시 사용하는데, 이 용제는 성분이 변질되므로 새로운 용제를 보충 혼합시켜 중요하지 않은 곳에 사용한다. 용융형 용제의 특징은 다음과 같다.

㉠ 비드 외관이 아름답다.

㉡ 흡습성이 거의 없으므로 재건조가 불필요하다.

㉢ 미용융 용제는 다시 사용이 가능하다.

㉣ 용제의 화학적 균일성이 양호하다.

㉤ 용접 전류에 따라 입자의 크기가 다른 용제를 사용해야 한다.

㉥ 용융 시 분해되거나 산화되는 원소를 첨가할 수 없다.

㉦ 흡습이 심한 경우 사용하기 전 150℃에서 1시간 정도 건조가 필요하다.

(나) 소결형 용제(sintered flux) : 용융형 용제는 일반적으로 연강에서는 우수한 성질을 가졌으나 고장력강, 스테인리스강, 저합금강의 용접에는 반드시 우수하다고 할 수 없다. 이 용제는 제조 과정에서 높은 온도로 가열되기 때문에 변질될 우려가 많다. 고온 소결형 용제라고도 하며, 분말 원료를 800~1,000℃의 고온에서 가열하여 고체화한 분말 모양의 용제이다. 소결형 용제의 특징은 다음과 같다.

㉠ 고전류에서의 용접 작업성이 좋고, 후판의 고능률 용접에 적합하다.

㉡ 용접 금속의 성질이 우수하며 특히 절연성이 우수하다.

㉢ 합금 원소의 첨가가 용이하고, 저망간강 와이어 종류로서 연강 및 저합금강까지 용제만 변경하면 용접이 가능하다.

㉣ 용융형 용제에 비하여 용제의 소모량이 적다.

㉤ 낮은 전류에서 높은 전류까지 동일 입도의 용제로 용접이 가능하다.

ⓗ 흡습성이 높으므로 사용 전에 200~300℃에서 1시간 정도 건조하여야 한다.
㈐ 혼합형 용제(bonded flux) : 제조자가 두 가지 종류 이상의 것을 혼합하여 만든 모든 용제를 포함한다. 저온 소결형 용제, 혼성형 용제라고도 하며, 이 용제는 광물성 원료 및 합금 분말을 규산 나트륨과 같은 점결제를 원료가 용융되지 않을 정도로 비교적 저온 상태인 400~550℃에서 소정의 입도로 소결한 것이다. 특징은 페로 실리콘(Fe-Si), 페로 망간(Fe-Mn) 등에 의해 강력한 탈산 작용이 되며 용착 금속에 합금 첨가 원소로서는 니켈, 크롬, 몰리브덴, 바나듐 등을 함유시켜 기계적 성질의 조정이 가능하다. 매우 흡습성이 큰 것이 특징이다. 그러므로 습기가 많은 날씨나 대기 중에 장시간 방치해두면 습기가 많으므로 반드시 건조해서 사용해야 한다. 보통 흡습량의 허용치는 0.5 % 이하이다.

③ 용제의 비교 분석

[표 6-7]은 용융형 용제와 소결형 용제(고온과 저온 소결형 용제)를 비교 분석한 것이다.

[표 6-7] 용융형 플럭스와 소결형 플럭스의 비교

| 구분 | 용융형 플럭스 | 소결형 플럭스 |
|---|---|---|
| 외관 | 유리상 | 입상 |
| 야금 특성 | 산성, 중성 | 산성, 중성, 염기성 |
| 합금 첨가 | 불가 | 가능 |
| 슬래그 박리성 | 비드 가장자리 슬래그 존재 | 비교적 좋음 |
| 가스 발생 | 적음 | 많음 |
| 용입 | 깊음 | 얕음 |
| 장기 보관성 | 안정 | 변질 우려 |
| 건조 온도 | 150℃에서 1시간 정도 | 200~300℃에서 1시간 정도 |
| 염기도 | 산성 및 중성 | 산성, 중성, 염기성 고염기성 |
| 플럭스 입도 | 전류에 따라 입도 선택을 달리해야 함 | 사용 전류에 관계없이 1종의 입도로 사용(작업 관리 용이) |
| 제조 온도 | 약 1,200℃ 이상 | • 고온 소결형 : 800~1,000℃<br>• 저온 소결형 : 400~550℃ |
| 전류 | 저·중 전류 | 중·고전류 |
| 소모량 | 많음 | 적음 |
| 용접 금속의 특성 | 기계적 성질이 떨어짐 | 인성, 충격 특성 등 기계적 성질이 우수 |
| 적용 재료 | 탄소강 | 연강, 고장력강, 저합금강 |

④ 와이어와 용제의 선택 : 와이어와 용제의 선정에 있어서 여러 가지 용접 조건에 따라
   달라지지만 특히 다음 사항에 대하여 주의를 기울여야 한다.
   ㈎ 모재의 기계적 성질을 고려하여 용접부에 요구되는 성능을 파악하여 선정
   ㈏ 모재의 표면 상황에 대처(녹, 스케일, 수분 등에 의한 오염)
   ㈐ 이음 설계 부분의 형상과 치수를 파악
   ㈑ 용접 시공법 및 그 조건에 대한 여러 가지 변수

## 6-4 | 용접에 영향을 주는 변수

용접에 영향을 주는 매개 변수, 즉 용접 와이어의 크기, 용접 전류, 용접 전압 및 용접
속도는 가장 중요한 네 가지 변수이다. 따라서 용접부의 성질에 중요한 역할을 한다.

### (1) 용접 전류

용접 전류는 용접에서 가장 큰 영향을 미치는 변수로, 전류는 용접 와이어의 용융
속도, 용입 깊이, 용접 비드를 결정한다. 전류의 선택은 주로 판 두께에 의해 결정되
며, 적절한 와이어 지름을 선택하여 사용한다. 전류를 과도하게 증가시키면 와이어
의 용융 속도가 증가하고, 용입이 깊어지고, 용락의 위험이 있다. 반면에 전류가 너
무 낮으면 용입이 얕아지거나, 용입 부족, 융합 부족, 오버랩 등 결함이 발생할 우려
가 있다.

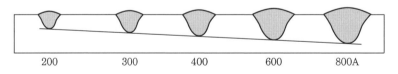

200        300        400        600        800A

[그림 6-12] 용접 전류와 용입의 관계

용접 전류는 주로 판 두께에 의해 결정된다. 따라서 적절한 와이어를 선택해야 한다.

[표 6-8] 와이어 지름에 따른 적정 전류 범위

| 와이어 지름(mm) | 적정 전류(A) | 와이어 지름(mm) | 적정 전류(A) |
|---|---|---|---|
| 1.6 | 150~300 | 3.2 | 300~700 |
| 2.0 | 200~400 | 4.0 | 400~800 |
| 2.4 | 250~600 | 6.4 | 700~1,200 |

## (2) 아크 전압

아크 전압의 영향은 와이어와 모재 간의 아크 길이에 따라 변하는데, 아크 길이가 길어지면 전압이 증가하여 비드폭이 넓어지면서 평편한 비드가 형성된다. 또한 아크 길이가 짧아지면 용입은 깊어지고 비드 폭은 좁아진다. 용착 속도와 용입에는 거의 영향을 미치지 않으나, 아크 전압은 비드 단면과 외부 형상을 결정하는 중요한 요인으로 작용한다.

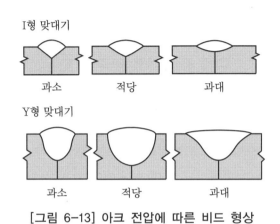

[그림 6-13] 아크 전압에 따른 비드 형상

---

참고 용접 전류와 용접 속도가 일정한 조건에서 아크 전압만 증가하는 현상

① 아크 전압만 약간 증가하는 경우
  (개) 비드가 평평하고 넓어진다.
  (내) 플럭스 소모가 많다.
  (대) 강의 스케일이나 녹에 의한 기공 발생이 감소한다.
② 아크 전압만 과도하게 증가하는 경우
  (개) 비드 폭이 더욱 증가하여 크랙 감수성이 증가한다.
  (내) 홈 용접에서 슬래그 제거를 어렵게 한다.
  (대) 필릿 용접에서 오목형 비드를 형성하고, 비드 가장자리에 언더컷이 증가하여 크랙 감수성이 증가한다.

---

## (3) 용접 속도

와이어의 소비량에는 거의 변화가 없고 용착량과 비드 폭은 속도의 증가에 거의 비례하여 감소하고 이에 따라 용입도 감소한다. 그리고 지나치게 빠르게 되면 언더컷 및 비드 파형이 거칠어진다. 반대로 느리게 되면 용입은 다소 증가하고 비드가 높아져 오버랩이 발생한다.

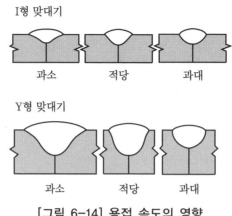

[그림 6-14] 용접 속도의 영향

## (4) 와이어 지름

전류 500 A와 같은 용접 조건에서 와이어 지름과 용입의 관계로 와이어 지름이 작으면 용입이 깊고, 비드 폭이 좁아지고 와이어 지름이 크면 용입은 얕아지고 비드 폭은 넓어지므로 전류 값에 적당한 지름의 와이어를 선택해야 한다.

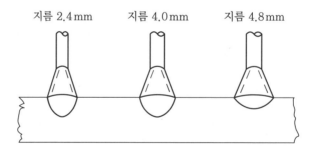

[그림 6-15] 와이어 지름과 용입의 관계

## (5) 와이어 돌출 길이

[그림 6-16]과 같이 와이어 돌출 길이는 팁 선단에서부터 와이어 선단까지의 거리이다. [그림 6-17]은 와이어 돌출 길이가 30~80 mm일 때의 용입과의 관계를 나타낸 것으로, 돌출 길이를 길게 하면 와이어의 저항열이 많이 발생하여 와이어의 용융량이 증가하지만 용입은 불균일하게 되고 다소 감소한다. 그러므로 와이어의 적당한 돌출 길이는 와이어 지름의 8배 전후가 적당하다.

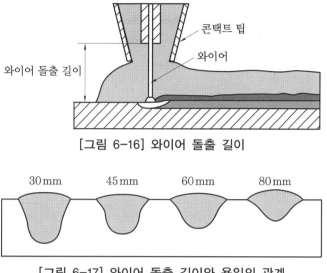

[그림 6-16] 와이어 돌출 길이

[그림 6-17] 와이어 돌출 길이와 용입의 관계

## (6) 홈 각도

홈 각도는 모재의 두께와 재질에 맞게 가공하여 용접하며 홈의 각도가 크면 용입은 깊어지고 용착량이 많아지며 너무 크면 수축에 따른 재료의 변형이 오게 된다. 홈 각이 작으면 용입이 얕아지거나 용입 부족의 현상이 일어나게 되므로 주의한다.

[표 6-9] 맞대기 이음의 홈 형상

| 판 두께(mm) | 홈의 형상 | 판 두께(mm) | 홈의 형상 |
|---|---|---|---|
| ≦16 | 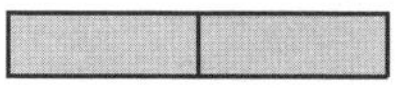 | ≧18 | 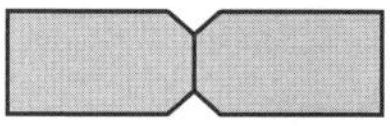 |
| 14~22 | 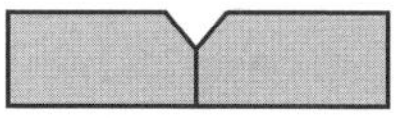 | ≧20 | 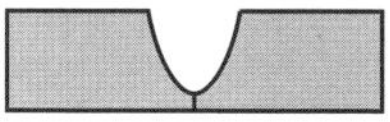 |

## (7) 용제와 비드 단면

용융형 용제에서 입자가 거친 것을 높은 전류에 사용하면 비드 파형이 거칠어져 외관이 나빠진다. 반면 입자가 미세한 용제를 낮은 전류에 사용하면 가스의 방출이 원활하지 못하여 비드가 불균일하고 기공이 발생한다. 일반적으로 입자가 거친 용제는 용입이 깊고 폭이 좁은 비드가 형성되지만 입자가 미세한 용제는 용입이 얕고 비드 폭이 넓어진다. 또한 용제의 종류에 따라 [그림 6-18]과 같이 용입이 달라진다.

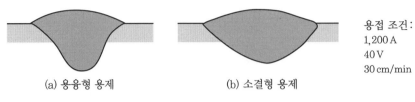

(a) 용융형 용제       (b) 소결형 용제

용접 조건:
1,200 A
40 V
30 cm/min

[그림 6-18] 용제의 종류에 따른 비드 단면

## 6-5    용접부의 제 성질

### (1) 용착부의 조직과 화학 성분

서브머지드 아크 용접은 1회 용접에 다량의 용착 금속이 쌓이므로 용융 금속이 응고 시 결정 조직이 [그림 6-19]처럼 용융 경계에 직각으로 비드 중앙을 향하여 발달한다. 수지(樹枝, 나뭇가지) 사이에 불순물이 모이게 되어 용착 금속의 성질을 나쁘게 만든다. 그러나 다층 용접을 하게 되면 하층에 용접된 것은 상층 용접에 의해 변태점 이상 가열되어 이러한 부분이 불림(normalizing) 되면서 결정이 미세화된다. 또한 와이어와 용제 이외에도 용착 금속의 화학 성분에 따른 모재의 영향을 많이 받는다. 탄소강의 용접에서는 와이어와 용제의 결합으로 모재와 성분의 큰 차이가 없는 용착 금속을 얻을 수 있다. 모재보다 뛰어난 기계적 성질이 얻어지는 경우가 많으므로, 저합금 고장력강의 용접에서도 연강용 와이어와 용제만 변경 조합하면 용접이 가능하다.

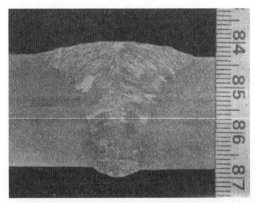

[그림 6-19] 서브머지드 아크 용접의 결정 단면

용착 금속의 합금 원소는 모재, 와이어 및 용제에 의해 달라지므로 그 화학 성분은 용접 조건의 영향을 크게 받는다. 즉, 용접 전류, 아크 전압, 용접 속도가 변하면 와이어와 용제의 용융 비율 및 모재의 입열량이 변하므로 용착 금속의 화학 성분도 변하게 된다. 또한 용접 층수에 따라서도 용착 금속의 화학 성분이 변화한다. 그러므로 다층 용접 시에는 와이어와 용제의 선정에 주의해야 한다.

## (2) 용착부의 성질

용착 금속은 용접한 그 상태에서도 인장 강도, 연신, 굽힘, 피로 강도, 충격치 등이 양호하다. 이것은 용접부가 외부의 공기로부터 충분히 차단되어 용제에 의한 정련 작용이 잘되기 때문이다. 용착 금속의 수소 함유량은 저수소계 피복 아크 용접의 수소 함량보다는 높지만 일미나이트계에 비하면 현저하게 낮다. 그러므로 서브머지드 아크 용접의 용착 금속은 특히 인성이 뛰어나다. 또한 일반적으로 650℃의 응력 제거 풀림에 의하여 전성과 연성을 증가시킬 수 있으며, 과대한 수지상 결정 조직을 방지하기 위하여 30 mm 이상의 후판에서는 가급적 층수를 증가하면 기계적 성질을 향상시킬 수 있다.

## (3) 용접부의 변형 및 수축

서브머지드 아크 용접은 용입이 깊고 용접 속도가 빠르기 때문에 모재를 별도로 가열하는 경우가 적으므로 용접 후 변형이 적다. 맞대기 이음에서는 홈의 각도가 수동 용접에 비하여 작으므로 수축량도 작다. 예를 들면, 판 두께 6~14 mm의 V형 이음에서 가로 수축은 약 0.3 mm, 6~25 mm의 X형 홈 이음에서는 약 0.6 mm 정도이다. 또한 맞대기 이음의 양면 가열량이 비슷하므로 각 변형이 수동에 비하여 현저하게 작은 것도 장점이다.

## 6-6  용접 이음부의 형태

용접 작업에서 이음부의 선택은 용접부의 강도와 품질, 인건비와 재료비, 모재의 재질과 두께, 고정 지그 준비 작업에 소요되는 시간과 비용 등에 영향을 준다.

> **참고 알맞은 이음부 결정 요인**
> - 재질과 두께
> - 용접 후 이음부가 요구하는 기계적 성질
> - 용접될 부품의 크기
> - 이음부 가공에 필요한 장비의 유무
> - 용접할 부품의 수량

## (1) 맞대기 용접

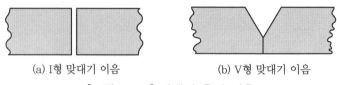

(a) I형 맞대기 이음         (b) V형 맞대기 이음

[그림 6-20] 맞대기 용접 이음

① I형 맞대기 용접 : 용접 재료의 두께 8 mm까지는 루트 간격 없이 단일 패스로 용접할
수 있으나 19 mm까지는 루트 간격, 이음부의 와이어 위치, 용접 금속의 양 등을 조정
하면 가능하다. 루트 간격은 최대 3.2 mm까지이며, 루트 간격을 1.6 mm 이상으로
용접할 경우는 용접 전 루트 간격 사이에 플럭스를 잘 채워 넣어야 한다. I형 맞대기
용접은 용접 이음부 준비가 간단하면서도 고품질의 용접부를 얻을 수 있다.

② V형의 맞대기 이음 : [그림 6-20(b)]의 V형 맞대기 용접 이음 형상은 8 mm 또는
그 이상의 두께에서 녹지 않는 배킹재(동판, 세라믹)를 이용하여 1층 맞대기 용접을
할 때 사용한다. 녹지 않는 배킹재는 루트면을 3.2～4.8 mm로 할 수 있고, 루트
간격은 1.6 mm를 넘지 않도록 한다. [그림 6-21]과 같이 모재의 두께가 16 mm인
한면 V형 맞대기 용접은 양쪽에서 용접할 수 있다. 1차 용접은 이음부의 V홈 용접
을 먼저 하고 다음에는 뒷면을 2차 용접하게 되는데 첫 번째 용접부의 일부를 다시
녹여 완전한 용입이 되도록 한다.

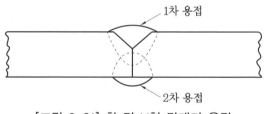

[그림 6-21] 한 면 V형 맞대기 용접

## (2) 겹치기 이음

[그림 6-22]는 겹치기 이음의 여러 가지 형태이다. 겹치기 이음은 조립이 단순하고
이음부 가공이 거의 필요 없는 이음 방법으로 이음부의 면이 오염원이 없도록 깨끗하게
해야 한다. 한쪽 이음부는 주로 밑부분의 용접을 할 수 없거나 강도가 별로 중요하지
않을 때 이용한다. 또한 겹치는 이음의 이음 간격은 모재 두께의 5배 이상으로 한다.
[그림 6-22(b, c, d)]는 모재의 두께 3 mm까지의 판을 서로 결합하는 연속 겹치기 이
음 용접에 많이 사용된다.

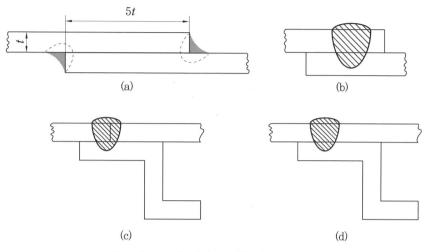

[그림 6-22] 겹치기 이음 용접 형태

## (3) 필릿(T-이음) 이음

피복 금속 아크 용접과 비교하였을 때 서브머지드 아크 용접이 용입이 깊어, 같은 모재의 필릿 용접에서 목 길이를 작게 할 수 있어 와이어의 절감, 작업 시간 단축 등 경제적이다. [그림 6-23]은 필릿 용접에서의 피복 금속 아크 용접과 서브머지드 아크 용접의 필릿 용접으로 실질적인 목 두께를 나타낸 것이다.

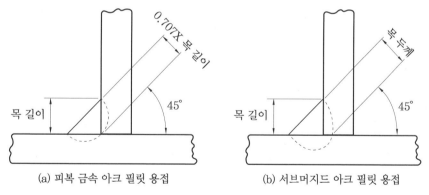

(a) 피복 금속 아크 필릿 용접      (b) 서브머지드 아크 필릿 용접

[그림 6-23] 피복 금속 아크 용접과 서브머지드 아크 용접의 비교

① 수평 필릿 용접 : 모재의 목 길이 약 9 mm까지 필릿 용접에서는 1층 비드로 수평 용접을 할 수 있다. 또한 [그림 6-24]와 같이 루트부의 용입이 서로 겹치게 할 수 있다.

② 아래보기 필릿 용접 : 용접부 표면을 45° 기울이면 목 길이가 같은 필릿이 되며, 모재의 두께 19 mm 이상으로 완전한 용입을 얻고자 하면 [그림 6-25]와 같이 모서리를 면취하여 용접하면 완전한 용입을 얻을 수 있다.

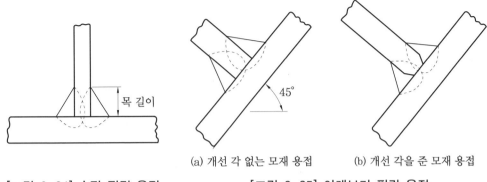

[그림 6-24] 수평 필릿 용접

(a) 개선 각 없는 모재 용접　　(b) 개선 각을 준 모재 용접

[그림 6-25] 아래보기 필릿 용접

## 6-7　용접 기법

### (1) 용접 준비

서브머지드 아크 용접을 하는 목적은 이것이 비교적 두꺼운 용접부를 가능한 한 적은 패스로 채울 수 있는 가장 효율적인 방법이고, 또한 자동 용접으로 인해 용접 결함이 줄어들어, 용접 능률을 향상하고 고품질의 용접부를 얻는 데 있다. 그러나 용접 중에 용접부를 볼 수 없으므로 용접 전에 완벽한 준비를 하지 않으면 여러 가지 결함이 발생한다.

① 사용 재료의 검사 : 이 용접은 용입이 대단히 깊으므로 모재를 철저히 검사하여 모재에 결함이 없어야 하며, 사용 전에 고온 소결 용제는 150~200℃, 저온 소결 용제는 250~300℃에서 1시간 정도 건조시켜야 한다. 또한 와이어 표면의 녹이나 와이어의 감김 상태 등을 검사하여야 한다.

② 이음 홈 가공 및 누설 방지 비드 : 서브머지드 아크 용접에서는 이음 홈의 정밀도가 용접 품질에 많은 영향을 미치므로 기계 가공이나 자동 가스 절단에 의해서 이음 홈을 가공한다. 이 경우 정밀도가 맞지 않으면 일정한 용접 조건이라도 용입 불균형이나 용락이 생기며, 때로는 기공이나 균열이 발생한다. 그러므로 용접 홈은 다음과 같은 조건이 필요하다.

㈎ 홈의 각도는 ±5° 사용

㈏ 루트 간격은 0.8 mm 이하(받침쇠가 없는 경우)

㈐ 루트면은 ±1 mm 허용

만일 루트 간격이 0.8 mm보다 넓을 때는 [그림 6-26]과 같이 수동 및 반자동 용접으로 누설 방지 이면 용접이나 받침쇠를 사용한다.

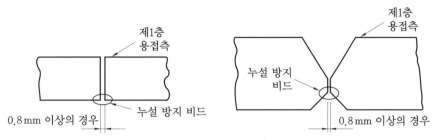

[그림 6-26] 누설 방지 비드

③ 배킹(backing) : 서브머지드 아크 용접에서 용접으로 인하여 지속되는 많은 양의 용융 금속을 지지할 만큼 용접부 밑바닥에서 굳기 시작할 동안 받쳐 주지 못할 경우 또는 철판이 두꺼워도 한쪽 편에서 단층 용접으로 뒷면까지 완전한 용입을 할 때 용락을 방지하기 위해 받침을 사용한다.

㈎ 띠(strips) 배킹 : 용접부의 용입이 배킹 판까지 용입이 되어 용접의 일부가 된다. 배킹 재료는 [그림 6-27]과 같이 모재와 동일한 재료나 [그림 6-28]과 같이 세라믹 배킹 스트립(ceramic backing strips)을 사용하며, 모재와 동일한 배킹 판은 모재의 일부가 되는 것이 바람직하다. 판 두께 3.5 mm 이상의 모재에 사용되는 배킹 판에는 홈을 만드는데, 홈 깊이는 0.5~1.5 mm, 폭 6~20 mm로 한다. 단, 3.5 mm 이하의 판에서는 홈을 만들지 않는다.

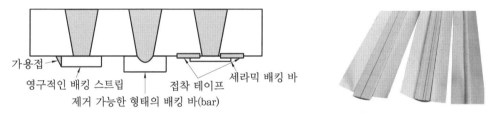

[그림 6-27] 배킹 재료                    [그림 6-28] ceramic backing strips

㈏ 배킹 용접 : 용접부의 용락과 플럭스를 지지하기 위해 서브머지드 아크 용접 전에 이면을 수동이나 반자동으로 용접하는데, 용접물의 회전이 어렵고 다른 방법으로는 곤란할 때 수동 또는 반자동 이면 용접 방법을 이용한다.

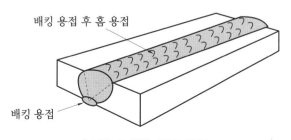

[그림 6-29] 배킹 용접

㈐ 구리판 배킹 : [그림 6-30(a)]와 같이 구리는 열전도가 좋아 녹지 않으므로 구리 배킹 판을 사용하고 원하는 형태의 홈을 구리 배킹 판에 만들어 사용할 수 있으며 대량생산에서는 구리 배킹 판에 냉각수를 공급하여 수랭으로 사용하기도 한다. 구리판은 열전도성이 좋으므로 모재의 일부가 용락되어도 동판 자체는 녹지 않고 즉시 응고된다. 고전류 용접이 가능하고 균일한 이면 비드를 얻을 수 있는 특징이 있다.

㈑ 용제 배킹(RF법 : resin flux) : 서브머지드 아크 용접에서의 용제 배킹 방법은 [그림 6-30(b)]와 같이 플럭스 입자는 유연성이 있는 열경화성 수지를 배합한 배킹 전용으로 만들어진 판 위에 위치시킨다. 그 아래에는 팽창이 가능한 고무로 된 호스에 압력을 주어 팽창하게 하여 용접부에 플럭스가 밀착되게 한다. 이 용제는 비교적 저온(100~150℃)에서 경화하는 수지와 배합하여 사용한다. 그러므로 아크 열 및 그 모재의 전도열에 의하여 용제는 모재 뒷면에 밀착된 상태로 고형화된다. 이 현상은 아크보다 선행되어 고형화되므로 아크 바로 밑의 용제는 항상 고형화된 상태로 되어 압력의 불균일이 발생하지 않아 이면 비드는 균일하게 된다. 그리고 일부 용제는 용융되어 슬래그로 되면서 결함이 없는 이면 비드를 형성시킨다. 이 방법은 조선 및 철 구조물의 판 용접에 이용되고 적용 판 두께는 2~3극의 다전극 용접 시에는 최대 38 mm까지 사용할 수 있다.

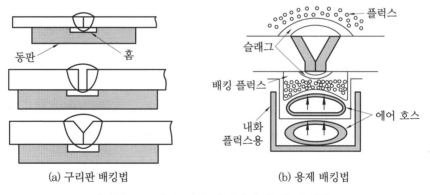

(a) 구리판 배킹법　(b) 용제 배킹법

**[그림 6-30] 구리판 배킹법과 용제 배킹법**

㈒ 용제 구리 병용 배킹(FCB법 : flux copper backing) : 용제 구리 병용 배킹은 비교적 얇고 플렉시블(flexible)한 구리판 위에 5 mm 정도 두께의 배킹 용제를 살포하고 이것을 모재 뒷면에 밀착시키고 편면 용접을 하는 방법으로 [그림 6-31]에 잘 나타나 있다. 모재와 용제의 밀착 상태가 좋고 모재의 두께 차이나 철판의 어긋남 등에도 좋은 결과를 가져올 수 있다. 배킹재의 밀착이 불량하여 결함이 발생하는 것은 아주 적으며 구리판은 과대한 용입을 방지하고 고전류 고능률 용접이 가능하도록 하며 홈 가공 정밀도의 허용 공차를 크게 해준다. 그리고 동판 위에 산포된 용제는 용융하여 슬래그로 되어 결함이 없는 이면 비드를 형성하는 역할을 한다.

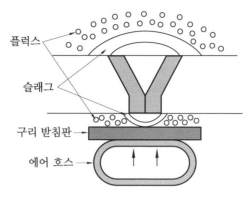

플럭스

슬래그

구리 받침판

에어 호스

[그림 6-31] 용제 구리 병용 배킹

㈔ 현장 조립용 배킹 : 임시 배킹 장치를 필요로 하는 조선소의 도크(dock), 교량
의 가설 현장 등에서 사용할 수 있는 편면 용접용 배킹 재료가 개발되어 실용화
되고 있다. 대략 플렉시블(flexible)한 것과 고형용제 배킹재가 사용되는데 [그
림 6-32]는 대표적인 배킹재의 구조를 나타낸다. FAB(flux asbestos backing)
배킹재를 모재 뒷면에 마그네트나 지그를 사용하여 간단히 부착할 수 있다.

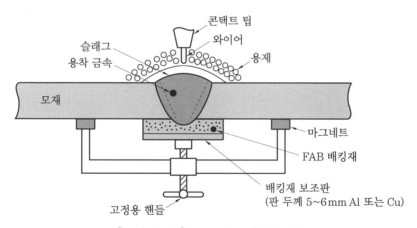

콘택트 팁
와이어
슬래그                        용제
용착 금속
모재
마그네트
FAB 배킹재
배킹재 보조판
(판 두께 5~6mm Al 또는 Cu)
고정용 핸들

[그림 6-32] FAB 편면 용접의 예

④ 가용접 : 본 용접하기 전 각 부분의 정확한 위치 유지 및 변형을 방지하기 위해 하는
가용접은 피복 금속 아크 용접이나 반자동 용접으로 하며, 용접 길이가 짧은 것은
모재의 재질에 따라서 열 영향부 경화로 균열이 발생하기 쉽다. 따라서 일반적으로
피복 금속 아크 용접봉은 저수소계 용접봉으로 하고, 반자동 $CO_2$ 가스 아크 용접법
도 많이 사용된다. 가용접을 위한 예를 들면 판 두께 25 mm 이하에서는 피치 300~
500 mm 비드 길이 50~70 mm, 판 두께 25 mm 이상에서는 피치 200~300 mm 비
드 길이 70~100 mm를 표준으로 한다.

[그림 6-33] 가용접의 예

⑤ 엔드 탭 : 용접의 시점과 종점 부위에 결함이 많이 발생하므로 이러한 현상을 방지하기 위해 용접선 양 끝에 [그림 6-34]와 같이 모재와 같은 두께의 동일 재질의 크기 150 mm 정도의 엔드 탭을 붙여서 용접함으로써 결함을 방지한다. 보일러나 중요한 이음에서의 엔드 탭은 300~500 mm 정도 크게 하여 용접 후 절단하여 기계적 성질 시험용 시편으로도 사용한다.

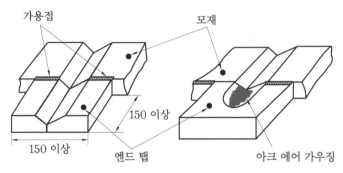

[그림 6-34] 엔드 탭 부착의 예

## (2) 시공상의 주의 사항

① 맞대기 용접 : [그림 6-35]는 홈의 각도에 따른 비드 형상 및 용입을 나타낸다. 즉, 통상적인 기준보다 홈 각도가 과대한 경우와 아주 좁은 경우에는 용입 불량의 원인이 된다.

[그림 6-35] 홈의 각도에 의한 용입 현상

후판 다층 용접 시 홈 각도를 너무 좁게 하면 [그림 6-36(b)]와 같이 용접 금속의 중앙에 균열이 생기므로 V형과 X형의 홈의 각 60° 이하는 피해서 시공한다. 루트면의 두께는 용입에 큰 영향을 준다. 즉, 너무 두꺼우면 용입 불량의 원인이 되고 너무 얇으면 용락이 발생하므로 적당한 두께로 설정한다. 양면 1층 용접을 할 경우 V형에서는 판 두께의 50～60 %, X형 홈에서는 판 두께의 30～40 %가 적당하다. 다층 용접에서는 용입 불량과 1층의 비드 균열을 방지하기 위하여 최대 6.0 mm 정도로 제한한다. 그리고 용락이나 용입 불량을 방지하고 안정된 용접을 하기 위하여 X형 홈에서는 시작하는 쪽의 홈의 각을 좁게 하고 반대쪽의 홈의 각을 넓게 하여 용입을 깊게 하는 방법을 채택하기도 한다.

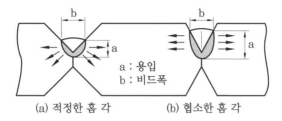

[그림 6-36] 후판 다층 용접 시 단일 패스의 균열 및 홈 각도의 영향

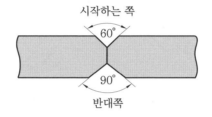

[그림 6-37] 홈 가공 요령

② 필릿 용접 : 필릿 용접은 T형 이음, 겹치기 이음, 모서리 이음 등으로 주로 교량이나 철골 구조물에 비교적 많이 사용된다. 목 길이 8 mm 이상에서는 단일 패스로 수평 필릿 용접을 하는 것은 좋지 않다. 단일 패스 용접은 와이어의 위치가 중요하다. [그림 6-38]에서와 같이 통상 와이어 지름의 1/2～1/4을 중심에서 벗어나면서 수직판으로부터 20～45°의 각도로 유지하면 양호한 비드를 얻을 수 있다. [그림 6-39]는 수평 필릿 용접에서 동일한 조건에서 단일 패스로 용접 시 목 길이에 따른 비드 형상을 나타낸다.

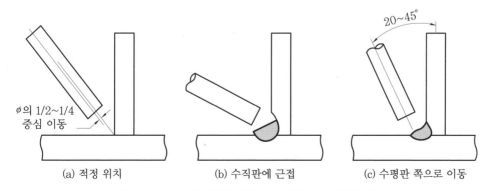

[그림 6-38] 수평 필릿 용접 시 적정 와이어의 위치

아래보기 필릿 용접은 대체로 목 길이가 크고 양호한 비드를 얻을 수 있다, 보통 45° 경사가 사용되며, 후판보다 깊은 용입이 필요할 때는 [그림 6-40(b)]와 같이 60° 경사로 하고 와이어 위치는 약간 중심으로 이동시킨다.

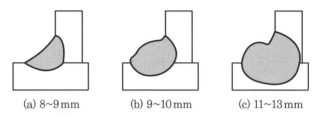

(a) 8~9mm    (b) 9~10mm    (c) 11~13mm

[그림 6-39] 수평 필릿 용접 시 목 길이와 비드 형상

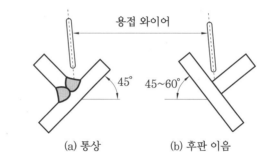

[그림 6-40] 아래보기 필릿 용접 시 적당한 와이어 위치

## (3) 표준 용접 조건

일반적으로 제품과 현장의 특성에 따라 표준 용접 조건이 제시된다. 단일 전극을 사용하는 용접 조건을 [표 6-10]~[표 6-16]에 나타냈는데, 이것은 일반적인 용융형 용제를 사용할 때 표준 조건이고 홈의 형상이나 특수한 용제를 사용할 경우에는 용접 조건이 달라질 수 있다.

[표 6-10] I형 맞대기 양면 1층 용접 조건

| 판 두께 t(mm) | 홈의 형상 | 배킹비드(TS) | | | 마감비드(OS) | | | 와이어 지름 (mm) |
|---|---|---|---|---|---|---|---|---|
| | | 전류(A) | 전압(V) | 속도 (cm/min) | 전류(A) | 전압(V) | 속도 (cm/min) | |
| 6 | | 400~450 | 31~38 | 60~70 | 450~500 | 31~33 | 60~70 | 4.0 |
| 8 | | 400~500 | 31~33 | 60~70 | 550~600 | 31~34 | 50~60 | 4.0 |
| 10 | | 500~550 | 31~34 | 55~60 | 600~700 | 32~35 | 50~60 | 4.8 |
| 12 | | 650~700 | 31~34 | 50~60 | 700~750 | 32~35 | 50~60 | 4.8 |
| 14 | | 800~900 | 32~35 | 50~60 | 700~800 | 33~36 | 50~60 | 4.8 |

### [표 6-11] 동판 받침 사용 1층 용접 조건

| 판 두께 t(mm) | 홈의 형상 | 용접 전류 (A) | 용접 전압 (V) | 용접 속도 (cm/min) | 와이어 지름 (mm) | 루트 간격 s(mm) |
|---|---|---|---|---|---|---|
| 2 | | 330~400 | 24~26 | 250~300 | 2.4 | 0~1.0 |
| 2.8 | | 350~425 | 24~26 | 194~254 | 3.2 | 0 |
| 3.6 | | 400~475 | 24~27 | 127~203 | 3.2 | 0~1.6 |
| 4.4 | | 500~600 | 25~27 | 100~178 | 3.2 | 0~1.6 |
| 4.8 | | 575~650 | 25~27 | 90~114 | 3.2 | 0~1.6 |
| 6.4 | | 750~850 | 27~29 | 75~90 | 3.2 | 0~2.4 |
| 8.0 | | 800~900 | 26~35 | 65~74 | 4.8 | 0~2.4 |

### [표 6-12] V형 맞대기 양면 1층 용접 조건

| 판 두께 t(mm) | 홈의 형상 | θ1 (도) | θ2 (도) | a (mm) | b (mm) | c (mm) | 배킹비드(TS) 전류 (A) | 전압 (V) | 속도 (cm/min) | 마감비드(OS) 전류 (A) | 전압 (V) | 속도 (cm/min) | 와이어 지름 (mm) |
|---|---|---|---|---|---|---|---|---|---|---|---|---|---|
| 14 | | 70 | – | 5 | 9 | – | 650~750 | 31~34 | 35~45 | 700~800 | 33~37 | 40~50 | 4.8 |
| 16 | | 70 | – | 7 | 9 | – | 700~600 | 31~34 | 35~45 | 700~800 | 33~37 | 40~50 | 4.8 |
| 19 | | 60 | – | 10 | 9 | – | 900~1,000 | 32~35 | 35~45 | 700~800 | 33~37 | 40~50 | 6.4~4.8 |
| 22 | | 60 | – | 13 | 9 | – | 1,050~1,150 | 33~36 | 30~40 | 700~800 | 33~37 | 40~50 | 6.4~4.8 |

### [표 6-13] X형 맞대기 양면 1층 용접 조건

| 판 두께 t(mm) | 홈의 형상 | θ1 (도) | θ2 (도) | a (mm) | b (mm) | c (mm) | 배킹비드(TS) 전류 (A) | 전압 (V) | 속도 (cm/min) | 마감비드(OS) 전류 (A) | 전압 (V) | 속도 (cm/min) | 와이어 지름 (mm) |
|---|---|---|---|---|---|---|---|---|---|---|---|---|---|
| 18 | | 70 | 70 | 6 | 6 | 6 | 600~700 | 33~37 | 30~40 | 750~850 | 34~38 | 30~40 | 4.8 |
| 20 | | 70 | 70 | 6 | 7 | 7 | 650~750 | 33~37 | 30~40 | 800~900 | 34~38 | 30~40 | 4.8 |
| 22 | | 70 | 70 | 7 | 8 | 7 | 700~800 | 34~38 | 30~70 | 850~950 | 35~39 | 30~40 | 6.4 |
| 25 | | 70 | 70 | 8 | 9 | 8 | 800~900 | 34~38 | 30~40 | 950~1,050 | 36~40 | 30~40 | 6.4 |
| 32 | | 70 | 70 | 10 | 10 | 12 | 1,000~1,100 | 35~39 | 22~28 | 1,200~1,300 | 37~42 | 20~25 | 6.4 |

[표 6-14] U형 맞대기 다층 용접 조건

| 홈의 형상 | 패스 | 전류(A) | 전압(V) | 속도(cm/min) | 와이어 지름(mm) |
|---|---|---|---|---|---|
| | 1 | 400~600 | 27~30 | 20~60 | 4.8, 6.4 |
| | 2 | 500~800 | 27~33 | 20~60 | 4.8, 6.4 |
| | 3 | 600~900 | 27~33 | 20~80 | 4.8, 6.4 |
| | 4 이상 | 600~900 | 27~33 | 20~60 | 4.8, 6.4 |
| | 표면 | 600~900 | 33~35 | 15~45 | 4.8, 6.4 |

[표 6-15] 아래보기 필릿 용접 조건

| 이용 형상 | 목 길이 L(mm) | 전류(A) | 전압(V) | 속도(cm/min) | 와이어 지름(mm) |
|---|---|---|---|---|---|
| | 6 | 450~550 | 27~31 | 50~60 | 4.0 |
| | 7 | 550~650 | 29~33 | 50~60 | 4.8 |
| | 8 | 550~650 | 29~33 | 40~50 | 4.8 |
| | 9 | 650~750 | 32~36 | 35~40 | 4.8 |
| | 10 | 700~800 | 32~36 | 30~50 | 4.8 |
| | 12 | 700~800 | 32~37 | 22~27 | 4.8 |
| | 14 | 550~650 | 29~33 | 40~50 | 4.8 |
| | | 700~800 | 33~37 | 25~35 | |

[표 6-16] 수평 필릿 용접 조건

| 이용 형상 | 목 길이 L(mm) | 전류(A) | 전압(V) | 속도(cm/min) | 와이어 지름(mm) |
|---|---|---|---|---|---|
| | 3 | 350~400 | 24~26 | 70~140 | 3.2 |
| | 5 | 450~550 | 26~28 | 60~100 | 3.2, 4.0 |
| | 6.5 | 500~600 | 26~30 | 50~90 | 3.2, 4.0 |
| | 8 | 550~700 | 27~33 | 45~70 | 4.0 |
| | 9.5 | 600~750 | 27~33 | 35~50 | 4.0 |

## (4) 고능률 용접법

용접 비용 절감 및 생산성을 향상시키기 위해 고능률화가 요구되는 용접법으로 [표 6-17]과 같이 다전극을 이용하여 능률을 높이는 방법이 있다.

**[표 6-17] 다전극법의 분류**

> **참고** **다전극을 이용하여 능률을 높이는 방법의 특징**
>
> 1. 1개의 와이어를 사용하는 다전극에서는 전류를 증가시킴으로써 능률이 향상되므로 작업성의 측면에서 제약을 받는다. 그러나 복수 전극에서는 전류를 분리하여 공급하므로 작업성의 저하가 발생하지 않고 고능률 용접이 가능하다.
> 2. 전극을 탠덤(tandem) 위치로 사용하면 용접 속도를 증가시켜도 언더컷이나 불량 비드가 발생하지 않는 상태에서 2~3배의 용접 속도를 높일 수 있다(1개의 전극에 비하여).
> 3. 용접선에 대한 전극 와이어의 위치를 상호 적절히 바꾸거나 전극 간격을 변화시킴에 따라 여러 가지 비드 형상을 얻을 수 있다.
> 4. 전극을 횡렬(transverse) 위치에 놓고 사용할 때 전극 간격을 크게 함에 따라 두 개 이상의 평행 비드를 동시에 배치할 수 있고, 용접선에 따라 횡렬 위치로 사용하면 홈의 정밀도 불량에서 오는 용락을 방지할 수 있다.
> 5. 와이어에 대한 용제의 소비량이 적다.
> 6. 다전극을 사용함에 따라 전원의 부하 불균형을 완화한다.

① 컷 와이어(cut wire) 첨가 서브머지드 아크 용접법 : 후판을 단일 패스의 용착량을 증가시켜 고능률적으로 용접하기 위하여 [그림 6-41]에서와 같이 V형 홈 맞대기 용접에서 루트 패스를 적당한 방법으로 용접한 후 홈에 지름 1.6~2.0 mm 정도의 가는 와이어를 지름과 같은 길이로 절단하여 컷 와이어 호퍼를 통하여 공급하고 그 위에 고전류(1,000 A 이상)로 1층 용접을 한다. 이것은 종래 용접 방식보다 2~3배 능률이 높으며 고전류에도 불구하고 냉각 효과 때문에 인성이 저하되지 않으며, 기계적 성질의 향상도 기대된다.

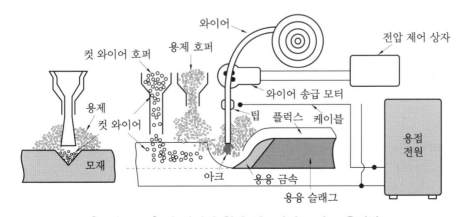

**[그림 6-41] 컷 와이어 첨가 서브머지드 아크 용접법**

② 복합 와이어와 솔리드 와이어로 병용하는 방법 : 강제 탈산제와 염기성 용제가 내장된 복합 와이어를 용융지에 개별로 송급 용융하는 방법과 [그림 6-42]에서 보는 바와 같이 솔리드의 삼각 바, 사각 바를 사전에 홈 부분에 놓고 용접하는 방법이 있다. 냉각 효과가 크고 내장된 용제에 의해 기계적 성질이 개선된다. 일본에서 개발된 것으로 FN식 또는 KIS법이라고도 한다.

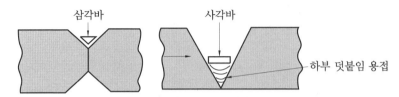

[그림 6-42] 복합 와이어와 솔리드 와이어 병용 방법

③ $I^2R$법 : 이 용접법은 [그림 6-43]에서 보는 바와 같이 와이어는 전류를 공급하는 콘택트 부에서 선단까지의 돌출 길이를 길게 하는 것으로 이 길이가 길게 되면 와이어에 많은 저항열이 발생하여 와이어가 예열되어 용융하여 속도가 증가된다. 즉, 보통 서브머지드 아크 용접에서는 와이어 돌출 길이가 30 mm 전후인 데 비하여 $I^2R$법 200~250 mm 정도로 한다. 보통 서브머지드 아크 용접법에 비하여 용융 속도가 30~50 % 증가하나 용입은 얕다(일명 KK-X법이라고 한다).

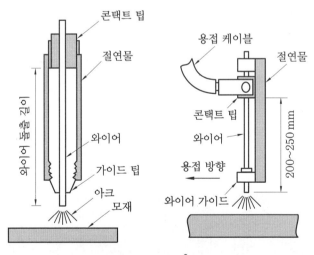

[그림 6-43] $I^2R$법

④ 핫 와이어(hot wire) 서브머지드 아크 용접 : $I^2R$법과 유사한 방법으로 [그림 6-44]에서와 같이 저항 가열과 용가재를 겸한 방식이다. 이와 같은 방식은 용입이 얕으므로 융합 불량 및 슬래그의 혼입이 일어나지 않는 범위 내에서 사용해야 한다.

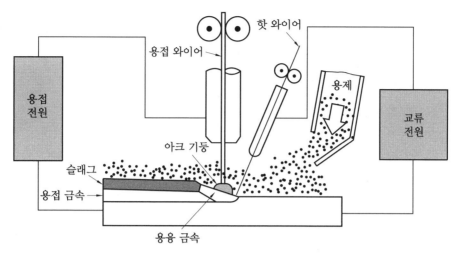

[그림 6-44] 핫 와이어 서브머지드 아크 용접법

⑤ 좁은 홈 용접 : 용접부 판 두께 80 mm 이하에서는 개선각이 작은 X형 홈을 채택하는 방법과 [그림 6-45]에서와 같이 150 mm 이하에서 사용하는 한 줄 센터 놓기 방법이 있으며 150 mm 이상에서는 두 줄 놓기 방법이 있다. 이것의 장점은 다음과 같다.

㈎ 긴 콘택트 팁에 절연 테이프를 입히면 일반 서브머지드 아크 용접 장비로 용접이 가능하다.

㈏ 생산성이 높은 다전극 방식을 보다 쉽게 사용할 수 있다.

㈐ 홈의 정밀도와 용접 조건의 허용 범위가 넓고 결함이 없는 좋은 품질의 용접부를 얻을 수 있다.

㈑ 용접부의 기계적 특성이 매우 좋아 중화학 및 원자로 등의 분야에 적용할 수 있다.

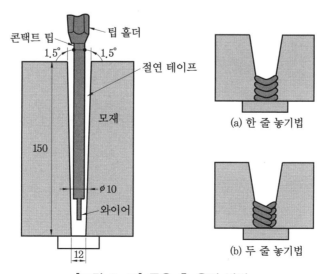

[그림 6-45] 좁은 홈 용접 방법

## 6-8 용접 결함과 대책

용접은 여러 가지 조건에 의해 영향을 받으며 어느 한 부분이라도 조건에 부합하면 용접 결함이 발생하여 용접 구조물에 나쁜 영향을 미치므로 좋은 용접부를 얻기 위해서는 결함의 원인을 파악하여 대책을 세워야 한다. 일반적으로 수동 용접이나 자동 용접의 용접 결함에는 큰 차이가 없으며 기공, 크랙, 슬래그 섞임, 용접 위치 불량으로 인한 루트 결함 등이 있다. 그 원인이 무엇이며 어떤 방법으로 대책을 세워 방지할 것인지는 [표 6-18]에서 요약한 것과 같다.

[표 6-18] 용접 결함의 원인과 그 대책

| 결함 | 원인 | 대책 |
|---|---|---|
| 기공 | 1. 이음부나 와이어의 녹, 기름, 페인트, 기타 오물이 부착됨<br>2. 용제의 건조 불량<br><br><br>3. 용제 산포량의 부족<br>4. 용접 속도의 과대<br>5. 용제 중에 불순물의 혼입<br><br>6. 용제의 산포량이 많아 가스의 방출이 불충분(입도가 가는 경우)<br>7. 극성 부적당 | 1. 이음부의 청소, 연마, 연소, 신세, 샌드 블라스팅 등을 한다.<br>2. 용융형 용제는 약 150°로 1시간, 소결형 용제는 약 300℃로 1시간 정도 건조한다.<br>3. 용제 산포 높이를 높게 조절한다.<br>4. 용접 속도를 저하시킨다.<br>5. 용제 교체, 회수 시 불순물에 유의한다.<br>6. 용제 산포 높이를 낮춘다.<br><br>7. 전극을 (+)극으로 연결한다. |
| 균열 | 1. 모재에 대하여 와이어와 용제의 조합 부적당(모재의 탄소량 과대, 용착 금속의 Mn량 감소)<br>2. 용접부의 급랭으로 열 영향부의 경화<br><br>3. 용접 순서 부적당에 의한 집중 응력<br>4. 와이어의 탄소와 유황의 함유량이 증대<br>5. 모재 성분에 의한 편석<br><br>6. 다층 용접의 제1층에 생긴 균열 및 비드가 수축 변형에 견디지 못할 때<br>7. 구속이 심할 때<br>8. 비드 폭에 비하여 용입이 클 때 | 1. 망간량이 많은 와이어를 사용, 모재에 탄소량이 많으면 예열한다.<br>2. 전류와 전압은 높게, 용접 속도는 느리게 한다.<br>3. 적당한 용접 설계를 한다.<br>4. 와이어를 교체한다.<br><br>5. 와이어와 용제의 조합을 변경, 전류를 낮추고 용접 속도를 느리게 한다.<br>6. 제1층 비드를 크게 한다.<br><br>7. 낮은 전류로 용접한다.<br>8. 용접 속도를 빠르게 한다. |

| 슬래그 섞임 | 1. 모재의 경사에 의해 용접 진행 방향으로 슬래그가 혼입됨<br><br>2. 다층 용접의 경우 앞 층의 슬래그 제거 불충분<br>3. 용입 부족으로 비드 사이에 슬래그가 섞임<br>4. 용접 속도가 느려 앞쪽으로 슬래그가 흐를 때<br>5. 최종 층의 아크 전압이 너무 높으면 유리되어 용제가 비드 끝에 들어감 | 1. 모재는 되도록 수평으로 하든지 용접 방향을 상진이 되게 한다. 하진 용접 시 용접 전류와 속도를 빠르게 한다.<br>2. 앞 층의 슬래그를 완전히 제거한 후 용접한다.<br>3. 전류를 높여 완전한 용입이 되도록 한다.<br>4. 전류, 용접 속도를 높인다.<br>5. 전압을 낮추고 속도를 증가시킨다. |
|---|---|---|
| 용락 | 전류 과대, 홈의 각이 지나치게 크고 루트 면 부족 및 루트 간격 과대 | 규정에 맞도록 재조정후 용접한다. |
| 용입이 얕다. | 전류가 낮음. 전압이 높음. 루트면 및 간격 부적당 | 조건을 재조절한다. |
| 용입이 깊다. | 전류가 높음. 전압이 낮음. 루트면 및 간격 부적당 | 조건을 재조절한다. |
| 언더컷 | 전류가 너무 높을 때. 전압이 너무 높을 때. 용접 속도가 너무 빠를 때. 전극(와이어) 위치 부적당 | 전류, 전압을 낮추고 용접 속도를 알맞게 조절한다. 와이어 위치는 수평 필릿 시 중심을 수평판 쪽으로 약간 이동시킨다. |
| 오버랩 | 전류가 높음. 전압이 낮음. 용접 속도가 너무 느림 | 전류를 낮추고 전압을 높인다. 용접 속도를 증가시킨다. |
| 볼록한 비드 | 전류가 과대. 전압 과소. 홈 각도 과소 | 조건을 재조절한다. |
| 평평한 비드 | 용접 속도의 과대. 전압 과대. 와이어의 위치 불량 | 조건을 재조절한다. |

## 연·습·문·제

**1.** 서브머지드 아크 용접에서 용접기를 전류 용량으로 구별할 때, 최대 전류에 해당되지 않는 것은?

① 600 A

② 900 A

③ 2,000 A

④ 4,000 A

해설 전류 용량에 의한 분류로는 4000 A, 2000 A, 1200 A, 900 A가 있다.

**2.** 서브머지드 아크 용접의 용접 헤드에 속하지 않는 것은?

① 와이어 송급 장치

② 전압 제어 장치

③ 용접 레일

④ 콘택트 팁

해설 용접 헤드는 와이어 송급 장치, 전압 및 전류 제어 장치, 이송 속도 제어 장치, 콘택트 팁, 용제 호퍼로 구성된다.

**3.** 상품명인 유니언 멜트(union melt) 용접이라고도 하는 것은?

① 플래시 버트 용접

② 서브머지드 아크 용접

③ 일렉트로 슬래그 용접

④ 고주파 유도 용접

해설 서브머지드 아크 용접은 유니언 멜트 용접, 링컨 용접, 케네디 용접, 잠호 용접이라고도 한다.

**4.** 서브머지드 아크 용접용 와이어 코일의 중량에 해당되지 않는 것은 어느 것인가?

① 12.5±2 kg

② 25±3 kg

③ 75±3 kg

④ 100±5 kg

해설 와이어 코일의 중량은 작은 코일(S) 12.5±2 kg, 중간 코일(M) 25±3 kg, 큰 코일(L) 75±3 kg, 초대형 코일(XL) 100±3 kg이다.

**5.** 서브머지드(submerged) 아크 용접기에서 용접 와이어에 전류를 공급하는 장치는?

① 송급 모터(feed moter)

② 송급 롤러(feed roller)

③ 콘택트 팁(contact tip)

④ 용제 호퍼(flux hopper)

**6.** 잠호 용접(submerged arc welding)의 용접 장치에 관한 내용으로 옳은 것은?
① 수하 특성의 경우에는 아크 길이가 일정하도록 와이어 이송을 정속도 제어한다.
② 수하 특성의 와이어 이송은 정속도 제어이나 아크 길이의 변동은 전류의 변화로 된다.
③ 정전압 특성의 와이어 이송은 정속도 제어이며 자기 제어로 아크 길이가 유지된다.
④ 정전압 특성의 와이어 이송은 가변속도 제어이며 아크 전압을 검출하여 제어한다.

**7.** 잠호 용접에서는 이음 홈 가공과 맞춤의 정밀도가 중요하다. 뒷받침을 사용하지 않을 경우 적당한 루트 간격은?
① ±2 mm
② ±1 mm
③ 0.8 mm 이하
④ 0.1 mm 이하

**8.** 서브머지드 아크 용접의 장점 및 단점에 대한 각각의 설명으로 틀린 것은?
① 장점 : 기계적 성질(강도, 연신, 충격치, 균일성 등)이 우수하다.
② 장점 : 적당한 와이어와 용제를 써서 용착 금속의 성질을 개선할 수 있다.
③ 단점 : 용접 입열이 크므로 모재에 변형을 가져올 우려가 없다.
④ 단점 : 대체로 아래보기 또는 수평 필릿 용접에만 한정된다.
해설 단점은 용접 입열이 크므로 모재에 변형을 가져올 우려가 있고 열 영향부가 넓다는 것이다.

정답 1. ① 2. ③ 3. ② 4. ④ 5. ③ 6. ③ 7. ③ 8. ③

# 제 7 장 레이저 빔 용접

## (1) 기초 지식

① 빛 : 일반적으로 사람의 눈에 보이는 가시적인 빛인 가시광선을 의미한다. 가시광선은 적외선과 자외선 사이의 파장이 400∼700 nm(나노미터)인 것으로 정의된다. 넓은 의미에서는 모든 종류의 전자기파를 지칭한다. 우리가 사물을 볼 수 있는 것은 빛 때문이며, 태양이나 불빛은 그 자체가 빛의 원천이다. 모든 빛은 원자에서 나오고 원자는 다른 원천(광원)을 흡수하거나 다른 입자와 부딪칠 때 에너지를 얻게 되는데 이때 빛이 생긴다. 빛은 직진성, 반사(reflection)와 투과, 굴절(refraction), 간섭(interference), 회절(diffraction)의 성질을 가진다.

  (개) 직진성 : 빛은 공간상의 가장 짧은 거리로 직진한다.

  (내) 반사와 투과 : 빛은 금속의 경계면을 통과하지 못하고 100 % 반사되며, 얇은 유리판과 같은 투명한 매질은 그대로 투과한다.

  (대) 굴절 : 입사광선이 휘거나 구부러지는 현상을 굴절이라 한다. 빛이 한 매질로부터 다른 매질로 지날 때 그 경계면에서 방향을 바꾸어 꺾이는 현상으로 이는 빛의 속도가 매질에 따라 다르기 때문이다.

  (래) 간섭 : 2개 혹은 그 이상의 빛이 상호작용으로 얻어진 합성파가 단순히 서로 더한 값과 다르게, 서로 세게 하거나 약하게 하는 현상이다.

  (매) 회절 : 입사광선이 장애물 때문에 일부가 차단되었을 때 원래와 다른 방향으로 방향이 바뀌어 진행해 가는 것을 말한다.

② 레이저(laser) : 레이저란 light amplification by stimulated emission of radiation의 첫 글자를 조합한 합성어로 '유도 방출에 의한 빛의 증폭'이라는 의미이다. 일반적으로 레이저 빛은 유도 방출로 증폭된 빛이기 때문에 백열전구나 형광등에서 나오는 빛과는 다른 독특한 성질을 갖는다. 1917년 A. Einstein이 그의 논문 "원자에서 빛의 흡수와 방출에 대한 이론"에서 빛과 물질의 상호작용에서 유도 방출에 의해서 레이저가 나온다고 주장하였다. 유도 방출이란 외부에서 들어오는 빛의 부추김에 의해 높은 에너지의 원자가 낮은 에너지 상태로 변하면서 빛을 만드는 현상이다. 이 과정에 의

해 한 개의 광자가 위상과 파장, 방향이 동일한 두 개의 광자로 방출되는 것이 유도 방출의 핵심이다. 일반적으로 빛이 물질을 통과할 때 그 강도는 진행함에 따라 약해 지지만 헬륨, 네온, 아르곤 등의 기체에는 강해진다. 이와 같이 적당한 진동수의 강한 빛을 가진 기체는 방전에 의해 루비 등 고체에 부딪침으로 인해 원자를 야기시켜, 높 은 에너지 상태가 되도록 한다. 레이저는 이러한 현상을 이용하여 전자관 회로에 의 해 빛을 발진하는 기구를 만든다. 최초의 레이저는 1960년 휴즈(Hughes)연구소의 물리학자 T. H. Maiman에 의해 루비를 매질로 하여 붉은 빛이 나는 루비(ruby) 레 이저가 개발되었다. 이것은 고체 레이저로 태양 표면에서 방출되는 빛보다 네 배 강 하다. 그 후 레이저의 연구는 활발하게 진행되어 현재 사용되는 대부분의 레이저가 1960년대에 개발되었다.

**[표 7-1] 레이저의 변천 과정**

| 연도 | 내용 | 연도 | 내용 |
|---|---|---|---|
| 1917 | 아인슈타인의 유도 방출 가정 | 1966 | 유기염료에 레이저 방출 |
| 1960 | 루비 레이저 | 1975 | 레이저 빔 커팅 응용 |
| 1962 | 반도체 레이저 | 1983 | 1 kW $CO_2$ 레이저 |
| 1964 | Nd : YAG 레이저<br>$CO_2$ 가스 레이저 | 1984 | 산업에서 레이저 빔 용접 응용 |

레이저는 자외선과 적외선 파장 영역의 가간섭성 전자기파이다. 레이저 종류에 따른 파장 영역을 [그림 7-1], [표 7-2]에서 살펴보면 694 nm의 파장은 루비 레이저, 1,060 nm의 파장은 Nd : YAG 레이저, 10,600 nm 파장은 $CO_2$ 레이저이다.

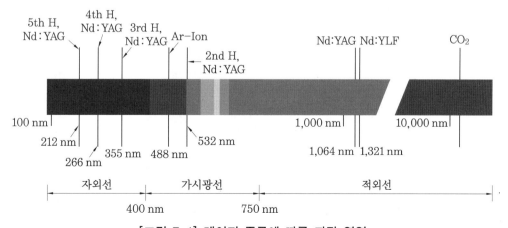

**[그림 7-1] 레이저 종류에 따른 파장 영역**

[표 7-2] 레이저의 종류와 파장 영역

| 파장 영역[nm = 10$^{-9}$ m] | 레이저 |
|---|---|
| 400 | Excimer |
| 488 | Argon |
| 514 | Argon or Dye |
| 532 | Doubled Nd : YAG |
| 578 | Copper Vapor |
| 585-600 | Pulsed Dye |
| 694 | Ruby |
| 755 | Alexandrite |
| 810 | Diode |
| 1,060 | Nd : YAG |
| 2,940 | Erbium YAG |
| 10,600 | $CO_2$ |

태양빛은 일직선의 스펙트럼에서 여러 가지 색상이 나타나며, 필터 빛은 태양빛을 필터링하여 빛의 일부만을 나타내고, 레이저 빛은 오직 하나의 스펙트럼을 나타낸다.

[표 7-3] 빛의 종류에 따른 파형과 스펙트럼

| 구분 | 그림 | 파형 | 일직선의 스펙트럼 |
|---|---|---|---|
| 태양빛 | | | |
| 필터 빛 | | | |
| 레이저 빛 | | | |

## (2) 원리

① 레이저 : [그림 7-2]에서와 같이 레이저 발생 원리는 레이저원에서 레이저 매질에
집중된 에너지를 공급하고 이것을 자극해서 만들어진다. 레이저 매질에서 빛이 발생
하면서 발생된 빛이 공진기 안에서 유도 방출을 일으켜 증폭되면서 강한 레이저 광
선이 발진한다. 레이저 발진 장치는 가늘고 긴 공진기 양쪽에 완전 반사경과 부분
반사경이 있고, 그 사이에 레이저 매질을 채워 놓는다. 매질에는 고체, 액체, 기체,
반도체 등을 사용할 수 있으며, 현재 30가지 이상의 매질이 있다.

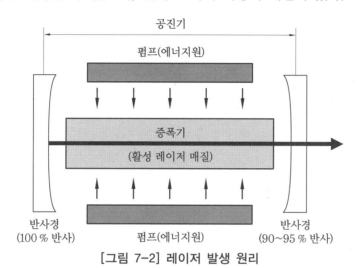

[그림 7-2] 레이저 발생 원리

　레이저 발진을 위해서 레이저 매질에서 나온 위상과 파장이 동일한 빛은 양쪽 거
울에 반사되어 무수히 왕복한다. 이 과정에서 유도 방출이 지속적으로 생겨 빛이 증
폭되거나 광학 부품에 의한 투과와 산란에 의해 손실되기도 한다. 레이저의 강도는
점점 증폭되어 부분 반사 거울을 통과하여 빛이 나오게 되는데, 이 빛이 레이저이
다. 이와 같이 레이저 빛은 발생 과정에서 위상과 파장, 방향이 같은 일정한 빛만
나오므로 거의 퍼지지 않고 멀리까지 갈 수 있다. 레이저의 구성 요소는 레이저 매
질과 에너지원을 공급하는 펌프, 공진기로 이루어져 있다.

㈎ 레이저 매질 : 유도 방출로 빛을 증폭하는 매질로 특별한 원자나 분자가 채워
진 물질로 빛의 유도 과정에서 증폭되어 센 빛이 나도록 하는 광 증폭기이다.

㈏ 펌핑 에너지(pumping energy) : 외부에서 매질에 에너지를 공급하기 위한 장
치인 펌프로, 높은 에너지 준위를 가진 원자나 분자들의 밀도를 높인다.

㈐ 공진기(cavity) : 특정 주파수에서 외부 에너지가 집중되며 공진하는 장치로
공진기는 두 가지 시스템으로 되어 있다. 콤팩트한 디자인의 횡류 레이저 시스
템을 사용하면 빔의 다중 폴딩(folding) 능력이 종류(longitudinal) 시스템보다
더 높은 출력 전력에 도달할 수 있지만 빔 품질은 더 나빠진다.

② 레이저 빔 용접 : 공진기에서 발생한 레이저 광선은 레이저 유니트에서 렌즈를 통해 발진하게 되며, 용접될 모재의 표면에 레이저 빔을 보내면 집중된 광에너지가 열에 너지로 변환되어 그 열로 모재의 표면이 녹기 시작하고 표면 농도에 따라 빔 에너지 는 모재의 기화 온도 이하로 유지하면서 용접이 진행된다. [그림 7-3]은 레이저 빔 용접의 원리를 나타낸 것으로 일반적으로 용접봉을 사용하지 않고 모재를 I형 맞대 기를 한 상태에서 모재가 용융이 되어 키 홀이 발생하게 되고, 키 홀의 크기에 따라 용입량을 조절하여 용접한다. 용접을 위해서는 레이저 빔을 발진하면 모재의 표면에 집속되어 빔의 많은 양이 모재 표면에서 반사된다. 이때 모재에 흡수된 레이저 빔이 모재를 가열시키고, 가열된 모재는 레이저 빔 흡수를 증가시켜 용접열원으로 사용된 다. 모재의 침투가 전도성 열에 의존하기 때문에 레이저 용접의 이상적인 야금학적 및 물리적 특성을 실현해야 하는 경우 일반적으로 용접할 재료의 두께가 20 mm 미 만이다. 집중된 에너지는 열 영향부(heat affected zone)가 발달하기 전에 용융 및 응고를 생성한다. 용접되는 모재가 두껍고 알루미늄과 같은 높은 열전도도를 가질 때, 열 영향부가 최소인 이점이 부정적인 영향을 받을 수 있다.

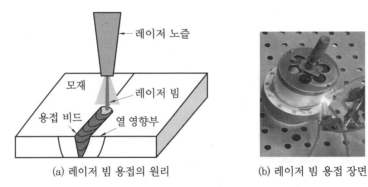

(a) 레이저 빔 용접의 원리        (b) 레이저 빔 용접 장면

[그림 7-3] 레이저 빔 용접의 원리와 용접 장면

## (3) 장 · 단점

① 장점

㈎ 허용 공차(±0.0254 mm)로 고정밀 용접이 가능하다.

㈏ 비접촉 공정으로 응력을 최소화한다.

㈐ 부품의 열적 및 기계적 변형을 최소화한다.

㈑ 입열량이 낮다.

㈒ 공구 교환이 필요 없다.

㈓ 용접면이 일반 용접보다 깨끗하다.

㈔ 용접하기 어려운 거리에 접근하여 용접이 가능하다.

(아) 고밀도 절단이 가능하다.

(자) 깨끗한 가공으로 먼지, 슬래그 생성이 거의 없다.

(차) 자동화된 프로세스로 우수한 제품을 생산한다.

(카) 열 영향 부분에서 왜곡(distortion)을 최소화한다.

(타) 이종 금속의 용접에도 일부 가능하다.

(파) 응용 범위가 넓다.

(하) 용접 위치를 정확하게 알 수 있어 피로 강도와 인장 강도를 증가시킬 수 있다.

(거) 자성 재료 등도 용접이 가능하다.

② 단점

(가) 정밀 용접 시 정밀한 레이저 빔 조절이 요구되어 클램프 장치가 필요하다.

(나) 레이저 빔 조절이 잘못되면 언더컷 등 결함이 발생할 수 있다.

(다) 정밀한 레이저 빔 조절이 요구되어 숙련된 기술을 요한다.

(라) 빔 핸들링 장치가 정밀해야 한다.

(마) 안전 차단막이 필요하다.

(바) 용접부의 투과 깊이가 제한된다.

(사) 장비비가 고가이다.

## (4) 특성

자연광은 서로 다른 많은 파장과 위상의 빛이 섞여 있어 어느 날 비가 내린 후 일곱 색깔 무지개를 볼 수 있는데, 이것은 햇빛이 공기 중에 있는 수증기로 인하여 굴절하기 때문에 일어나는 현상으로 여러 가지 빛이 합쳐 일어난다. 빛은 또한 일종의 전자파로 그 파장이 짧을수록 굴절하는 정도가 다르게 나타나고, 파장이 짧은 청색이 안쪽에, 녹색, 황색, 적색 순으로 나타난다. 그러나 레이저 빛의 경우에는 같은 상태에서 굴절에 의해서 진로는 굽어지지만 색상의 변화는 일어나지 않고 태양빛과 달리 하나의 빛으로 되어 있는 단일 파장 동위상의 빛이다. [그림 7-4]에서 태양빛과 레이저 빛의 프리즘 (prism)에 의한 굴절 상태를 나타낸 것과 같이 레이저 빛은 태양빛과 달리 하나의 빛으로 되어 있다. 레이저 빛은 단색성, 지향성(직진성), 일관성(간섭성), 에너지 집중도 및 휘도성이 뛰어나다. 레이저의 네 가지 특성에 대해 자세히 알아보면 다음과 같다.

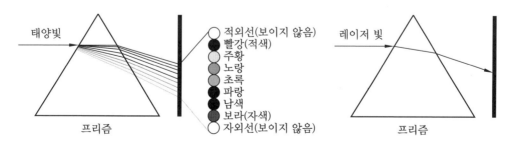

[그림 7-4] 태양빛과 레이저 빛의 프리즘에 의한 굴절

① 단색성(monochromaticity) : [그림 7-5]는 백열전구와 레이저의 빛의 상태를 나타낸 것으로 백열전구는 여러 가지 빛이 혼합되어 있는 상태로 여러 가지 빛이 나타나지만 레이저는 혼합되어 있지 않고 어느 정도 순수한 하나의 빛이 완벽에 가까운 단일 파장의 빛을 발생한다.

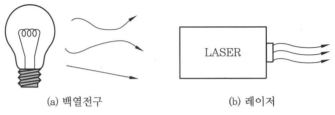

(a) 백열전구          (b) 레이저

[그림 7-5] 레이저 빛의 단색성

② 지향성(directivity)(직진성) : 빛의 퍼짐 정도가 매우 적어 여러 방향으로 퍼지지 않고 직진하며, 에너지 손실 없이 빛을 전달하고 렌즈를 통해 레이저 에너지 대부분의 집속이 가능하다. [그림 7-6]에 나타낸 바와 같이 백열전구나 회중전등은 빛이 앞으로 나감에 따라 넓게 퍼지지만 레이저는 거의 일직선으로 나아간다. 따라서 레이저 빛은 지향성이 뛰어나다.

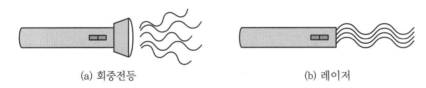

(a) 회중전등          (b) 레이저

[그림 7-6] 레이저 빛의 지향성

③ 일관성(간섭성) : 두 개의 파장이 겹쳤을 때, 두 파장 사이의 위상 차이에 따라 [그림 7-7]과 같이 명암의 무늬가 나타나는 현상으로 햇빛은 여러 가지 파장이 겹쳐 나타나고, LED 빛은 파장은 같으나 겹쳐 나타나지만 레이저 빛은 파장이 일정하게 일률적으로 나타난다. 간섭성(coherence)은 시간에 관계없이 일정하다. 레이저는 서로 교차하지 않는 광선으로 일관성을 유지한다. 레이저 빛은 다른 광원의 빛과 매우 다르게 작동하며, 단색 또는 매우 순수한 색상으로 일관성 빛이다.

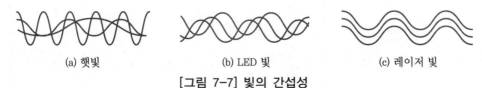

(a) 햇빛          (b) LED 빛          (c) 레이저 빛

[그림 7-7] 빛의 간섭성

④ 에너지 집중도 및 고휘도성 : [그림 7-8]은 태양광과 레이저의 에너지 집중도를 나타낸다. 태양빛을 렌즈에 집중시키면 종이나 나무를 태울 수 있는 정도로 열이 발생하나

레이저 빛의 경우는 에너지 밀도가 높아 연강을 용융할 수 있다. 렌즈로 집광을 한 경우 태양빛보다 레이저 빛이 더 작은 점이 될 수도 있다. 고휘도(high brightness)는 매우 밝은 성질로 일정 면적을 통과하여 일정 입체각으로 들어오는 빛의 양이 많음을 나타내는 것으로 레이저는 에너지 밀도가 태양광에 비하여 매우 높다.

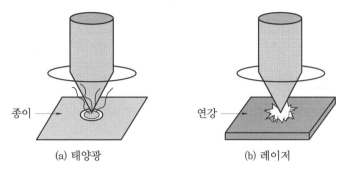

(a) 태양광          (b) 레이저

[그림 7-8] 태양광과 레이저의 에너지 집중도

## (5) 산업용 레이저 용접의 여러 가지 유형

다양한 산업 분야에서 자동화와 높은 용접 속도는 레이저 용접을 선택하는 방법 중 하나이다. 다음은 산업용 레이저의 여러 가지 유형이다.

① 스폿 및 심 용접 : 몇 미터 길이의 연속 스폿 및 심 용접에 사용된다.

② 증착(deposition) 용접 : 금형 및 공구를 수정하고 수리한다.

③ 스캐너(scanner) 용접 : 미러를 움직여 용접 점을 매우 짧은 시간에 이동하여 레이저 용접을 할 수 있다. 3차원 자동차 부품, 아주 작은 반점 등을 용접하는 데 사용한다.

④ 솔더링(soldering) : 두 개의 부품을 납땜하거나 용제를 사용하여 융합한다.

⑤ 깊은 용입 용접 : 고밀도 레이저 빔을 사용하여 다층 용접 또는 심 용접이 필요한 경우에 사용한다.

## (6) 레이저 용접 기술

① 트윈 빔 레이저 용접 : 이 방법은 두 가지 종류의 레이저 빔을 사용하여 용접 비드와 용접 풀 형상을 동시에 제어한다. $CO_2$ 레이저와 엑시머 레이저는 구리 또는 알루미늄과 같은 높은 반사율을 갖는 용접 금속에 적합하다.

② 하이브리드 용접 : 레이저 용접과 TIG(tungsten inert gas), MIG(metal inert gas) 또는 플라스마 용접의 장점을 접목하여 특수 용도에 따른 용접 공정과 함께 사용한다.

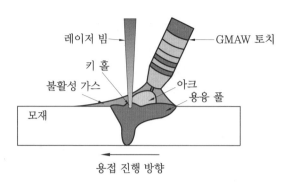

[그림 7-9] 레이저 빔과 GMAW의 하이브리드 용접

---

### 7-2  용접 장치 및 구성

### (1) 레이저 발생 장치의 구조

레이저 빔 용접기의 발생 장치의 구조는 [그림 7-10]에서와 같이 공간적인 방향성을 가지고 있는 레이저 광을 발산하는 발진기와 레이저를 작동시키기 위해 필요한 필수 추가 장치인 전원 공급 장치, 냉각부, 제어부 등으로 구성된다.

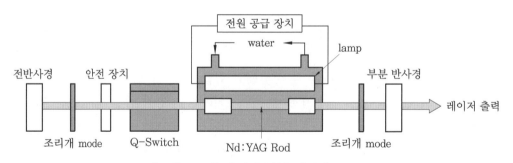

[그림 7-10] 레이저 발생 장치의 구조

① 발진기 : 레이저 광속을 발생시키는 장치로 레이저의 핵심적인 부분이다. 봉과 공진기로 구성된다.

② 전원 공급 장치 : 외부 에너지원으로 전압을 인가하는 장치로 고전압을 공급한다.

③ 냉각 장치 : 레이저 발진 시 발생하는 열에 의한 레이저 출력 저하 및 공동(cavity) 파손을 방지하기 위해 공동 내부를 냉각시켜 준다.

④ 제어 장치 : 레이저의 ON/OFF와 레이저 출력이나 프로그램을 제어한다. 큐-스위칭(Q-switching)은 일반적으로 공진기 내부의 기계식 또는 전자식 셔터에 의해 빛을 차단하거나 통과시키는 스위치 역할을 하는데, 레이저 발진이 조금씩 일어나지 않고 모아서 짧은 시간 동안 한꺼번에 매우 강한 빛이 나오게 하는 역할을 한다.

## (2) 용접 장치의 매개 변수

레이저 용접의 품질을 제어하는 몇 가지 매개 변수가 있다.

① 레이저 펄스 에너지 : 펄스의 최대 출력을 결정하는 매개 변수이다.

② 레이저 펄스 주파수 : 레이저로 생성되는 펄스 에너지의 양을 초 단위로 나타낸다.

③ 레이저 빔 플레어 직경 : 레이저 성능을 측정하는 데 중요한 변수로 레이저의 용접 범위와 전력 밀도를 결정하는 데 도움이 된다.

④ 파워 파형 선택 : 폭이 넓은 펄스 폭은 더 큰 용접점을 생성하고 피크 전력이 높을수록 더 깊은 용접점을 생성한다.

⑤ 레이저 펄스 파형 : 이는 레이저 용접 공정의 문제점 중 하나이다. 고강도 레이저 빔이 재료 표면에 닿으면 약 60∼90 %의 에너지가 반사에 의해 손실된다. 반사율은 재료의 표면 온도를 변경하여 변경할 수 있다.

## (3) 레이저의 종류

레이저는 파장에 따라 연속 레이저와 펄스 레이저로 구분하는데, 펄스 레이저는 순간적으로 강한 에너지를 보내는 것이고, 연속 레이저는 약한 레이저를 지속적으로 보내는 것이다. 연속 레이저는 디스플레이, 광통신의 광원으로 사용되고, 펄스 레이저는 레이더, 핵융합 등에 이용된다. 또한 레이저는 광 증폭을 일으키는 활성 매질에 따라 고체 레이저, 액체 레이저(색소 레이저), 기체 레이저, 반도체 레이저 등으로 구분한다.

[표 7-4] 고체 레이저와 기체 레이저의 종류와 특징

| 종류 | 레이저의 명칭 | 파장 | 발진파형 | 응용 |
|---|---|---|---|---|
| 고체<br>레이저 | Nd : YAG 레이저(램프 및 반도체 레이저 여기 방식) | $1.064\ \mu m(0.532$ $\mu m$도 발진 가능) | 펄스, 연속 | 용접, 절단, 스폿 용접(펄스), 의료용, 색소 레이저 여기용 등 |
| | Nd : 글라스 레이저 | $1.053\ \mu m$ | 펄스 | 천공, 스폿 용접 등 |
| | 루비 레이저 | 694 nm | 펄스 | 천공, 스폿 용접, 홀로그래피 등 |
| 기체<br>레이저 | 축류형($CO_2$ 레이저)<br>횡류형($CO_2$ 레이저)<br>봉입가스형($CO_2$ 레이저)<br>TEA형($CO_2$ 레이저) | $10.6\ \mu m$ | 연속, 펄스<br>연속, 펄스<br>연속<br>펄스 | 용접, 절단, 표면개질, 천공, 마킹 등 |
| | ArF(엑시머 레이저)<br>KrF(엑시머 레이저)<br>XeCl(엑시머 레이저)<br>XeF(엑시머 레이저) | 193 nm<br>248 nm<br>308 nm<br>351 nm | 펄스<br>펄스<br>펄스<br>펄스 | 화학적 반응, 어닐링, 에칭 등 |
| | Ar(이온레이저) | 351∼528 nm에서 다수의 발진파장 주로 488, 514.5 nm | 연속 | 어닐링, 미세가공 등 |

① 고체 레이저 : 고체 내 이온이 가진 고체 유전체를 이용하여 빛을 자극하여 발생하는 레이저로 기체 레이저에 비하여 단시간에 큰 출력을 쉽게 얻을 수 있다. 종류로는 크롬 이온을 포함한 루비 레이저, Nd : YAG 레이저가 대표적이며, Nd : Glass 등의 레이저도 있다. 레이저 가공, 플라스마 생성, 레이저 레이더, 로켓 추적 장치, 용접, 의학적 응용, 열핵융합 연구 등에 사용된다.

⑺ 루비 레이저($Cr^{3+}$ : $Al_2O_3$) : 1960년 미국의 물리학자 메이먼(Theodore Maiman)이 최초로 발진에 성공한 루비 레이저에 사용한 루비는 $Al_2O_3$의 결정체이다. $Al_2O_3$는 육각기둥 형태를 기본 구조로 하여 결정을 이루고, 이 Al 중 일부분이 Cr으로 취환되어 있으며, 루비의 붉은 빛은 이 크롬에 의한 것이다. 크롬 불순물 원자가 파장 550 nm 펌핑광을 흡수하여 순간적으로 이 들뜬 에너지는 준안정 상태에서 기저준위로 떨어지게 되면서 694.3 nm 파장인 눈으로 볼 수 있는 진한 붉은 빛을 낸다. 열전도도는 유리보다 높으나 루비는 3준위 레이저이므로 4준위 ND (neodymium) 레이저보다 온도가 높아질 때 레이저로서의 기능을 빠르게 잃게 되는 단점이 있다. 이 루비 레이저는 펄스형 레이저로 열가공, 점용접 등에 사용한다.

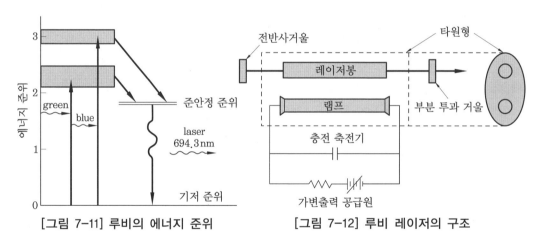

[그림 7-11] 루비의 에너지 준위    [그림 7-12] 루비 레이저의 구조

⑷ Nd : YAG 레이저 : Nd : YAG(neodymium : yttrium aluminum garnet) 레이저의 YAG는 융점이 1,950℃로 높고, 굴절률(n = 1.823)이 높은 무색투명한 결정이다. YAG 결정을 성장시켜 만든 작은 봉을 YAG 로드라 하고, 화학적인 조성이 $Nd^{3+}$를 소량 도핑한 것을 레이저 매질로 이용하고 있다. 비교적 큰 열전도이므로 적외선 파장을 연속파나 펄스로 발진이 가능하다. 연속적으로 1 kW 이상의 출력을 내지만 펄스 모드에서 직렬로 몇 개의 레이저를 작동시켜 순간적으로 수 나노초(nm) 동안 수 GW의 출력을 낼 수 있다. Nd : YAG 레이저는 냉각 효율이 레이저의 성능을 좌우하며, 레이저봉의 온도가 낮을수록 레이저 출력이 증가한다. YAG 레이저는 금속 표면에서 반사율이 작기 때문에 고반사 재료인 Cu, Al 등의 가공과 정밀 가공에 이용되며, 파장이 작으므로 광케이블

을 통한 전송이 가능하여 로봇 등에 부착하고, 자동화 시스템에 적용되고 있다. YAG 레이저는 기본적으로 4준위 레이저로 YAG 레이저 발진에 관계하는 $Nd^{3+}$이온의 4준위계 레이저 천이 과정은 [그림 7-13]에 나타나 있고, [그림 7-14]는 Nd : YAG 레이저 구조를 나타낸다.

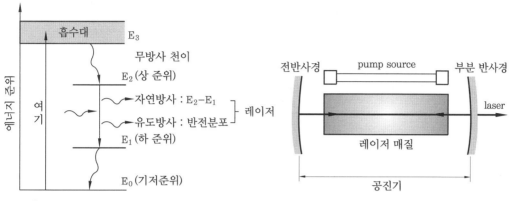

[그림 7-13] 4준위계 레이저 천이 과정        [그림 7-14] Nd : YAG 레이저 구조

여기 광을 흡수해서 강한 흡수대인 $E_3$로 여기 되면 광을 방출하지 않고 급속히 $E_2$대로 떨어지게 되고 체류 시간은 약 0.23 ms로 비교적 길다. 이에 반하여 레이저 천이의 하 준위인 $E_1$는 기저준위인 $E_0$보다 위에 있고 실온에서는 아래 준위에서 여기 되는 경우가 없어서 비어 있는 상태가 된다. 그러므로 상 준위와 하 준위 사이에서 반전 분포가 형성되어 1.064 $\mu$m의 강한 근적외선이 발생한다. 이것은 상 준위인 $E_2$에서 하 준위인 $E_1$으로 천이할 때 에너지 차에 의해서 자연 방출과 분포 방출에 의해 레이저가 발생하고 발진 효율이 높다.

㈐ 루비 레이저와 Nd : YAG 레이저의 비교 : [표 7-5]는 루비 레이저와 Nd : YAG 레이저의 파장과 선폭, 특징에 대한 비교이다. 루비 레이저는 가시광 Q-Switch 발진에 적합하고, Nd : YAG 레이저는 연속 발진, 반복 발진에 적합하다.

[표 7-5] 루비 레이저와 Nd : YAG 레이저의 비교

| 종류 | 루비 레이저 | Nd : YAG 레이저 |
|---|---|---|
| 파장 | 694.3 nm | 1.064 $\mu$m |
| 선폭 | 0.53 nm | 0.67 nm |
| 특징 | 가시광 Q-Switch 발진에 적합하다. | • 연속 발진, 반복 발진에 적합하다.<br>• 평균 출력이 크다. |

② 액체 레이저 : 레이저 매질이 액체 상태의 물질에 녹아 있는 것을 활성 물질로 한 레이저로 무기 액체 레이저, 색소 레이저(dye laser) 등이 있다. 현재 많이 이용되는 레이저는 크립토시아닌(kryptocyanine), 로다민(rhodamine) 등의 색소분자를 유기 용매에 녹인 색소 레이저로 다른 레이저는 단일 파장이지만, 색소 레이저는 일정한

범위 내의 모든 파장이 가능하고, 파장이 연속적으로 변하여 사용 범위가 넓고, 영역은 자외선에서 근적외선 영역이다. 파장은 320 nm~1.2 $\mu$m 정도이며, 3준위 레이저로 넓은 가시광선 구역의 스펙트럼이 나온다. 레이저 물질 중 로다민 6G라는 붉은 염료는 물 또는 에틸알코올에 희석하여 작동 매질로 사용하고, 파장의 변조가 요구되는 특수 용도에 사용되며, 효율이 높아 가장 많이 사용된다. 색소 레이저에 사용되는 유기색소는 유독성이 있는 경우도 많아 취급이 매우 까다로운 단점이 있다.

③ 기체 레이저 : 기체가 들어 있는 관 속에 전압을 걸어 방전시키면, 전자가 기체와 충돌하면서 빛의 세기가 증가하여 강력한 빛을 발산한다. 출력은 고체 레이저에 비해 떨어지지만 주파수가 안정적이며, 종류가 많고 용도가 다양하다. 대표적으로 헬륨-네온 레이저, $CO_2$ 레이저, 엑시머 레이저 등이 있다.

㈎ 헬륨-네온 레이저 : 1961년 Javan, Bennett, Herriott은 헬륨(He)과 네온(Ne)의 혼합 기체를 이용하여 최초로 1152.3 nm의 적외선의 연속 발진에 성공하였다. 수 밀리와트의 가시광선인 632.8 nm의 파장을 가지는 이 레이저는 최초의 가스 레이저이다. 주로 간섭, 회절, 굴절 등 기초 광학용으로 실험용에서 간섭을 이용한 측정, 홀로그래피의 제작 등에 쓰인다. 이 레이저에서 헬륨(He)은 네온(Ne)을 들뜨게 하는 매개 물질로서 작용하여 실제의 발진은 네온에서 이루어지는데, 0.8 torr의 He과 0.1 torr의 Ne 혼합 기체를 가늘고 긴 관에 채우고, 수천 볼트의 직류 고전압을 가하여 방전시키면, 전자가 He 원자와 충돌하여 높은 에너지 상태로 들뜨게 된다. 이 들뜬 He은 Ne과 충돌하면 Ne은 열적 에너지 밀도가 낮아 He는 낮은 에너지 상태로 떨어지는데 Ne은 바로 바닥 상태로 떨어지지 못하고 바로 아래 준위로 떨어져 밀도 반전이 형성된다. 밀도 반전으로 일어나는 두 에너지 준위가 1.15 $\mu$m 및 3.39 $\mu$m인 헬륨-네온 레이저는 출력이 낮아 금속 가공으로는 사용하지 못하나 장치가 간단하고 이동이 편리하다. 일반적으로 632.8 nm의 가시광 영역의 붉은 파장만을 발진시키는 공진기를 사용한다.

㈏ $CO_2$ 레이저 : 1964년 미국의 Patel이 발명하였다. $CO_2$ 분자의 진동에너지 준위를 이용하므로 빛의 파장은 10.6 $\mu$m의 적외선을 발진하며, 연속 발진 출력은 수백 kW로 금속의 가공 등 산업용으로 널리 쓰인다. 고출력은 금속의 절단, 용접, 표면 처리 등에 활용되고 저출력은 레이저 조각, 마킹에 가장 많이 사용된다. 또한 대부분의 생물학적 조직을 구성하는 물이 적외선을 잘 흡수하기 때문에 레이저 수술, 박피술 등 의료 응용 분야에 사용된다. 공진기가 $CO_2$ : $N_2$ : He(전형적인 비율은 1:1:8) 가스 혼합물로 채워지는 경우 펌핑은, 질소는 $CO_2$ 기체가 고에너지 상태로 가도록 하여 출력을 상승시키고, 헬륨은 빛을 방출 후 $CO_2$ 기체가 완전히 초기 상태로 가도록 하는 역할을 한다. $N_2$, He을 혼합하면 순수 $CO_2$일 때의 출력보다 매우 큰 출력을 얻을 수 있다. $CO_2$ 레이저는 박판의 절단용부터 100 kW급 이상의 초고출력 레이저도 있다. $CO_2$ 레이저 유형은

가스를 계속적으로 유동시키면서 고압전극에서 방전되는 에너지를 이용해 레이
저 빛을 발생시키므로 가스 교환이 거의 필요하지 않다.

**[표 7-6] 가스 흐름 유형에 따른 분류**

| 종류 | 출력 에너지 | 특징 |
|---|---|---|
| 저속축류 유동형 | 50~900 W | • 출력이 낮다.<br>• 레이저 빔 모드가 우수하다. |
| 고속축류 유동형 | 400~6,000 W | 저속축류 유동형의 유속을 증가시켜 출력이 향상된다. |
| 횡류 유동형 | 5,000~45,000 W | • 출력이 매우 크다.<br>• 레이저 빔 모드가 비대칭이다.<br>• 소형으로 모터의 회전에 의한 진동이 없다. |

(다) 엑시머(excimer) 레이저 : 자외선 범위에서 방사선을 생성하는 가장 인기 있는
가스 레이저로 활성 매체는 불활성 가스(Ar, Kr, Xe), 할로겐 가스(F, Cl) 및
완충 가스(보통 헬륨 또는 네온)로, ArF로 결합된 파장은 193 nm, KrF의 파장
은 248 nm, XeF의 파장은 351 nm과 353 nm이다. 엑시머 레이저의 펌핑은 강
렬한 전자 빔 또는 방전 기구에 의하여 수행된다. 일반적인 엑시머 레이저의
적절한 불활성 가스는 혼합물의 약 1~9 %, 할로겐 가스의 약 0.1~0.2 %이며
나머지 가스는 헬륨 또는 네온으로 에너지 전달을 촉진하는 역할을 한다. 엑시
머 레이저의 펄스 지속 시간은 일반적으로 5~20 ns 정도이다. 의학에서, 엑시
머 레이저 광은 다른 파장의 레이저보다 우수한 방식으로 조직을 절단 및 절제
할 수 있는 것으로 나타났다. 그러나 대부분의 사람들은 교정 안과 수술 분야
에서 엑시머 레이저에 노출된다. 엑시머 레이저가 미세 가공에 많이 활용되는
이유는 엑시머 레이저의 파장이 자외선 영역으로 YAG 레이저나 $CO_2$ 레이저보
다 훨씬 짧아 이미지의 최소 크기가 가장 작기 때문이다.

**[표 7-7] 엑시머 레이저의 유형별 특성**

| 구분 | $F_2$ | ArF | KrCl | KrF | XeCl | XeF |
|---|---|---|---|---|---|---|
| 파장(nm) | 157 | 193 | 222 | 248 | 308 | 351/353 |
| 펄스 에너지(J) | 0.06 | 0.8 | 0.2 | 1.5 | 2 | 0.7 |
| 최대 출력(MW) | 3 | 30 | 10 | 50 | 50 | 30 |
| 펄스 지속 시간(ns) | 10~30(XeCl는 200까지 가능) | | | | | |
| 빔 발산(mrad) | 2~10 | | | | | |

④ 반도체 레이저 : 다이오드 레이저(diode laser)라고도 한다. p형 반도체와 n형 반도
체 사이에 활성층이 삽입되어 있으며, p형에서 n형으로 전류를 보내면 전자의 밀도

가 증가하여 레이저 진동을 얻게 된다. 다이오드에서 전류의 증가에 따라 레이저 빛의 출력이 증가한다. 자외선, 가시광선, 적외선 구역으로 발진하며, 발진 효율은 30~50 %로 매우 높다. 소형 경량으로 전력 소비가 적고, 수명이 길고, 파장 선택 범위가 넓고, 스펙트럼 폭이 좁고, 미세하게 집광할 수 있으며, 직접 변조가 가능하다는 이유로 반도체 분야에서 확대되고 있다. 또한 광섬유에 의한 광통신의 핵심 기술이며, 응용 분야가 의료, 환경, 산업 등 다양한 분야로 확대되었다. 작동 매질은 반도체이며, 일반적인 비소화칼륨(GaAs)은 파장이 830~900 nm이고 3원소 합금인 GaAlAs은 파장이 630~900 nm이다. 반도체 레이저는 소형으로 신뢰성이 높고, 제조단가가 저렴하여 대량생산이 용이해 광통신 케이블이나 광디스크, 콤팩트 디스크(CD) 등 응용도가 매우 높다. 단점으로는 크기가 매우 작기 때문에 회절 효과가 떨어져 지향성이 떨어지고 출력이 작다. 보통 빔의 발산각도는 다른 레이저에 비하여 큰 편이다.

⑤ $CO_2$ 레이저와 YAG 레이저의 비교 : $CO_2$와 YAG 레이저는 각각 $10.6~\mu m$, $1.06~\mu m$의 파장을 가지므로 흡수율에서 차이가 난다. 같은 mode의 빔일 경우 YAG 레이저는 초점 깊이와 초점 크기에서 $CO_2$ 레이저에서보다 10배나 우수하다. [표 7-8]은 레이저 발진 매체로 가장 많이 사용되는 $CO_2$ 레이저와 YAG 레이저의 발진 매체, 파장, 최대 출력, 가공에서의 특징 등을 비교 분석한 것이다.

[표 7-8] $CO_2$ 레이저와 Nd : YAG 레이저의 비교

| 구분 \ 레이저의 종류 | $CO_2$ | Nd : YAG |
|---|---|---|
| 발진 매체 | $CO_2$ 가스<br>($N_2-He-CO_2$) | $Nd_3$를 도핑한 $Y_3Al_5O_{12}$ |
| 파장 | $10.6~\mu m$(적외·불가시) | $1.064~\mu m$(적외·불가시) |
| 발진 효율 | 10~20 % | 5~15 % |
| 발진 모드 | 연속·펄스 | 연속·펄스 |
| 최대 출력 | 연속으로 약 25 kW | 연속으로 2 kW |
| 발산각 | 5 kW급에서 약 2 mrad 이하가 가능 | 2 kW급에서 약 30 mrad 이하가 가능 |
| 여기 방식 | 방전 여기 | 램프광 여기 |
| 빔 전송 방법 및 광학 부품 | 미러 전송<br>석영섬유 전송 불가<br>광학부품 ZnSe 등 | 석영섬유 전송 가능<br>광학부품은 석영 가능 |
| 가공 특징 | 열가공<br>금속에 대해 흡수가 나쁘다.<br>세라믹 흡수는 좋다. | 열가공<br>금속에 대한 흡수는 $CO_2$보다 좋다.<br>세라믹에의 흡수는 좋지 않다. |

[그림 7-15]는 3 kW급 $CO_2$와 동급의 YAG 레이저 빔 용접의 연강에서의 용접 속도와 용입 깊이의 관계를 나타낸 것으로, 같은 용접 속도에서 YAG 레이저 빔 용접이 $CO_2$ 레이저 빔 용접보다 용입이 깊은 것을 알 수 있다.

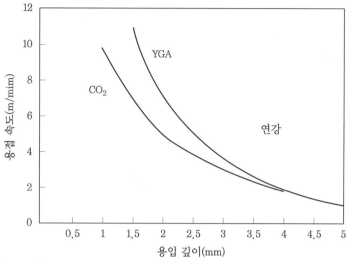

[그림 7-15] $CO_2$ 레이저와 YAG 레이저의 용입 깊이와 용접 속도의 비교

⑥ 기체/고체 레이저와 반도체 레이저의 비교

[표 7-9] 기체/고체 레이저와 반도체 레이저의 비교

| 구분 | 장점 | 단점 |
|---|---|---|
| 기체/고체 레이저 | • 다양한 종류의 레이저<br>• 활용 범위가 넓음<br>• 용접, 절단, 천공, 에칭 | • 높은 가격<br>• 넓은 설치 장소<br>• 저효율(고전류와 대형 냉각 장치) |
| 반도체 레이저 | • 소형<br>• 대량생산<br>• 고효율, 저소비<br>• 긴 수명<br>• 광통신, 광디스크 | • 소재 개발에 장기간 필요<br>• 대규모 시설 투자 |

## 7-3 용접 시공

### (1) 용접 준비

① 용접부의 설계 : 레이저 용접은 일반 용접에서 할 수 있는 용접 이음 외에 어려운 부분이나 깊숙한 곳의 용접이나 얇은 박판을 여러 장 겹쳐 있는 상태에서 용접할 수

있는 장점이 있다. 겹치기 용접을 하고자 할 때는 레이저 빔이 통과하지 않도록 양 모재를 클램핑 할 때 두 모재가 틈새가 없도록 하여야 한다. 아연 도금 강판을 겹치 기 용접할 때는 두 모재 사이가 0.1 mm 정도 틈새가 있도록 하여 용접해야 아연 가 스가 틈새로 빠져나가 용접 시 발생하는 결함인 기공을 방지할 수 있다. 레이저 빔 용접은 [그림 7-16]과 같이 여러 가지 이음 형상의 용접이 가능하다.

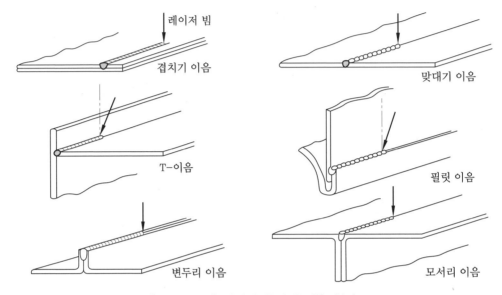

[그림 7-16] 레이저 용접의 이음 형상

예를 들어 맞대기 조인트의 경우 가장 중요한 요소는 조인트 피팅, 즉 결합될 두 시트 사이의 간격이며, 사운드 조인트를 보장하기 위해 재료 두께의 10~15 % 미만 이어야 한다. 가장자리를 정밀하게 전단하고, 특수 클램핑 장치(예 용접 영역 근처 의 롤러) 사용, 필러 와이어 추가, 맞춤형 광학 장치 사용 등 여러 가지 방법을 응용 할 수 있다.

② 용접 절차 규격서 : 용접 절차 사양서(WPS)는 용접 작업이 수행되기 위한 내용을 제 시하고 용접 작업에 대한 모든 관련 정보를 포함한다. 또한 이음부의 두께 범위 그리 고 모재 및 용가재의 범위까지도 포함한다.

㈎ 제작자 관련 사항 : 용접 절차 규격서 확인, 필요시 용접 절차 승인 기록서 또는 다른 문서 확인

㈏ 모재 관련 사항 : 등급, 재료의 치수, 용접 공정, 이음 설계

㈐ 용접 공정 : 용접이 진행되는 모든 과정

㈑ 이음 설계 : 형상, 치수 및 허용 오차를 나타내는 이음 설계의 개략도

㈒ 용접 자세 : ISO 6947에서 정한 바와 같이 명시

㉚ 용접 이음부 전처리 : 전처리 방법, 세정 탈지 등

㉛ 용접 방법 : 모든 용접 패스(가용접, 용접 패스, 마무리 용접 패스)를 상세하게 나타냄

㉜ 용접부 고정 기구 및 방법 : 용접 전 모재의 공정에 사용되는 기구 및 방법

㉝ 배킹(backing) : 필요시 그 종류 및 치수 제시

㉞ 사용 장비 : 종류(예 YAG 레이저 또는 $CO_2$ 레이저), 형식명, 제작자, 공정 출력, 연속파 또는 펄스, 병용되는 레이저 수, 공정 변수에 대한 공칭값, 빔의 전송 및 집광계, 플라스마 억제 가스 및 보호 가스 공급 기구, 용가재 공급 기구 등 제시

㉟ 용가재 및 첨가제 : 용가재 및 첨가제의 명칭, 치수, 취급 내용 명기

㊱ 용접 변수 : 레이저 빔 변수, 기계적 변수, 플라스마 억제 가스와 보호 가스, 기타 변수

㊲ 열처리 조건 : 예열 및 후열처리가 필요한 경우

㊳ 용접 후의 작업 : 기계적, 화학적 및 열적인 처리

[표 7-10] 레이저 빔 용접의 용어와 정의(KSBISO 156073)

| 용어 | 설명 |
|---|---|
| 슬로프 업 (slope up) | 용접 시작 시 제어된 빔 출력의 증가 |
| 슬로프 다운 (slope down) | 용접 종료 시 제어된 빔 출력의 감소<br>슬로프 다운 영역은 부재에서 슬로프 다운 효과가 발생한 영역이며, 선택된 모드에 따라서 하나 또는 두 개 영역으로 나타날 수 있음<br>① 완전 용입 용접에서<br> • 빔 용입이 감소되지 않고 여전히 완전한 영역<br> • 빔 용입이 부분적으로, 또는 감소한 영역<br>② 부분 용입 용접에서 : 용입이 연속적으로 감소된 영역 |
| 작업 거리 (working distance) | 부재 표면과 실 초점 렌즈 중심을 추적할 수 있는 장비의 표준 기준 지점 간의 거리 |
| 가접 패스 (tacking pass) | 최종 용접이 완료될 때까지 적당한 정렬로 용접되는 부분을 잡아주도록 만드는 용접 패스 |
| 용접 패스 | 요구되는 깊이로 확실히 용융되는 패스 |
| 마무리 패스 (cosmetic pass) | 용접 비드 표면을 미려하게 하기 위하여 용접 비드 표면을 재용융하는 패스 |
| 오버랩 (overlap) | 슬로프 다운하기 전에 재용융된 용접 패스의 부분 |
| 후면부 지지대 (back support) | 용융 금속을 지지하기 위하여 이음부의 후면에서 부재에 부착하는 판재 |

| 초점 거리<br>(focal length) | 초점 렌즈 또는 거울과 초점 위치의 빔 용접 거리(집광 렌즈의 중심부<br>또는 거울의 중심부와 집속점 사이의 거리) |
|---|---|
| 초점 위치<br>(focal spot) | 초점을 잡아주는 시스템과 떨어져 있는, 빔이 최소 단면을 갖는 부분 |
| 빔 형상 조절<br>(beam shaping) | 적정 광학 기구에 의한 빔의 유효 범위와 출력 분포의 기하학적 형상을<br>조절하는 것 |
| 이송 가스<br>(carrier gas) | 용융 풀에 용가재를 공급하기 위해 사용하는 가스 |

## (2) 용접 방법

레이저 용접 공정은 두 가지로, 열전도에 의해 열이 표면에서 재료로 전달되는 열전도 모드 용접과 금속 증기로 채워진 깊이 파인 홈(cavity)을 통해 레이저 빔 에너지가 모재 내부로 깊이 전달되는 키 홀 용접이 있다([그림 7-17]). 열전도 모드 용접은 일반적으로 전력 밀도가 키 홀을 생성하기에 충분하지 않은 저전력 레이저(< 500 W)에서 일반적이다. 용접은 비교적 넓고 얕은 용입이 이루어진다. 고출력 레이저 용접은 키 홀 용접이 특징으로 105 W/mm$^2$를 초과하는 레이저 출력 밀도를 가진다. 가공 후의 외관 형태와 접합 방법, 강도, 제품의 특성을 고려하여 출력 에너지양과 용접 속도, 조사 각도, 출력 파형, 출사 위치, 출사 간격 등을 조절한다. 전반적인 레이저 빔 작동 순서와 레이저 빔 용접에 미치는 변수들에 대하여 알아보도록 한다.

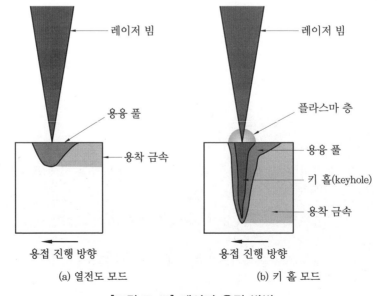

(a) 열전도 모드　　　　(b) 키 홀 모드

[그림 7-17] 레이저 용접 방법

① 레이저 작동 순서

⑺ 주 전원 ON(Breaker Switch)

⑷ 냉각기 ON(Cooling ON 버튼을 눌러 냉각 장치를 가동)

⑸ 전원(Key Switch) ON

⑹ Power Supply ON(1분 이상 워밍업을 실시 : 레이저 종류에 따라 약간 시간 차이가 있음)

⑺ 컴퓨터 메인 컨트롤러(Main Controller) 시작

⑻ Welding 소프트웨어 Open

⑼ Key Switch Off

⑽ 전원(Key Switch) Off

⑾ 냉각기 Off[타이머에 의한 냉각기 작동(1분) 후 자동 Off]

⑿ 주 전원 Off

⒀ End

② 레이저 빔

⑺ 출력과 용접 속도 : 레이저 빔의 출력과 용접 속도에 따라 용접 시 용입 깊이가 변화하게 되는데, 용입 깊이는 레이저 출력에 비례한다. 같은 출력에서는 용접 속도가 증가함에 따라 용입 깊이가 낮아진다. [그림 7-18]은 횡축 $CO_2$ 레이저를 이용한 0.2 % 탄소강의 평면 비드 용접의 레이저 출력과 용접 속도를 나타낸 것이다.

⑷ 집속 빔 크기 : 키 홀 용접에 필요한 에너지 밀도($10^6 \sim 10^7$ W/cm$^2$)를 얻기 위해서 집속된 빔 크기의 선택과 유지가 필요하다. 이를 위하여 렌즈는 빔 집속 시 사용한다.

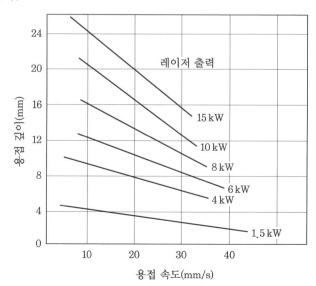

[그림 7-18] 레이저 출력에 따른 용접 속도와 용접 깊이의 관계

(다) 집속 렌즈의 선택 : 초점 길이 127 mm의 렌즈가 사용되며 초점 길이가 짧을 수록 초점 크기는 작아지나 렌즈가 손상될 위험이 증가한다.

(라) 초점 위치 : 레이저 빔 출력이 용접을 위한 키 홀의 형성을 위해 용접 전에 집속 빔이 접합하고자 하는 위치에 정확히 오도록 조건을 설정한다. [그림 7-19]는 500 MPa급 후판 강재에서 출력 20 kW의 $CO_2$ 레이저를 이용한 용접에서 용입 깊이는 다른 용접 조건이 일정할 때 초점 위치를 재료 표면에 두었을 때 가장 깊은 용접부를 얻을 수 있음을 나타낸다.

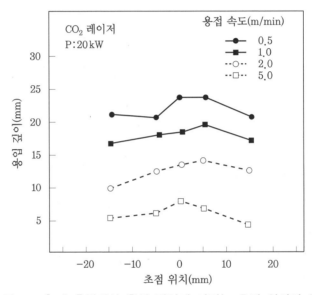

[그림 7-19] 대 출력에서 용입 깊이에 미치는 초점 위치의 영향

③ 보호 가스 : 얇은 판을 레이저 용접하기 위한 보호 가스의 주요 기능은 대기 오염으로부터 용접 영역이 산화되는 것을 보호하는 것이다. 레이저 용접에서 필연적으로 형성되는 플라스마를 최소로 억제하여 에너지의 이용 효율을 높이고, 더 깊은 용접부를 얻고자 한다. 가스를 용접 영역으로 전달하기 위해 레이저와 같은 방향의 노즐 또는 측면 분사 노즐이 사용될 수 있다. 가스를 차폐하지 않고 강판 용접을 쉽게 수행할 수 있지만 상단 및 하단 비드의 모양이 매끄럽지 않고 용접부에 약간의 다공성이 존재할 수 있다. 아르곤이 가장 일반적으로 사용되는 가스이지만 플라스마 억제, 침투, 경도, 다공성 등의 요구 사항에 따라 헬륨, 질소, $CO_2$ 또는 가스 혼합물을 사용할 수도 있다.

④ 용접 재료

(가) 탄소강 : 저탄소 강판의 경우 $CO_2$ 및 Nd : YAG 레이저 용접이 주로 사용되고, 용접 이음의 경도는 일반적으로 2.0~2.5의 계수만큼 증가한다. 이러한 증가된 경도는 용접 이음의 기계적 특성뿐만 아니라 성형성에도 영향을 줄 수 있다.

용접부의 급속한 냉각은 용접부가 단단하다는 것과 용접부의 더 높은 경도를 나타낸다. 탄소 함량의 증가로 마텐자이트 조직이 되면 인성과 연성을 저하시키고, 냉간 균열의 원인이 된다. 이와 같은 용접 결함을 방지하기 위해서 탄소 함량이 적은 강을 사용하고, 탄소량이 많은 강은 열처리를 하여 방지한다.

최근에, 자동차 산업 내에서 고강도 강을 사용하는 경향이 증가하고 있다. 이러한 유형의 탄소강에 대한 레이저 가공 데이터는 아직 부족하지만 대부분 용접은 가능하다. 그러나 최대 용접 경도와 균열에 대한 취약성을 모니터링할 때는 주의를 기울여야 한다. 미세 합금강은 냉간 압연 연강과 비교할 때 동일한 용접 조건에서 더 높은 용접 경도를 생성한다. 경도가 높으면 용접 후 처리 작업 또는 용접 구조의 동적 성능에 문제가 발생할 수 있으며 열 입력 및 냉각 속도를 줄이기 위해 용접 조건의 변경이 필요할 수 있다.

(내) 스테인리스강 : 오스테나이트 스테인리스강은 가장 일반적인 유형의 스테인리스강으로 레이저 빔을 잘 흡수하여 용접이 잘되며, 레이저 빔 용접 제품은 냉각 속도가 빨라 제품 뒤틀림 등의 변형이 적게 발생한다. 탄소강에 비하여 높은 열 팽창과 낮은 열전도 때문에 열 입열량이 많으면 쉽게 뒤틀림이 발생한다. 일반적인 보호 가스는 헬륨, 아르곤 및 아르곤과 헬륨 혼합물(70 : 30, 50 : 50)이 사용되며, 수소, 아르곤 및 헬륨을 기반으로 한 혼합물은 고출력 $CO_2$ 레이저 용접에서 광택이 있는 금속 용접 표면을 얻을 수 있다. 페라이트 스테인리스강은 크롬이 주요 합금 원소이다. 용접 가스로 사용된 질소는 용융물에서 질소 함량을 증가시켜, 페라이트 강의 용접에서는 탄소와 동일한 효과를 가져와 용접 금속의 마텐자이트 양이 증가하여 용접의 취성이 증가한다. 연강과 유사한 페라이트계 스테인리스강은 수소 취성에 취약하기 때문에 수소 함량의 용접 가스는 적합하지 않다. 또한 탄소 함유량과 크롬 함유량이 많아질수록 용접성이 더욱 떨어진다. 마텐자이트 스테인리스강은 가장 용접성이 떨어진다. 용접 시에는 50℃에서 예열 처리하거나 650∼750℃에서 후열처리를 한다.

(대) 알루미늄 합금 : $CO_2$ 레이저 및 Nd : YAG 레이저는 광범위한 알루미늄 합금 용접에 사용될 수 있으며, 일반적으로 알루미늄 합금은 레이저 빔 용접에서 용접성이 나쁘다. 열전도도가 높고, 연강은 레이저 빔 반사율이 약 25 %이나 알루미늄 합금은 반사율이 80 % 이상으로 높고, 액체일 때 점도가 낮아 키 홀 주변의 액체 금속이 쉽게 무너져 키 홀을 유지하기가 어렵고, 용접이 매우 까다롭다. 용접 자세는 보통 아래보기 자세이나 후판의 알루미늄 합금을 아래보기 자세로 용접하면 용락 현상이 일어나므로 이를 방지하기 위해 수평 자세로 용접할 수도 있다. 주요 용접 변수로는 레이저 출력과 용접 속도 초점 위치, 보호 가스 종류 및 유량 등이다. 용접 이음부의 틈새 간격이 일정치 않으면, 용접 시 용접 부위가 용융되지 못하는 경우가 발생하므로, 틈새 간격을 일정하게 하고 용접하고자 하는 부위는 표면 산화 피막에 흡착된 수분이 기공 발생의 원인이 되므로, 용접 전 이음부를 청결하게 하고 습기를 제거하는 것이

바람직하다. 용접부의 산화를 방지하기 위하여 보호 가스를 공급하는데 보호 가스로는 He, Ar 또는 헬륨-아르곤 혼합물(최대 50 % 아르곤)을 사용하는 것이 좋다. 전반적으로 자동차 산업에서 가장 일반적으로 사용되는 5xxx 및 6xxx 시리즈 합금은 필러 와이어를 사용하거나 사용하지 않고 레이저를 사용하여 용접할 수 있다. 주어진 전력 밀도 및 스폿 크기의 경우, 5xxx 시리즈 합금의 레이저 용접 속도는 6xxx 시리즈 합금의 레이저 용접 속도보다 약간 높으며 이는 키 홀을 안정화하는 Mg 증기로 인한 것으로 사료된다.

㈑ 티타늄 합금 : 티타늄은 금속 성분 중 내식성이 우수하고 강도 대 밀도 비율이 가장 높은 경량 금속으로 초경량 항공 우주 부품부터 인공 관절, 이식 의료 기기에 이르기까지 많은 응용 분야에서 사용된다. 티타늄은 산소와 결합하기에 화학적 친화성이 우수하고 다른 화학 물질과의 결합에 큰 친화력이 없어 용접성에 크게 영향을 미치는 두 가지 특성을 가진다. 일반적으로 아르곤 또는 헬륨과 같은 보호 가스가 부품을 보호하는 데 사용되며, 용접부의 이면과 표면에 He, Ar 등의 불활성 가스를 사용하여 공기를 차단하고 아크를 보호하고 용접 비드를 양호하게 한다. 티타늄 합금은 용접성이 좋아 용접이 잘되며 열전도가 낮고 레이저 흡수가 높아 레이저 빔 용접에 적합하여 고품질 용접이 이루어진다. 일반적으로 티타늄의 레이저 용접 침투 범위는 최대 0.325인치이다. $\alpha$ 형 티타늄 합금은 본질적으로 순 티타늄과 같은 경향을 나타내고 용접성이 양호하다. $\alpha + \beta$ 티탄 합금 중에서 가장 많이 사용되는 Ti-6Al-4V 합금은 강도가 높고 고온도에 사용되며, 또한 저온에서 높은 인성을 갖고 용접성이 양호하다.

## 7-4 레이저 안전

### (1) 일반 안전

① 개인용 시력 보호기(KSP ISO6161) : 레이저 시스템에서 빛은 레이저 시스템에 정해지는 하나 또는 그 이상의 파장의 가간섭 전자기 복사의 집속된 빔을 생성하는 유도 방출에 의해 증폭된다. 이러한 특성은 강한 복사 강도와 매우 작은 발산각으로 나타난다. 눈을 보호하기 위한 레이저 필터는 특히 레이저 파장에 대한 복사의 상당 부분을 흡수하거나 반사하여야 하고 그 외 파장에 대한 투과율은 가능한 한 높아야 한다. 광선 중에는 정상 주파수와 이중 주파수가 존재하는데 특별히 이중 주파수 레이저는 위험하다. 이러한 이유로 모든 종류의 레이저와 레이저 파장으로부터 눈을 보호할 수 있는 필터를 생산한다는 것은 불가능하다. 따라서 필터는 표시되어 있는 특정 파

장으로부터 눈을 보호하는 데 사용되어야 한다. 같은 레이저의 다른 파장으로부터는
충분히 보호되지 않을 수도 있다.

[표 7-11] 스펙트럼 구간에 따른 영향

| 스펙트럼 구간 | 영향 |
|---|---|
| 200~300 nm | 충혈, 눈물 흘림, 결막 출혈, 막의 벗겨짐, 광선 혐기(빛을 못 견뎌 하는 것) 유발 |
| 350~1,400 nm | 방사량 증가로 망막에 손상을 일으킴 |
| 1.4~1,000 $\mu$m | 각막, 눈꺼풀, 결막, 피부에 영향 |

시력 보호기는 보호할 수 있는 파장 또는 파장 대역과 보호 밀도, 제조자 상표,
굴절 정도 등급을 표시하여야 한다. 보호 안경의 프레임은 레이저 광선의 측면 통과
가 방지되어야 하고, 레이저 방사를 충분히 보호할 수 있어야 한다.
② 레이저의 등급 : 레이저 등급(class)은 [표 7-12]에서와 같이 빛의 출력에 따라
class 1~class 4가 있다. 펄스 레이저는 class 3부터 안전 수칙을 반드시 준수하여
피해가 없도록 하여야 한다.

[표 7-12] 레이저의 등급에 따른 특징

| 등급 | 특징 |
|---|---|
| class 1 | 위험한 정도의 빛을 내지 않는 레이저, 거의 안전함 |
| class 2 | 가시광선 영역에서 빛을 내며 장시간 레이저 빛에 눈이 직접 노출되지 않으면 안전하다고 할 수 있음. 대부분 출력이 1 mW 이내임 |
| class 2a | 레이저 빛을 특별한 용도로 쓰기 위해 사용되는 시스템으로 사용 의도에 의하면 눈에는 직접 노출되지 않도록 되어 있는 경우. 약 1,000초 이상 노출되면 눈에 위험함. 바코드 리더가 해당됨 |
| class 3a | 일반적으로 눈에 순간적으로 노출되는 것은 큰 해가 없으나 광학 렌즈나 현미경 등을 통해 노출되면 큰 위험을 초래할 수 있음. 일반적으로 출력이 1~5 mW 범위 |
| class 3b | 레이저 빛을 보안경 없이 직접 보거나 반사된 빛을 보아도 눈에 큰 위험을 초래함. 출력 500 mW 이내의 레이저. 안전 수칙을 반드시 준수해야 함 |
| class 4 | 출력 500 mW 이상의 모든 레이저. 직접 노출, 반사된 빛에 대한 노출도 눈 및 피부에 위험을 초래할 수 있음. 안전 수칙을 반드시 준수해야 함 |

③ 렌즈의 관리 : 렌즈는 레이저 빔의 능률에 민감한 영향을 미치므로, 더럽거나 부스
러기가 렌즈 겉 표면에 있으면 레이저 빔의 능률을 낮추게 되고 렌즈 과열의 원인이
되기도 한다. 그러므로 렌즈의 관리는 무엇보다도 중요한 일이다. 아래는 렌즈의 관
리 요령이다.

㈎ 렌즈를 주기적으로 청소하면 최대의 수명을 보장할 수 있다.

㈏ 청소는 에탄올 같은 순 알코올을 이용하며, 깨끗한 면 솜에 몇 방울 떨어뜨리고 렌즈 표면에 쌓인 오염물질을 부드럽게 제거한다.

㈐ 렌즈를 다시 거울에 붙일 때는 렌즈가 일직선이 되도록 한다.

㈑ 렌즈 관리를 위해서 절대로 거친 표면의 폼을 사용해서는 안 된다.

## (2) 용접 시 안전

① 노즐 밑에 손을 대지 말아야 한다.

② 용접이 중단된 후 노즐의 상태를 보기 위해 직접 눈으로 들여다보지 말아야 한다.

③ 용접할 때 반드시 보안경을 착용한다.

④ 물탱크에 물이 없거나 물 순환기가 비정상일 때는 레이저 운전을 금지한다.

⑤ 운전 중 비정상적인 일이 발생하면 즉시 긴급 스위치를 누른 다음 확인한다.

⑥ 가공물은 수평을 유지한다.

# 연·습·문·제

**1.** 일반적으로 사람의 눈에 보이는 빛인 가시광선에 대한 설명으로 틀린 것은?
① 가시광선은 자외선과 적외선 사이의 파장이다.
② 파장은 400~700 nm이다.
③ 넓은 의미에서 모든 전자기파를 지칭한다.
④ 유도 방사에 의한 빛의 증폭이다.
해설 레이저는 유도 방출에 의한 빛의 증폭이다.

**2.** 원자나 분자가 갖는 에너지의 값을 무엇이라 하는가?
① 에너지 파워                ② 에너지 상
③ 에너지 준위                ④ 에너지 원

**3.** 레이저에 대한 설명으로 틀린 것은?
① 유도 방출에 의한 상의 증폭이다.
② 형광등에서 나오는 빛과 다르다.
③ 빛과 물질의 상호작용에서 유도 방출로 레이저가 나온다.
④ 레이저는 자외선과 적외선 파장 영역의 가간섭성 전자기파이다.
해설 레이저는 유도 방출에 의한 빛의 증폭이다.

**4.** 레이저 매질의 종류로 거리가 먼 것은?
① 고체 레이저                ② 기체 레이저
③ 증기 레이저                ④ 반도체 레이저
해설 레이저는 활성매질에 따라 고체 레이저, 액체 레이저(색소 레이저), 기체 레이저, 반도체 레이저 등으로 구분한다.

**5.** 레이저 빔 용접의 장점으로 거리가 먼 것은?
① 고정밀 용접이 가능하다.            ② 이종 금속 용접은 불가하다.
③ 자성 재료 용접이 가능하다.        ④ 응용 범위가 넓다.
해설 이종 금속의 용접은 일부 가능하며 자성재료, 고정밀 용접이 가능하다. 또한 응용 범위가 넓고 피로 강도와 인장 강도를 증가시킬 수 있다.

**6.** 기체 레이저의 종류가 아닌 것은?
① 헬륨-네온 레이저            ② $CO_2$ 레이저
③ 엑시머 레이저              ④ 루비 레이저
해설 기체 레이저의 종류는 $CO_2$ 레이저, 엑시머 레이저, 헬륨-네온 레이저가 대표적이다.

정답 1. ④  2. ③  3. ①  4. ③  5. ②  6. ④

## 8-1 개요

플라스마 아크 용접(plasma arc welding)은 가스 텅스텐 아크 용접(GTAW)과 유사한 아크 용접 공정이다. 1950년대 후반에 절단 방법이 소개되어 알루미늄과 비철 금속을 정교하고 빠르게 절단하였고, 1964년에 미국의 유니언 카바이드사에 의해 실용화되어 여러 종류의 합금강을 다른 표면 덧살 용접 방법보다 빠르고 정확하게 용접할 수 있었다. 플라스마 아크 용접은 수동 및 자동 용접에 모두 적용할 수 있어 활용 범위가 넓다. 이 용접의 응용 분야는 우수 산업, 해양 산업, 전자 산업이며 스테인리스강 또는 티타늄의 파이프와 튜브 용접과 공구, 다이 및 금형 수리, 반도체 등에 유용하게 사용된다.

## (1) 원리

① 플라스마(plasma) : 플라스마라는 용어는 1928년 미국의 물리학자이자 화학자인 어빙 랭뮤어(Irving Langmuir)가 이온화된 가스는 이온과 전자를 거의 같은 수로 포함하여 공간 전하가 매우 작은 집단인 영역을 설명하기 위해 처음 사용하였다. 물질은 에너지가 공급될 때 상태를 변화시키는데 고체는 액체, 기체로 된다. 기체에 더많은 에너지를 공급하면 이온화되어 물질이 풍부한 다른 상태인 '제4의 물질 상태'인 플라스마 상태가 된다. 플라스마는 준중성 상태(quasi-neutrality)로 +전하와 -전하를 가지고 있으므로 전자기력에 의해 서로 이끌리는 특성이 있고 전기력에 의해 플라스마는 한 덩어리처럼 행동하게 된다. 플라스마는 가스이지만 많은 특수 성분을 가진 특이한 종류의 가스이며, 일반 가스는 전기적으로 중성이지만 플라스마는 가스가 충분히 이온화되어 전류가 통할 수 있는 상태인 자유전자를 가지고 있다. 플라스마는 자연현상으로는 번개가 있으며, 일상생활에서 네온사인, 형광등이 플라스마 상태를 이용하는 대표적인 예이다. [그림 8-1]은 물질의 상태를 나타내는 그림으로 원자는 전자를 잃고 전자와 핵의 혼합물이 결과적으로 물질의 플라스마 상태인 것을 나타낸다.

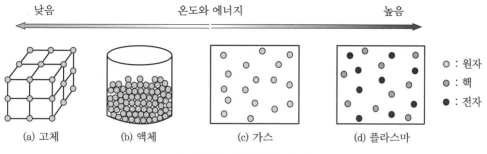

[그림 8-1] 물질의 상태

② 작동 원리 : 플라스마 토치는 텅스텐 전극과 모재 사이에서 아크를 발생시키고 고온의 플라스마가 형성된 것을 이용하여 모재를 용융하여 용접하게 되는데, 고온의 플라스마는 텅스텐 전극과 컨스트릭팅 노즐(constricting nozzle)을 통해 핀치 효과를 일으켜 곧고 긴 플라스마를 형성하게 된다. 플라스마 용접은 파일럿 아크 스타팅 (pilot arc starting) 장치와 노즐을 통과할 때 오리피스 가스를 제어하여 아크를 수축시켜 통과시키는 컨스트릭팅 노즐(constricting nozzle)을 제외하고는 TIG 용접과 같다. 아크는 10,000∼30,000℃ 사이의 수축된 플라스마 제트를 생성한다. [그림 8-2]는 TIG 용접과 플라스마 아크 용접의 비교로 작동 원리를 나타낸 것이다.

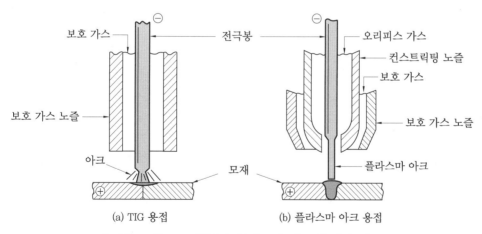

[그림 8-2] TIG 용접과 플라스마 아크 용접의 비교

오리피스 가스는 토치의 컨스트릭팅 노즐 속으로 흘러가면서, 아크열에 의해 가열 팽창되어 속도가 가속화되며, 오리피스 가스의 분자 속도가 너무 빠르면 용융지가 절단될 염려가 있어 일반적으로 유량을 1.5∼15 L/min로 제한한다. 또한 오리피스 가스만으로는 공기로부터 용융지를 완전히 보호하지 못하기 때문에 별도의 보호 가스를 바깥쪽 가스 노즐을 통하여 보통 10∼30 L/min의 유량으로 공급해야 한다.

## (2) 특징

① 플라스마 아크의 종류 : 플라스마 아크는 수축되어 적은 열 영향부와 더 깊은 침투 및 같은 조건에서 더 낮은 전류로 용접이 가능하며 토치의 노즐 끝에서 모재를 용접할 수 있는 거리가 멀다. [그림 8-3]은 플라스마 아크와 TIG 아크를 비교한 용접 가능한 모재 거리를 나타낸다. 고온 플라스마를 열원으로 하는 플라스마 아크 이행 방식에는 두 가지 방법이 있다.

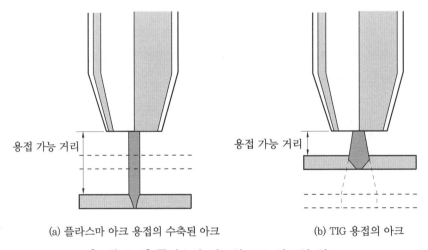

(a) 플라스마 아크 용접의 수축된 아크        (b) TIG 용접의 아크

[그림 8-3] 플라스마 아크와 TIG 아크의 비교

(가) 이행형 아크(transferred arc) : [그림 8-4(a)]에서와 같이 이행형 아크에서는 텅스텐 전극은 음극 단자에 연결하고 모재는 양극 단자에 연결한다. 고주파 발생 장치에 의해 텅스텐 전극과 컨스트릭팅 노즐(constricting nozzle)에 이온화된 전류 통로가 만들어져 파일럿 아크(pilot arc)가 지속적으로 흐르고, 텅스텐 전극과 모재 사이에 발생된 아크는 핀치 효과를 일으켜 고온의 플라스마 아크가 발생한다. 저전류에서 파일럿 아크는 지속되지만 고전류에서는 정지하는 방식도 있다. 이 방식은 모재가 전도성 물질이어야 하며, 열효율이 좋아 일반 용접과 덧살 용접에도 적용된다.

(나) 비이행형 아크(non transferred arc) : 플라스마 제트 방식이라고도 하며 [그림 8-4(b)]와 같이 모재를 한쪽 전극으로 하지 않고 아크는 텅스텐 전극과 컨스트릭팅 노즐(constricting nozzle) 사이에서 발생되어 오리피스를 통하여 나오는 가열된 고온의 플라스마 가스 열을 이용한다. 따라서 아크 전류가 모재에 흐르지 않아 저온 용접이 요구되는 특수한 경우의 용접 또는 부전도체 물질의 용접이나 절단, 용사에도 사용된다. 이 방식은 에너지 밀도가 급격히 감소하여 열효율이 낮다.

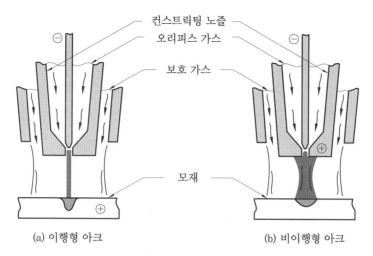

컨스트릭팅 노즐
오리피스 가스
보호 가스
모재

(a) 이행형 아크                    (b) 비이행형 아크

**[그림 8-4] 플라스마 아크 이행 방식**

② 장·단점 : 안정적이고 작동하기 쉬우며 일관된 고품질의 용접부를 얻을 수 있는 플라스마는 수동 및 반복 생산 용접에 사용되는 자동에 적합하다. 또한 대부분의 경우 가스 텅스텐 아크 용접에 비해 전극 수명이 길고 파일럿 아크 장치로 아크 발생이 쉽다. 그 외 가스 텅스텐 아크 용접과 비교하여 장점과 단점을 열거하면 아래와 같다.

㈎ 장점

　㉠ 작업자의 시야를 좋게 한다.

　㉡ 아크 스타트가 안정적이다.

　㉢ 아크 길이의 변화에 대해 영향이 적다.

　㉣ 저전류에서 아크 안정성이 좋다.

　㉤ 아크 원더링(wandering)이 적다.

　㉥ 용접 형상 및 용입 제어가 용이하다.

　㉦ I형 맞대기 용접에서 완전한 용입과 균일한 용접부를 얻을 수 있다.

　㉧ 용접 비드가 좁다.

　㉨ 용접부의 기계적 성질이 좋고 변형이 적다.

　㉩ 용접부에 텅스텐이 오염될 염려가 없다.

　㉪ 높은 에너지 밀도를 얻을 수 있다.

　㉫ 용접 속도가 빠르다.

㈏ 단점

　㉠ 맞대기 용접에서 모재 두께가 25 mm 이하로 제한된다.

　㉡ 자동에서 위보기 자세에는 어려움이 있다.

ⓒ 토치가 복잡하여 텅스텐 가공 및 정확한 위치 선정 등 많은 지식이 필요하다.

ⓔ 무부하 전압이 높다.

ⓜ 변동성에 보다 민감하다.

③ TIG 용접과 플라스마 아크 용접의 비교 : 플라스마 아크 용접은 TIG 용접과 유사점을 많이 가지고 있지만 플라스마 아크 용접은 고밀도 에너지인 플라스마를 이용한다. [그림 8-5]와 같이 TIG 용접의 아크 온도 분포를 보면 아크의 모재로 전달되는 온도 2,200~5,500℃ 영역의 온도가 산만하게 분포되어 전달되므로 플라스마 아크 용접에 비하여 온도가 낮고 열집중도가 떨어져 변형이 크다. [그림 8-6]은 플라스마 아크 용접에서의 아크 온도 분포는 고온도인 5,500~8,900℃ 영역의 온도가 집중되어 모재로 이행되므로 용입이 깊고 용접 속도가 빠르며 변형이 적은 용접 결과를 얻을 수 있다.

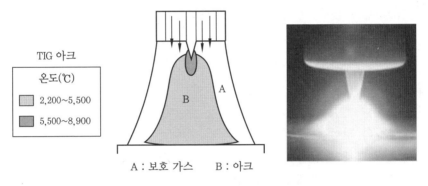

[그림 8-5] TIG 아크 온도 분포

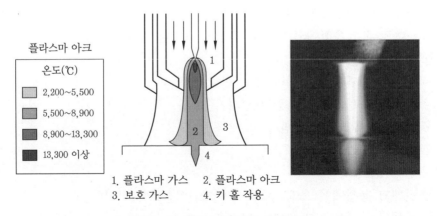

[그림 8-6] 플라스마 아크 온도 분포

④ 플라스마 하이브리드 용접법 : 하이브리드 용접을 위해서는 산업용 로봇, 플라스마 TIG/MIG 용접 장치, 로봇 제어 포지셔닝 테이블(positioning table), 용접 도중 궤도를 추적하는 레이저 스캐너, 로봇 컨트롤러 등이 포함되어야 한다. 특징으로는 깊은 용입 및 속도 향상으로 향상된 효율성, 에너지 소비의 감소, 용접부의 응력 감소, 고품질의 일관된 용접 이음 제공, 비용 절감 등이 있다.

㈎ 플라스마 TIG 하이브리드 용접법 : 플라스마와 TIG 용접은 키 홀 기술로 인하여 수준 높은 품질로 플라스마 단일 토치에 비해 30~50 %의 생산성 증가를 가져오고 100 % 용입을 할 수 있다. TIG 전원은 펄스 전류가 있는 직류, 가변 극성의 AC, 펄스 전류가 있는 DC 플라스마 전원으로 보일러 제조, 항공, 화학, 에너지 생산, 가스 설비 등 다양한 산업의 용접 및 생산성에 최고의 품질을 충족시킨다.

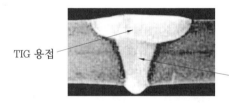

TIG 용접                  플라스마 아크 용접

[그림 8-7] 하이브리드 용접

㈏ 플라스마 MIG 하이브리드(hybrid) 용접법 : 플라스마 MIG 로봇 용접은 MIG 용접의 결점인 스패터 발생을 줄이기 위한 방법으로 플라스마 MIG 용접법이 개발되었으며 플라스마 아크에 와이어를 공급하는 방식으로 용융 속도의 증가와 동시에 용적의 이행이 원활하여 스패터를 억제할 수 있다.

## 8-2    용접 기기 및 용접 재료

### (1) 용접 기기

플라스마 아크 용접 기기는 수동형과 자동화 기기나 로봇을 이용한 자동형이 있으며, 용접기의 전원 용량에 따라 여러 가지 용접기가 있다. 주된 구성 요소는 플라스마 용접기 내에 있는 용접 전원, 제어 장치, 고주파 발생 장치, 냉각수 순환 장치, 가스 공급 장치, 자동의 경우 토치를 탑재할 수 있는 대차나 로봇, 용접 토치 등이 있다.

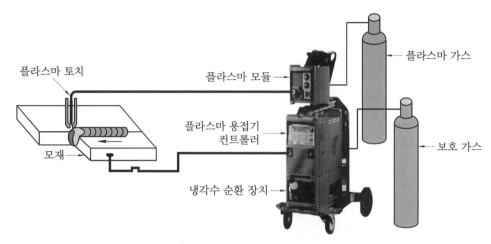

[그림 8-8] 플라스마 아크 용접의 구조

① 전원

  ⑦ 용접 전원 : 전원은 0.1~수백 A까지 사용 가능하며, 일반적인 전원 특성은 직류 정극성의 정전류 특성(constant current characteristic)으로 TIG 용접의 전원과 같다. 정류형 전원이 발전형보다 전기적인 출력 특성 면에서 우수하다. 무부하 전압이 65~80 V인 정류형 전원은 순 아르곤 또는 7 % 미만의 수소와 혼합한 아르곤 가스를 오리피스 가스로 사용하는 플라스마 아크 용접에 사용된다. 일반적으로 플라스마 아크 용접 전원의 전기적 회로는 분리된 두 개의 전원을 사용하는데, 하나는 파일럿(pilot) 아크 전원이고, 다른 하나는 이행형 아크 전원이다.

  ⑭ 파일럿 아크와 고주파 발생 장치 : 플라스마 아크 용접 공정의 또 다른 뛰어난 특징은 파일럿 아크로 안정적인 아크 스타트를 제공하고 플라스마 용접의 반복성 및 생산성 향상에 기여한다는 것이다. 파일럿 아크는 토치의 팁 영역에서 유지되어 전극 주위 및 오리피스를 통과하는 가스를 이온화하기 위해 저전류 DC 아크이다. 아크 스타트는 텅스텐 전극과 팁 사이를 전달하는 파일럿 아크에 의해 제공된다. 플라스마 아크는 텅스텐 전극봉이 컨스트릭팅 노즐 안에 들어가 있기 때문에 모재에 접근에 의해서는 아크 발생을 할 수 없다. 그러므로 처음에는 용접봉과 컨스트릭팅 노즐 간의 저전류의 파일럿 아크를 발생하는 것이 필요하다. 파일럿 아크 전원은 별도의 전원으로 장치하거나 용접 전원을 사용할 수 있다. 파일럿 아크는 두 가지 방법으로 발생한다. 하나는 낮은 전류를 사용하는 토치에서 용접봉이 노즐과 접촉할 때까지 전진시키고 난 다음 아크가 발생하도록 뒤로 후퇴시키는 방법이고 다른 하나는 높은 전류를 사용하는 토치에서 용접 회로에 전압은 3,000~4,000 V, 주파수는 2~3 MHz인 고주파 장치, 또는 높은 전압을 첨가하는 방법이다. 높은 전압은 오리피스 가스를 이온화하여 파일럿 아크 전류가 흐르게 한다. 고주파 장치를 첨가한 기본적인 회로도는 [그림 8-9]와 같다.

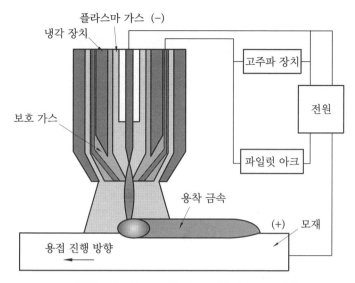

[그림 8-9] 파일럿 아크와 고주파 발생 장치

② 제어 장치 : 제어 장치는 파일럿 아크를 발생시키기 위한 점호 장치와 주 아크 전원, 파일럿 아크 전원, 동작 가스, 실드 가스 등의 요소가 시퀀스 제어로 구성된다. 자동 플라스마 아크 용접인 경우는 주행 대차의 주행 장치가 포함되며 가스 유량을 조정하는 유량계, 토치를 냉각하는 냉각수 순환 장치가 있다.

③ 토치 : 이행형 아크 토치와 비이행형 아크 토치가 있으며 수동식과 자동(기계)식이 있다([그림 8-10], [그림 8-11]). 현재 거의 모든 응용 프로그램에는 자동화된 시스템이 필요하다. 토치는 수랭식으로 노즐과 전극의 수명이 연장된다. 노즐 팁의 크기와 유형은 용접할 금속, 용접 형태 및 원하는 용입 깊이에 따라 선택된다.

[그림 8-10] 수동 토치　　　　　　　[그림 8-11] 자동 토치

토치는 일반적으로 텅스텐 전극측을 음극으로 하고 수랭식의 컨스트릭팅 노즐 (constricting nozzle)을 가진다. 플라스마 아크를 조여 주는 가스를 공급하는 방법에는 축류와 와류의 두 방식이 있으나 용접부의 품질, 용접 능력, 전원의 용량을 고려하여 표준형에는 축류 방식이 사용되고 대용량에는 와류 방식이 사용된다. [그림 8-12]는 수동 플라스마 토치의 내부 구조와 부품의 명칭을 나타낸 것으로 표준형 토치에서는 전극이 토치 내의 콜릿에 의하여 컨스트릭팅 노즐의 중앙에 위치하며, 토치 상단의 조정기에 의하여 정확하게 조정된다. 컨스트릭팅 노즐에는 작동 가스의

유량, 전류 등에 의하여 적당한 지름의 것을 사용한다. 만약 전극봉 끝부분이 노즐의 중심부를 향하지 않으면 컨스트릭팅 노즐 주위의 구리 노즐이 녹아서 수명을 단축시킨다.

㈎ 수동 토치 : 토치에는 손잡이용 핸들, 텅스텐 전극봉을 제 위치에 고정시키는 홀더, 용접봉에 전류를 전달시키는 전류 접촉자, 오리피스와 보호 가스를 공급하는 별도의 통로, 수랭식 컨스트릭팅 노즐(구리)과 세라믹 컵 등이 있다. 일반적으로 사용 전류 범위는 직류 정극성에서 225 A까지 사용된다.

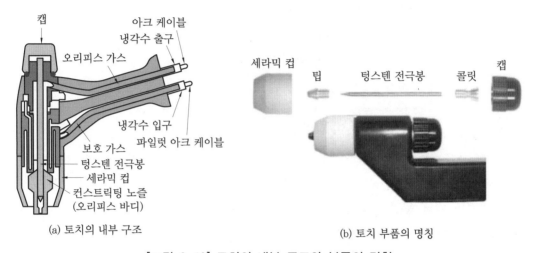

(a) 토치의 내부 구조

(b) 토치 부품의 명칭

[그림 8-12] 토치의 내부 구조와 부품의 명칭

㈏ 자동 토치 : 자동 토치는 수동 토치와 비슷하나 일직선 형태로서 직류 정극성 또는 역극성에도 사용할 수 있다. 정극성에서는 대부분 텅스텐 전극봉이 사용되고 역극성은 드물게 알루미늄 용접 시 사용한다. 자동 토치는 1,000 A까지 사용할 수 있다.

## (2) 용접 재료

① 용접 재료 : 플라스마 아크 용접 공정은 가스 텅스텐 아크 용접으로 할 수 있는 모든 금속의 결합이 가능하다. 일반적으로 저탄소 합금강, 스테인리스강, 구리 합금, 니켈 합금, 티타늄 합금 등이 있다.

② 용가재 : 용가재는 TIG 용접과 MIG 용접에 사용하는 것과 같다.

③ 전극봉 : 플라스마 아크 용접에 사용되는 전극은 텅스텐에 2 % 토륨을 첨가한 텅스텐 전극봉을 사용하고, 컨스트릭팅 노즐의 지름은 전류 크기에 비해 지름이 너무 작으면 노즐이 부식되거나 녹는 현상이 나타날 수 있다. 그러므로 사용 전류에서 가장 큰 지름의 노즐을 사용하며 지름이 너무 크면 아크 안정성 및 키 홀 유지에 문제가 발생할 수 있다.

[표 8-1] 텅스텐 전극봉 지름과 용접 전류

| 텅스텐 전극봉 지름(mm) | 용접 전류(A) | |
| --- | --- | --- |
| | 정극성(DCSP) | 역극성(DCRP) |
| 0.5 | 5~20 | – |
| 1.0 | 15~80 | – |
| 1.6 | 70~150 | 10~20 |
| 2.4 | 150~250 | 15~30 |
| 3.2 | 250~400 | 25~40 |
| 4.0 | 400~500 | 40~55 |
| 4.8 | 500~800 | 55~80 |
| 6.4 | 800~1,100 | 80~125 |

④ 가스 : 공급되는 가스 시스템은 플라스마 가스를 공급하는 가스 시스템과 보호 가스를 위한 가스 시스템이 있다. 가스의 선택은 용접할 모재의 재질과 사용 전류에 따라 좌우된다. 멜트-인(melt-in)과 키 홀(key hole) 용접 방법의 보호 가스와 플라스마 가스의 특징은 다음과 같다. 용접 상황에 따라 아르곤, 아르곤+수소, 아르곤+헬륨의 혼합 가스를 보호 가스로 사용하며 보호 가스 유량은 낮은 전류를 사용할 때는 5~15 L/min로 하고 높은 전류를 사용할 때는 15~30 L/min로 사용한다.

㉮ 오리피스 가스(orifice gas) : 오리피스 가스(플라스마 가스)는 일반적으로 아르곤 가스를 사용하며, 동작 가스의 유량은 피용접재의 두께와 관련이 깊다. 용착 금속의 난류를 방지하기 위해 오리피스 가스의 압력은 낮게 유지되지만 이 낮은 압력은 용융 풀을 적절하게 보호하지 못한다. 사용 유량은 일반적으로 약 0.18 L/min~2.4 L/min이다.

[표 8-2] 재료에 따른 가스 혼합비

| 재료 | 오리피스 가스 | 보호 가스 |
| --- | --- | --- |
| 연강 | Ar | Ar<br>Ar-2~5 % $H_2$ |
| 저합금강 | Ar | Ar<br>Ar-2~5 % $H_2$ |
| 오스테나이트계<br>스테인리스강 | Ar | Ar<br>Ar-2~5 % $H_2$ |
| 니켈 및 니켈 합금 | Ar | Ar<br>Ar-2~5 % $H_2$ |
| 티타늄 | Ar | Ar<br>75 % He-25 % Ar |
| 동 및 동합금 | Ar | Ar<br>75 % He-25 % Ar |

(나) 보호 가스(shielding gas) : 용융 풀을 보호하기 위해 동일하거나 다른 불활성 가스가 비교적 높은 유량으로 공급된다. 대부분의 재료는 불활성 가스 또는 아르곤+수소, 아르곤+헬륨 등이 사용된다. 보호·가스의 종류와 조성에 따라서 아크의 형상, 입열 등이 크게 달라진다.

㉠ 아르곤 : 모든 금속에 사용할 수 있고 아크 안정성과 낮은 전류(20 Amp 이하)에서 청정 작용이 효과적이다. 특히 알루미늄, 구리 합금, 티탄과 활성 금속 용접에 좋다. 어떤 경우에 아르곤은 플라스마 아크 용접에서 높은 아크 전압 때문에 용융지 유동성이 나빠지고 약간의 언더컷이 발생하게 되는데 이때 아르곤-수소, 헬륨 또는 아르곤-헬륨 가스를 사용하면 개선된다.

㉡ 아르곤+2~5 % 수소 : 아르곤과 수소의 혼합물은 아르곤만을 사용할 때보다 용접 입열을 증가시키는데, 수소의 첨가로 인해 용융물의 표면 장력을 감소시켜 결과적으로 용접 속도를 증가시킨다. 또한 용융지의 가스 제거가 쉽게 되어 가스 침투로 인한 기공 형성이 감소된다. 용접 속도 증가에도 언더컷이 없고 용접부 표면이 균일하게 된다. 수소의 양이 많으면 용접부에 기공과 크랙을 발생시키므로 소량으로 제한하며 두께 6.4 mm의 스테인리스강 용접에서는 수소 함량을 5 %로 한다. 수소의 용접 입열의 증가는 니켈계 합금, 구리계 합금, 스테인리스강에서 키 홀 용접이 가능하다.

㉢ 헬륨 : 아르곤에 비해 약 25 % 용접 입열 증가를 가져오는데 이것은 헬륨의 이온화 전위가 높기 때문이다. 키 홀 모드 없이 넓고 깊이가 얕은 열 입력이 필요한 경우 헬륨이 바람직하다. 주로 열전도가 큰 알루미늄 합금, 구리 합금, 후판의 티탄 용접에 양호하다.

㉣ 75 % 헬륨+25 % 아르곤 : 아르곤에 헬륨을 첨가하면 주어진 전류에서 입열을 증가시키는데, 최소 헬륨 함량이 40 % 이상 되어야 실질적인 아크열의 증가를 가져온다. 아르곤은 아크를 안정하게 하고 헬륨이 75 % 이상이면 순 헬륨과 거의 같은 효과를 가진다. 헬륨을 아르곤에 첨가하면 일정한 전류에서 아크 발생열이 많아지는데 아르곤에 헬륨을 50~70 % 정도 혼합한 가스는 일반적으로 후판 티탄의 키 홀 용접이나 높은 용접 입열이 요구되는 모든 구리 합금 용접에 사용한다.

## 8-3  용접 기법

### (1) 용접 준비

① 용접부 청결 : 가장 좋은 용접 품질을 얻기 위해서는 고도의 청결이 유지되어야 하므로 용접하고자 하는 모재에 유기물, 물, 그라인더 이물질 등을 제거

한다.

② 전극봉 가공 : 전극봉이 편심이 없는 정확한 원통형으로 하고, 선단각은 20～60° 정도의 경사로 뾰족하게 가공하고 최적 선단각은 40°이다. 만약 텅스텐 전극봉과 오리피스 그리고 모재 사이에 이중 아크가 발생하면 전극봉 끝의 가공 경사각을 작게 하고, 전극봉 직경이 큰 경우는 전극봉을 오리피스에서 좀 더 뒤쪽으로 위치시키면 이중 아크를 방지할 수 있다.

③ 가접 : 자동 용접 시 가접은 TIG 용접으로 하고 가접 크기는 제한을 두어야 한다. 가접 시 생긴 산화물은 고온에 의해 분해되어 가스를 방출하여 결함을 생성하므로 산화된 가접 부위는 그라인더로 가공한다.

④ 가스 유량의 영향 : 오리피스 가스 유량은 용입에 영향을 준다. 가스 유량이 증가할수록 용접부 가장자리에 언더커팅이 커지므로 가능한 한 최소로 해야 한다. 오리피스 크기는 일반적으로 일정한 가스 유량에서는 전류에 따라 정해지는데 유량이 감소하면 비례해서 전류도 감소되어야 한다.

## (2) 용접 조건

① 용접 이음부 설계 : 일반적으로 맞대기 용접 이음부 형상은 I형 맞대기 이음, V형 맞대기 이음, X형 이음이다. 필릿 용접도 TIG 용접과 같은 방법으로 할 수 있다. I형 맞대기 용접은 모재 두께가 대략 1.6～6 mm이면 키 홀 용접 기법으로 1층(one pass) 용접할 수 있다. 두께가 6.4～25 mm 정도이면 U형 맞대기 이음 또는 V형 맞대기 이음으로 한쪽 용접으로 할 수 있고, 루트면은 5 mm까지 가능하며, 첫 층 용접은 키 홀 용접 기법으로 하고 다음 층은 melt-in 용접 기법으로 한다. [그림 8-13]은 모재 두께가 10 mm인 경우 플라스마 아크 용접과 TIG 용접일 때의 V형 맞대기 형상을 비교한 것이다. 두께가 0.25～1.6 mm인 경우는 일반적으로 I형 맞대기 용접으로 melt-in 기법으로 용접한다.

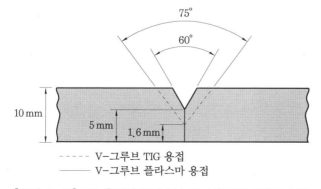

[그림 8-13] TIG 용접과 플라스마 아크 용접의 이음부 설계

② 표준 용접 조건 : 조건에 가장 알맞은 재료는 스테인리스강, 탄소강, 티탄, 니켈 합금, 구리 등이 있고, 아크는 보호 가스의 종류에 따라서 아크 형상과 입열이 크게 변하므로 스테인리스강 등과 같이 아르곤 가스에 수소를 첨가할 수 있는 모재의 용접에 있어서는 플라스마 아크 용접의 특징이 최대한 발휘된다. 보통 알루미늄 용접에서는 모재를 음극으로 하고 강에서는 양극으로 하는데 표면은 폭이 넓고 이면은 좁게 되며 용접 중 크레이터에서는 키 홀(key hole)이 생긴다. 티탄이나 구리의 용접에서는 매우 적은 양의 수소를 혼입하여도 용접부가 약화될 위험성이 있으므로 주의한다. 따라서 이와 같은 경우에는 수소 대신에 불활성 가스 중에서 헬륨을 사용하면 매우 효과적이다. 이때 헬륨 가스는 수소에 비해 플라스마에 작용하는 효과가 약하기 때문에 아르곤의 혼합비를 크게 할 필요가 있다. 일반적으로 헬륨 가스는 아르곤 가스에 비하여 용접부의 보호 효과가 떨어지므로 가스 유량을 아르곤에 비하여 1.5∼2배로 증가시켜야 한다. [표 8-3]∼[표 8-5]는 플라스마 아크 용접 조건을 나타낸다.

[표 8-3] 스테인리스강의 표준 용접 조건

| 재질 | 두께 (mm) | 전류(A) | 플라스마 가스 유량(L/min) | 용접 가스 유량 (L/min) | 진행 속도 (mm/min) | 팁 구경 (mm) |
|---|---|---|---|---|---|---|
| 스테인리스강 | 0.9 | 40∼60 | 0.3∼0.6 | 4.5∼9.5 | 50∼65 | 1.6∼2.0 |
| | 1.6 | 50∼70 | 0.3∼0.6 | 4.5∼9.5 | 50∼65 | 2.0∼2.4 |
| | 2.2 | 90∼100 | 0.4∼0.7 | 4.5∼9.5 | 64∼75 | 2.4 |
| | 3.0 | 100∼120 | 0.4∼0.7 | 4.5∼9.5 | 60∼75 | 2.4∼2.6 |

[표 8-4] Cu의 I형 용접 개선 조건

| 두께(mm) | 전류(A) | 용접 속도 (mm/min) | 파일럿 가스 Ar(L/min) | 실드 가스 $Ar+H_2$(7 %)(L/min) | 노즐 구경(mm) |
|---|---|---|---|---|---|
| 0.35 | 43 | 500 | 0.1 | 5 | 1.5 |
| 0.5 | 45 | 500 | 0.5 | 10 | 1.6 |
| 0.8 | 50 | 650 | 0.5 | 10 | 1.8 |
| 3.5 | 380 | 150 | 0.6 | 15 | 5.0 |

[표 8-5] 판 두께에 따른 플라스마 아크 용접 조건

| 판 두께 (mm) | 이음부 형태 | 이음부 형상 | 적용 방법 | 용접 층수 | 비고 |
|---|---|---|---|---|---|
| 0.1~1.0 | 마이크로랩 | | 용융 플라스마 | 1 | 끝부분이 완전히 용융됨 |
| 0.5~1.5 | 플랜지 에지 | 0.5~1.0 mm | 용융 플라스마 | 1 | 끝부분이 완전히 용융됨 |
| 3.0~6.0 | 버트 용접 | | 키 홀 플라스마 | 1 | 그루브 형태의 배킹 바가 필요함 |
| 6.0~15 | V 버트 (butt) | 60~90° 6 mm | 키 홀 플라스마 | 2회 이상 | 1차 용접 시 키 홀 용접법을 사용하며, 연결 부위가 완전히 녹아 있으면 필러 와이어를 첨가하기도 함 |

## (3) 용접 방법

① 용접 자세 : 수동 플라스마 아크 용접은 전 자세 용접이 가능하나 자동 용접은 일반적으로 가능한 한 아래보기 자세와 수평 자세, 수직 하진 자세에 주로 사용된다. 자동 파이프 용접은 파이프의 중심선을 수평으로 유지하여 파이프를 회전시키면서 아래보기 자세나 파이프 축을 수직(2G position)으로 유지하여 파이프를 회전시키면서 수평 자세 용접을 한다.

② 토치 위치 : 수동 용접에서 토치는 수직에서 25~35° 정도 기울여 용접 진행 방향으로 향하게 하고 토치를 조작하여 비드 형태, 크기, 용입 등을 조절할 수 있다. 자동 용접에서는 용접 진행 방향으로 10~15° 정도 기울여 용접하고, TIG 파이프 용접에서는 일반적으로 파이프를 시계 방향으로 회전시키면서 토치를 11시 방향으로 향하게 한다. 모재에서 토치 끝 노즐까지 거리는 일반적으로 5 mm 정도이다.

③ 플라스마 매개 변수 : 플라스마 아크는 용융하여 용접하는 멜트 인(melt in) 플라스마에는 마이크로, 용융 플라스마가 있으며, 키 홀을 만들어 깊은 용입을 하는 키 홀 플라스마로 구분한다.

㈎ 마이크로(micro) 플라스마 : 사용 전류 범위가 매우 낮은 전류 범위인 0.1~15 A로 사용하는 경우를 특히 마이크로(micro) 플라스마 용접이라 하여 두께가 얇은 최소 0.1 mm에 사용할 수 있다. 바늘 모양의 길고 가느다란 아크는 아크 방황 및 왜곡을 최소화하고 안정적인 아크를 생성할 수 있다.

(나) 용융 플라스마 : 일반적으로 15~100 A를 사용하고 공정 특성은 TIG 아크와 유사하지만 플라스마가 수축되기 때문에 아크가 더 강하다. 용입을 향상시키기 위해 플라스마 가스 유량을 증가시킬 수 있지만, 가스 실드에서 과도한 난류를 통해 공기 및 실드 가스 혼입의 위험이 있다. 용융 모드에서 사용되는 경우 이는 기존 TIG의 대안이다. 장점은 더 높은 침투력(플라스마 가스 흐름으로 인한)과 텅스텐 전극이 토치 본체 내에 있어 표면 오염에 대한 내성이 강하다는 것이다. 가장 큰 단점은 토치의 부피가 커서 수동 용접이 더 어렵다는 것이다. 자동 용접에서는 토치의 유지 보수에 일관된 성능을 보장하기 위해 더 많은 주의를 기울여야 한다.

(다) 키 홀 플라스마 : 100 A 이상 전류를 사용하며, 용접 전류 및 플라스마 가스 흐름을 증가시킴으로써 레이저 또는 전자 빔 용접에서와 같이 재료에 완전히 침투할 수 있는 매우 강력한 플라스마 아크가 생성된다. 용접하는 동안 키 홀은 용융된 용접 풀이 뒤에 흐르는 금속을 통해 점진적으로 절단되어 표면 장력 하에서 용접 비드를 형성한다. 키 홀 방법은 모든 위치에서 수동 또는 자동으로 적용될 수 있는 완전 침투 단일 패스 용접을 제공한다. 이것은 깊은 침투 및 높은 용접 속도와 같은 몇 가지 장점을 활용할 수 있다. 이 공정을 사용하면 한 번에 최대 10 mm까지 판 두께를 관통할 수 있지만 단일 패스 기술을 사용하여 용접할 때는 두께를 6 mm로 제한하는 것이 더 일반적이다. 일반적인 방법은 필러와 함께 키 홀 모드를 사용하여 언더컷 없는 매끄러운 용접 비드를 얻는 것이다.

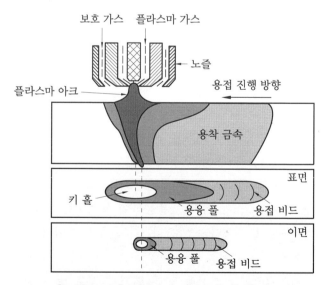

[그림 8-14] 플라스마 아크 키 홀 용접

④ 용접 시 발생하는 문제점과 대책 : 플라스마 아크 용접에서 발생하는 문제점에 대한 원인과 대책에 대해 [표 8-6]에서 기술하였다.

[표 8-6] 용접 시 발생하는 문제점과 대책

| 문제점 | 원인 | 대책 |
|---|---|---|
| 파일럿 아크<br>발생 이상 | 1. 텅스텐 전극봉 세팅 오류<br>2. 텅스텐 전극봉 오염<br>3. 노즐 오염 | 1. 텅스텐 전극봉 재세팅<br>2. 텅스텐 전극봉 연마<br>3. 노즐 교체 |
| 용접 시작 시<br>토치의 팁이<br>파손 | 1. 토치 부품 세팅 오류<br>2. 전극 간격이 부적당함<br>3. 전류 극성 부적당<br>4. 오리피스 가스 유량이 적음<br>5. 냉각수 공급이 안 됨<br>6. 토치의 팁이 모재에 접촉됨<br>7. 전류가 너무 높음 | 1. 토치 부품 재세팅<br>2. 전극 간격 조정<br>3. 전류 극성 확인<br>4. 오리피스 가스 확인<br>5. 냉각수 공급<br>6. 토치와 모재 간격 유지<br>7. 전류를 적절하게 낮춤 |
| 용입 불량 | 1. 플라스마 가스 유량이 낮음<br>2. 전류가 용접 조건보다 낮음<br>3. 전극 간격이 최소로 됨<br>4. 용접 속도가 너무 빠름 | 1. 가스 유량 증가<br>2. 전류를 높임<br>3. 전극 간격을 크게 함<br>4. 적당한 용접 속도 |
| 용접부에<br>기공 발생 | 1. 모재가 오염<br>2. 플라스마 가스 유량이 너무 높음<br>3. 실드 가스 불량 | 1. 모재 오염물 제거<br>2. 플라스마 가스 유량 조절<br>3. 실드 가스 순도 확인 |
| 언더컷 | 1. 용접 속도가 너무 빠름<br>2. 플라스마 가스 유량이 너무 높음<br>3. 전극 간격이 너무 큼 | 1. 용접 속도를 낮춤<br>2. 가스 유량 조절<br>3. 전극 간격 적게 조절 |

⑤ 안전과 위생 : 플라스마 용접은 텅스텐 아크 공정과 여러 면에서 유사하다. 따라서 플라스마 아크 용접에 대한 안전 고려 사항은 가스 텅스텐 아크 용접과 동일하다.

㈎ 최대 5 A의 아크 전류로 용접할 때는 사이드 보호가 되는 안전 안경 또는 No. 6 필터 렌즈가 있는 다른 유형의 눈 보호 장치가 권장된다. 5~15 A 사이의 아크 전류로 용접할 때는 No. 6 필터 렌즈로 눈을 보호하는 것 외에 완전한 플라스틱 안면 보호구를 착용한다. 15 A 이상의 전류 범위에서는 사용 전류에 적합한 필터 렌즈가 있는 헬멧이 필요하다.

㈏ 파일럿 아크가 계속 작동하는 경우 아크 빛 및 열 화상을 방지하기 위해 일반적인 예방 조치를 사용한다. 아크 방사선으로부터 노출된 피부를 보호하기 위해 적절한 작업복을 착용한다.

㈐ 텅스텐 전극봉을 조정하거나 교체하기 전에 용접 전원을 꺼야 한다.

㈑ 전극을 중앙에 배치하기 위해 고주파 방전을 관찰해야 하는 경우 적절한 눈 보호 장치를 사용한다.

㈒ 특히 구리, 납, 아연 함량이 높은 금속을 용접할 때는 적절한 환기가 필요하다.

㈓ 질소 가스를 사용하여 자동 용접이나 플라스마 절단 시 강한 아크열이나 자외선에 의하여 이산화질소나 오존이 발생한다. 따라서 질소 가스를 사용하는 자동 용접이나 절단 작업에서는 환기가 필요하다.

# 연·습·문·제

**1.** 플라스마 아크에 대한 설명으로 가장 적절한 것은?
  ① 플라스마 아크의 용접 가능 거리가 TIG 용접보다 길다.
  ② 플라스마 아크의 용접 가능 거리가 TIG 용접보다 짧다.
  ③ 이행형 아크는 모재가 부전도체 물질인 모재 용접에 사용된다.
  ④ 비이행형 아크는 모재가 전도성 물질이어야 한다.
  해설 플라스마 아크의 용접 가능 거리가 TIG 용접보다 길며, 이행형 아크는 모재가 전도성 물질이어야 하며, 열효율이 좋아 일반 용접과 덧살 용접에도 적용된다. 비이행형 아크는 모재가 부전도체 물질의 용접이나 절단에 사용된다.

**2.** 플라스마 아크 용접에서 전극봉과 컨스트릭팅 노즐에 대한 설명으로 가장 거리가 먼 것은?
  ① 텅스텐 전극은 2 % 토륨을 첨가한 전극봉을 사용한다.
  ② 컨스트릭팅 노즐은 전류의 크기에 비해 지름이 너무 작으면 녹는 현상이 나타난다.
  ③ 컨스트릭팅 노즐은 전류의 크기에 비해 지름이 너무 크면 녹는 현상이 나타난다.
  ④ 컨스트릭팅 노즐은 사용 전류에서 가장 큰 지름의 노즐을 사용한다.
  해설 컨스트릭팅 노즐은 전류의 크기에 비해 지름이 너무 크면 아크 안정성 및 키 홀 유지에 문제가 발생할 수 있다.

**3.** 플라스마 아크 용접의 장점으로 거리가 먼 것은?
  ① 작업자의 시야가 넓다.
  ② 변동성에 보다 민감하여 정밀 용접이 가능하다.
  ③ 저전류에서 아크 안정성이 좋다.
  ④ 좁은 용접 비드를 얻는다.
  해설 단점으로는 변동성에 보다 민감하다는 점이 있다.

**4.** 플라스마 아크 용접을 TIG 용접과 비교한 설명으로 거리가 먼 것은?
  ① TIG 용접과 거의 비슷한 용접 방법이다.
  ② TIG 용접이 아크 온도 분포가 산만하게 분포되어 온도가 낮다.
  ③ 플라스마 아크 용접이 열이 높아 변형이 크다.
  ④ 플라스마 아크 용접이 용접 속도가 빠르다.
  해설 플라스마 아크 용접에서의 아크 온도 분포는 고온도인 5,500~8,900℃ 영역의 온도가 집중되어 모재로 이행되므로 용입이 깊고 용접 속도가 빠르며 변형이 적은 용접 결과를 얻을 수 있다.

정답 **1.** ① **2.** ③ **3.** ② **4.** ③

# 제 **9** 장   기타 용접법

● ─ **9-1**   전자 빔 용접

## (1) 개요

전자 빔 용접(EBW : electron beam welding)은 용접되는 재료에 대량의 열에너지를 집중적으로 전달하는 독특한 방법으로 1950년대 후반에 생산 공정으로 실행 가능하게 되어 항공 우주 및 핵 산업에서 주로 사용되었다. 이후 가장 광범위한 응용 분야에서 용접 기술이 적용되었다. 단지 몇 W(와트)의 전력을 사용하는 매우 섬세한 소형 부품부터 100 kW를 사용하는 두께가 두꺼운 탄소강 용접에 이르기까지 다양한 크기의 부품을 용접할 수 있었던 것은 매우 높은 에너지 밀도를 사용하는 전자 빔이 있었기 때문이다. 그러나 현재 대부분의 응용 분야는 두께가 12.7 mm 미만이며 다양한 금속 및 이종의 금속 이음에 사용된다.

## (2) 원리

[그림 9-1]과 같이 높은 진공 속에서 적열된 필라멘트로부터 발생된 고에너지 전자 빔을 접합부에 조사하여 그 충격 열을 이용하여 용융하는 방법으로, 높은 전위차를 이용하여 가속시킨 전자를 모재에 집중시키면 모재에 충돌한 전자가 열에너지로 변화되면서 모재를 용융하여 용접하게 된다. 전자를 빛 속도의 약 30~70 %로 가속하여 전자를 높은 에너지 상태로 올리면 용접부를 가열할 수 있는 에너지가 발산된다.

이 용접법은 대기와 반응하기 쉬운 재료도 용이하게 용접할 수 있으며, 렌즈에 의하여 가늘게 에너지를 집중시킬 수 있으므로 용융점이 높은 재료의 용접이 가능하다. 전자 빔은 텅스텐 캐소드(cathode)와 고진공에 배치된 애노드(anode)로 구성된 전자총에 의해 생성된다. 일반적인 EBW에 사용되는 빔 전류 및 가속 전압은 각각 50~1,000 mA 및 30~175 kV 범위에서 다양하다. 고강도 전자 빔은 금속을 용융하여 용접하는 동안 열쇠 구멍을 형성할 수 있다. 가속 전압(V, kV), 빔 전류(I, mA), 용접 속도($\nu$, mm/s), 진공 레벨을 포함하여 다섯 가지 요소가 EBW 프로세스를 제어하고 용접 품질에 영향을 준다. 전자 빔은 항상 고진공에서 생성된다. 다양한 수준의 진공에서 일련의 챔버를 분리하기 위해 특별히 설계된 오리피스를 사용하면 중간 및 비진공 조건에서 용접이 가능하다.

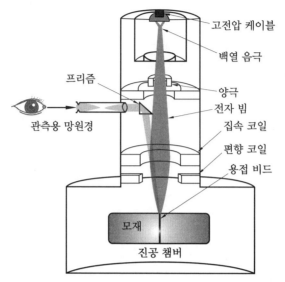

[그림 9-1] 전자 빔 용접의 원리

[표 9-1] 전자 빔 용접과 TIG 용접의 소요 열량 비교

| 용접법 | 전압(V) | 용접 전류(A) | 용접 속도 (mm/min) | 소요 열량 W(min/mm) | 용접 폭 : 용입 |
|---|---|---|---|---|---|
| 전자 빔 용접 | $90 \times 10^3$ | $5 \times 10^{-3}$ | 250 | 1.8 | 0.65 : 1 |
| TIG 용접 | 10 | 270 | 375 | 7.2 | 3.5 : 1 |

## (3) 특징

전자 빔 용접법에는 에너지의 집중화, 깊은 용입 등 다른 용접법에서 볼 수 없는 특징이 있다. 급속히 각광을 받게 된 이유는 다음과 같은 장점이 있기 때문이다.

① 장점

㉮ 고진공 농도로 전체 에너지 입력이 비교적 낮다.

㉯ 대기 중에서 발생 가능한 오염의 불안정이 최소화된다.

㉰ 두꺼운 재료의 이음을 단일 패스로 용접이 가능하다.

㉱ 용가재 없이 박판의 용접이 가능하다.

㉲ 이종 금속 용접이 가능하다.

㉳ 용접 변형이 적어 정밀한 용접을 할 수 있다.

㉴ 대기와 반응하기 쉬운 활성 재료도 용이하게 용접되며 기계적 성질과 야금적 성질이 양호한 용접부를 얻을 수 있다.

㉵ 고용융 재료의 용접이 가능하다.

㉶ 용융 속도가 빠르고 고속 용접이 가능하다.

㉷ 용접 영역이 좁다.

② 단점

  (개) 용접물 크기에 제한(진공 상태에서 용접할 경우)이 있다.

  (내) 장비 비용이 높다.

  (대) 기공의 발생, 합금 성분의 감소 등이 생긴다.

  (래) 냉각 속도가 빨라 용접 균열을 일으킬 수 있다.

  (매) X선이 많이 누출되므로 X선 방호 장비를 착용해야 한다.

  (배) 용접부에 금속 증기가 다량으로 발생하여 진공도가 $10^{-3}$ torr보다 높게 되면 전리 현상이 일어나 방전의 위험성이 있다.

  (새) 진공 용접 시 시간 지연이 발생하여 높은 용접 준비 비용이 발생한다.

  (애) 일반 고정구(비자성체 금속으로 사용)보다 높은 정밀도를 요구한다.

③ 전자 빔 용접의 분류 : 전기적인 분류와 진공도에 의해 분류한다. [표 9-2]는 용접 장치를 전기적으로 분류해서 가속 전압 70∼150 kV의 고전압 소전류형의 것과 가속 전압 20∼40 kV의 저전압 대전류형의 것으로 크게 나눈다. 또한 진공도에 의한 분류에서 대기압형은 용입 깊이가 고진공에 비하여 떨어지고 소재는 진공을 하지 않고 용접 건만 진공으로 유지한다. 진공 범위는 0.02 torr이다. 저진공은 0.003∼0.1 torr 범위를 말하며 공기 배출 시간을 줄이기 위해 고안되었다. 고진공은 0.003 torr 또는 그 이하를 말한다.

**[표 9-2] 전자 빔 용접의 분류**

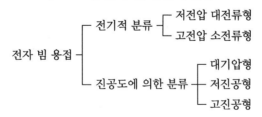

④ 전자 빔의 이행 방식 : 전자 빔 용접은 두 가지 모드에 의해 용접하게 된다. conductance(컨덕턴스) 모드와 키 홀 모드가 있다. 컨덕턴스 및 키 홀 용접 모드는 좁은 용접 및 최소 열 영향 구역과 같은 물리적 특성은 같다. 기본 차이점은 키 홀 용접은 완전 침투 용접이고 컨덕턴스 용접은 일반적으로 용융 용접으로 키 홀 용접에 비해 용입이 낮다는 점이다.

  (개) 컨덕턴스 모드 : 전기 전도율에 의해 용융 온도로 가열하며, 얇은 재료에 주로 적용할 수 있는 용접 이음으로 가열은 재료 표면에서 아래로 빠르게 생성된 후 이음 전체에 열전도율이 발생하여 완전 또는 부분 용입이 가능하다. 또한 에너지 밀도가 높아 집중된 용접이 가능하며, 높은 에너지 밀도는 인접한 모재를 과열이 흡수하지 않도록 하면서 빠른 이송 속도가 가능하다.

(나) 키 홀 모드 : 모재의 표면 아래 용입이 깊은 경우에 사용되며 표면 아래 깊은 침투를 하는 전자 빔 에너지는 모재를 깊게 용융하면서 빠른 기화를 유발하여 모재를 통해 구멍이 뚫리면서 구멍이 용접 이음 부분을 전진함에 따라, 용융된 층은 빔 에너지 주위로 흘러 구멍을 채우고 용착되어 융합 용접을 생성한다.

---

**참고 키 홀 용접의 장점**

1. 용입이 깊고 폭이 좁은 용접부를 만든다.
2. 낮은 열 입력은 최소한의 수축 및 왜곡과 열에 민감한 부품 용접이 가능하다.
3. 진공 상태에서 용접은 기본 재료의 95 % 강도를 유지할 수 있다.
4. 깊은 관통 용접, 용입 깊이 조절 등 각각 탁월한 제어 및 반복적 수행 능력을 가진다.
5. 진공 환경은 산화물 및 질화물과 같은 불순물을 억제하여 용접부를 고순도로 유지할 수 있다.

---

## (4) 용접 장치

용접 장치는 일반적으로 전자 빔 건 컬럼(column), 고전압 발생 장치, 진공 펌프, 용접부 이동 시스템 등으로 구성된다.

① 전자 빔 건 컬럼 : 전자 빔 건이 자유 전자를 만들어 이 전자들을 집중하게 하여 높은 전원의 빔이 되도록 하여 방출하도록 한다.

② 고전압 발생 장치 : 다른 유형의 발생 장치보다 높은 기술을 필요로 하며 보호 성능 요구 사항이 높아 안전을 보장하고 높은 신뢰성, 긴 연속 작업 시간, 쉬운 유지 보수 등을 충족해야 한다. 고전압 장치는 밀폐되어 있어 그 안에서 빔 전류를 생성하여 출력 전압을 유지하거나 부하의 필요에 따라 조절한다.

[그림 9-2] 전자 빔 용접 시스템

③ 진공 펌프 장치 : 고진공 전자 빔에서는 한 개나 두 개의 진공 펌프 시스템이 있고 중간 진공과 비진공 장비는 일반적으로 다중 펌프 시스템을 사용한다.

④ 용접부 이동 시스템 : 전자 빔이 용접 길이를 충분하게 위로 지나가 주어야 한다. 일반적으로 내부 이동식 건은 저전압 방식이며 고정식 건은 고전압과 저전압 방식 모두 사용할 수 있다. 비진공 전자 빔은 고전압 방식으로 모재가 움직이거나 건과 모재 둘 다 움직이는 조합형 방식이 사용된다.

## (5) 용접 방법

① 용접 조건 : 빔을 어떤 조건으로 설정하는가에 따라 결과는 여러 형태로 나타난다.

용접 기술에서 전자 빔의 적용은 수많은 실험과 적용의 결과이다.

㈎ 빔 전력 : 빔의 전력(W)은 전자 빔의 속도를 높이기 위해서 음극선관에 인가하는 전압인 가속 전압과 빔 전류의 결과이며, 간단하게 측정하고 정확하게 제어할 수 있는 파라미터이다. 전력은 일정한 가속 전압에서 빔 전류에 의해 제어되며 일반적으로 가장 높은 접근성이다.

㈏ 전력 밀도(빔의 초점) : 공작물과 빔의 입사 지점에서의 전력 밀도는 음극의 전자 원 크기, 가속 전기 렌즈의 광학 품질 및 포커싱(focusing) 마그네틱 렌즈, 빔 정렬, 가속 전압 값 및 초점 거리에 영향을 받는다. 이러한 모든 요소(초점 거리 제외)는 기계 설계에 따라 다르다.

㈐ 용접 속도 : 용접 장비의 구성은 빔에 대한 공작물의 상대 운동 속도를 충분히 넓은 범위로 조정할 수 있어야 한다.

㈑ 재료 특성

㈒ 조인트의 형상(모양 및 치수)

빔의 최종 효과는 이러한 매개 변수의 특정 조합에 따라 다르다. 낮은 전력 밀도에서 또는 매우 짧은 시간에 빔의 작용은 얇은 표면층만을 용융한다. 초점이 맞지 않는 빔은 관통하지 않으며, 낮은 용접 속도의 재료는 표면에서 열을 전도하는 것만으로 가열되어 반구형 용융 영역을 생성한다. 또한 높은 전력 밀도 및 저속에서, 더 깊고 약간 원뿔형의 용융 구역이 생성되고 전력 밀도가 매우 높은 경우는 비례하여 더 깊은 용입이 발생한다.

② 이음의 종류 : 용접 이음의 세부 사항은 주의해서 선택해야 한다. 고진공 챔버 용접에서 전자 빔을 이음부와 올바르게 정렬하려면 용접부가 매우 좁기 때문에 특수 기술이 필요하다. 12.7 mm 두께의 스테인리스 스틸로 된 용접 너비는 1.00 mm에 불과하다. 정렬 불량이 생기면 전자 빔이 용접 이음부를 완전히 놓칠 수 있다. [그림 9-3]은 전자 빔 용접의 여러 가지 이음을 나타낸 것으로 맞대기 이음, 겹치기 이음, 필릿 이음, 플랜지 이음, 모서리 이음 등에 사용되며 V홈이나 모서리를 채우는 용접을 하지 않고 I형 맞대기에 주로 사용된다.

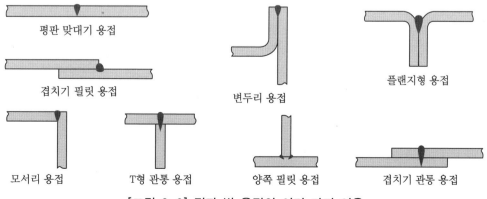

[그림 9-3] 전자 빔 용접의 여러 가지 이음

③ 박판의 용접 : 전자 빔은 초점을 0.127 mm까지 할 수 있어 박판의 단면을 용접하는데 특히 유용하다. 얇은 단면의 용접에서 가장 중요한 요소는 고정 지그에 달려 있다. 고정 지그는 용접부의 위치를 정확하게 유지하고 열응력으로 인한 재료의 이동을 제한하고 열을 흡수하여 변형을 방지하는 역할을 한다. 이것은 전자 빔의 에너지 밀도가 높고 그 제어를 정밀하게 할 수 있어 가능하다.

④ 후판의 용접 : 전자 빔의 높은 에너지 밀도와 용접 변수의 정확한 제어로 키 홀 모드를 이용하여 열이 깊게 침투하여 50 mm 이상의 두께를 용접할 수 있다. 기존의 피복 금속 아크보다 높은 생산성을 가지고 또한 용가재가 필요 없으며, 일반 구조용강은 예열하지 않고 용접이 가능하다. [그림 9-4]는 두꺼운 판의 깊은 용입 공정의 전자 빔 용접 진행 과정을 나타낸 것으로 (a)는 용접하기 전의 맞대기 이음 준비 상태이고, (b)는 전자 빔이 표면에 접촉하여 표면이 용융되기 시작하는 과정이며, (c)는 키 홀이 형성되기 시작하는 단계이다. (d)는 키 홀이 형성되면서 용융된 두꺼운 모재를 관통하는 과정이고, (e)는 앞으로 진행하면서 연속적으로 키 홀을 형성하면서 용융 금속이 심 용접으로 되는 상황을 나타낸다.

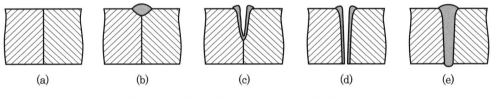

(a)  (b)  (c)  (d)  (e)

[그림 9-4] 두꺼운 판의 전자 빔 용접 과정

⑤ 이종 재료 용접 : 알루미늄 및 마그네슘과 같은 저융점 합금과 니켈 및 코발트계 합금과 같은 고융점 재료뿐만 아니라 거의 대부분의 탄소강을 용접할 수 있다. 두 재료가 매우 다른 특성을 갖는 경우 용접은 두 부분을 모두 용융하는 것이 아니라 용융점이 더 낮은 부분만 용융하고, 다른 부분은 재료 그대로 유지한다. 전자 빔 용접의 장점은 가열을 정확한 지점으로 국한시키고 공정에 필요한 에너지를 정확하게 제어할 수 있다는 것이다. 이런 방식으로 이음을 구성하는 일반적인 규칙은 융점이 낮은 부품에 빔이 직접 접근할 수 있어야 한다는 것이다.

⑥ 용접 결함 : 빔에 의해 용융된 모재는 응고 후 냉각되는 동안 수축되며, 이로 인하여 균열, 변형 및 형상 변화와 같은 원하지 않는 결과를 나타낼 수 있다. 두 모재의 맞대기 용접은 용접 루트면보다 표면에서 더 많은 재료가 녹기 때문에 용접부에 변형이 발생한다. 또 다른 잠재적인 요소는 용접부 균열의 발생이다. 두 모재가 모두 단단하면 용접 수축으로 인해 용접 응력이 높아져 재료가 부서지기 쉬운 경우 균열이 생길 수 있다. 그러므로 용접 구조물을 만들 때 용접 수축의 결과를 항상 고려해야 한다.

## (6) EBW와 LBW의 비교

전자 빔 용접(EBW) 및 레이저 빔 용접(LBW)은 낮은 용접 열 입력, 높은 용접 깊이 대 폭 비율, 좁은 열 영향 영역(HAZ)을 포함하는 고에너지 밀도 용접이다. 용접 조인트에 충돌하여 유착을 생성하기 위해 EBW는 고속 전자의 이동 집중 빔을 사용하는 반면 LBW는 고밀도 레이저 빔의 열을 사용한다.

[표 9-3] 전자 빔 용접과 레이저 빔 용접의 비교

| 구분 | 전자 빔 용접(EBW) | 레이저 빔 용접(LBW) |
|---|---|---|
| 가스 오염 | 없음 | 오염 가능 |
| 작업 환경 | 진공, 대기 | 대기 |
| 차폐 가스 사용 | 사용하지 않음 | 사용(Ar, He 등) |
| 용접물의 크기 | 제한적 | 무제한 |
| 열 영향부 | 작다. | 작다. |
| 용접 중 X-선 | 발생 | 없다. |
| 이종 재료 용접 | 가능 | 제한적 |
| 사이클 | LBW보다 길다. | 짧다. |
| 용접 후 처리 | 불필요 | 약간 있다. |

## (7) 안전에 관한 사항

전자 빔 용접 시 특히 주의를 요하는 위험 가능성이 있는 요소들은 아래와 같다.

① 전기 충격 : 전자 빔 용접에서는 전압이 매우 높아서 치명적인 피해를 입을 수 있으므로 용접기와 전자 빔 건에 전력 증강을 시키는 도체는 완전히 접지가 되어야 하고 작업 중에는 접근이 불가하도록 해야 한다. 전력 공급 장치 부품은 작업하기 전에 접지하여 완전히 방전시킨 후 작업한다.

② X-선 방출 : 전자 빔이 모재에 충돌할 때 주로 방사선이 발생한다. 만약 전자 빔 장치를 완전하게 차단시키지 못하여 누출되는 방사선은 인체에 해로울 수 있다. 납을 사용한 차단 보호벽은 우연한 사고로부터 예방할 수 있으며, 투시구의 유리도 납으로 절연된 것을 사용한다.

③ 흄과 가스 : 용접으로 발생하는, 인간에게 유해한 모든 종류의 흄과 가스를 차단할 수 있는 필요한 환경을 설계하여 흄을 배출하는 장치를 고려해야 한다. 비진공과 중간 진공의 경우 용접 직후 오염물질이 안전 수준까지 내려오지 않으면 용접 구조물 내부에 진입하면 안 된다.

④ 가시광선 : 용접 중에 광선은 용접 용융 풀에서 발생하며 발생되는 자외선과 적외선은 일반적인 유해 광선이다. 그러므로 필터가 있는 눈 보호 차단 장치를 사용해야 한다.

## 9-2 일렉트로 슬래그 용접

### (1) 원리

아크 및 전기 저항으로 인한 열 발생 원리에 따라 작동한다. 와이어와 모재 사이에서 아크가 발생되어 용접 이음부를 채울 수 있도록 전극 와이어를 용융하여 용착 금속을 형성하여 용접이 이루어진다. 아크가 발생되면 전기 저항으로 인해 열이 발생한다. 발생된 열은 슬래그를 용융하고 연속적으로 공급되는 전극 와이어와 모재를 용융하면서 강도가 높은 용접 이음이 이루어진다. 즉, 아크를 발생시키지 않고 와이어와 용융 슬래그 그리고 모재 내에 흐르는 전기 저항열($Q = 0.24EI$ cal/s, E : 전극 팁과 모재 사이의 전압, I : 용접 전류)에 의하여 용접한다. 이 용접법은 수직 또는 수직 위치에 가까운 후판(25~300 mm) 재료를 용접하는 데 사용되는 단층 용접이 가능하여 생산성이 높은 용접이다. 전극은 일반적으로 솔리드 와이어가 사용된다. 플럭스는 용융 상태에서는 전기 에너지를 열에너지로 변환하여 전극 와이어와 모재를 용융시켜 용접 이음을 형성하는 데 도움을 준다. 또한 용융 금속을 대기로부터 보호하고 안정성을 보장해 준다. 전극 가이드 튜브는 용접을 수행할 원하는 위치에서 전극 와이어를 안내하는 데 사용한다.

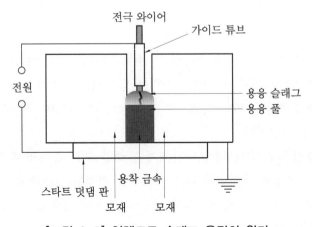

[그림 9-5] 일렉트로 슬래그 용접의 원리

## (2) 특징

일렉트로 슬래그 용접(ESW : electroslag welding)의 가장 큰 특징은 다른 용접에 비하여 두꺼운 판의 용접에 대단히 경제적이며, 홈의 형상은 I형 그대로 사용되므로 용접 홈 가공 준비가 간단하고 각 변형이 적다는 것이다. 또 용접 시간을 단축할 수 있으며 능률적이고 경제적이다. 용접 전원으로는 교류와 직류가 사용되고 있으나 일반적으로 직류 전원을 사용하고 전류는 600 A, 전압은 40~50 V를 사용하며 두꺼운 모재는 상황에 따라 더 높은 전류와 전압이 필요하다. 용제 소비량을 서브머지드 아크 용접과 비교하면 와이어 소비량의 약 1/20 정도로 매우 적다. 용융 슬래그의 최고 온도는 1,925℃ 내외이며, 용융 금속의 온도는 용융 슬래그의 접촉되는 부분이 가장 높아 약 1,650℃ 정도이다. 슬래그 아래에 있는 전극 와이어와 모재가 용융되고 용융 금속이 서서히 응고되면서 계속해서 용접이 이루어진다. 전극 와이어의 지름은 보통 2.4~3.2 mm를 주로 사용하며, 하나의 전극 와이어는 일반적으로 25~75 mm의 두께를 가진 재료에 용접하는 데 사용되며, 두꺼운 이음은 일반적으로 더 많은 전극을 필요로 한다. 때에 따라서는 평판 모양의 띠 전극을 사용하는 경우도 있으며, 이것은 대형 주강 제품의 용접에 적합하다.

① 장점
  ㈎ 용접 능률과 용접 품질이 우수하고, 저비용으로 생산성이 높다.
  ㈏ 후판을 한 번에 단일 층으로 용접할 수 있고, 다전극을 이용하면 더욱 능률을 높일 수 있다.
  ㈐ 최소한의 변형과 최단 시간의 용접법이다.
  ㈑ 아크가 눈에 보이지 않고 아크 불꽃이 없다.
  ㈒ 각 변형이 거의 없다.
  ㈓ 스패터가 없고 100 %에 가까운 용착 효율을 나타낸다.
  ㈔ 용접 속도가 빠르고 I형 용접으로 가공이 쉽다.
  ㈕ 냉각 속도가 느려 냉간 균열 발생이 적다.

② 단점
  ㈎ 박판 용접에는 적용할 수 없다.
  ㈏ 장비가 비싸다.
  ㈐ 장비 설치가 복잡하며, 냉각 장치가 요구된다.
  ㈑ 용접부를 직접 관찰할 수 없어 용접 상태를 파악할 수 없다.
  ㈒ 모재에 너무 높은 입열로 인하여 기계적 성질이 저하될 수 있다.
  ㈓ 용접 자세가 수직 자세로 한정적이다.
  ㈔ 용접 구조물이 복잡한 형상은 적용하기 어렵다.

## (3) 용접 장치

용접 장치는 모두 자동 및 반자동이며 전원은 직류나 교류를 사용할 수 있고 일반적으로 직류를 많이 사용하며, 종류로는 안내 레일형, 무 레일형, 원둘레 이음 전용형, 간이 경량형 등이 있다([그림 9-6]). 이들 중 안내 레일형이 표준형이라고 할 수 있으며, 그 구조는 용접 전원, 안내 레일, 제어 장치, 와이어 송급 장치, 냉각 장치 등으로 구성된다. 무 레일형은 모재의 용접 홈 자체를 안내하여 용접기 본체가 주행하는 것으로 수직 또는 경사 평면, 곡면 등 어느 경우나 맞대기 이음을 할 수 있다. 원둘레 이음 전용형에는 원통의 위쪽에 설치된 보에서 용접기 본체를 매단 형식과, 수직 안내 레일로 지지하는 것이 있다. 간이 경량형에는 마그넷 주행형이 있으며, 이것은 형태가 작고 간편하여 판 두께 20~60 mm 정도의 용접에 적합하다.

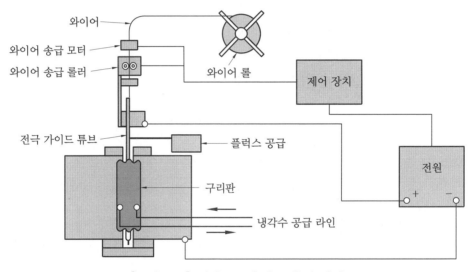

[그림 9-6] 일렉트로 슬래그 용접 장치

## (4) 용접 시공

① 용접 재료

㈎ 용접용 와이어 : 일반적으로 와이어는 서브머지드 아크 용접에서 사용하는 것과 같은 것을 사용한다.

㈏ 용접용 용제(flux) : 일반적으로 서브머지드 아크 용접에 비하여 소비량은 1 kg의 용접 금속에 대하여 약 50 g 정도로 매우 적다. 용제는 가능한 한 많은 양의 슬래그를 생성하여 수랭 동판과 용접 금속과의 경계에 슬래그의 얇은 막을 만드는 것이 좋다. 용제의 주성분으로 산화규소($SiO_2$), 산화망간($MnO$), 산화알루미늄 등이 있다.

[표 9-4] 일렉트로 슬래그 용접용 용제의 화학 성분(%)

| 용제 | SiO$_2$ | Al$_2$O$_3$ | MnO | CaO | MgO | Na$_2$O 또는 K$_2$O | FeO | CaF$_2$ | S | P |
|---|---|---|---|---|---|---|---|---|---|---|
| AN-8 | 33~36 | 11~15 | 21~26 | 4~7 | 5~7 | – | ~1.5 | 13~19 | 0.15 이하 | 0.15 이하 |
| AN-22 | 18~22 | 19~23 | 7~9 | 12~15 | 12~15 | 1.3~1.7 | ~1.0 | 20~24 | 0.15 이하 | 0.15 이하 |
| FZ-7 | 46~48 | ~3 | 24~26 | ~3 | 16~18 | 0.6~0.8 | ~1.5 | 5~6 | 0.15 이하 | 0.15 이하 |

② 준비 : ESW는 용접부의 각 변형은 적지만 입열이 큰 만큼 용접 중 수축과 팽창 응력이 발생하여 횡 방향 수축과 팽창이 일어나므로 재료 변형을 방지하기 위해 조립 작업 시 밑부분과 윗부분의 홈 간격은 재료의 크기나 용접 길이에 따라 차이가 있지만 2~4 mm 정도 차이를 두며, 구속재를 부착하여 방지한다. 수랭 동판과 모재 사이에 용융 금속이 유출되지 않도록 밀착되게 조립한다.

③ 용접 조건 : 비소모 방식의 일렉트로 슬래그 표준 용접 조건은 [표 9-5]와 같으며 두꺼운 판에서는 전극 와이어를 판 두께 방향으로 왕복 이동시키면서 용접을 진행하고 용접 전류 범위는 380~700 A이다.

[표 9-5] 일렉트로 슬래그 표준 용접 조건(비소모 노즐식)

| 판 두께 (mm) | 소모 노즐 지름 | 와이어 지름 (mm) 2.4 | 와이어 지름 (mm) 3.2 | 홈 간격 (mm) | 용접 전압 (V) | 용접 전류 (A) | 플럭스 첨가량 (g) | 용착 속도 (g/min) | 용접 속도 상승 속도 (m/h) | 와이어 송급 속도 (m/min) 2.4 | 와이어 송급 속도 (m/min) 3.2 |
|---|---|---|---|---|---|---|---|---|---|---|---|
| 16 | 8 | 2.4 | 3.2 | 15< | 35~40 | 400~450 | 60~70 | 100~120 | 3~3.5 | 2.8~3.3 | 1.6~1.9 |
| 19 | 10 | 2.4 | 3.2 | 15< | 38~40 | 400~500 | 80~90 | 100~140 | 2~2.8 | 2.8~3.9 | 1.6~2.2 |
| 25 | 12 | 2.4 | 3.2 | 20 | 38~42 | 400~600 | 100~120 | 100~180 | 1.5~2.8 | 2.8~5.1 | 1.6~2.8 |
| 32 | 12 | 2.4 | 3.2 | 20 | 38~42 | 450~650 | 120~140 | 120~220 | 1.4~2.6 | 3.3~6.2 | 1.9~3.5 |
| 36 | 12 | 2.4 | 3.2 | 20 | 38~42 | 450~650 | 140~160 | 120~220 | 1.3~2.3 | 3.3~6.2 | 1.9~3.5 |
| 50 | 12 | 2.4 | 3.2 | 20 | 38~42 | 450~700 | 200~220 | 120~270 | 1~2.1 | 3.3~7.6 | 1.9~4.3 |

[표 9-6]은 소모 노즐 방식의 일렉트로 슬래그 용접의 표준 용접 조건을 나타낸다. 2.4, 3.2 mm 지름의 와이어가 많이 사용된다.

[표 9-6] 일렉트로 슬래그 표준 용접 조건(소모 노즐식)

| 판 두께 (mm) | 노즐 수 (개) | 노즐 지름 (mm) | 홈 간격 (mm) | 플럭스 첨가량 (g) | 용접 전류 (A) | 용접 전압 (V) | 용착 속도 (g/min) | 용접 속도 (m/h) |
|---|---|---|---|---|---|---|---|---|
| 12 | 1 | 8 | 15 | 40~50 | 380~430 | 30~35 | 90~110 | 3.7~4.6 |
| 16 | 1 | 10 | 18 | 60~70 | 380~450 | 35~40 | 90~120 | 2.8~3.8 |
| 22 | 1 | 12 | 20 | 80~90 | 400~550 | 38~40 | 90~180 | 1.3~2.7 |
| 32 | 1 | 12 | 20 | 120~140 | 450~650 | 38~42 | 110~260 | 1.1~2.6 |
| 50 | 1 | 12 | 20 | 200~220 | 450~700 | 40~44 | 110~300 | 0.8~2.1 |
| 100 | 2 | 12 | 25 | 500~600 | 450~700 | 40~45 | 110~300 | 0.7~2.1 |
| 200 | 3 | 12 | 25 | 1,000~1,100 | 450~700 | 40~45 | 110~300 | 0.5~1.6 |
| 300 | 3 | 12 | 30 | 1,800~1,900 | 450~700 | 40~48 · | 110~300 | 0.3~0.9 |

서브머지드 아크 용접법과 비교하였을 때 와이어 송급 속도는 일렉트로 슬래그 용접의 경우 같은 용접 전류에 대하여 2~3배 빠르다.

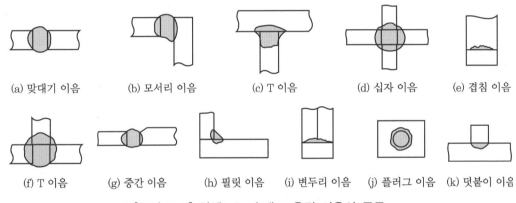

(a) 맞대기 이음    (b) 모서리 이음    (c) T 이음    (d) 십자 이음    (e) 겹침 이음

(f) T 이음    (g) 중간 이음    (h) 필릿 이음    (i) 변두리 이음    (j) 플러그 이음    (k) 덧붙이 이음

[그림 9-7] 일렉트로 슬래그 용접 이음의 종류

④ 용접 방법 : 소모 노즐식은 동재의 노즐 대신에 전극 와이어를 강 파이프 노즐 속을 통하여 송급하며, 강 파이프 자체도 용융하는 방법이다. 또한 두께가 두꺼운 강 파이프에 용제를 도포한 피복 소모 노즐을 사용하는 방법도 있다. 이 피복제는 슬래그의 생성과 탈산제나 합금 원소 첨가 등으로 좋은 용접 결과를 얻을 수 있다. 교류나 직류의 수하 특성 전원을 사용할 때 와이어 송급 장치는 전압 제어 방식으로 하고, 정전압 특성의 전원을 사용할 때에는 정속도 와이어 송급 장치로 한다. 비소모 노즐식은 와이어를 용융 슬래그 내에 공급하기 위해 비소모성 가이드 튜브를 통해서 공급하여 용접하는 방법이다. 아래는 용접 시 주의 사항이다.

㈎ 용접을 중단할 경우 보수가 어려우므로 작업 도중 용접이 중단되는 일이 없도록 사전 준비에 만전을 기해야 한다.

㈏ 용접 시작 시에는 아크 용접 열을 이용하므로 용제를 20~30 mm 정도 살포
하여 용접을 시작하고 아크가 불안정한 경우 용제를 소량(약 5 g) 첨가한다.

㈐ 노즐 삽입 시 중심이 일치하지 않으면 한쪽 면에만 용입 과다 현상이 발생하
여 용융 금속이 유출될 위험이 있으므로 주의하여 용접한다.

㈑ 용접이 끝나는 부분은 크레이터로 인한 결함이 발생할 수 있으므로 20~30
mm 정도 높게 용접한다.

## 9-3 일렉트로 가스 용접

### (1) 원리

일렉트로 가스 용접(electrogas welding)은 일렉트로 가스 아크 용접이라고도 하며,
일렉트로 슬래그 용접에서 시작되었고 설계 및 사용의 측면에서 유사하다. 슬래그 대신,
전극은 MIG/MAG 용접과 같은 방식으로 보호 가스에서 연소되는 아크에 의해 용융된다.
[그림 9-8]과 같이 주로 이산화탄소 가스를 보호 가스로 사용하여 $CO_2$ 가스 분위기 속에
서 아크를 발생시키고 그 아크열로 모재를 용융하여 접합한다. 이 용접법은 $CO_2$ 가스를
사용하고 수랭식 동판을 사용하므로 이산화탄소 엔크로즈 아크 용접($CO_2$ enclosed arc
welding)이라고도 한다. 와이어는 솔리드 및 플럭스 코어 와이어가 사용되며 MIG/MAG
용접과 동일한 유형의 보호 가스가 사용된다. 일렉트로 슬래그 아크 용접에 비해, 이 방
법은 작은 열 영향을 받는 영역(HAZ)과 다소 더 나은 노치 인성을 생성한다. 이 방법은
12~100 mm의 판 두께에 사용되며 이음은 일반적으로 루트 간격이 있는 간단한 I형 이
음이다. 조선, 고압 탱크, 원유 탱크 제작에 사용된다.

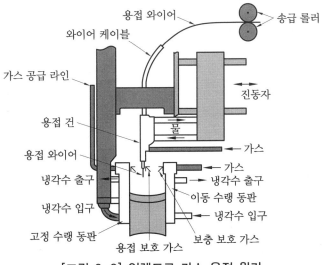

[그림 9-8] 일렉트로 가스 용접 원리

## (2) 특징

피복 금속 아크 용접에 비하여 약 4~5배의 용융 속도를 가지며, 용착 금속량은 10배 이상 된다. 또한 피복 금속 아크 용접의 수직 자세에서는 용융 금속의 낙하나 스패터 등의 손실을 고려해야 하나 일렉트로 가스 아크 용접에서는 용착 효율도 95 % 정도로 높다.

① 장점

㈎ 판 두께에 관계없이 단층 용접이 가능하다.

㈏ 판 두께가 두꺼울수록 경제적이다.

㈐ 용접 홈은 가스 절단 그대로 용접이 가능하다.

㈑ 용접 장치가 간단하고 취급이 쉽다.

㈒ 용접 속도가 빠르고 매우 능률적이다.

㈓ 긴 용접부 연속 용접이 가능하다.

㈔ 용접 후 변형이 거의 없다.

② 단점

㈎ 용접강의 인성이 저하된다.

㈏ 스패터, 흄 발생이 많고 바람의 영향을 받는다.

㈐ 정확한 조립이 요구되며, 이동용 냉각 동판에 급수 장치가 필요하다.

## (3) 용접 장치

일렉트로 가스 용접 장치는 안내 레일형, 무 레일형, 원둘레 이음 전용형, 간이 경량형 등 네 종류이며, 이들 가운데 안내 레일형이 가장 많이 사용되고 있으며 이것을 표준형이라고도 한다. 안내 레일형의 구조는 용접 전원과 와이어 송급 장치, 제어 장치, 용접 토치, 냉각 장치, 가스 조정기와 케이블, 안내 레일 등으로 구성된다. EGW의 장비는 자동이며 용접 헤드는 수직으로 이동하고, 일정한 전압, 전류 용접 전원 공급 장치를 사용하며 전극은 양극성으로 한다. 용접 전류는 100~800 A까지 다양하며 전압은 30~50 V 정도이다. 전극은 대기 오염으로부터 용접을 제공하기 위해 플럭스 코어드, 또는 보호 가스(일반적으로 이산화탄소)를 솔리드 와이어 전극과 함께 사용할 수 있다. 용접 헤드는 용접 공정 중에 상승하는 장치에 부착된다. 또한 장치에 부착된 구리로 된 수랭식 배킹재는 필요 이상으로 용융되지 않도록 용접 폭을 제한하는 역할을 한다.

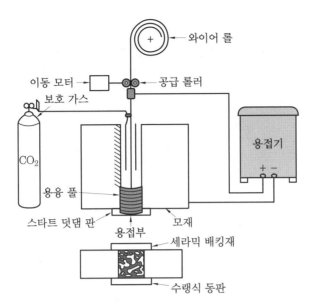

**[그림 9-9] 일렉트로 가스 용접 장치**

## (4) 용접 시공

① 용접 이음의 준비와 용접 조건

(가) 조립 정도 유지는 2 mm 이하가 되어야 한다.

(나) 배킹재(strong back)는 용접선에 따라 300~400 mm 간격으로 홈의 뒤쪽에 부착한다.

(다) 용접 시작 부분은 수동 용접으로 20 mm 정도 모재와 동일하게 홈을 채워주거나 엔드 탭을 사용한다.

(라) 홈의 내부에는 가용접을 해서는 안 되며, 홈의 각도는 철판의 두께에 따라 30~50°±5°를 유지한다.

(마) 홈의 형상에 알맞은 수랭 동판을 설치한다.

(바) 풍속 3m/s 이상에서는 방풍막을 설치한다.

② 용접 방법 : 이 용접법은 $CO_2$ 또는 $CO+Ar$, $Ar+O_2$ 분위기 속에서 모재를 수직으로 고정한 I형(V형) 맞대기 이음에 수랭 구리판을 서서히 위쪽으로 올리면서 연속적으로 용접한다. [그림 9-10]은 I형(V형) 맞대기 이음의 용접 방법으로 홈의 뒤쪽에 세라믹으로 된 배킹(backing)재를 부착하고 그 전면에는 수랭 장치가 구비된 동판을 부착한 후 용접 속도와 동일하게 움직이면서 용융 금속의 용락을 방지하며 용접을 진행한다. 용제가 들어 있는 전극 와이어가 일정한 속도로 공급되면 그 선단과 용융 금속 표면의 사이에서 아크가 발생된다. 이때 보호 가스는 모재 사이의 틈 속으로 보내져 아크와 용융 금속을 보호하게 된다. 일렉트로 가스 용접은 저탄소강, 저합금

강 및 일부 스테인리스 스틸을 포함한 대부분의 강철에 적용 가능하다. 용접은 수직 자세이고 일반적으로 공작물 두께는 10 mm 이상이어야 하며, 용접의 높이는 용접 헤드를 들어올리는 데 사용되는 장치의 한계에 의해서만 제한된다.

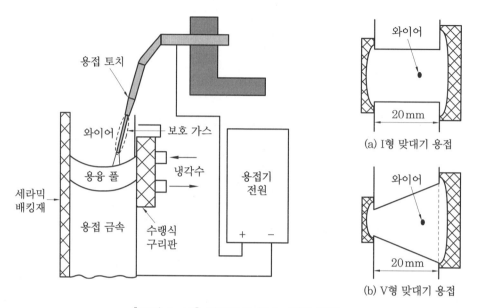

(a) I형 맞대기 용접

(b) V형 맞대기 용접

[그림 9-10] 일렉트로 가스 용접 방법

## (5) 용접 안전

EGW는 작업자가 용융 금속과 용접 아크에 노출되는 것을 방지하기 위해 용접 헬멧과 적절한 복장을 착용해야 한다. 다른 공정에 비해 용접 중에 다량의 용융 금속이 존재하여 화상과 화재의 위험이 발생할 수 있다. 고소 작업에서는 작업과 장비를 적절하게 고정해야 하며, 작업자는 추락 사고를 방지하기 위해 안전띠를 반드시 착용한다.

## 9-4 스터드 용접

### (1) 원리

스터드 용접(stud welding)은 볼트, 환봉, 핀 등의 금속 고정구의 끝면을 모재와 동시에 용융하여 스터드(고정구)를 모재에 눌러 융합시켜 용접하는 자동 아크 용접법이다. 스터드 용접법은 아크 스터드 용접법, 충격 스터드 용접법, 저항 스터드 용접법으로 구분할 수 있다. 이 용접법이 보통 아크 용접과 다른 점은 스터드의 끝에 안정제, 탈산제 등의 용제를 충진하거나 방사하고, 아크가 발생하는 외주에는 내열성의 도기로 만든 페룰을 사용하는 점이다. [그림 9-11]은 페룰을 사용한 아크 스터드 용접 단계를 나타낸 것으로 스터드 끝에는 작은 돌출부가 마련되어 있어 이 돌출부를 모재에 대고 스위치를 당기면 충전된 전기가 돌출부를 통해 순간적으로 흐른다. 이때 돌출부는 녹아버리고 순간적으로 아크가 발생하여 모재와 스터드의 접촉면을 용융하여 용접이 이루어진다.

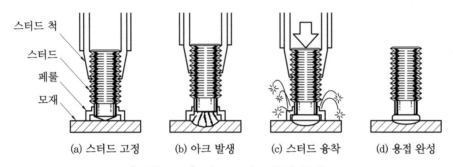

[그림 9-11] 아크 스터드 용접 단계

가스 아크 스터드 용접의 주요 장점은 페룰이 사용되지 않는다는 것이다. 초기 비용이 낮고 청소 비용이 저렴하기 때문이다. 그러나 아크로 인한 불꽃이 제어되지 않기 때문에, 용융이 더 넓은 영역으로 퍼져서 결합 부품에 문제가 발생할 수 있다. 가스 아크 스터드 용접은 종종 로봇 시스템과 함께 사용된다. [그림 9-12]는 가스 아크 스터드 용접의 주요 단계로 첫째, 스터드 건을 스터드 용접하고자 하는 위치에 똑바로 위치시킨다. 둘째, 건을 누르면 스터드가 약간 들어올려지면서 보호 가스를 용접 영역에 침투시킨다. 셋째, 아크가 발생하여 스터드와 모재를 용융하고 스터드를 압축하여 용착 금속을 형성한다. 이때 가스는 용착 금속이 냉각될 때까지 가스를 계속 공급한다. 마지막으로 스터드 건을 제거하면 용접이 완성된다.

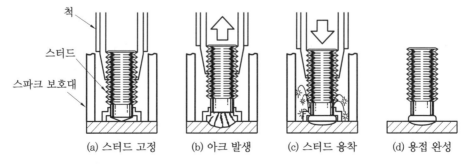

[그림 9-12] 가스 아크 스터드 용접 단계

## (2) 특징

모재에 볼트나 환봉 등을 용접할 수 있어 그 응용 범위는 조선, 철도, 건축, 자동차, 항공기 등 많은 분야에서 이용된다. 스터드 용접법의 특징은 아래와 같다.

① 단시간에 용접부를 가열 용융하여 용접하는 방법이므로 용접 변형이 극히 적다.
② 용접 후의 냉각 속도가 비교적 빠르므로 용착 금속부 또는 열 영향부가 경화되는 경우가 있다. 그러나 탄소(C) : 0.2 % 이하, 망간(Mn) : 0.7 % 이하에서는 경화나 균열이 발생하지 않는다.
③ 통전 시간, 용접 전류 부적절, 모재에 대한 스터드의 눌리는 힘이 불충분할 때에도 외관상으로는 나타나지 않으나 용접 결과에 문제가 발생할 수 있으므로 용접 조건 선택에 각별히 주의한다.
④ 철강 재료 외에 구리, 황동, 알루미늄, 스테인리스강에도 적용이 가능하다. 아크 용접이 가능한 재질이면 용접할 수 있으나, 용접 후의 냉각 속도가 빠르기 때문에 제한되는 경우도 있다. 저탄소강에 용접하기 좋으며 고탄소강은 용접부 또는 열 영향부의 경도가 높아진다.

## (3) 용접 장치

스터드 용접 장치는 [그림 9-13]과 같이 용접 전원, 제어 장치, 용접 건 또는 용접 헤드로 이루어진다. [그림 9-14]는 스터드 용접기이다. 용접 전원으로는 직류, 교류 어느 것이라도 사용되나 현장 용접 등에서는 용접 케이블이 길어 이것에 수반되는 전압 강하, 아크의 불안정 등이 문제가 되어 셀렌 정류기(selenium rectifier)를 사용한 직류 용접기가 사용된다.

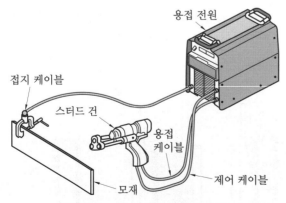

[그림 9-13] 스터드 용접 장치

[그림 9-14] 스터드 용접기

① 용접 건(gun) : 끝에 스터드를 끼울 수 있는 스터드 척과 내부에는 스터드를 누르는 스프링 및 전자석, 통전용 스위치 등으로 구성된다([그림 9-15]). 용접 토치는 형태와 크기

에 따라 무게는 2~4 kg이고 작은 건은 스터드 지름이 3.2~16 mm, 큰 건은 32 mm까지 가능하다. 용접할 때는 용접 토치의 스터드 척에 스터드를 끼우고, 스터드 끝부분에는 페룰을 붙인다. 그 다음 통전용 스위치를 당기면 전자석(솔레노이드)의 작용에 의해 스터 드가 약간 끌어올려진다. 이때 모재와 스터드 사이에서 아 크가 발생하여 모재와 스터드 끝부분이 용융된다. 아크 발 생 시간(통전 시간)은 모재의 두께 및 스터드의 지름에 알 맞게 미리 제어 장치로 두면 소정 시간 아크가 발생된 후 소멸됨과 동시에 전자석에 전류가 차단되므로 스터드를 잡 아당기던 것이 스프링에 의해 용융 풀에 눌려지므로 용접 이 된다. 마지막으로 스터드에서 척을 빼고 페룰을 파괴하 여 제거하면 용접이 완료된다. 일반적으로 아크 발생 시간은 0.1~2초 정도로 한다.

[그림 9-15] 스터드 용접 건

② 스터드 : 보통 5~16 mm 정도의 것이 많이 쓰이며 용도에 따라 여러 가지 모양이 있다. 용접부의 형상은 대부분 원형이나 장방형이다. [그림 9-16]은 스터드의 종류 이다. 스터드의 끝부분은 [그림 9-17]과 같이 탈산제를 충진 또는 부착하여 용접부 의 기계적 성질을 개선한다.

[그림 9-16] 스터드의 종류

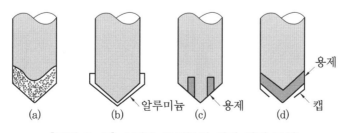

[그림 9-17] 스터드 끝부분의 여러 가지 모양

③ 페룰(ferrule) : 내열성의 도기로 만들며 아크를 보호하기 위한 것으로 모재와 접촉하 는 부분은 홈이 패여 있어 페룰 내부에서 발생하는 열과 가스를 방출할 수 있도록

되어 있다. [그림 9-18]은 세라믹 페룰이다. 그 역할을 살펴보면 다음과 같다.

⑺ 용접이 진행되는 동안 아크열을 집중시킨다.

⑼ 용융 금속의 산화를 방지한다.

⑽ 용융 금속의 유출을 막아준다.

⑾ 용착부의 오염을 방지한다.

⑿ 용접사의 눈을 아크 광선으로부터 보호하는 등 중요한 역할을 한다.

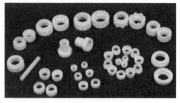

[그림 9-18] 세라믹 페룰

## (4) 용접 방법

용접 전 모재와 스터드의 재질, 스터드의 지름에 따라 전류를 잘 선택해야 한다. 장비에 표시되어 있는 출력선(2차선) 소켓의(+) 전극은 항상 모재에 접지시켜서 사용하며 알루미늄 용접 시는 (-) 전극을 모재에 접지하여 사용한다. 또 스터드 지름 21 mm 이상에서는 많은 전류가 필요하므로 용접기의 부하를 고려해 여러 대의 용접기를 병렬로 설치하여 사용하면 효과적이다.

① 최적의 용접 조건 설정 : 스터드 용접에서 최적의 결과를 얻으려면 다음 절차를 따른다.

⑺ 모재의 스터드 용접할 부분 : 스터드 용접부는 페인트, 과도한 녹 또는 산화철(mill scale), 먼지, 습기 등 이물질을 제거한다.

(a) 스터드를 용접하고자 하는 점에 맞추어 놓는다.

(b) 용접 토치(gun)를 아크 보호벽(페룰)이 모재에 단단히 밀착하도록 누른다.

(c) 토치 스위치를 당기면 모재와 스터드 사이에 아크가 발생한다.

(d) 아크가 발생하면서 모재와 스터드의 끝부분이 녹아 용융된다.

(e) 조절된 용접 시간이 지나면 아크는 소멸되고 스터드의 끝이 모재에 용착된다.

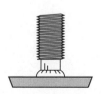

(f) 용융 금속은 즉시 응고되어 스터드 주위에 비드가 형성되고 용접이 끝난다.

[그림 9-19] 스터드 용접 방법

(내) 접지 : 용접 접지는 항상 전류가 잘 통하는 부분에 부착하는 것이 좋다. 접지 연결이 불량하거나 부적절하면 용접 전류가 손실되어 용접 품질에 영향을 줄 수 있다.

(대) 전원 공급 장치 : 전원을 공급하기 전에 권장되는 입력 전원 요구 사항에 대해서는 사용 장비의 전원 설명서를 보고 올바른 퓨즈를 선택하고 사용 중인 전원의 기본 케이블 크기 및 길이를 확인한다. 1차 전원이 부적절하거나 도체 크기나 길이가 잘못되면 필요한 용접 전류가 감소할 수 있다.

(래) 용접 전류 : 조건에 맞는 용접 전류를 선택한다. 일반적인 범위는 [9-7]과 같다. 케이블 길이가 너무 길면 용접 전류가 줄어든다. 큰 전류가 필요한 경우 케이블을 병렬로 연결하여 사용할 수 있다.

[표 9-7] 스터드 지름과 사용 전류 범위

| 스터드 지름(mm) | 사용 전류 범위(A) | 스터드 지름(mm) | 사용 전류 범위(A) |
|---|---|---|---|
| 6.4 | 350~450 | 15.9 | 1,100~1,400 |
| 9.5 | 525~700 | 19.1 | 1,450~1,750 |
| 12.7 | 750~925 | 25.4 | 2,000~2,200 |

(마) 용접 설정 : 현장 상황에 따라 용접 설정 조건은 다르므로 정확한 용접 설정은 지정하기 어렵다.

[표 9-8] 용접 설정 조건

| 스터드 지름(mm) | 아래보기 용접 | | 위보기 용접 | | 수직 자세 용접 | |
|---|---|---|---|---|---|---|
| | 전류(A) | 용접 시간(초) | 전류(A) | 용접 시간(초) | 전류(A) | 용접 시간(초) |
| 6.4 | 450 | 0.17 | 450 | 0.17 | 450 | 0.17 |
| 9.5 | 550 | 0.33 | 550 | 0.33 | 600 | 0.33 |
| 12.7 | 800 | 0.55 | 800 | 0.55 | 875 | 0.46 |
| 15.9 | 1,200 | 0.67 | 1,200 | 0.67 | 1,275 | 0.60 |

(바) 스터드 용접 시험 : 적어도 두 개의 스터드는 해머로 치거나 파이프로 30도 각도로 구부러져야 한다. 표본의 오류가 발생하면 설정을 다시 조정하고 테스트를 반복하여 적정 조건을 설정한다. 설정이 변경되지 않았는지 확인하기 위해 30분마다 2개 또는 3개의 스터드를 테스트하는 것이 좋다.

(사) 육안 검사 : 육안 검사는 스터드 둘레에서 반드시 동일한 필릿 높이일 필요는 없지만 전체 360도 용접 필릿을 보여야 한다.

(아) 일반 조건

　㉠ 페룰을 건조한 상태로 유지한다.

ⓛ 스터드를 건조한 상태로 유지한다(녹슨 스터드는 용접 문제 발생).
ⓒ 아연 도금 강판은 바로 용접하지 않는다.
ⓔ 용접 표면에 습기가 있는 곳에 용접하지 않는다.
ⓜ 먼지, 모래 또는 기타 이물질이 있으면 용접하지 않는다.
ⓗ 모재 표면에 페인트, 녹 및 기타 이물질이 없어야 한다.

② 모재의 재질 : 아크 스터드 용접법은 국부 순간 가열에 의한 용접 후 냉각이 비교적 빠르므로 모재의 재질에 따라 용융부나 열 영향부의 경도가 높아지는 경우가 있으므로 모재의 화학 성분 등이 중요한 요소이다.

⑺ 저탄소강 : 가장 일반적으로 사용되는 재료이며 최대치를 기준으로 화학적 성분은 C는 0.23 %, Mn은 0.9 %, P는 0.04 %, S는 0.05 %를 함유한다. 이들은 345 MPa의 탄성력을 가진다. 저탄소강은 탄소가 0.3 %까지 스터드 용접이 가능하나 중탄소강은 크랙을 방지하기 위하여 예열한다.

⑻ 스테인리스강 : 오스테나이트계 스테인리스강의 스터드는 같은 재질 또는 연강 모재에 용접이 가능하며 용접 조건은 연강 스터드 용접과 거의 같다. 스테인리스강 스터드를 0.2~0.28 % 탄소를 함유한 연강에 용접할 때는 308, 309, 310 계열의 스테인리스가 적당하다.

⑼ 황동 : 황동 스터드의 재료는 아연(Zn)의 함유량이 적어야 하며, 판의 두께가 두꺼울 때에는 모재를 예열하여 용접하는 경우도 있다. 용접이 가능한 스터드의 지름은 3~10 mm 정도이며 페룰은 사용하지 않아도 된다. 용접 조건은 직류 역극성을 사용하고 용접 전류는 같은 지름의 탄소강 스터드에 대한 값의 1/2 정도로 통전 시간을 어느 정도 길게 하는 것이 좋다.

⑽ 알루미늄 : 알루미늄 스터드 용접은 특수 형상의 페룰과 스터드의 용접 단에 용제를 부착시킨 것과 아르곤 또는 헬륨을 사용한 불활성 가스 분위기 내에서 용접하는 방법이 있으나 불활성 가스를 사용한 용접이 일반화되어 있다.

## 9-5  테르밋 용접

### (1) 원리

테르밋 용접(thermit welding)은 테르밋 반응에 의해 생성되는 열로 용접하는 방법이며, 이 방법으로 형성된 용융 금속을 그대로 용가재로 하여 용착시킨다. 테르밋 반응(thermit reaction)은 알루미늄 분말이 금속 산화물 위에서 연소할 때 생기는 알루미늄의 환원력을 이용하여 얻는 반응으로 이 반응에서 나오는 높은 열을 이용한다. 철강용 테르밋제는 알루미늄과 산화철의 분말이 1:3~4의 비율로 다음과 같은 반응을 일으킨다.

$$3FeO+2Al \rightarrow 3Fe+Al_2O_3+880 \text{ kJ}$$

$$Fe_2O_3+2Al \rightarrow 2Fe+Al_2O_3+860 \text{ kJ}$$

테르밋제의 혼합비는 대체로 철 스케일, 즉 FeO, Fe$_2$O$_3$, Fe$_3$O$_4$ 및 금속철 등을 포함한 여러 가지 물질 3~4에 대하여 테르밋제의 과산화 바륨과 알루미늄(또는 마그네슘)의 혼합 분말로 된 점화제를 넣고 점화하면 점화제의 화학 반응에 의하여 테르밋제의 강렬한 반응을 일으켜 약 2,800℃에 달한다. 그 결과 산화철은 환원되면서 용융 상태의 순철로 된다. 이 용융 금속을 용가재로 하여 용접하거나, 또는 그 열원만 이용하여 용접하게 된다.

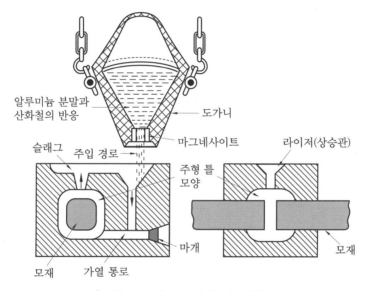

[그림 9-20] 테르밋 용접의 원리

용융 금속의 품질과 성질을 조정하기 위하여 테르밋제에 다른 합금 원소나 탈산제를 배합하여 사용한다. 또 이 용접법에서는 용융 테르밋 용접법과 가압 테르밋 용접법이 있으나 주로 용융 테르밋 용접법이 사용된다.

## (2) 특징 및 구성

테르밋 용접은 주로 레일의 결합, 차축, 선박의 프레임 등 비교적 큰 단면을 가진 주조나 단조품의 맞대기 용접과 보수 용접에 사용되며, 구리 계통으로는 주로 전기용품 재료의 이음 분야에 이용된다. 또 구리와 철강과의 용접에도 사용된다. 그 특징은 다음과 같다.

① 용접 작업이 단순하고 용접 결과가 편차가 없어 재현성이 높다.
② 용접용 기구가 간단하여 작업 장소의 이동이 용이하다.
③ 용접 시간이 짧고 용접 후 변형이 적다.

④ 전기가 필요 없다.

⑤ 용접 이음부의 홈은 특별한 모양의 홈을 필요로 하지 않는다.

⑥ 용접 비용이 저렴하다.

## (3) 용접 방법

① 용융 테르밋 용접(fusion thermit welding) : 일반적으로 많이 사용하는 방법이며, [그림 9-21]에서와 같이 용접하고자 하는 모재를 적당한 간격을 유지하여 주형틀을 만들고 열원을 이용하여 모재를 적당한 온도까지 가열(강의 경우 800~900℃)한 후 도가니 안에서 테르밋 반응을 일으키게 하여 용해된 용융 금속 및 슬래그가 도가니 밑에 있는 주입구를 통하여 주형 속으로 흘러들어와 가열되어 모재와 용융되어 용착 금속으로 된다. 예열은 모재와 용융 금속과의 접합을 촉진하거나 결합부의 냉각 속도를 완화시켜 야금적 성질을 개선하고 주형을 건조시킨다. 용접 후 주형을 제거하고 그라인더(연삭기)로 가공하여 용접부를 완성한다.

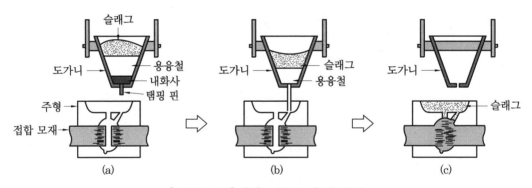

[그림 9-21] 용융 테르밋 용접 방법

(a) 레일  (b) 주형 설치  (c) 테르밋제  (d) 레일 가열  (e) 점화

(f) 주형에 주입  (g) 용융 금속  (h) 그라인딩  (i) 용접 완성

[그림 9-22] 현장 레일 테르밋 용접 과정

② 가압 테르밋 용접(pressure thermit welding) : 테르밋 반응열을 이용하여 가열하고 압력을 가하여 접합하는 용접이며, 테르밋 반응을 할 때에 나타난 용융 금속은 용가재로 쓰이지 않는다. 접합하고자 하는 모재의 접합부 면을 청결하게 하고 주철제 주형으로 포위하여 냉각 속도를 슬래그의 비중 차이를 이용해서 모재와 주형의 내면을 슬래그로 채워서 용융 금속에는 접하지 않도록 급가열하고 모재 양 끝면에 압력을 가하여 압접하는 것이다.

---

## 9-6  원자 수소 용접

### (1) 원리

원자 수소 용접(AHW : atomic hydrogen welding)은 아크 용접 공정 중 하나로 1926년 미국의 어빙 랭뮤어(Irving Langmuir)에 의해 발명된 것이다. 다음 식과 같이 분자 상태의 수소를 원자 상태의 수소로 열해리시켜 이것이 다시 결합해서 분자 상태의 수소로 될 때에 발생하는 열을 이용하여 수소 가스 분위기 내에서 행하는 용접 방법으로 다음과 같은 변화가 일어난다.

$$\underset{\text{(분자 상태)}}{H_2} \quad \underset{\text{(흡열)}}{\longrightarrow} \quad \underset{\text{(원자 상태)}}{2H} \quad \underset{\text{(발열)}}{\longrightarrow} \quad \underset{\text{(분자 상태)}}{H_2}$$

위 식과 같이 수소 가스 분위기 속에 있는 2개의 텅스텐 전극봉 사이에서 아크를 발생시키면 아크의 고열을 흡수하여 수소는 열해리되어 분자 상태의 수소가 원자 상태의 수소(2H)로 되며, 모재 표면에서 냉각되어 원자 상태의 수소가 다시 결합해서 분자 상태로 될 때 방출되는 열($3,000 \sim 4,000°C$)을 이용하여 용접하는 방법이다. 따라서 텅스텐봉은 다만 아크 불꽃만 발생시키는 것으로 텅스텐 전극은 그 용융점이 대단히 높아(약 $3,400°C$ 정도) 용융되지 않으므로 그 소모는 대단히 적다. 이 용접에서 모재의 용접부를 수소 가스로 공기를 완전히 차단한 상태에서 용접이 행해지므로 산화 질화의 작용이 없기 때문에 용접이 매우 곤란하다고 알려진 특수 합금이나 얇은 금속관의 용접이 용이하게 되고 또 연성이 풍부하고 우수한 금속 조직을 가진 용접이 되므로 표면이 매끈하고 다듬질이 필요하지 않은 등의 여러 가지 특성을 가진다.

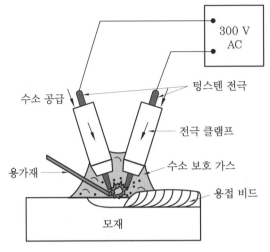

[그림 9-23] 원자 수소 용접법

## (2) 용접 장치

원자 수소 용접법의 용접 장치는 용접기, 전극 홀더, 수소 실린더, 그리고 기타 부속품들이 [그림 9-24]와 같이 접속되어 있다.

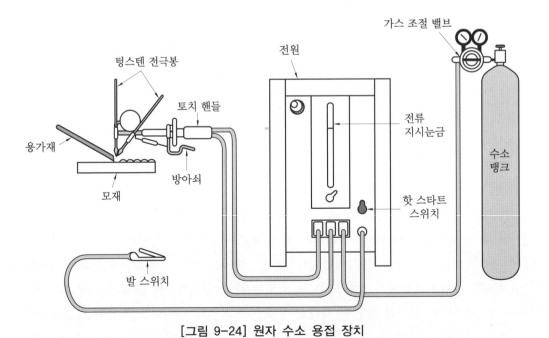

[그림 9-24] 원자 수소 용접 장치

① 용접기 : 아크를 발생시키기 위해서 전원으로 교류를 사용한다. 개로 전압은 대단히 높아 직류일 때는 250 V, 교류에서는 300 V를 필요로 한다. 이런 점에서

직류를 사용하는 편이 좋은 것 같으나 원자 수소 용접법에서는 수소 가스를 해리하기 위한 열을 공급하는 것이므로 직류를 사용하면 극성 때문에 한 끝의 전극이 빨리 소모되어, 아크를 연속적으로 발생시키는 것이 곤란한 결점이 있기 때문에 전극의 양쪽 끝에서 동일한 열 공급을 유지하기 위해 교류가 사용된다.

② 전극 홀더 : [그림 9-25]는 전극 홀더를 나타낸 것으로 절연 재료로 만들어진 손잡이에 2개의 텅스텐 전극봉, 수소 가스 분출구, 전극의 간격 조절용 레버, 가스 조절 밸브 등이 붙어 있고 전류를 흐르게 하는 케이블, 수소 가스를 보내는 호스 등이 붙어 있다. 전극봉은 텅스텐의 지름은 1.6 mm, 3.2 mm 그리고 5 mm, 길이는 어느 것이나 다같이 300 mm의 것을 쓰는 것이 일반적이다.

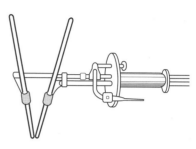

[그림 9-25] 원자 수소 용접 홀더

③ 용접법 : 기울어져 있는 2개의 전극 홀더에 텅스텐 전극을 끼우고 용접 전류를 전극에 알맞게 조정한 다음 가스 밸브를 조금 열어 수소 가스를 분출시키면서 텅스텐 전극 사이에서 아크가 발생하여 수소 가스가 점화된다. 이때 발생하는 수소 불꽃의 길이를 70 mm 정도가 되도록 조정한다. [그림 9-26]은 원자 수소 용접 장면으로 수소의 분출량이 너무 많으면 수소 가스의 손실이 크며 너무 적으면 용접이 불완전하고 또 텅스텐 전극봉의 소모도 많아지므로 이것을 알맞게 조정해야 한다. 이 조정은 불꽃이 발생하면 가스 밸브에 의하여 가스 분출량을 서서히 적게 하면 텅스텐 전극봉의 끝이 조금씩 용융되는 상태가 되는데, 이때 다시 가스 분출량을 증가시켜 전극봉이 용융하지 않게 되는 한계점에 도달하게 한다. 이때가 적당한 가스 분출량이다. 용접 방법은 일반적으로 산소-아세틸렌 용접의 요령과 거의 같다. 피용접물와 전극봉 끝의 간격은 약 5 mm쯤 되게 한다. 또 2개의 텅스텐 전극봉 간격을 크게 하면 불꽃의 열량이 증가하고 작게 하면 발열량도 적어진다. 텅스텐 전극들 사이의 가스 유량 및 갭은 토치 핸들 상에 제공된 스위치 및 레버에 의해 각각 조정될 수 있다. 높은 개방 회로 전압으로 인해 발 작동식 접촉기를 통해 아크가 시작된다. 전극 사이에 유지되는 팬 모양의 아크는 일반적으로 9 ~20 mm 크기이며 날카로운 노랫 소리를 낸다. 공정에서 제공되는 수소 대기는 용융 용접 풀 주

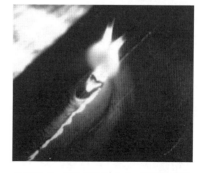

[그림 9-26] 원자 수소 용접 장면

위의 대기 산소와 질소의 유해한 영향으로부터 보호한다. 용접 공정은 초기에 광범위하게 사용되었지만 현재 업계에서는 제한적으로 사용된다.

## (3) 특징과 적용

원자 수소 용접은 용접부에 산소나 질소 등이 침투하지 않고 흠이 없는 치밀하고 연성이 풍부하며 표면이 깨끗한 용착 금속을 얻을 수 있다. 또 발열량이 높기 때문에 용접 속도도 빠르고 변형도 작은 장점이 있다. 그러나 불활성 가스 아크 용접법, 전기 저항 용접법, 기타 용접법이 발전되어 널리 이용됨에 따라 토치 구조의 복잡성, 기술적인 난점, 비용의 과다 등으로 그 응용 범위가 축소되고 있다. 탄소강에서는 1.25 %의 탄소 함유량까지, 크롬강에서는 크롬 40 %까지 용접이 가능하며 크롬-니켈 스테인리스강에서는 현재도 일부에 사용되고 있다. 이 밖에 구조용 특수강, 공구강, 경질 합금강 용접 등 특수한 용도에 이용되고 다음과 같은 용접에 적용된다.

① 고도의 기밀, 유밀, 수밀을 요하는 내압 용기
② 내식성을 필요로 하는 곳
③ 고속도강 바이트 절삭 공구의 제조
④ 일반 공구 및 다이스의 수리
⑤ 스테인리스강, 기타 크롬, 니켈, 몰리브덴 등을 함유한 특수 금속
⑥ 용융 온도가 비교적 높은 금속의 용접
⑦ 니켈이나 모넬 메탈, 황동과 같은 비철 금속
⑧ 주강이나 청동 주물의 홈 용접

## 9-7 마찰 교반 용접

### (1) 원리

1991년에 발명된 마찰 교반 용접(FSW : friction stir welding) 공정은 영국 케임브리지의 용접 연구소(TWI : The Welding Institute)에서 개발되었고 특허를 받았다. FSW는 돌기가 있는 나사산 형태의 비소모성 공구인 숄더(shoulder)를 고속으로 회전시키면서 접합하고자 하는 모재에 프로브(probe)를 삽입하면, 고속으로 회전하는 프로브와 모재에서 열이 발생하며, 이 마찰열에 의해 주변에 있는 모재가 연화되어 접합되는 과정이 숄더를 이동하면서 계속적으로 일어나 용접이 이루어진다.

1990년대 중반부터 산업에 적용되기 시작하면서 활발하게 연구되고 상용화되고 있는 기술이다.

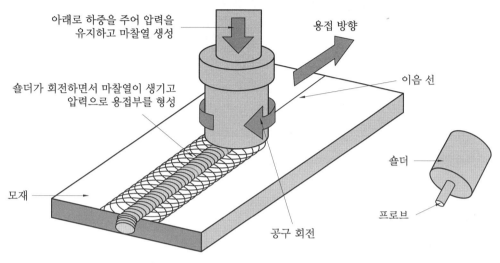

[그림 9-27] 마찰 교반 용접의 원리

## (2) 특징

이 용접은 기계적 에너지 → 열에너지 → 소성 변형으로 변환하여 용가재를 사용하지 않고 이음을 한다. 마찰 용접은 회전 마찰 용접, 비회전 마찰 용접, 마찰 교반 용접의 세 가지 범주로 나눈다. FSW는 용융 용접에 비하여 낮은 온도와 낮은 입열로 용접이 이루어지기 때문에 아크 용접에 비하여 잔류 응력이 적어 변형이 적은 용접 방법이다. 알루미늄, 마그네슘, 구리 및 철 합금과 같은 서로 다른 금속을 결합하는 데 널리 사용된다.

① 장점
  ㈎ 고상 용접으로 용접부에 입열량과 잔류 응력이 적고 변형이 최소화된다.
  ㈏ 알루미늄 합금, 마그네슘 합금 등 용접하기 어려운 부분의 용접이 가능하고 이종 재료의 용접에도 쓰인다.
  ㈐ 별도의 열원이 필요 없고 용접부의 전처리가 필요 없다.
  ㈑ 기공, 균열 등의 용접 결함이 거의 발생하지 않고 기계적 강도가 우수하다.
  ㈒ 유해 광선이나 흄 발생이 없어 친환경적이다.
  ㈓ 작업자의 숙련도에 관계없이 자동화가 가능하다.
② 단점
  ㈎ 용접이 끝나고 나면 마찰 교반 용접 시 사용하는 공구의 프로브 구멍이 남는다.

(나) 3차원의 곡면 형상의 접합은 어려움이 많다.

(다) 용접부 이면에 마찰 압력에 견딜 수 있는 백 압 재료가 필요하다.

(라) 피접합 재료가 경금속 및 저융점 금속에 한정적으로 사용된다.

## (3) 용접 장치

① 장치의 구성 : 마찰 교반 용접은 알루미늄과 같은 연성의 비철합금의 용접에 매우 유용한 용접으로 [그림 9-28]에서 보는 바와 같이 크게 제어를 담당하는 제어부, 용접 모재의 고정과 이송을 담당하는 테이블, 또한 가장 중요한 요소인 용접용 공구가 있는 헤드 부분이 있다.

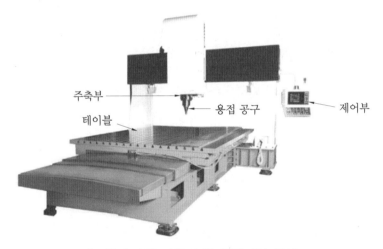

[그림 9-28] 마찰 교반 용접기의 구성

② 맞대기 용접 프로브 : 기존의 원통형 나사 핀 프로브는 알루미늄의 맞대기 용접에 적합하다.

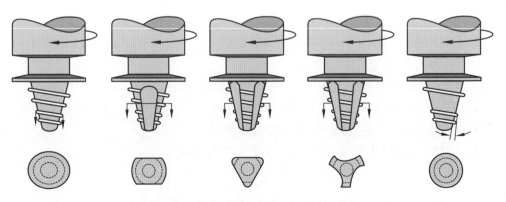

[그림 9-29] 여러 가지 프로브의 모양

③ 마찰 교반 용접과 아크 용접의 비교

**[표 9-9] 마찰 교반 용접과 아크 용접의 비교**

| 구분 | 마찰 교반 용접 | 아크 용접 |
|---|---|---|
| 접합 온도 | 용융점 미만 | 용융점 이상 |
| 용접 변형 | 열 변형이 작다. | 열 변형이 크다. |
| 기계적 성질 | 양호 | 저하 |
| 소비 전력 | 작다. | 크다. |
| 환경 | 무공해 | 유해 가스, 광선 발생 |
| 기능 정도 | 숙련자 | 미숙련자 |
| 용접 품질 | 용접 결함이 거의 없다. | 용접 결함 발생 |

**[표 9-10] 마찰 교반 용접과 아크 용접의 용입과 변형 관계**

| 구분 | 마찰 교반 용접 | 아크 용접 |
|---|---|---|
| 용접부 단면 | | |
| 용접부 변형 | | |

## (4) 용접 기술

결합할 부분은 일반적으로 맞대기 구성으로 배열되며 그런 다음 회전 도구가 공작물과 접촉한다. 이 공구에는 공구의 하부 표면에서 돌출되는 프로브 길이는 일반적으로 공작물의 두께와 밀접하게 일치하도록 설계되어야 한다. [그림 9-30]은 마찰 교반 용접의 순서로 (a)는 공구가 회전하기 시작하는 단계로 재료와 공구에 따라 회전수가 달라질 수 있다. (b)는 회전 공구를 용접면에 삽입하는 단계로 삽입 시 무리하게 삽입하여 모재가 이동하는 일이 없도록 해야 한다. (c)는 삽입된 공구가 회전하면서 용접부를 가열하는 단계이며, (d)는 모재가 충분히 가열되면 이동하면서 용접하게 된다.

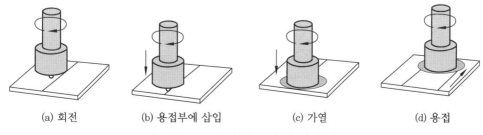

    (a) 회전        (b) 용접부에 삽입        (c) 가열        (d) 용접

**[그림 9-30] 마찰 교반 용접 순서**

마찰 교반 용접에서 가장 중요한 재료 종류는 알루미늄이다. 거의 모든 종류의 알루미늄 합금이 마찰 교반 용접에 성공적으로 적용되었으며 여기에는 최신 Al-Li 합금뿐만 아니라 1xxx, 2xxx, 3xxx, 4xxx, 5xxx, 6xxx 및 7xxx 합금이 포함된다. 저탄소강은 마찰 교반 용접이 가능하지만 공구 재료가 빠르게 마모된다는 것이 가장 큰 문제이다. 실제로, 공구의 마모 파편은 종종 용접 내부에서 발견될 수 있어 FSW는 부적절하다.

## 9-8 유도 용접

### (1) 유도 가열(induction heating)

유도(induction)는 사람이나 물건을 목적한 장소나 방향으로 이끄는 것을 말한다. 일반적으로 어떤 물질을 가열하기 위해서는 가열하기 위한 매개체인 화기나 복사열이 있어야 하나 이것은 에너지 전달 효율이 낮고 긴 시간 가열이 필요하다. 유도 가열은 직접적인 가열 방식이 아닌 간접적인 가열 방식으로 전기 에너지를 열에너지로 변환시키면서 전자기장을 피가열물에 짧은 시간에 많은 양의 에너지를 투여하여 가열시키게 된다([그림 9-31]). 이 가열 방식은 연속 가열과 비교적 낮은 주파수를 이용하는 단조, 풀림이 있으며, 중간 주파수와 높은 주파수를 이용하는 표면 열처리(surface hardening), 용접과 관련된 연납(soldering) 경납(brazing), 튜브 용접(tube welding), 그리고 낮은 주파수와 중간 주파수를 이용하여 금속을 녹여 액체 상태로 만드는 용해로가 있다.

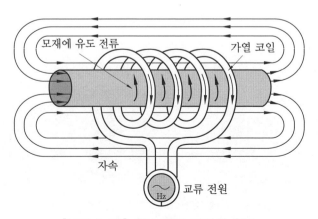

[그림 9-31] 유도 가열 방식의 원리

## (2) 원리

유도 용접(induction welding)은 모재에서 열이 전자기적으로 유도되어 모재에 열이 발생하게 하여 그 열을 이용하여 용접한다. 코일에 전류가 공급되면 가열하고자 하는 금속에 와전류(eddy currents)가 발생하고, 금속의 저항에 의해 발생된 줄 열(Joule heating)이 온도를 높이게 된다. [그림 9-32]는 종방향 이음매 용접을 위한 파이프 고주파 유도 용접의 원리로 강판이 가압 롤에 의하여 파이프 형태로 말려 들어가면 평판의 두 개의 인접한 모서리가 가열된다. 유도 코일을 통과한 강판은 V형 모양을 형성하는 시작점이 용접 점이 되어 심 용접을 형성한다. 고주파는 V형 모양을 형성한 시점을 따라 흐른다. 임피더(impeder)는 철 금속으로 만들어지며 파이프를 용접할 때 안쪽에 전류를 공급하는 역할을 한다. 유도 용접의 속도와 정확성은 튜브 및 파이프의 끝부분의 용접에 이상적이며, 대용량 생산에 특히 적합하다.

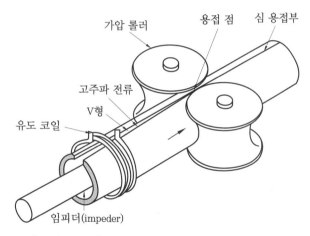

[그림 9-32] 파이프 고주파 유도 용접의 원리

## (3) 특징

고주파 유도 용접(high frequency induction welding)은 고주파 전류의 유도열을 이용하여 접합부를 가압하면서 접합하는 맞대기 용접법 또는 이음매 용접법이다. 이 용접법은 유도 코일과 공작물 사이에 직접적인 접촉이 없으므로 마모로 인한 결함이 없다. 고주파 유도 용접은 스테인리스강(자성 및 비자성), 알루미늄, 저탄소 및 고강도 저합금강 및 기타 많은 전도성 재료의 심 용접을 위해 튜브 및 파이프 산업에서 사용된다.

① 장점
　㉮ 에너지 효율이 높아 낮은 전류로 용접이 가능하여 전력 소모가 적다.
　㉯ 다른 용접에 비해 가열 시간의 최소화로 에너지가 절약된다.
　㉰ 물리적인 접촉이 없다.

(라) 열 영향 지역이 감소한다.

(마) 쾌적한 작업 환경을 유지한다.

(바) 용접 공정의 자동화로 반복 작업이 쉬워진다.

(사) 가열 모재의 변형이 작고 오염이 적다.

(아) 생산 효율을 향상시킬 수 있다.

(자) 대부분 이종 재료 용접이 가능하다.

(차) 이음 강도가 높고 용접 속도가 빠르다.

② 단점

(가) 용접하고자 하는 물체 주위에 코일을 감게 되어 용접 재료의 형상에 제한이 있다.

(나) 전자기적 범위 내의 다른 금속도 가열된다.

(다) 작업자가 전자기장에 노출될 경우 건강에 위험을 초래할 수 있다.

(라) 작업장 부근에서 무선 수신을 방해할 수 있다.

(마) 대형 파이프 및 대형 튜브 용접은 고주파 저항 용접보다 효율이 떨어진다.

## (4) 용접 장치

유도 가열 용접 장치의 구성에는 전원을 공급받는 수전반에서 시작하여 입력받은 전원을 교번 주파수로 변환하는 전기 제어 장치인 전원 공급 장치, 피가열물을 가열하기 위해 무선 주파수 전류로 통전되는 유도 코일, 전기가 통전되는 전기 회로를 냉각하는 냉각 장치, 가압 롤러, 자동화 시스템 등이 포함된다. 전원 공급 장치 내의 발진 장치인 인버터는 발진 주파수에 따라서 적정한 스위칭 소자를 사용한다. 스위칭 소자로는 보통 낮은 주파수에서는 SCR을 사용하고, 높은 주파수는 진공관을 사용한다. 현재는 IGBT를 이용한 소자로 낮은 주파수에서 높은 주파수까지 광범위하게 사용할 수 있어 가장 많이 쓰인다. 또한 재료 가열을 정확하게 정량화하고 가열 주기 동안 재료의 특성 변화에 반응하도록 설계되어 가열 응용 분야에서 다양하게 적용된다. 냉각 장치는 전기가 통전되는 전기 회로를 냉각하기 때문에 증류수를 사용해야 한다. 유도 코일은 유도 가열을 목적으로 하고 있으므로 전도성이 매우 높은 동으로 만들어져 있다.

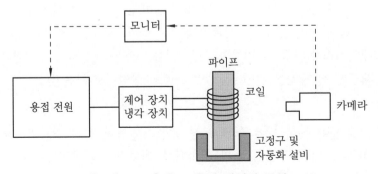

[그림 9-33] 유도 용접 장치의 구성

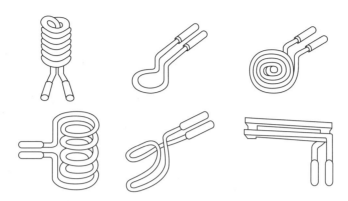

[그림 9-34] 여러 가지 유도 코일

## (5) 용접 기술

이 공정은 전기 유도 용접에 의해 용접 이음매를 형성하는 개념에 기초하며, 용접될 끝부분은 기계적으로 가압되고, 용접을 위한 열은 전류의 흐름에 대한 유도에 의해 발생한다. [그림 9-35]는 고주파 유도 용접 장면이다. 판 재료를 절단하는 슬리팅 설비 (slitting line)에서 필요한 크기로 절단한 다음 파이프 성형을 하는 튜브 밀(tube mill) 을 통과한다. 파이프 성형이 완료되면 고주파 용접기를 통과하면서 막대한 열 발생으로 인해 파이프 내부 및 외부의 가장자리에 비드가 형성된다.

고주파 유도 용접 전류는 튜브 내부와 외부 주위로 흐른다. 외부 전류는 V형 이음에 서 흐르는 용접 전류와 함께 전기적으로 일렬로 이루어져 있어 용접할 면을 용융하는 데 도움이 된다. 그러나 용접 전류와 병렬로 흐르는 내부는 전력 손실을 초래한다. 이 것을 방지하기 위해 임피더는 튜브의 내부 벽 주위에 유도 반응을 증가시키고 결과적으 로 외부 전류를 증가시킨다. 임피더는 온도를 낮게 유지하기 위해 수랭식으로 한다. 유 도 전류에 의한 가열로 표면에서 용입되는 깊이는 주파수의 제곱근에 반비례한다. 이 공정은 유도되는 전류를 사용하지만 저항 용접의 경우는 모재에 접점을 사용하여 전달 되는 것으로 저항 용접과 유사하다.

[그림 9-35] 고주파 유도 용접 장면

## 9-9 │ 용사

### (1) 용사(thermal spray) 원리

용사법은 1910년 압축 공기를 이용한 용융된 납을 모재에 분사시켜 피복시키는 용사법을 시작으로 하여 경금속 피막이 주류를 이루었고, 1950년 플라스마 제트가 개발되어 용사 온도가 약 5,500℃의 플라스마 용사법으로 발전되었고 폭발 용사, 진공 플라스마 용사, 고속 화염 용사, 저온 분사 기술이 개발되었다. 용사의 원리는 금속 및 비금속 재료를 열원인 가스나 전기를 이용하여 가열하고 용융 또는 반용융하여 미립자 상태로 만들어 모재의 표면에 충돌시켜 입자를 응고·퇴적함으로써 피막을 형성하는 방법을 말한다. 용사는 내식, 내열, 내마모 혹은 취성용 피복으로서 넓은 용도를 가지며 기계 부품, 항공기, 로켓 등의 내열 피복용으로 사용된다.

[그림 9-36] 용사 용접 장면

### (2) 용사의 종류

용사재를 가열하는 열원에 따라 가스식 용사와 전기식 용사로 나누며, 가스식 용사에는 화염 용사, 폭발 용사가 있고 전기식 용사에는 아크 용사, 플라스마 용사 등이 있다. 용사재의 형태에는 심선식과 분말식이 있으며 사용되는 용사 건은 서로 다르다. 가스 불꽃을 이용하는 방법은 융점이 약 2,800℃ 이하의 금속 합금 혹은 금속 산화물의 용사에 이용되며, 플라스마 용사는 초고온이 얻어지는 제트 플라스마로서 속도가 음속에 가까워 높은 융점의 재료를 고속으로 분출할 수 있으므로 높은 밀도, 높은 강도의 피막을 만들 수 있다.

① 가스 불꽃 용사 : 주로 산소-아세틸렌 불꽃이나 산소-수소 불꽃 등으로 용사재를 용융하여 이것을 노즐을 통하여 압축 공기로 용사하는 방법이다. 용사재의 형식에 의하여 용봉식, 용선식, 분말식으로 나눈다([그림 9-37]). 용봉식은 세라믹스의 미분말을 소결하여 성형한 것을 봉으로 공급해 압축 공기로 분출하는 방법이다. 주로 세라믹스나 플라스틱 용사에 적합하다. 용선식 산소-아세틸렌 불꽃 등으로 선 모양의 용사재를 용융하여 압축 공기로 분출하는 방식으로 주로 알루미늄, 아연 및 아연 합금, 고탄소강 용사에 적합하다. 분말식은 분말 상태의 용사재를 용융하여 압축 공기로 분출하는 방법이다. 이 방법은 선재의 일반 제작이 어려운 금속이나 비금속재의 용사에 적합하다.

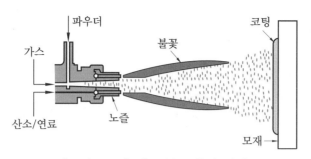

[그림 9-37] 가스 불꽃 용사 장치

② 아크 용사 : 모든 용사 코팅 시스템 중에서 가장 생산적이고 경제적이다. DC 전원을 사용하여 양극과 다른 음극에 두 개(twin wire)의 전도성 와이어에 전원을 공급하거나 단일 와이어(single wire)를 공급하는 경우도 있다. 일반적으로 통전된 전선은 피더를 통해 건 헤드로 공급되고 건 헤드에서 와이어가 서로 만나서 아크를 발생한 아크 열(약 4,000℃ 이상)에 의해서 용융된 재료가 생성된다. 압축 공기를 아크 영역에 공급하여 녹은 재료를 미세한 입자로 분무하여 공작물이나 부품에 부딪치면서 서로 강하게 결합하게 된다. 코팅의 두께는 가변적이고, 일반적으로 약 0.01~0.1 mm의 두께로 분무될 수 있으며 두께가 두꺼운 코팅은 다중 패스로 한다. 이 방법은 전기 전도도가 양호한 재료에만 용사할 수 있으므로 플라스마 용사에 비하여 적용 범위가 좁고 작업 온도가 낮을 뿐만 아니라 분사 입자의 속도가 높고 산화되는 정도가 적기 때문에 코팅 품질은 우수하다.

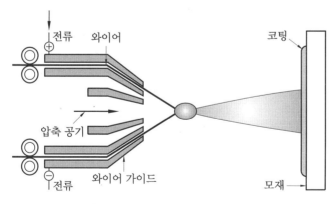

[그림 9-38] 아크 용사 원리

③ 플라스마 제트 용사

㈎ 원리 : 아르곤, 헬륨, 질소 등의 가스를 텅스텐 전극과 구리 노즐 사이에서 형성된 초고온의 아크 플라스마를 작은 틈새가 있는 노즐로 고속으로 분출하여 피막을 형성하는 기술로 모재의 산화가 거의 없다. 이 방법은 내마모성, 내부식성, 내열성, 전기의 전도나 차폐, 마모 부위 재생을 위한 덧붙임의 용도로 항공기, 일반 기계 등 공업 제품에 많이 사용된다.

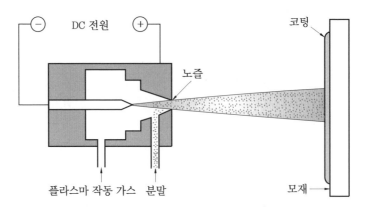

[그림 9-39] 플라스마 용사 원리

(나) 특징

㉠ 세라믹과 같이 용융하기 어려운 재료나 금속, 비금속, 탄화물, 산화물, 질화물 등을 용사할 수 있으며 유기 플라스틱이나 유리 등에도 용사할 수 있다.

㉡ 제품의 크기, 형상에 제한이 없다.

㉢ 모재의 변형이 적다.

㉣ 주물의 주조 결함, 기계 가공의 치수 부족, 마모부의 재생 등 표면 경화의 효과를 얻을 수 있다.

㉤ 가스 불꽃 용사에 비하여 고품질을 얻을 수 있다.

㉥ 용사 두께는 한 패스당 $0.13 \sim 0.15$ mm이며, 효율은 $50 \sim 80 \%$로 높다.

㉦ 용사 불꽃 주위를 비산화(불꽃이 번져가게 되는 불) 조건으로 만들기 용이하다.

㉧ 분사된 입자 간에 열전달이 용이하다.

(다) 플라스마 용사 장치 : [그림 9-40]에서와 같이 전원 공급 장치, 가스 공급 장치, 플라스마 조정 장치, 용사 건 등으로 구성된다.

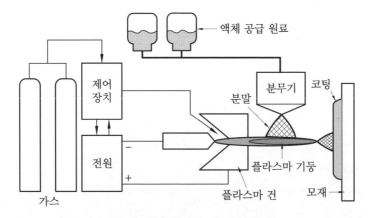

[그림 9-40] 플라스마 용사 장치

[그림 9-41]은 플라스마 용사 건을 나타낸 것으로 수랭식을 사용하며 노즐은 구리 합금으로 만들어진다. 전극봉은 순 텅스텐이나 토륨 혹은 지르코늄을 함유하

는 텅스텐 봉을 사용한다. 플라스마 제트는 직류 정극성(DCSP)의 전류를 사용하며 가스는 불활성 가스 중 아르곤(Ar)을 주로 사용한다. 헬륨도 사용할 수 있으나 1차 가스(플라스마 형성 가스)로는 거의 사용하지 않으며 질소의 경우에는 용착 금속과 모재의 취성에 영향을 주므로 주의한다. 플라스마 용사 시 전극봉과 모재가 접촉하지 않으므로 두 개의 전극 사이에 파일럿 아크를 발생시킬 수 있는 방법이 필요하다. 고전류를 사용하는 경우 아크는 일반적으로 고주파 전류를 사용하며, 축전지를 이용하여 아크를 발생시키기도 한다.

[그림 9-41] 플라스마 용사 건

## (3) 용사 재료

용사 재료에는 금속, 탄화물, 규화물, 질화물 그리고 산화물(세라믹)이 있으며 그 외에 유리 등도 있다. 용사 재료의 선정은 사용 목적 및 융점, 용사 재료와 모재와의 열팽창 계수와의 관계를 고려하여 선정한다.

[표 9-11] 용사 재료와 모재

| 용사 재료 | 모재 |
|---|---|
| 1. 산화물 : $Al_2O_3$, $ZrO_2$, $SiO_2$, BeO, MgO, $Al_2O_3-SiO_2$, $ZrO_2-SiO_2$, 기타 | 요업 재료, 플라스틱강, 인코넬, 몰리브덴, 알루미늄, 마그네슘, 헬륨, 흑연, 구리 |
| 2. 탄화물, 질화물 : TiC, BiC, $B_4C$, WC, $Si_3N4$, $TiC-B_4C$ | 인코넬, 스테인리스강, 지르코늄, 흑연 |
| 3. 불화물 : TiB, $TiB_2$, ZrB, Mo, B, WB, $W_2B$, $TaB_2$ 불화물과 금속의 혼합물 | 인코넬, 스테인리스강, 지르코늄, 몰리브덴 |
| 4. 금속 : Cr, W, Ti, Ni, Cd, Mo, Si, Ta, Nb, Al, B, Cr-Ni 합금, 기타 | 구리, 스테인리스강, 인코넬, 몰리브덴, 지르코늄, 요업 재료, 흑연 |

## (4) 용사 방법

① 전처리 : 피막의 밀착도를 높이기 위해서는 다음과 같은 처리를 해야 한다.

　⑺ 블라스트 가공 : 일반적으로 블라스트(blast)에 의하여 모재의 표면을 거칠게 가공한 후에 용사한다. 그릿(grit)에서는 20~80메시 정도의 SiC 등을 사용하여 블라스트의 공기압을 1 MPa 정도로 한다.

　⑻ 기계 가공 : 원통형에서는 바이트로 나사나 홈을 내거나 룰렛(knurled) 가공을 하여 거칠게 하며, 일반적으로 냉간 가공을 하지만 열간 가공을 하는 경우도 있다.

　⑼ 아크 용접법 : 소재에 아크 용접을 하여 표면을 0.5 mm 이하의 스패터 면을 만든다.

　⑽ 화학적 부식법 : 소재 표면을 부식액으로 부식시켜 거칠게 한다.

② 용사 피복법

(개) 금속 용사 피복 : 일반적으로 금속의 용사에는 열원으로는 가스 불꽃이나 전력을 사용하고 용사 후 모재와의 야금적 결합을 하게 된다. 이와 같은 피복법을 융합 용사 피복법이라 부른다. 융합 온도는 일반적으로 약 1,000~1,100℃이다. 이때 지나치게 과열되면 융합한 피막이 흘러내리거나 변색되므로 과열이나 산화가 일어나지 않게 주의한다. 산화되기 쉬운 모재나 용사재의 경우에는 부착 시 예열하지 않는 것이 좋다. 용사 스프레이건을 사용하는 이 방법은 거대 교량이나 의치만큼 작은 다양한 대상에 금속 코팅을 쉽게 적용할 수 있다. Zn 및 AL과 같은 낮은 융점을 갖는 금속뿐만 아니라 스테인리스강 및 Ni 합금과 같은 높은 융점 금속을 용사 공정에 사용할 수 있다. 그러나 용사 공정에 의해 얻어진 코팅 표면은 다공성이며 내식성이 떨어진다. 코팅된 표면은 재액화되거나 개방된 기공을 밀봉하기 위해 다른 적절한 공정이 적용되어야 한다.

(내) 세라믹 용사 피복(ceramic metallized coating) : 용선식 또는 분말식 건을 사용하여 봉이나 분말의 형태로 세라믹 용사재가 공급된다. 세라믹은 내마모성과 고온 내식성이 가장 높으며 열 및 전기 절연체로 세라믹을 용사재로 분무함으로써 내마모성이 우수한 경질 표면을 얻을 수 있다. 알루미나(alumina)와 지르코니아(zirconia) 등의 피막은 내열용으로 로켓이나 제트 엔진의 분야에서 적용된다. 열과 충격 등에 견디기 위해서는 약간 다공성이어야 하는데 다공성의 피막을 얻기 위해서는 건의 이동 속도, 분말 송급 속도와 노즐과 가공물의 거리를 가급적 크게 잡아 작업 온도를 낮게 한다. 이와 같은 피막을 소프트 코팅(soft coating)이라 부르며, 반대로 치밀한 것을 하드 코팅(hard coating)이라 부른다. 피막의 다공성 때문에 모재의 내산화 또는 내식이 나쁘거나 세라믹 피막의 결합 강도가 저하될 때에는 크롬이나 니크롬 등으로 언더 코팅(under coating)을 두께 0.1~0.15 mm 정도로 해야 한다.

## (5) 응용

용사는 전기 도금 및 표면 경화 공정의 대안으로, 부품의 수리 및 유지 보수에 사용되며 내마모성, 내열성 및 내식성을 제공한다. 용사 피복은 철강의 부식 방지에 매우 효과가 있으며 또 페인트나 플라스틱 도포용의 언더 코팅으로 우수하다. 많이 사용되는 용사 금속은 아연, 알루미늄과 카드뮴이다. 이들의 금속은 철에 대하여 양극성(anodic)이므로 철강의 부식이 방지된다. 니켈, 모넬 메탈, 스테인리스강 그리고 청동은 강에 대하여 음극성(cathodic)이므로 부식액이 그 피막을 침투하지 않을 때 많이 사용된다. 기계 공업 분야에서의 용사는 마모부의 보수 재생에 사용되며 자동차 공업, 시멘트 공업, 화학 공업 등에 적용된다. 전기 공업 분야에 있어서는 전기 전도도나 절연에 이용한다. 또한 특수한 형상, 치수 또는 기계 가공이 곤란한 제품의 제작에도 용사가 이용된다.

# 연·습·문·제

**1.** 전자 빔 용접의 장점으로 거리가 먼 것은?
① 고진공 농도로 전체 에너지 입력이 비교적 높다.
② 용접 속도가 빠르다.
③ 다층 용접이 요구되는 용접부를 한 번에 용접이 가능하다.
④ 용가재 없이 박판의 용접이 가능하다.
해설 고진공 농도로 전체 에너지 입력이 비교적 낮다.

**2.** 일렉트로 슬래그 용접의 장점에 대한 설명으로 거리가 먼 것은?
① 용접 능률과 용접 품질이 우수하다.
② 후판을 단층으로 한 번에 용접할 수 있다.
③ 최소한의 변형과 최단 시간의 용접법이다.
④ 전 자세 용접이 가능하고 박판에도 적용할 수 있다.
해설 수직 자세로 한정되며, 박판 용접에는 적용할 수 없다.

**3.** 일렉트로 슬래그 용접의 단점에 해당하는 것은?
① 용접 능률과 용접 품질이 우수하므로 후판 용접 등에 적당하다.
② 용접 진행 중에 용접부를 직접 관찰할 수 없다.
③ 최소한의 변형과 최단 시간의 용접법이다.
④ 다전극을 이용하면 능률을 더욱 높일 수 있다.
해설 용접부를 직접 관찰할 수 없어 용접의 진행 상태를 알 수 없다.

**4.** 일렉트로 가스 용접의 특징에 대한 설명으로 거리가 먼 것은?
① 판 두께에 관계없이 단층 용접이 가능하다.
② 용접 홈은 가스 절단 그대로 용접이 가능하다.
③ 용접 장치가 간단하여 취급이 쉽다.
④ 긴 용접부는 연속 용접이 어렵다.
해설 긴 용접부는 연속 용접이 가능하고 용접 속도가 빠르고 매우 능률적이다.

**5.** 다음 중 스터드 용접에서 페룰의 역할로 거리가 먼 것은?
① 아크열을 발산한다.
② 용융 금속의 산화를 방지한다.
③ 용융 금속의 유출을 막아준다.
④ 용착부의 오염을 방지한다.
해설 용접이 진행되는 동안 아크열을 집중시켜 준다.

**6.** 볼트나 환봉 등을 피스톨형의 홀더에 끼우고 모재와 환봉 사이에 순간적으로 아크를 발생시켜 용접하는 방법은?

① 전자 빔 용접          ② 스터드 용접
③ 폭발 용접           ④ 원자 수소 용접

**7.** 테르밋 용접에 대한 설명으로 거리가 먼 것은?

① 테르밋제는 알루미늄과 산화철의 분말이 1:3~4의 비율이다.
② 전기가 필요 없다.
③ 용접 이음부의 홈은 특별한 모양의 홈을 필요로 하지 않는다.
④ 용접을 준비하는 시간이 길고, 용접 비용이 많이 든다.

해설 용접을 준비하는 시간이 짧고, 용접 비용이 저렴하다.

**8.** 레일의 접합, 선박의 프레임 등 비교적 큰 단면을 가진 주조나 단조품의 맞대기 용접과 보수 용접에 주로 사용하는 용접법은?

① 서브머지드 아크 용접      ② 테르밋 용접
③ 원자 수소 용접         ④ 마찰 교반 용접

**9.** FSW(마찰 교반 용접)는 용융 용접에 비하여 낮은 온도와 낮은 입열로 용접이 이루어지기 때문에 장점이 많은 용접 방법이다. 이에 대한 설명으로 거리가 먼 것은?

① 알루미늄, 마그네슘 합금 등의 경금속에 많이 사용된다.
② 이종 재료의 용접에도 쓰이고 있다.
③ 별도의 열원이 필요 없고 용접부의 전처리가 필요 없다.
④ 기공 균열 등의 용접 결함은 다수 있으나, 용접부의 기계적 강도가 우수하다.

해설 기공 균열 등의 용접 결함이 거의 발생하지 않고 용접부의 기계적 강도가 우수하다.

**10.** 고주파 유도 용접의 특징으로 거리가 먼 것은?

① 다른 용접에 비해 가열 시간의 최소화로 에너지가 절약된다.
② 가열 모재의 변형이 작고 오염이 적다.
③ 전자기적 범위 내의 다른 금속은 영향이 없다.
④ 이음 강도가 높고 용접 속도가 빠르다.

해설 전자기적 범위 내의 다른 금속도 가열된다.

정답 1. ①   2. ④   3. ②   4. ④   5. ①   6. ②   7. ④   8. ②   9. ④   10. ③

# 제 10 장 자동화 용접

## (1) 용접의 자동화

사람은 장기적으로 같은 일을 반복하는 작업이나 단순한 일을 하는 작업은 주의력이 떨어지면서 피로와 권태를 느껴 생산성이 저하된다. 이와 같은 결점을 보완하기 위하여 기계를 이용하여 생산성을 높이게 되는데 이것이 자동화를 하는 이유이다. 자동화는 기계를 이용하여 단순한 작업이나 반복되는 작업, 위험한 작업, 사람이 하기 어려운 작업을 하게 된다. 현대 사회에서 자동화는 일상생활과 모든 산업 분야에 깊숙이 들어와 사람이 하는 반복적인 일을 대신하고, 지속적으로 발전하여 단순한 기계적인 장치에서 지능이 있는 인공지능 기계 장치로 변해 가고 있다. 용접 기술은 기계 장치 산업에서 가장 필요한 요소의 하나로 단순 반복 작업에서 고난도의 용접 기술까지 사람이 하기 힘든 일이 많아 자동화가 필요한 부분이 많다. 그러나 현장 용접은 자동화하기에 기술적으로나 경제적으로 어려움이 많아 활용도는 낮은 편이다.

자동화 용접은 두꺼운 판이나 용접선이 긴 용접 구조물을 용접하기 위하여 $CO_2$ 용접이나 TIG, MIG, Plasma, Laser 용접 등이 개발 보급됨에 따라 반자동, 자동 용접(전용 용접기 사용)의 응용 범위가 중공업뿐만 아니라 산업체 전체로 확산・보급되었다. 수동 용접은 작업자의 기능도에 따라 용접 제품의 질적 양부가 크게 좌우되고 또한 용접 환경이나 조건들이 현장에서 어려운 상황들이 많아 인적 자원 확보가 어려워 일부는 자동화 용접으로 해결하고 있다. 따라서 자동화 용접은 인적 자원을 대체하고 생산성 및 용접의 품질을 향상시킬 수 있으며 자동화 라인 생산 공정을 용접과 동시에 실시간으로 모니터링하여 생산과 동시에 품질을 검사할 수 있다. 산업사회에서 다양하게 활용되는 용접 분야에서도 다양한 방법으로 자동 용접과 자동화 용접이 지속적으로 이루어지고 있다.

[표 10-1] 용접의 자동화 단계

| 적용 방법 / 용접 요소 | 수동 용접 (폐쇄회로) | 반자동 용접 (폐쇄회로) | 기계 용접 (폐쇄회로) | 자동화 용접 (개방회로) | 적용 제어 용접 (폐쇄회로) | 로봇 용접 (폐쇄회로, 개방회로) |
|---|---|---|---|---|---|---|
| 아크 발생과 유지 | 인간 | 기계 | 기계 | 기계 | 기계 (센서 포함) | 기계(로봇) |
| 용접 와이어 송급 | 인간 | 기계 | 기계 | 기계 | 기계 (센서 포함) | 기계 |
| 아크열 제어 | 인간 | 인간 | 기계 | 기계 | 기계 (센서 포함) | 기계(센서를 갖춘 로봇) |
| 토치의 이동 | 인간 | 인간 | 기계 | 기계 | 기계 (센서 포함) | 기계(로봇) |
| 용접선 추적 | 인간 | 인간 | 인간 | 경로 수정 후 기계 | 기계 (센서 포함) | 기계(센서를 갖춘 로봇) |
| 토치 각도 조작 | 인간 | 인간 | 인간 | 기계 | 기계 (센서 포함) | 기계(로봇) |
| 용접 변형 제어 | 인간 | 인간 | 인간 | 제어 불가능 | 기계 (센서 포함) | 기계(센서를 갖춘 로봇) |

## (2) 자동화의 특징

수동 용접과 비교하여 볼 때 자동화 용접은 기계가 용접을 대신하므로 생산성이 증대되고 품질의 향상은 물론 원가 절감 등의 효과가 현저히 증가한다. 자동화 용접은 용접 와이어가 릴로부터 연속적으로 송급되기 때문에 용접봉의 손실이 없으며 아크 길이, 속도 및 여러 가지 용접 조건에 따른 공정 수를 줄일 수 있을 뿐만 아니라 아크 길이가 일정하게 되어 일정한 전류 값을 유지할 수 있고 한 번의 제어에 의해 용접 비드의 높이, 비드 폭, 용입 등을 정확히 제어할 수 있다.

## (3) 용접 자동화 장치

아크 용접의 로봇에는 GMAW(gas metal arc welding : $CO_2$, MIG, MAG)와 GTAW(gas tungsten arc welding) 및 LBW(laser beam welding)가 주로 이용되고 있다. GTAW는 용접기에서 고주파로 인한 전자파의 발생으로 이용하지 못하였으나 전자파 방지 회로의 개발로 근래부터 로봇에 장착하여 사용하고 있다. 또한 아크 용접 로봇 자동화 시스템은 로봇, 제어부, 아크 발생 장치(용접 전원), 용접물 구동 장치인 포지셔너, 적응을 위한 센서, 로봇 이동 장치, 작업자를 위한 용접물 고정 장치(jig fixture) 등으로 구성된다.

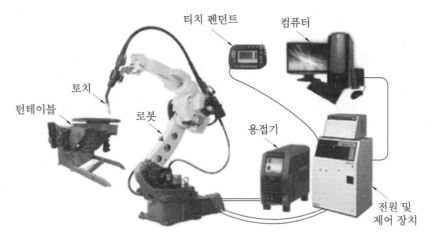

[그림 10-1] 자동화 용접 장치

## 10-2  자동 제어

### (1) 자동 제어의 개요

① 제어 : 기계나 설비 등이 어떤 목적에 적합하도록 제어 대상에 필요한 조작을 가하는 것으로, 어떤 목적의 상태 또는 결과를 얻기 위해 대상에 필요한 조작을 가하는 것이다. 제어하려는 물리량을 제어량이라 하며, 제어량을 원하는 상태로 하기 위한 입력 신호를 제어 명령이라 한다. 예를 들면, 일상생활에서 많이 사용하는 물통에 물을 채운다면 수도꼭지를 수동으로 열고 물통의 수위를 사람의 눈으로 판단하여 수도꼭지의 개폐 조작으로 수위를 수동으로 조절하여 채울 수 있고, 또는 전동기의 속도로 목푯값을 정하여 준 다음 증폭기를 통하여 전압이 전동기를 회전시키고 피드백으로 전압차를 자동으로 조정하여 전동기의 전압을 조정할 수도 있다. 사람이 직접 대상물을 제어하는 것을 수동 제어라 하며, 기기에 의하여 제어하는 것을 자동 제어라 한다.

㈎ 신호 : 제어 방식, 제어 대상 및 제어 회로의 상태 등을 결정하기 위한 내용, 즉 제어하고 싶은 내용을 정보라 하고 정보를 전달하는 것을 신호(signal)라 하며, 이때는 전압, 전류, 온도 등 물리량의 크기 및 상태만을 고려한다. 또한 이때에 제어의 상태에 변화를 주는 신호를 입력 신호(input signal)라 하고 상태 변화의 결과를 출력 신호(output signal)라 한다. 이렇게 제어량을 원하는 상태로 하기 위한 신호를 제어 명령이라 하고 기동, 정지 등과 같이 외부에서 주어지는 명령을 작업 명령이라 한다. 또 1개 또는 여러 개의 신호로부터 다른

신호를 만드는 것을 신호 처리라 하며, 특히 제어 명령을 만들기 위한 신호 처리를 명령 처리라고 한다.

  ㈏ 자동 제어의 장점

    ㉠ 제품의 품질이 균일화되어 불량품이 감소한다.

    ㉡ 적정한 작업을 유지할 수 있어서 원자재, 원료 등이 절약된다.

    ㉢ 연속 작업이 가능하다.

    ㉣ 인간에게는 불가능한 고속 작업이 가능하다.

    ㉤ 인간 능력 이상의 정밀한 작업이 가능하다.

    ㉥ 인간에게는 부적당한 환경에서 작업이 가능하다(고온, 방사능 위험이 있는 장소 등).

    ㉦ 위험한 사고의 방지가 가능하다.

    ㉧ 투자 자본의 절약이 가능하다.

    ㉨ 노력의 절감이 가능하다.

② 자동 제어의 필요성 : 간단하게 보이는 일반적인 수작업이라도 이것을 사람이 작업하는 것이 아니라 그것과 동일한 작업을 기계로 실행하려면 때로는 매우 복잡한 장치가 필요하기도 하고 혹은 불가능할 때도 있다. 또한, 사람은 어느 정도 돌발적인 상황이나 새로운 작업에 대해서도 그 나름대로 적절한 판단을 내릴 수 있는 고도의 능력을 갖고 있다. 반면에 사람이 기계에 미치지 못하는 점도 있다. 우선 그 발휘할 수 있는 힘과 연속성에 있어서도 한계가 있고 단순 작업을 장시간 연속해서 실행하는 능력은 일정한 시간이 흐름에 따라 한계를 나타낸다. 이에 따라 작업을 기계화, 자동화함으로써 기계에 고장이 발생하지 않는 한 사람이 직접 일을 하는 것보다도 훨씬 더 정확하고 연속적으로 일을 할 수 있어 대량생산에 적합하다. 자동 제어로 일을 대행시키면 제어의 정확도와 정밀도를 높일 수 있으며 이것을 생산 공장이나 기계, 장치 등에 이용하면 아래와 같은 장점이 있다.

  ㈐ 생산 속도를 증가시킨다.

  ㈑ 제품의 품질 향상 및 균일화로 인한 불량품 감소 효과가 있다.

  ㈒ 수동 조작을 위한 작업원이 필요 없으므로 노동력이 줄어 인건비가 절감된다.

  ㈓ 생산 설비의 수명 연장과 노동 조건의 향상이 기대된다.

  ㈔ 생산량을 증가시킨다.

## (2) 자동 제어의 종류

제어 명령에서 정성적 제어는 발열량과 무관하게 스위치를 개폐하여 전류를 흐르게 하거나 차단시키는 on, off 동작 가운데 어느 한 동작의 상태로 나타나고, 정량적 제어는 연속적으로 조절하는 제어로 화력이나 유량 등 최종 값이 크기와 양에 대하여 제어량으로 나타난다. 정성적 제어를 시퀀스 제어(sequence control), 정량적 제어를 피드백 제어(feedback control)라고도 한다.

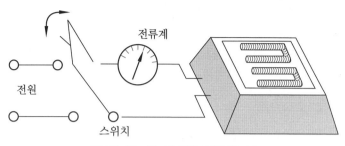

[그림 10-2] 정성적 제어의 예

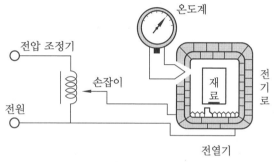

[그림 10-3] 정량적 제어의 예

자동 제어의 종류는 구분하는 방법에 따라 여러 가지 형태로 분류되는데 일반적으로 [표 10-2]와 같이 분류할 수 있다.

[표 10-2] 자동 제어의 분류

| 자동 제어 (automatic control) | 정성적 제어 (qualitative control) | 시퀀스 제어 (sequence control) | 유접점 시퀀스 제어 |
|---|---|---|---|
| | | | 무접점 시퀀스 제어 |
| | | 프로그램 제어 (program control) | PLC 제어 |
| | 정량적 제어 (quantitative control) | 개루프 제어 (open loop control) | |
| | | 폐루프 제어 (closed loop control) | 피드백 제어 (feedback control) |

① 시퀀스 제어 : 미리 정해진 순서에 따라서 제어의 각 단계를 순차적으로 진행하는 방식으로 생활에서 많이 볼 수 있는 교통신호기, 자동판매기, 네온사인 등은 각 장치가 유기적인 관계를 유지하면서 미리 정해 놓은 시간적 순서에 따라 제어의 각 단계를 차례로 행하는 시퀀스 제어라 한다. 일반적으로 시퀀스 제어는 작업을 진행하

는 도중에 오차가 발생해도 제어량을 수정할 수 없다. 일반적으로 시퀀스 제어는 명령 처리부, 조작부, 제어 대상, 표시 및 경보부, 검출부 등으로 구성되며 [그림 10-4]와 같은 신호의 흐름으로 제어 절차가 진행된다.

[그림 10-4] 시퀀스 제어의 제어 흐름

또한 구현 방법에 따라 유접점(릴레이)과 무접점(논리 게이트) 시퀀스로 구분되는데 유접점 시퀀스는 전자 계전기 또는 릴레이로 시퀀스 회로의 배선을 통해 제어하며, 무접점 시퀀스는 다이오드(diode), 트랜지스터(transistor) 및 IC 소자를 이용하여 제어한다. 이들의 장단점은 [표 10-3]과 같다.

[표 10-3] 유접점 및 무접점 시퀀스의 장 · 단점

| 구분 | 유접점(릴레이) | 무접점(논리 게이트) 시퀀스 |
| --- | --- | --- |
| 장점 | • 개폐 용량이 크며 과부하에 잘 견딘다.<br>• 전기적 잡음에 대해 안정하다.<br>• 온도 특성이 양호하다.<br>• 독립된 다수의 출력 회로를 갖는다.<br>• 입력과 출력이 분리 가능하다.<br>• 동작 상태의 확인이 쉽다. | • 동작 속도가 빠르다.<br>• 고빈도 사용에도 수명이 길다.<br>• 열악한 환경에 잘 견딘다.<br>• 고감도의 성능을 갖는다.<br>• 소형이며 가볍다.<br>• 다수 입력 소수 출력에 적당하다. |
| 단점 | • 동작 속도가 늦다.<br>• 소비 전력이 비교적 크다.<br>• 접점의 마모 등으로 수명이 짧다.<br>• 기계적 진동, 충격 등에 약하다.<br>• 소형화에 한계가 있다. | • 전기적 잡음에 약하다.<br>• 온도의 변화에 약하다.<br>• 신뢰성이 좋지 않다.<br>• 별도의 전원 및 관련 회로를 필요로 한다. |

② 피드백 제어 : 제어 시스템에는 개루프 제어 시스템과 폐루프 제어 시스템의 두 가지 방식이 있으며 제어 동작에 따라 차이가 있다. 개루프 제어 시스템은 가장 간단한 장치로서 제어 동작이 출력과 관계없이 신호의 통로가 열려 있는 제어 계통을 의미하며 기본적인 요소와 구성은 [그림 10-5]와 같다.

[그림 10-5] 개루프 제어 시스템의 구성 요소

또한 폐루프 제어 시스템은 출력의 일부를 입력 방향으로 피드백시켜 목푯값과 비교하여 출력을 조정하는 제어 시스템으로서 피드백 제어 시스템이라고도 한다. 제어 장치와 제어 대상으로 형성되는 폐루프 시스템으로 구성되며 기본적인 요소와 구성은 [그림 10-6]과 같다.

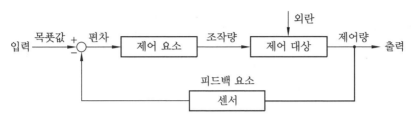

[그림 10-6] 폐루프 제어 시스템의 구성 요소

개루프 제어에 비하여 피드백 제어는 정확성이 증가하고 시스템의 특성 변화에 대한 입력 대 출력비의 감도가 감소하여 안정성이 향상된다.

③ PLC 제어 : 자동화를 위한 제어의 초기 단계에 릴레이를 주로 사용하였으나 반도체 기술의 발전과 함께 반도체 소자를 이용한 전자 제어와 마이크로프로세서에 의한 제어를 하면서 PLC(programmable logic controller)에 의한 제어로 발전하였다([그림 10-7]). 각 산업 분야에서 제품이 다양화되고 소량 다품종을 생산하는 실정에서 자동화 설비의 작업 순서 변경이나 생산 라인의 수정 등이 빈번하게 발생하지만 제어 회로 및 이에 따른 배선의 수정이 쉽지 않다. 그러나 PLC 제어는 프로그램의 변경만으로 간단하게 회로의 수정이 가능하며, 제어반의 소형화와 경제성 및 신뢰성이 높은 장점이 있다.

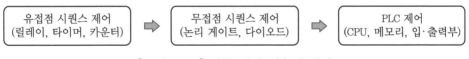

[그림 10-7] 자동 제어 기술의 발전

자동 제어 기술은 종래에 사용하던 제어반 내의 릴레이, 타임, 카운터 등의 기능을 프로그램으로 대체하고자 만들어진 전자 응용 기기이며 제어 대상의 시퀀스를 보다 합리적으로 설계하고 제어반의 소형화, 내부 제어 회로 수정의 신속성 및 제어 회로 상호 간 배선 작업의 프로그램화로 경제성 및 신뢰성에서 유접점 및 무접점 시퀀스보다 월등한 제어 장치이다.

## (3) 시퀀스 제어와 PLC 제어의 비교

시퀀스 제어는 릴레이 제어로 어떤 기능을 추가하기 위해서는 릴레이를 추가해야 하지만 PLC 제어는 프로그램을 변경하여 접점이 늘어나는 것으로 제어반에는 큰 차이가 없다. 시퀀스 제어는 회로도를 작성하여 그 회로대로 전선으로 이어야 하지만 PLC 제어는 회로도 작성이 프로그램이므로 배선이 필요 없다. 또한 시퀀스 제어에서는 할 수 없는 통신 기능이 있어 다른 PLC와 통신이 가능하다.

[표 10-4] 시퀀스 제어와 PLC 제어의 차이

| 비교 방식 | 유접점 및 무접점 시퀀스 | PLC |
|---|---|---|
| 제어 방식 | 하드 와이어드 로직<br>(hard wired logic) | 소프트 와이어드 로직<br>(soft wired logic) |
| 제어 기능 | 릴레이, 타이머, 카운터<br>(기능 및 접점의 한정으로 대형화) | CPU, 메모리, 연산 장치<br>(고성능 대규모 제어를 소형으로) |
| 제어 특성 | 한정된 수명, 저속도 제어 | 높은 신뢰성, 고속도 제어 |
| 제어 내용 | 기기 간의 접속(재선) 변경 | 프로그램 변경 |
| 변경 방식 | 변경의 어려움, 제어반 재이용 불가 | 변경의 신속함, 제어반 재이용 가능 |

## 10-3 용접용 로봇

### (1) 로봇의 개요

로봇이라는 용어는 '강제 노동'을 의미하는 체코어 robota에서 유래했다. 1920년 체코 작가 Karel Capek, R.U.R의 연극(Rossum's Universal Robots)에서 처음 등장했다. 로봇은 자동 제어와 재프로그램이 가능하고 여러 자유 각도를 갖고 있어서 다목적으로 이용되는 공작 기계로 정의된다. 산업용 로봇은 1961년 미국의 로봇의 아버지라 불리는 조셉 에프, 엔겔버그(Joseph F. Engelberger)에 의해 'unimate'라는 이름으로 최초로 산업용 로봇으로 생산되었다. 1970년대 선진국의 경우 주로 자동차의 차체 점용접에 사용되었고, 우리나라에서는 1980년대 초에 자동차 업계에서 처음으로 도입 이후 전기, 전자, 일반 기계 산업, 우주 항공 산업 등 거의 모든 산업 부분에서 공장 자동화의 주역이라 할 수 있다. [그림 10-8]은 로봇의 발전 과정을 나타낸 것으로 1세대 로봇은 1970년대부터 시작되었으며 센서가 없는 고정식 프로그래밍이 불가능한 전자 기계 장치로 구성되었다. 2세대 로봇은 1980년대에 센서와 프로그래밍 가능한 컨트롤러를 포함하여 개발되었다. 약 1990년부터 3세대 로봇이 개발되어 정교한 프로그래밍, 음성 인식 및 기타 고급 기능을 갖춘 고정 또는 이동이 가능하다. 4세대 로봇은 연구 개발 단계에 있으며 인공 지능, 자기 복제, 자기 조립 및 나노 크기와 같은 기능을 포함한다.

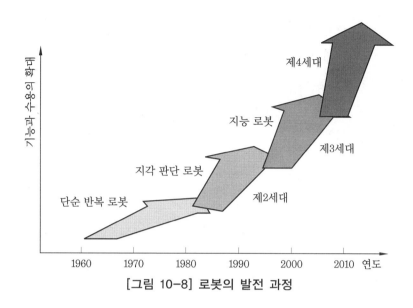

[그림 10-8] 로봇의 발전 과정

## (2) 로봇 용접의 장점

용접은 두 재료를 가열 용융하여 서로 융합되어 강한 결합을 형성하는 공정이다. 아크 용접에서 스폿 용접에 이르기까지 로봇 용접은 일반적으로 반복적이고 품질과 속도가 중요한 용접 공정에 사용되고 효율성, 일관성을 높이는 자동화된 공정이다. 더 빠르고 일관된 연속 용접으로 중단이 없고 더 나은 용접 품질을 포함하여 로봇 용접으로 공장을 자동화할 때 기본적으로 용접 로봇 자동화를 사용하면 프로세스 시간이 단축되고 제조업체는 직접적인 노동 및 안전 비용을 줄이고 재료를 절약할 수 있다. 수동 용접에 비하여 몇 가지 장점이 있다.

① 용접 시간 단축 : 로봇 용접 시스템은 작업을 빠르게 완료한다. 용접 로봇은 수동 용접보다 실수가 적고 작업자와 달리 로봇은 휴식, 휴가 등을 요구하지 않고 24시간 중단 없이 연속적으로 생산 활동을 할 수 있어 결과적으로 생산성이 향상된다.

② 인건비 및 안전 비용 절감 : 수동 용접으로 인한 비용은 급격하게 상승한다. 시간, 기술 및 집중력이 필요하고 또한 아크 광선과 열로 인하여 위험할 수 있다. 로봇 용접을 사용하면 작업자를 보호하고 비용을 절감할 수 있다. 보험 및 사고 관련 비용도 상당히 줄어든다.

③ 재료 절감 : 가장 숙련된 용접사도 실수할 수 있다. 그러나 용접 로봇으로 전력 및 와이어를 포함한 모든 것이 규제되어 자동화된 용접 로봇 시스템은 지속적으로 작동하여 에너지를 절약한다. 또한 용접 제품이 보다 일관되고 정확하여 재료와 시간 낭비가 적다.

## (3) 머니퓰레이터(manipulator)

산업용 로봇의 경우 대부분 머니퓰레이터에 속하며 인간의 팔과 같은 유사한 기능을 갖고 대상물을 공간적으로 이동시킬 수 있는 동작을 제공하는 기계적인 장치이다. 보통 여러 개의 자유도를 가지고 대상물을 붙잡거나 옮길 목적으로, 서로 상대적인 회전 운동이나 미끄럼 운동을 하는 분절로 연결되어 있다. 로봇 움직임의 기본은 인간의 팔 동작을 모방한 것으로 신축 운동, 회전 운동, 선회 운동의 세 가지가 있다. 신축은 좌우, 상하의 직선 운동이고, 회전 운동은 회전의 축 방향은 변하지 않고 축을 중심으로 한 것이며, 선회는 축 방향을 변화시키면서 움직이는 운동이다.

① 직각 좌표 로봇 : 직각이 직교하는 3개의 축으로 구성되고 직각 좌표계 형식이며 세 개의 팔이 서로 직각으로 교차하여 가로, 세로, 높이의 3차원 내에서 작동하는 로봇이다. 이 로봇은 기구가 간단하고 기계적인 강성도 높으며 작업 정밀도가 좋아 주로 전자 부품 조립 작업 등에 사용된다.

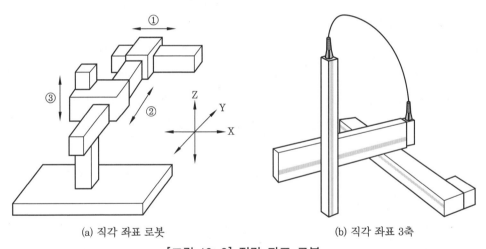

(a) 직각 좌표 로봇                    (b) 직각 좌표 3축

[그림 10-9] 직각 좌표 로봇

② 극좌표 로봇 : 회전 운동을 하는 회전축과 요동 운동을 하는 축, 전후 방향으로 직선 운동을 하는 직선축으로 구성된다. 동작 기구가 [그림 10-10]과 같은 극좌표계 형식으로 수직면 또는 수평면 내에서 선회한 회전(운동을 하는 팔과 전후 방향에서 직선적으로 신축하는 팔을 가진 로봇으로 동작) 영역이 넓고 팔이 기울어져 상하로 움직이므로 대상물의 손끝 자세를 맞추기 쉬워 스폿 용접용 로봇으로 많이 사용된다.

③ 원통 좌표 로봇 : 원통 좌표계 형식으로 두 방향의 직선축과 한 개의 회전축으로 구성되며 수직면에서의 선회는 되지 않는 로봇이다. 주로 공작 기계의 공작물 착탈 작업에 사용된다. 또한 로봇 팔의 기본 동작을 몇 개 조합하였는가를 나타내는 것을 자유도라 하는데 이 로봇의 자유도는 3이다.

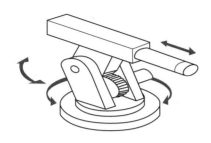

[그림 10-10] 극좌표 로봇

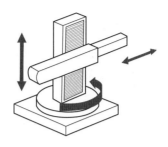

[그림 10-11] 원통 좌표 로봇

④ 다관절 로봇 : 사람의 팔 구조와 비슷하여 동작 기구가 관절형 형식이다. 사람의 팔 꿈치나 손목의 관절에 해당하는 부분의 움직임을 갖는 로봇으로 회전→ 선회→ 선 회 운동을 하며 대표적인 것은 아크 용접용 다관절 로봇이다.

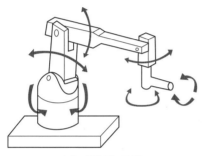

(a) 다관절 로봇

(b) 다관절 로봇 6축

[그림 10-12] 다관절 로봇

⑤ 좌표계에 따른 특징 비교 : 로봇의 동작 기능을 나타내는 각 좌표계의 장단점은 [표 10-5]와 같다.

[표 10-5] 각 좌표계의 장·단점

| 형상 | 장점 | 단점 |
|---|---|---|
| 직각 좌표계 | • 3개 선형축(직선 운동)<br>• 시각화가 용이<br>• 강성 구조<br>• 오프라인 프로그래밍 용이<br>• 직선 축에 기계 정지 용이 | • 로봇 자체 앞에만 접근 가능<br>• 큰 설치 공간이 필요<br>• 밀봉(seal)이 어려움 |
| 원통 좌표계 | • 2개의 선형 축과 1개의 회전축<br>• 로봇 주위에 접근 가능<br>• 강성 구조의 2개의 선형축<br>• 밀봉이 용이한 회전축 | • 로봇 자체보다 위에 접근 불가<br>• 장애물 주위에 접근 불가<br>• 밀봉이 어려운 2개 선형축 |
| 극 좌표계 | • 1개의 선형축과 2개의 회전축<br>• 긴 수평 접근 | • 장애물 주위에 접근 불가<br>• 짧은 수직 접근 |
| 관절 좌표계 | • 3개의 회전축<br>• 장애물의 상하에 접근 가능<br>• 작은 설치 공간에 큰 작업 영역 | 복잡한 머니퓰레이터 구조 |

## (4) 로봇의 종류

산업용 로봇의 종류는 [표 10-6]과 같이 일반적 로봇과 제어적인 로봇, 동작 기구 형태의 로봇으로 분류한다.

① 일반적인 로봇

㈎ 조종(operating) 로봇 : 로봇에 시킬 작업의 일부 또는 모두를 사람이 직접 조작함으로써 작업이 이루어지는 로봇이다.

㈏ 시퀀스 로봇 : 미리 설정된 정보(순서, 조건 및 위치 등)에 따라 동작의 각 단계를 순차적으로 진행해 가는 로봇이다.

㈐ 플레이백(playback) 로봇 : 사람이 로봇의 가동 부분에 대하여 순서, 조건, 위치 및 기타의 정보를 교시하고 그 정보에 따라 작업을 반복할 수 있는 로봇이다.

㈑ 수치 제어(NC : numerically controlled) 로봇 : 로봇을 사람이 직접 작동시키지 않고 순서, 조건, 위치 및 그 밖의 정보를 수치, 언어 등으로 교시하면 그 정보에 따라 작업할 수 있는 로봇이다.

**[표 10-6] 로봇의 종류**

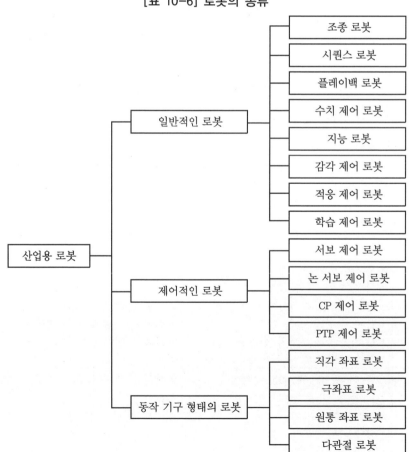

(마) 지능 로봇 : 인공 지능(intelligent)에 의하여 행동을 결정할 수 있는 로봇으로 인공 지능이란 인식 능력, 학습 능력, 추상적 사고 능력, 환경 적응 능력 등을 인공적으로 실현한다.

(바) 감각 제어 로봇 : 센서에 의한 감각(sensory) 정보를 사용하여 동작을 제어한다.

(사) 적응 제어(adaptive controlled) 로봇 : 적응 제어란 환경의 변화 등에 따라 제어 등의 특성에 필요한 조건을 충족시킬 수 있도록 스스로 변화시키는 제어 기능의 로봇이다.

(아) 학습 제어(learning controlled) 로봇 : 학습 제어 기능이란 작업 경험 등을 반영시켜서 적절한 작업을 학습해가는 제어 기능을 가진 로봇이다.

② 제어적인 로봇

(가) 서보 제어(servo controlled) 로봇 : 서보 제어 기구에 의해 제어되는 로봇으로 서보에는 위치 서보, 힘 서보, 소프트웨어 서보 등이 있다.

(나) 논 서보 제어 로봇 : 제어 대상이 되는 장치의 출력을 미리 설정한 값이 되도록 자동적으로 제어하는 서보 기구 이외의 공압이나 유압 등 다른 방식에 의해 제어되는 로봇이다.

(다) CP(continuous path) 제어 로봇 : CP 제어에 의하여 운동 제어되는 로봇으로 CP 제어란 전체 궤도 또는 전체 경로가 지정되어 있는 제어 로봇이다.

(라) PTP(point to point) 제어 로봇 : PTP 제어는 경로상의 통과점들이 띄엄띄엄 지정되어 그 경로를 따라 움직이게 되어 있는 로봇으로 점으로 경로를 제어하며 용접에서 가장 많이 사용하는 로봇이다.

③ 동작 기구 형태의 로봇

(가) 직각 좌표 로봇 : 동작 기구가 직각 좌표(rectangular coordinate or cartesian coordinate)를 따라 움직이도록 되어 있는 로봇이다.

(나) 극좌표 로봇 : 동작 기구가 극좌표(polar coordinate)를 따라 움직이도록 되어 있는 로봇이다.

(다) 원통 좌표 로봇 : 동작 기구가 원통 좌표(cylindrical coordinate)를 따라 움직이도록 되어 있는 로봇이다.

(라) 다관절(articulated) 로봇 : 동작 기구가 여러 개의 관절로 되어 있어 움직임이 자유로운 로봇이다.

## (5) 구동 장치

① 동력원(power supply) : 동력 공급 장치의 기능은 로봇이 조작되는 데 필요한 에너지를 공급하는 것으로, 기본적인 동력 공급원은 전기, 유압, 공압이 있다. 이 중 전기는 산업용 로봇으로 일반적으로 가장 많이 이용되며, 그 다음으로 공압, 유압이 사용된다. 그러나 어떤 로봇의 시스템에서는 세 가지의 동력원을 조합하여 사용하기도 한다. 각 동력원의 비교는 [표 10-7]과 같다.

[표 10-7] 산업용 로봇을 위한 동력원의 비교

| 구분 | 전기식 | 유압식 | 공압식 |
|---|---|---|---|
| 조작력 | 작은 것부터 중간 정도의 힘이 생긴다. 보통 회전력으로 사용한다. | 매우 큰 힘이 생긴다. 회전력으로도 직선 운동력으로도 사용할 수 있다. | 큰 힘이 생기지 않는다. 보통 직선 운동력으로 사용한다. |
| | 중 | 대 | 소 |
| 응답성 | 저관성 서보 모터의 개발에 의해 좋게 되었고, 중·소 출력의 것으로는 유압에 가깝게 되어 있다. | 토크 관성비가 크고 고속 응답을 쉽게 얻을 수 있다. | 일반적으로 고속 응답이 곤란하다. 배관계에서 손실이 적기 때문에, 단순한 동작의 경우 유압보다 빠른 응답도 얻을 수 있다. |
| 크기 중량 | 프린트 모터 등에 의해 많이 개선되었다. 넓은 범위의 크기가 얻어질 수 있다. | 무겁다. 출력/크기가 매우 높다. 그러나 유압 power unit가 꽤 큰 공간을 차지한다. | 유압에 비하여 작다. 소형, 저출력의 것은 이용 가치가 있다. |
| 안전성 | 과부하에 약하다. 방폭을 고려할 필요가 있다. 기타의 안전성은 높다. | 발열이 많이 있다. 과부하에 강하다. 화재의 위험이 있다. | 과부하에 최고로 강하다. 발열은 없다. 인체에 위험도 작다. |

② 액추에이터 : 전기, 유압, 공압 등을 이용하며 기계를 작동시키는 장치로 전기 모터나 피스톤, 실린더를 작동시켜 기계적인 일을 하는 기기를 말한다.

  ㈎ 전기식 액추에이터(electric actuator) : 모든 로봇 시스템들은 주 에너지원으로 전기를 사용한다. 전기는 공압이나 유압을 제공하는 펌프를 회전시킨다. 전기식 액추에이터를 사용하는 다축 로봇들은 다축을 움직이기 위하여 서보 모터를 사용하지만 몇 개의 개루프 로봇 시스템은 일정한 간격으로 전류의 양을 변화시키는 펄스 형태의 입력 전류에 의해서 구동하는 스테핑(stepping) 모터를 사용한다. 서보는 직류와 교류가 있으나 교류 서보 모터가 신뢰성이 높고, 소형화, 고성능으로 인해 많이 사용되며 엔코더로 구성된다.

  ㈏ 공압식(pneumatic) 액추에이터 : 적은 하중을 운반할 수 있는 용량으로서 저가의 액추에이터이다. 압축 공기를 동력원으로 사용하여 직선 운동, 회전 운동을 하며 다른 액추에이터에 비해 구조가 간단하고 전기가 필요 없어 안전한 편이다. 거리가 먼 경우의 기기 제어에는 부적합하다.

[그림 10-13] 공압식 액추에이터

  ㈐ 유압식 액추에이터 : 직선의 피스톤 액추에이터 또는 회전 베인형 액추에이터 중 하나이다. 유압식 액추에이터는 큰 동력을 제공하나 고가이고 정확도가 낮은 단점이 있다. 또한 에너지 저장 시스템이 필요하다.

㈑ 전기 기계식 액추에이터 : 전기 기계식 동력 공급 장치의 전형적인 형태는 서
　보 모터, 스테핑 모터, 펄스 모터, 선형 솔레노이드(solenoid)와 회전형 솔레
　노이드이며, 여러 동기 모터(전압이나 부하에 관계없이 일정한 속도로 회전하
　는 교류 전동기)와 타이밍 벨트 구동 장치이다.

③ 서보 모터(servo moter) : 로봇이 원활하게 속도와 힘을 제어하기 위해 사용하는 로
봇의 핵심 동력원이다. 종류로는 직류 모터, 동기형 교류 모터, 유도형 교류 모터,
스테핑 모터 등이 있다. 이 중에서 동기형 교류 모터가 널리 사용되며, 기존의 직류
모터에 비하여 전기적 스위칭을 하므로 내구성이 좋고 같은 전원에 상대적으로 큰
토크(torque)를 내는 장점이 있다.

## (6) 로봇의 구성

　로봇의 기본 구성 요소는 동력원, 기계적인 장치(manipulator), 제어 장치이다. 로봇
의 작동 부분은 손, 팔 등으로 되어 있고 필요한 동작을 할 수 있는 작업 기능을 갖는데
이 부분을 구동부라 한다. 또한 동작을 하기 위해 구동부를 움직이게 하는 제어부가 있
고 이 제어부가 제어 기능을 수행하기 위한 계측 인식 기능을 하는 검출부가 있다. 한편
구동부와 제어부를 가동하기 위한 에너지를 동력원이라 하고 에너지를 기계적인 움직임
으로 변환하는 장치를 액추에이터라고 한다. 이외에도 말단 장치, 용접 자세를 용이하게
조정하여 주는 포지셔너(또는 턴테이블), 가스 용기, 와이어 송급 장치, 용접 토치, 노즐
클리너 등도 있다. [그림 10-14]는 로봇 용접기의 구성 장치를 보여준다.

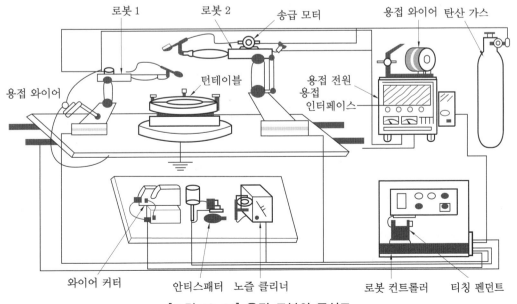

[그림 10-14] 용접 로봇의 구성도

① 동력원 : 로봇을 동작하게 하기 위한 동력으로는 전기적인 것이 가장 많이 사용되고 공압이나 유압이 있다.

② 머니퓰레이터 : 사람의 팔과 유사한 동작을 할 수 있는 기계적인 동작 기능으로 말단 장치(end effector)에 부착된 공구가 필요한 일을 할 수 있도록 로봇의 동작을 제공 하는데 일반적으로 팔과 몸체(어깨와 팔꿈치) 운동과 손목 관절 운동의 두 가지로 분류할 수 있다. 이러한 동작이 각각의 관절의 운동을 주도하는데 각각의 관절의 움 직임을 자유도라 하고 각 축은 1개의 자유도를 갖는다. 일반적으로 산업용 로봇은 4~6개의 자유도를 갖는다. 손목 관절은 세 가지 운동인 피치(pitch), 요(yaw), 롤 (roll) 운동에 의해 방위를 갖고 공간에 위치한다.

③ 제어기(controller) : 로봇의 운동과 시퀀스를 총괄하는 통신과 정보 처리 장치이다. 제어기는 필요한 입력을 받아 로봇의 실제 움직임과 원하는 움직임이 일치하도록 제 어 모터 혹은 액추에이터에 출력 구동 신호를 보낸다. 제어기는 로봇의 기본적인 기 능은 물론 복잡한 기능도 작동이 가능하다. 대부분의 로봇 제어기는 컴퓨터와 마이 크로프로세서의 네트워크를 포함하며 제어 시스템의 입력부와 출력부는 로봇 제어 기인 컴퓨터와 피드백 센서, 교시반, 프로그램 저장 기기 등 다른 컴퓨터와 통신 인 터페이스가 되어야 한다. 로봇은 지능 제어 기능이 필요하며 로봇 스스로가 작업이 제대로 수행되는지 환경의 상태, 작업 조건을 검출할 필요성이 있다. 경우에 따라서 는 음성 인식, 초음파 거리 측정, 충격 센서처럼 부속물의 형태로 로봇에 부착되어 전체 로봇 시스템에 통합되어 작동하기도 한다. 제어 시스템은 통상 개루프(open loop) 시스템과 폐루프(closed loop) 두 가지가 사용되는데, 개루프 시스템은 스테 핑 모터를 들 수 있다. 폐루프 시스템은 두 가지로 비서보(nonservo)와 서보(servo) 로 피드백 신호를 사용한다. 비서보 로봇은 원하는 위치에 도달했는지 리밋 스위치 (limit switch)를 사용하지만 서보 로봇은 동작 중에 위치를 계속적으로 추적하여 기계적 장치인 리밋 스위치가 필요 없다.

④ 말단 장치(end effector) : 로봇 팔을 효율적으로 운영하기 위하여 손에 해당하는 말 단 장치를 교체할 수 있도록 공구를 장착하거나 용접 등의 작업을 하기 위해 고정하 는 장치로 공작물을 옮기거나 드릴링을 하거나 용접을 하게 된다. 말단 장치가 물 건을 집거나 놓게 되는 장치를 부착하면 그것을 그리퍼(gripper)라 한다. 작업의 형태에 따라서는 재료 가공용 그리퍼, 점용접과 아크 용접을 위한 토치, 드라이버 와 같은 전동 공구, 깊이 게이지와 같은 측정 기계 등 다양하게 사용된다. 공구 중 심점(TCP : tool center point)은 말단 장치의 공구를 장착하는 장착판의 중심에 위치하며 좌표계의 원점으로 머니퓰레이터의 모든 이동은 공간상의 이 원점이 기준 이 된다.

## (7) 로봇의 경로 제어와 교시 방법

　로봇이 주어진 경로를 제어하는 기능에는 동작 제어 기능과 교시 기능이 있다. 동작 제어(경로 제어) 기능은 작업 기능을 유효하게 작용하도록 제어하는 기능이고, 교시 기능은 작업 내용을 미리 로봇에게 가르쳐 주어 이 내용을 로봇이 필요에 따라 동작 제어를 할 수 있도록 하는 기능이다. 산업용 로봇은 경로 제어 시스템에 따라서 PTP(point-to-point) 경로 제어, 연속 경로 제어(continous-path) 두 가지 종류로 분류된다.

　① PTP(point to point) 제어 : 로봇은 작업하고자 하는 공간 내에서 어떤 지정된 점을 기준으로 움직이게 되는데, 이러한 점들을 미리 정해 놓고 순서에 따라 이동하게 하는 방식으로 이전에 정해놓지 않은 지점들은 경로를 따라 움직이지 않는다. 점과 점 사이의 이동은 반드시 직선으로만 움직이지는 않는다. PTP 제어 로봇은 작업 공간 내의 어떤 지점에서 다른 지점으로 움직이기 위해 프로그램될 수 있다. 그러므로 이러한 로봇들은 점용접, 조립, 연삭, 검사, 운반과 하역 등의 복잡한 응용뿐만 아니라 간단한 기계의 장·탈착의 응용에 사용될 수도 있다. PTP 제어 로봇을 프로그램하기 위하여 프로그래머는 교시 펜던트 버튼을 눌러야 한다. 로봇이 베이스를 중심으로 회전하기 위하여 버튼을 누르면 로봇은 회전한다. 로봇이 요구 지점에 다다랐을 때, 프로그래머는 로봇의 메모리에 그 지점을 기록하기 위해 버튼을 누르고, 다음 지점으로 이동한다. 프로그래머가 다음 지점으로 이동하도록 한 경로는 로봇에 의하여 기억되지 않는다. 머니퓰레이터가 어떤 지점에 도달했을 때, 두 번째 지점이 로봇의 메모리에 기억된다.

　② CP(continuous path) 제어 : 작업 공간 내의 작업점들을 통과하는 경로가 직선 또는 곡선으로 지정되어 있어서 그 경로에 따라서 연속적으로 작업하도록 하는 제어 방식이다. 각 작업점을 통과하기 위한 경로가 모두 지정되어 있다는 것이다. 교시 펜던트의 버튼을 눌러서 로봇을 요구 지점에 끌기보다는, 연속 경로 제어 로봇은 로봇 팔의 그리퍼(gripper)에 의하여 프로그램되며, 또한 실제적으로 로봇이 기억해야 하는 경로를 따라서 팔을 실제적으로 이끌어 간다. 로봇은 머니퓰레이터를 움직이는 정확한 경로뿐만 아니라 속도까지도 기억한다. 만약 프로그래머가 팔을 아주 천천히 움직이려면, 속도는 제어 콘솔에서 조절될 수 있고 속도를 바꾸는 것은 로봇 팔의 경로에 영향을 끼치지 않는다. 이 로봇은 스프레이 도장, 아크 용접, 또는 로봇 경로를 일정하게 제어할 필요가 있는 다른 작업에도 흔히 사용된다. 연속 경로 제어와 표준 PTP 제어의 주요 차이점은 PTP 제어가 수백 지점들의 메모리로 제한되는 반면에 연속 경로 제어는 수천의 프로그램 지점을 기억하는 제어 능력이다.

　③ 교시 방법 : 전동식에 의한 플레이백(playback) 로봇이 일반적이며, 이는 수행하여

야 할 작업을 사람이 머니퓰레이터를 움직여 미리 교시(작업의 순서, 위치 및 이외의 정보를 기억시킴)하고 그것을 재생시키면 그 작업을 반복하게 된다. 티치 펜던트(teach pendant)에는 축수에 상응하는 축 조작 버튼 혹은 조이스틱으로 머니퓰레이터를 움직이고 이를 기록하는 버튼 조작으로 공간상의 일점을 로봇이 기억하고 실행할 수 있도록 한다. 작업을 하나씩 로봇에 교시 후, 재생 시에는 점에서 점으로 연속적인 움직임으로 작업을 수행하게 되며 이것을 몇 회라도 반복할 수 있다. 따라서 로봇의 동작은 교시-기억-재생에 의해 이루어진다. 또한 교시의 방법으로는 로봇을 사람의 손에 의해서 위치 경로를 직접 입력하거나 기억시킨 위치나 경로만을 교시하고 동작 속도 및 수행 과제를 따로 교시하는 직접 교시 방법과 수치, 언어, 음성 등을 입력할 수 있는 입력 장치를 통하여 교시하는 간접 교시 방법이 있다.

[그림 10-15] 여러 가지 형태의 티칭 펜던트

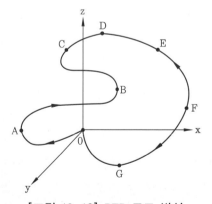

[그림 10-16] PTP 모드 방식

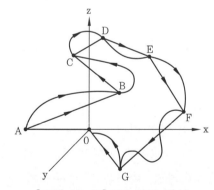

[그림 10-17] CP 모드 방식

## (8) 로봇 센서(sensor)

센서는 인간의 감각 중에서 시각적인 거리, 온도 등의 기능을 감지하여 데이터를 인지하게 되는데 로봇에서의 센서는 일반적으로 제어 대상 시스템으로부터 제어 장치가

원하는 정보를 추출하는 장치이다. 용접에서는 용접 시 고열에 의한 변형이 발생하므로 용접선의 추적이 상당히 어려워 이를 위해서는 센서에 의한 제어 방식이 필수적이다. 센서는 용접 초기점 탐색 기능, 용접선 추적 기능, 아크 안정성 기능 등 여러 가지 기능을 갖추어야 한다.

① 센서의 종류 : 아크 용접에 사용되는 센서는 크게 접촉식과 비접촉식 두 가지로 구분된다. 센서의 종류와 적용 방식은 [표 10-8]과 같다. 또한 hardware적 센서와 software적 센서로 구분되는데, hardware적 센서는 추적이 정확하나 고가이고 대개의 경우 비접촉식 센서가 여기에 해당된다. software적 센서는 추적이 정밀하지 못하고, 장착한 것이 아니고 프로그램으로 되어 있어 저가인 이점이 있다. 접촉식 센서는 촉각 센서(tactile sensor), 터치 센서(touch sensor)가 있고, 비접촉식 센서는 비전 센서(vision sensor), 아크 센서(arc sensor), 광학 센서, 전자기 센서(electromagnetic sensor) 등이 있다.

[표 10-8] 센서의 종류와 적용 방식

| 형상 | 특징 | 적용 |
|---|---|---|
| 접촉식 센서 | • 기계식-토치와 함께 이동하는 롤러 스프링<br>• 전자-기계식-양쪽에 연결된 탐침<br>• 용접선 내부 접촉 탐침-전자·기계식<br>• 복잡한 제어를 갖는 탐침<br>• 물리적 특성과 관계된 접촉식 센서 | 용접선 추적용 |
| 비접촉 센서 | • 음향(acoustic) : 아크 길이 제어<br>• 캐피시턴스 : 접근 거리 제어<br>• 와전류 : 용접선 추적<br>• 자기 유도 : 용접선 추적<br>• 적외선 복사 : 용입 깊이 제어<br>• 자기(magnetic) : 전자기장 측정<br>• Through-The-Arc 센서<br>• 아크 길이 제어<br>• 전압 측정하면서 좌우 위빙<br>• 광학, 시각(이미지 포착과 처리) 센서<br>• 빛 반사<br>• 용접 아크 상태 검출<br>• 용융지 크기 검출<br>• 아크 발생 전방의 이음 형태 판단<br>• 레이저 음영 기술<br>• 레이저 영역 판별 기술 | 다목적용 |

㈎ 촉각 센서 : 직접 물리적 접촉을 통해 다양한 특성을 감지하도록 설계된 데이터 수집 장치이다. 촉각 센서 설계는 생물학적 접촉에 대한 연구에서 직접 영감을

얻은 다양한 기술을 기반으로 한다. 자율 시스템 및 비정형 환경에서 로봇 응용 프로그램의 성장으로 효과적인 촉각 센서가 절실히 요구되고 있다. 그것들의 배치는 물체와의 물리적 상호 작용에 의해 획득된 정보의 감지, 측정 및 변환이 지능형 시스템 내의 모듈에 의해 처리되고 분석될 수 있는 적절한 형태로 허용되는 중요한 역할을 한다. 최근 수십 년 동안 촉각 센서 기술이 디자인과 기능 면에서 큰 발전을 보였지만, 촉각 센서 시스템은 정교한 기술과 비교하여 여전히 상대적으로 개발되지 않았다. 그 이유는 촉각 센서가 본질적으로 표면과 물체를 직접 접촉해야 하므로 다른 센서 유형보다 마모 및 손상의 위험이 있다는 것이다.

(내) 터치 센서(touch sensor) : 접촉식 센서는 소모식 전극을 사용하는 아크 용접에 있어서 용접 와이어를 접촉자로 사용하여 용접 시작 위치와 용접 위치 및 용접 종료 위치를 검출한다. 구조가 간단하고 저가이며, 사용이 편리하다는 장점이 있어 아크 용접에 널리 사용된다. 그러나 맞대기 용접과 얇은 겹치기(lap joint) 이음에는 사용하지 못하며 면을 청결하게 유지하여야 한다.

　㉠ 용접 토치에 검출을 위한 다른 장치를 설치할 필요가 없고 센서 자체의 위치 조정이 불필요하다.

　㉡ 용접선의 검출에는 부적합하고 용접 시점 등의 검출에 사용한다.

　㉢ 용접선을 추종할 수 있는 아크 센서와 병용해서 사용한다.

　㉣ 전기적 노이즈의 영향이 적다.

　㉤ 실시간 용접선 추적이 어렵다.

　㉥ 용접으로 인한 열 변형 시 보정이 어렵다.

　㉦ 측정 시간이 오래 걸린다.

(다) 비전 센서(vision sensor) : 용접 토치 진행 부분의 앞부분에 설치하여 레이저와 용접 대상물이 만나서 만들어지는 형상을 분석하여 용접 조건을 검색하고 용접 변수를 제어한다. 용접 시점과 종점을 미리 검색하여 진행할 수 있다. 용접 자동화 분야에서 더욱 사용이 증가하고 있다. 특징은 다음과 같다.

　㉠ 아크 센서로 적용하기 어려운 부분에 적용이 가능하다.

　㉡ 용접 조건에 관계없이 측정이 가능하다.

　㉢ 실시간 측정이 가능하고 용접선과 개선면의 형상 정보 인식이 가능하다.

　㉣ 정밀도가 높고 모든 금속의 측정이 가능하다.

　㉤ 아크광이나 노이즈에 취약하다.

　㉥ 토치에 센서를 부착하여 사용하므로 무겁고 부피가 크다.

　㉦ 시스템이 복잡하고 영상 정보 처리에 시간이 걸린다.

(라) arc 센서 : 비접촉식 센서로서 위빙 용접을 할 때 용접 변수를 감지한다. 필릿 용접이나 U, V형 조인트와 일정 두께 이상의 겹치기 용접선 추적이 가능하며, 용입량 제어가 필요 없고, 위빙에 사용한다. 이때 토치를 좌우로 흔들어 와이어 끝이 용접 홈의 양단(A, B)의 전류 및 전압을 측정하여 와이어의 돌출 길이와 용접선을 조정하여 원하는 용접선을 찾아가면서 용접한다([그림 10-18]).

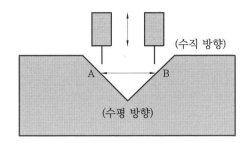

[그림 10-18] arc 센서의 추적

아크 센서로 용접 전류를 구하는 방법에는 용접기에서 로봇 제어기로 보내는 전류를 분석하는 방법과 외부 장치에서 용접 전류를 검출하는 방법이 있다. 이때 아크 센서의 사용 조건은 다음과 같다.

ㄱ 위빙은 반드시 해야 한다. 적정 크로스 타임
(cross time)은 0.1~0.2 s로 [그림 10-19]에서
A에서 B의 횡단 시간을 말하며, 적정 드웰 타임
(dwell time)은 0.00~0.07 s로 A, B, C, D에서
머무는 시간이다. 여기서 적정 위빙 폭은 E~B
거리로 와이어 지름의 3배 이상이 되어야 한다.

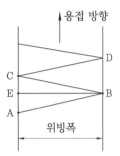

[그림 10-19] 위빙의 조건

ㄴ 용접 토치 부근에 특별한 센서 장치가 없어 좁
은 비드 용접이 가능하다.

ㄷ 용접 중 모재의 열 변형이 있어도 추종이 가능하다.

ㄹ I형 맞대기 용접이나 얇은 판의 겹치기 이음에는 적용이 어렵다.

ㅁ 위빙을 하지 않으면 위빙 폭을 판별할 수 없기 때문에 고속 용접에서 추종
이 어렵다.

(바) 광학 센서 : 광학 시스템을 이용한 용접선 전방의 이음 검출은 용접 위치의 전
방을 인식한다. 이 이음부는 체적 변화에 잘 적응할 수 있어서 V-홈, 겹치기
이음, 필릿 이음, J홈 맞대기 이음과 모서리 이음의 용접선 위치 검출과 추적
에 적당하다. 그러나 용접 토치의 주위에 장치가 있기 때문에 한계가 있다([그
림 10-20]).

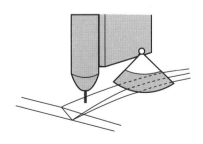

[그림 10-20] 체적 제어 광센서

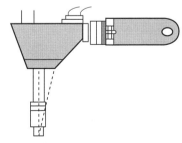

[그림 10-21] 삼각형 방법을 이용한 광센서

삼각형 방법을 이용한 광학 센서는 용접물의 위치와 겹치기 이음, 맞대기 이음 및 필릿 이음의 위치를 감지하며 거리를 측정한다. 매우 정밀하며 빠른 인식 능력을 가지고 있고 빛과 표면 상태에 둔감하다. 그러나 접촉에 의한 피해의 우려가 있고 특별한 장치가 없이는 인식이 불가능하다([그림 10-21]).

## (9) 용접 장치

① 용접 전원 : 아크 로봇 용접에서는 용접기의 아크 전압 안정화가 매우 중요하다. 이는 로봇과 용접기를 연결하여 신호를 주고 받는 인터페이스(interface)의 수단이 정전압(constant voltage)으로 행해지기 때문이다. 이때 인터페이스는 표준 I/O 방식과 사용자 I/O 방식을 사용하므로 용접 전원과 로봇의 컨트롤러(controller)에 맞게 사용하여야 한다. 또한 안정적인 와이어 송급이 중요하므로 센서에 의해 검출된 전류의 값은 컨트롤러에 피드백되어 와이어 송급 모터에 전원을 준다. 와이어 송급 모터는 이에 따라 송급 속도를 조절하여 준다. 그러므로 전원은 SCR(silicon controlled rectifier) 타입보다는 전류와 전압의 조정이 비교적 정밀한 IGBT(insulated gate bipolar transistor) 인버터 타입의 용접 전원을 사용하게 된다. 또한 용접 중 발생하는 노이즈(noise), 특히 고주파 발생 장치에 의해 발생하는 노이즈에 의해 컨트롤러가 손상되는 것을 방지하기 위하여 노이즈 차단 회로를 갖춘 용접 전원 방식을 사용한다.

② 포지셔너(positioner) : 용접물을 고정하여 용접 토치의 사각을 없애고 작업 영역 확대를 부여하며 용접의 품질을 향상시킬 수 있다. 그러므로 포지셔너는 다음과 같은 이점을 가진다.

㈎ 최적의 용접 자세를 유지할 수 있다.

㈏ 로봇 손목에 의해 제어되는 리드 각(lead angle)과 지연 각(lag angle)의 변화를 줄일 수 있다. 로봇 컨트롤러에 의해 로봇과 포지셔너가 동시 제어되는 시스템의 경우, 용접 자세가 하향 용접이 되도록 용접물을 포지셔너가 변환시켜 준다.

㈐ 용접 토치가 접근하기 어려운 위치를 용접이 가능하도록 접근성을 부여한다.

㈑ 바닥에 고정되어 있는 로봇의 작업 영역 한계를 확장시켜 준다.

[그림 10-22] 포지셔너

이러한 포지셔너를 이용하여 얻을 수 있는 효과는 하향 용접으로써 중력을 이용하여 용접 상태가 양호해지고 보수 작업량도 감소하게 된다. 그리고 이와 같은 용접 자세에 의해 보다 높은 용접 전류와 와이어 송급 속도를 유지할 수 있으므로 생산성 향상을 도모할 수 있다.

③ 트랙(track), 갠트리(gantry), 칼럼(column) 및 부속 장치 : 용접물이 로봇의 작업 공간
보다 클 경우 이러한 용접물을 위한 기구로서 트랙, 갠트리, 칼럼 등이 있다. 트랙,
갠트리와 칼럼은 로봇의 복수의 작업대의 용접물을 연속으로 작업하도록 하여 로봇
의 아크 시간을 증가시킨다. 이러한 기구의 효율적인 활용을 위해서는 로봇과 포지
셔너를 포함한 모든 축을 동시 제어하는 컨트롤러가 있어야 한다. 여러 가지 장비를
표준화하고 검증된 작업 예를 바탕으로 한 모듈화 시스템은 용접 가능 중량, 이송
능력, 안정성, 반복 정밀도, 단일 컨트롤러에 의한 제어 등 이점이 있다.

㈎ 트랙 : 로봇을 트랙 위에 위치시켜 이동 영역을 줌으로써 아크 로봇의 작업
공간을 확장시킨다. 또 용접물 크기에 유연하게 대처할 수 있게 된다. 트랙
을 이용한 시스템에서 용접 가능한 용접물은 패널, 가구 프레임, 침대 프레
임, 창틀 등이 있다. 로봇의 아크 시간을 향상하고 생산성을 증진하기 위해
단일 로봇과 복수 작업대를 활용한다. [그림 10-23]은 이러한 작업의 예를
보여준다.

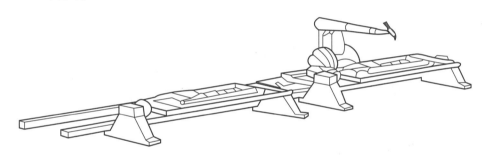

[그림 10-23] 용접용 트랙

㈏ 갠트리 : [그림 10-24]와 같이 철 구조물에 로봇이 매달린 형상으로 용접을
실행하는 기구이다. 칼럼이나 트랙에 비해 용접물의 크기에 구애받지 않기 때
문에 매우 큰 용접물을 여러 대의 로봇으로 동시 용접이 가능하며 고정형, 로
봇 상단 이동형, 로봇과 갠트리 동시 이동형이 있다.

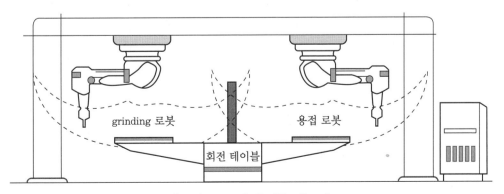

[그림 10-24] 용접용 갠트리

&#40;다&#41; 칼럼 : 모듈러 개념에서 시작되었으며 트랙이 단일 방향으로 이동하는 것과는 달리 수직과 수평 방향으로 이동한다. 그리고 지상에 고정되어 있는 영역이 작으므로 공장 배치에 있어서 효율적이다. 용접 와이어와 전원 및 센서의 케이블을 칼럼 내 덕트화하여 불필요한 노출을 피하게 되어 있다. 로봇은 매달린 형태를 취하고 있어서 보통 지상 고정형에 비해 접근성과 용접 자세가 향상된다. 칼럼의 형태로는 고정형, 이동형, 회전형, 이동·회전 겸용이 있으며 이용 가능한 용접물로는 패널, 프레임, 컨테이너 문과 벽, 덤프트럭 몸체 등이 있다.

&#40;라&#41; 용접물 고정 장치 : 많은 경험을 필요로 하는 것으로서 용접 전후의 용접물의 변형에 대하여 미리 예측이 가능해야 한다. 이를 위해서는 완전한 시스템의 개략도와 상세도가 필요하다. 고정구의 형상은 용접물의 형상과 포지셔너의 고정 장치에 의해 결정되며 용접 자세를 위한 배려도 포함되어야 한다. 열, 흄, 스패터에 고정 장치가 손상을 입지 않도록 보호 수단도 갖추어야 한다.

---

> **참고** **설치에 관한 안전 확보**
>
> 1. 로봇의 설치 장소는 로봇이 팔을 최대로 한 경우 로봇의 팔이 측벽, 안전 통로, 제어 패널, 조작 패널에 닿지 않는 장소를 선택한다.
> 2. 제어 패널, 치구 조작 패널 등에서 로봇을 조작하기 때문에 이런 기기는 로봇 움직임이 충분히 보이도록 설치한다.
> 3. 케이블류는 조작하는 사람 혹은 다른 사람의 발에 걸린다든지 직접 지게차(forklift)에 눌리지 않도록 한다.

---

## 10-4  안전

### (1) 로봇의 안전

로봇은 산업 현장에서 자동화의 필수 조건이 되면서 생산성 향상과 품질 균일성, 근로 조건의 개선, 인건비 절감 등 많은 이점을 가진다. 로봇의 역할이 증가하여 로봇은 수요가 가파르게 증가하고 있다. 그러므로 안전에 대한 대비도 철저하게 해야 한다. 일반적으로 로봇은 지시된 경로를 따라 움직이지만 작업자의 입력 오류로 인한 재해와 로봇의 오작동으로 인한 재해가 많이 발생하고 있어 보다 안전한 대책을 강구해야 한다.

① 방호 장치 : 작업자를 보호하기 위하여 위험한 상황이나 위험 인자로부터 방호 장치를 설치해야 한다. 방호 장치는 작업의 특성을 고려하고 작업자의 작업 특성에 따른 위험 지역 접근 가능성과 오작동에 따른 위험성 등을 고려하여 선택한다. 또한 산업용 로봇은 방호 대책으로 높이가 1.8 m 이상이 되도록 설치하여 접근하지 못하도록

하고, 출입이 가능한 경우 출입 시 작업자가 위험 구역에 들어오면 로봇이 정지하도록 한다.

② 안전 수칙

　(개) 작업을 시작하기 전 머니퓰레이터의 작동 상태를 확인한다.

　(내) 비상 정지 버튼 등 제동 장치를 확인한다.

　(대) 작업자가 오작동을 하지 않도록 위험 방지 지침을 작성하여 작업을 실시한다.

　(래) 작업자 외에는 로봇을 작동하지 못하도록 조치한다.

　(매) 점검 시 주 전원을 차단하고 열쇠 등으로 잠근 후 '조작 금지' 안내판을 부착하고 점검을 실시한다.

　(배) 로봇 운전 중에는 로봇의 운전 구역에 절대 들어가지 말아야 한다.

## (2) 현장 재해 사례(용접 로봇에 부딪힘)

현장에서는 로봇의 운전 구역에 접근하여 일상 점검을 하거나 용접부 검사를 하거나 고장 수리를 할 경우에 재해가 많이 발생한다. 다음은 현장에 있었던 재해 사고의 예이다. 용접 로봇의 가동이 원활하지 못하여 이를 확인하기 위해 로봇을 정지하지 않은 상태로 방책 내부로 진입하여 용접 지그를 살피던 중 불시 가동된 용접 로봇의 암과 지그 사이에 끼여 사망한 사고이다([그림 10-25]).

① 원인

　(개) 로봇을 정지하지 않은 상태로 위험 공간에 진입

　(내) 안전 플러그가 장착된 안전 도어를 사용하지 않고 방책의 개구부를 통해 출입

② 대책

　(개) 안전 도어를 통해 진입 : 용접 로봇 주위에 접근할 때에는 반드시 안전 플러그가 장착된 안전 도어를 이용하여 진입

　(내) 방책 관리 강화 : 안전 도어 이외에는 로봇으로 임의 진입이 불가능하도록 하여야 하며, 불가피한 개구부는 센서 등을 이용하여 진입 방지 조치

　(대) 이중 안전 조치 : 방책과 안전 도어 이외에도 로봇 가동 범위 내에는 안전 매트나 센서 등을 이용하여 이중으로 안전 조치 실시

　(래) 2인 1조 작업 시 확인 철저 : 2인 1조 작업 시에는 로봇 가동 영역 내 근로자의 위치와 상태를 확인한 후에 기동 스위치를 조작하도록 하고, 조작 위치에서 로봇 가동 영역을 충분히 확인할 수 있도록 시야 확보

[그림 10-25] 용접 로봇에 신체 충돌(자료 : 안전보건공단)

## 10-5 용접 프로그래밍(RAW 1)

### (1) 로봇의 프로그래밍 방법

초기의 로봇은 현장에서 로봇을 수동으로 직접 조작하여 프로그래밍 하는 것이 특징이었지만 현재는 컴퓨터에 의한 프로그래밍을 포함해 다음과 같이 네 가지 방식으로 나뉜다.

① 티치 펜던트(teach pendant)에 의한 프로그래밍 : 동작의 티칭, 프로그램의 편집 등을 전용의 티칭 장비를 이용하여 작업자가 직접 입력을 행하는 것으로 TCP에 의해 티칭을 하고 디스플레이를 준비하여 메뉴 가이드 방식을 채용하고 있어 사용 면에서는 편하나 응용이나 확장성이 없는 것이 결함이다. 용접 속도는 독립적으로 입력한다. 프로그래밍 방법이 쉽고 간단히 검사가 가능하므로 가장 많이 사용된다.

② 작업자에 의한 직접 티칭 방법 : 숙련된 작업자가 수동으로 토치를 이동하여 티칭하는 방법으로 초기의 용접 로봇에 사용하였다.

③ 로봇 언어에 의한 프로그래밍 : 컴퓨터와 같은 모니터, 키보드를 이용해 각각 고유의 로봇 언어로 프로그래밍을 행한다. 언어의 레벨은 명령 레벨, 동작 레벨, 작업 레벨로 분류되나 실용화되는 것은 동작 레벨이 많다. 작업 레벨은 작업의 최종 목표만을 표시하고 그것을 달성하기 위한 동작 순서와 데이터를 자동적으로 생성하는 것으로서 고도의 문제 해결 기능이 필요하고 인공 지능 로봇의 전 단계이다.

④ 시뮬레이터에 의한 프로그래밍 : 도형 데이터에 의한 프로그래밍을 행하는 것으로서 오프라인 프로그래밍이라고도 한다.

## (2) 용접 데이터

용접 과정의 제어 파리미터를 가진 특별한 데이터를 말한다. 용접 데이터는 크게 시작 데이터, 주 데이터, 종료 데이터, 위빙 데이터로 구분한다.

① 시작 데이터 : 초기 아크를 발생시키며 전원을 안정시킨다. [표 10-9]와 같은 파라미터로 되어 있다.

[표 10-9] 파리미터에 따른 기능 설명

| 용어 | 설명 |
|---|---|
| ignition voltage | 용접 시작을 위한 전압의 크기 |
| ignition current | 용접 시작을 위한 전류의 크기 |
| 용접 전 가스 배출 시간<br>(gas pre-flow time) | 보호 가스를 용접 시작 전 배출하는 시간 |
| 핫 스타트 전류<br>(hot start current) | 아크 초기에 아크를 빠르게 안정화하기 위해 가해주는 전류 |
| 아크 발생 변위<br>(restrike amplitude) | 아크를 발생시키기 위해 용접 토치의 팁이 약간의 변위를 하게 되며 그 변위의 크기를 지칭한 것 |
| 아크 발생 시간<br>(restrike cross time) | 아크 발생을 위한 아크 발생 변위를 유지하는 시간 |
| 아크 용접 최대 시작 시간<br>(arc welding start maximum time) | 시작 데이터에 의한 아크 발생이 최대 시작 시간 안에 일어나지 않으면 로봇은 아크 용접을 중단함 |

② 주 데이터 : 실제 용접을 실시하는 부분으로 용접 전압, 용접 전류, 용접 속도로 파라미터가 구성되며 서로 유기적인 관계를 가진다. 생산성을 향상하기 위해서는 최적의 조건에서 최대한 용접 속도를 빠르게 하는 것이 중요하다. 따라서 시스템을 처음 설치할 때 계속적인 시험에 의해서 안정된 용접 상태를 유지하는 파라미터 중에서 가장 빠른 용접 속도를 선택한다.

③ 종료 데이터 : 용접을 종료할 때 크레이터 처리 없이 마치면 크레이터 균열과 같은 용접 불량의 원인들이 발생하게 된다. 이를 막기 위해 용접 조건에 알맞은 크레이터 파라미터들이 요구된다. end data로는 end voltage, end current, gas post-flow time, burn-back time, cool time, filling time(용입 보충 시간) 등이 있다.

④ 위빙 데이터 : 용입량이 많이 요구되는 두꺼운 모재를 용접할 때 반복 용접을 실행하는 것은 많은 시간을 요하며 처음 위치로 복귀를 위한 계획을 요구하게 된다. 이를 한 차례의 용접으로 용입량을 충분히 하기 위해서 사용되는 것이 위빙이다. [그림 10-26]과 같이 위빙 형태는 삼각형 형태, V형, 지그재그형 등이 있고, 손목 위빙은 [그림 10-27]과 같이 6축의 위빙을 이용하는 형태로 1~3축을 사용하는 위빙 불가

능 공간에서도 용접을 가능하게 할 수 있다. 이 방법은 중량이 작고 높은 위빙 빈도가 요구될 때도 사용된다.

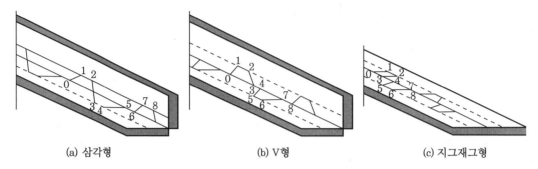

(a) 삼각형        (b) V형        (c) 지그재그형

[그림 10-26] 위빙 형태(삼각형, V형, 지그재그형)

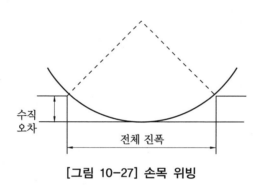

[그림 10-27] 손목 위빙

## (3) 로봇 용접 프로그램의 기본 사항

① 로봇 제어 기본 키 : 로봇을 작동하기 위해서는 티치 펜던트를 사용하여 프로그램을 작성하고 용접을 위한 데이터를 입력하고, 용접하기 위해서 여러 가지 키의 기능을 이해해야 한다.

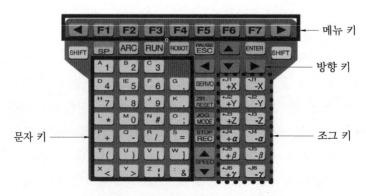

[그림 10-28] 티치 펜던트의 키 배치

티치 펜던트의 주요 기능으로는 로봇 제어를 위한 기능을 F1~F7 키로 지원하는
메뉴 키가 있으며, 로봇의 동작 제어와 관련된 기능들을 지원하는 기능 키, 메뉴 화
면 이동과 프로그램 편집 시 사용하는 방향 키, 로봇의 위치를 교시할 때 사용하는
조그 키, 사용자 프로그램을 수정 · 작성할 경우 사용하는 알파벳 키, 숫자 키, 특수
문자 키들이 제공된다.

**[표 10-10] 키의 종류와 기능**

| 키의 종류 | 기능 |
|---|---|
| RUN | 로봇 프로그램 RUN 모드로 구동/정지 |
| ENTER | 문자의 입력 중 선택 혹은 줄 변경 |
| SHIFT + BS/SP | 문자 입력 중 backspace |
| BS/SP | 문자 입력 중 space |
| SHIFT + STOP/REC | T/P 엔진 스톱 스위치로 엔진을 정지 또는 가동 |
| STOP/REC | 현재 로봇 위치 저장(record) |
| SHIFT + SERVO | 로봇 모터에 전원 on/off |
| SHIFT + ZR/RESET | 로봇 모터의 원점 복귀 |
| SHIFT + JOG/MODE | Jog Mode 돌아가기/나가기 |
| JOG/MODE | Jog Mode 변경(Joint/World/Tool) |
| SHIFT + PAUSE/ESC | 프로그램 동작 중인 로봇의 일시중지/해제 |
| ZR/RESET | Error Clear, Error Reset |
| PAUSE/ESC | Exit 이외의 Mode Escape 할 때 |
| SHIFT + SPEED(상하 방향) | 로봇의 구동 스피드를 올리거나 내림 |

② 제어기의 파라미터 : 파라미터의 관리 기능에는 System, Body, Servo, Move,
Tool, TCP, Arm, Work, Reference Point 지정 기능이 있으며, 이들 파라미터 데
이터를 저장할 수 있는 기능이 있다. PTP Motion은 현재의 로봇 위치와 목표 위치
와의 Motor Pulse 값을 비교하여 로봇의 각 관절 Joint별로 이동한다. 로봇 Path에
대한 Planning 없이 동작한다. CP Motion은 현재의 로봇 위치뿐만 아니라 로봇 자
세까지 고려하여 Path planning 하여 동작한다. [표 10-11]은 로봇 제어기의 파라
미터의 기능에 대한 설명이다.

[표 10-11] 제어기의 파라미터와 예시

| 종류 | 예시 |
|---|---|
| MOVE | MOVE Loc1<br>현재 로봇 위치에서 Loc1 위치로 PTP Motion 이동 |
| MOVES | MOVES Loc2<br>현재 로봇 위치에서 Loc2 위치까지 최단 거리를 잇는 경로를 CP Motion 이동 |
| MOVEC | MOVES Loc1, Loc2<br>현재 로봇 위치와 Loc1, Loc2 위치로 만들어지는 원호로 CP Motion 이동 |
| MOVEC/C | MOVES Loc1, Loc2<br>현재 로봇 위치와 Loc1, Loc2 위치로 만들어지는 원을 Loc1, Loc2를 경유하여<br>다시 현재 위치까지 CP Motion 이동 |
| SPEED/O | SPEED/O Value<br>PTP 동작하는 Motion의 Speed 지정<br>%값으로 "1~100"까지 지정할 수 있다. |
| SPEED/C | MOVES Loc1, Loc2<br>CP 동작하는 Motion의 Speed 지정<br>"mm/s" 단위로 "1~500"까지 지정할 수 있다. 최대 속도는 로봇에 따라 다르다. |
| END | END<br>프로그램 종료를 의미<br>Main 프로그램이 끝나면 반드시 END로 끝나야 한다. |
| STOP | STOP<br>프로그램 END와 상관 없이 프로그램 중에 STOP을 만나면 그 프로그램을 중단<br>하고 끝낸다. |
| DELAY | DELAY 1.5<br>지정된 시간(s) 동안 프로그램 진행을 멈추고 Delay 시간을 갖는다. |
| SEG | SIG 2, SIG -2<br>로봇 제어기에서 연결된 IO Signal 번호로<br>Signal On/Off를 수행한다.<br>SIG 2는 2번 IO Out signal을 On,<br>SIG -2는 2번 IO Out signal을 Off |
| AS | AS 1, AS -1, 20, 135<br>용접 시작. 지정된 용접 데이터 번호로 용접을 수행. 혹은, "-1" 다음에 전압,<br>전류 값을 지정 |
| AE | AE, AE 2<br>용접 마침. AS로 시작된 용접을 마침. 지정된 Data 번호 Crater 처리 후, 용접<br>을 마침 |
| WS | WS, WE 사이에 MOVES 혹은 MOVEC가 삽입됨<br>WS Command를 만나 위빙 Motion을 수행 |
| WE | 위빙의 마침을 의미 |

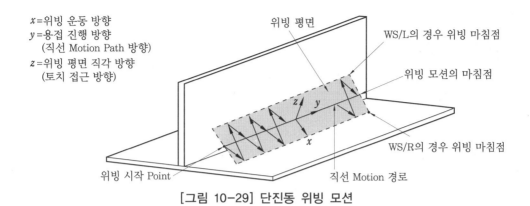

$x$=위빙 운동 방향
$y$=용접 진행 방향
  (직선 Motion Path 방향)
$z$=위빙 평면 직각 방향
  (토치 접근 방향)

위빙 평면

WS/L의 경우 위빙 마침점

위빙 모션의 마침점

WS/R의 경우 위빙 마침점

위빙 시작 Point

직선 Motion 경로

[그림 10-29] 단진동 위빙 모션

③ 조작 순서

㈎ 제어기의 전원 스위치를 ON 하여 전원을 인가한다.

㈏ 제어기가 정상적으로 부팅할 때까지 기다린다.

㈐ 티치 펜던트의 데드맨(Deadman) 스위치를 누른다(로봇의 교시 및 프로그램의 실행을 위해 누르고 있어야 하며, 도중 사고를 방지하기 위한 안전 스위치로 티치 펜던트의 손잡이 뒷부분에 달린 2개의 스위치이다). 데드맨 스위치가 인가되었을 경우에는 'SHIFT + SERVO' 키를 눌러서 서보 제어 전원을 인가한다.

㈑ 티치 펜던트의 'SHIFT + ZR' 키를 눌러 로봇의 원점 복귀를 한다.

㈒ 티치 펜던트의 'RUN' 키를 눌러 실행하고자 하는 프로그램을 선택한다.

㈓ 'CONT, CYCL, SRUN, DRUN' 키를 눌러 프로그램을 실행한다. 스텝으로 실행할 때는 데드맨 스위치를 항상 잡고 있어야 한다.

④ 직선 비드 용접 프로그램 : 로봇이 동작할 수 있도록 전원을 넣고 티칭 펜던트를 이용하여 용접할 위치를 입력하기 위해 위치로 이동하여 'HERE'를 선택하면 화면의 입력창에 LOCATION 이름을 입력한 후 엔터키를 누르면 로봇의 현재 위치를 읽어서 위치 데이터를 저장한다. [그림 10-30]은 직선 비드 용접의 토치 위치를 나타낸다.

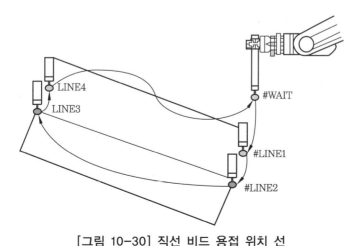

LINE4

LINE3

#WAIT

#LINE1

#LINE2

[그림 10-30] 직선 비드 용접 위치 선

[표 10-12] 직선 비드 용접 프로그램 작성 방법

| 교시 번호 | 프로그램 내용 | 프로그램 작성 설명 |
|---|---|---|
| 1 | READY | 로봇의 원점 |
| 2 | SPEED/P 30 | 프로그램을 수행하는 속도로 PTP 설정 속도의 30 % |
| 3 | MOVE #WAIT | 로봇의 안전 위치인 #WAIT로 이동 |
| 4 | SPEED/P 25 | PTP 속도로 최고 속도의 25 % |
| 5 | MOVE #LINE1 | 로봇의 안전 위치인 #LINE1로 용접 시작점 근처 |
| 6 | SPEED/C 50 | CP 속도의 50 % |
| 7 | MOVE #LINE2 | 용접 시작점인 #LINE2 |
| 8 | AS −1, 20, 175 | 아크 스타트로 −1은 직접 입력을 뜻함. 전압 20 V, 전류 175 A로 직접 입력 |
| 9 | SPEED/C 20 | CP 속도의 20 %로 용접 |
| 10 | MOVES #LINE3 | 용접 종점으로 #LINE3로 이동 |
| 11 | AE | 용접을 끝냄(Arc End) |
| 12 | SPEED/C 50 | 이동 속도가 CP 모드 속도의 50 % |
| 13 | MOVE #LINE4 | 안전 위치인 #LINE4로 이동 |
| 14 | SPEED/P 30 | 이동 속도는 PTP 설정 속도의 30 % |
| 15 | MOVE #WAIT | 안전 위치인 #WAIT로 이동 |
| 16 | SPEED/P 30 | 이동 속도는 PTP 설정 속도의 30 % |
| 17 | READY | 로봇의 원점으로 이동 |
| 18 | GOSUB CLEANER | CLEANER 작동 |
| 19 | END | 원점으로 복귀 |

# 연·습·문·제

**1.** 용접의 자동화에서 자동 제어의 장점에 관한 설명으로 틀린 것은?

① 제품의 품질이 균일화되어 불량품이 감소한다.
② 인간에게는 불가능한 고속 작업이 불가능하다.
③ 연속 작업 및 정밀한 작업이 가능하다.
④ 위험한 사고의 방지가 가능하다.

해설 인간에게는 불가능한 고속 용접 작업이 가능하고 인간에게는 부적당한 환경에서 작업이 가능하다.

**2.** 용접 로봇 동작을 나타내는 관절 좌표계의 장점에 대한 설명으로 틀린 것은?

① 3개의 회전축을 이용한다.
② 장애물의 상하에 접근이 가능하다.
③ 작은 설치 공간에 큰 작업 영역이 가능하다.
④ 단순한 머니퓰레이터의 구조이다.

해설 복잡한 머니퓰레이터의 구조로 단점에 속한다.

**3.** 용접 자동화의 장점을 설명한 것으로 거리가 먼 것은?

① 생산성이 증가하고 품질을 향상시킨다.
② 용접 조건에 따른 공정수를 늘릴 수 있다.
③ 일정한 전류 값을 유지할 수 있다.
④ 용접 와이어의 손실을 줄일 수 있다.

해설 인적 자원을 대체하고 생산성 및 용접의 품질을 향상시킬 수 있으며, 생산 공정을 용접과 동시에 실시간으로 모니터링하여 생산과 동시에 품질을 검사할 수 있다.

**4.** 프로그램의 수정이나 변경 없이 미리 정해진 순서에 따라 제어의 각 단계를 순차적으로 행하는 시스템으로 옳은 것은?

① PLC 제어 시스템    ② 피드백 제어
③ 시퀀스 제어 시스템    ④ 로봇 제어

해설 PLC 제어는 프로그램의 변경만으로 간단하게 회로의 수정이 가능하며, 제어반의 소형화와 경제성 및 신뢰성이 높은 장점이 있다.

**5.** 용접 자동화 방법에서 정성적 자동 제어의 종류가 아닌 것은?

① 피드백 제어    ② 유접점 시퀀스 제어
③ 무접점 시퀀스 제어    ④ PLC 제어

해설 피드백 제어는 정량적 제어에 속한다.

정답 1. ②   2. ④   3. ④   4. ③   5. ①

# 제**11**장 용접 안전

**11-1** 일반 안전

용접 및 열과 관련된 공정은 압축 가스 또는 전류를 사용하여 금속에 열을 가하여 용접하게 된다. 용접과 밀접한 가스 및 전원 공급 장치, 스파크 열, 연기 또는 가시광선과 관련된 사고를 피하기 위해 적절한 예방 조치가 필요하다. 대부분 용접은 사용되는 장비, 작업자 보호와 관련한 규정(산업안전보건법) 및 지침이 있다. 이러한 규정은 용접 작업을 할 때 반드시 준수해야 하며 자격을 갖춘 작업자가 용접을 수행해야 한다. 압축 가스 및 아크 용접 장비는 안전한 방법으로 취급하는 것이 중요하며, 안전 문제는 항상 최우선 과제로 다루어야 한다.

## (1) 안전 보호구

용접 작업의 안전 보호구는 감전 방지, 화상 방지, 자외선과 적외선에 대한 보호, 용접으로 발생되는 슬래그나 칩을 제거할 때 발생할 수 있는 눈 부상, 작업자의 신체 보호를 위해 반드시 착용하고 용접해야 한다.

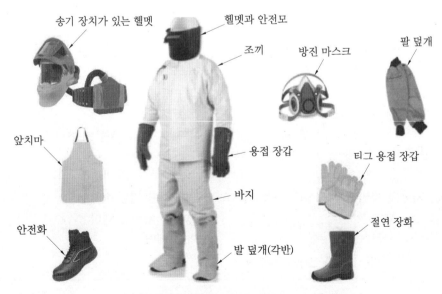

[그림 11-1] 용접 시 필요한 안전 보호구

① 안면 보호구 및 필터 렌즈 : 안면 화상, 자외선 및 눈에 용접 슬래그의 위험을 방지하기 위해 적절한 보호가 절대적으로 필요하다는 것을 명심해야 한다. 용접용 안면 보호구는 가볍고 견고한 플라스틱 재질로 만들어져 열, 냉기 또는 습기에 영향을 받지 않아야 하며 관련 규정을 준수해야 한다.

㈎ 안면 보호구 : 용접 작업에서 발생하는 불꽃이나 자외선, 적외선으로부터 눈과 안면을 보호하기 위해 안면 보호구를 착용하고 용접한다. [그림 11-2]는 유해 광선을 차단하고 용접할 수 있는 안면 보호용 핸드 실드와 헬멧이다.

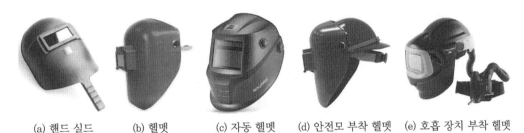

(a) 핸드 실드    (b) 헬멧    (c) 자동 헬멧    (d) 안전모 부착 헬멧    (e) 호흡 장치 부착 헬멧

**[그림 11-2] 안면 보호용 핸드 실드와 헬멧**

㉠ 핸드 실드는 용접 작업에서 손으로 안면을 보호하면서 용접하는 안면 보호구로 머리에 쓰고 하지 않고 간단한 태그 용접이나 간단한 용접에 쓰인다.

㉡ 헬멧은 용접 작업에서 눈이나 얼굴, 머리를 보호하기 위하여 머리에 쓰고 사용하는 안전 보호구이다. 용접 작업 중 양손을 사용할 수 있다.

㉢ 자동 헬멧은 용접하지 않을 때는 렌즈가 차광도가 없어 일반 유리와 같이 물체를 바로 볼 수 있다. 용접으로 아크가 발생하면 순간적으로 설정된 차광 번호로 설정되어 용접할 수 있는 상태가 되고 아크 발생을 종료하면 원래의 차광도가 없는 상태가 되어 용접하는 데 편리를 제공한다.

㉣ 안전모가 부착된 헬멧은 안전모의 역할과 용접으로 인한 안면 보호를 동시에 만족할 수 있도록 제작된 보호구이다.

㉤ 호흡 장치가 부착된 헬멧은 외부의 깨끗한 공기를 제공하며 용접으로 인한 흄 흡입을 방지한다.

㈏ 필터 렌즈

㉠ 안전 유리 : 눈을 보호하기 위한 안전 유리로 폴리카보네이트(polycarbonate)를 사용하며 눈에 가장 가까이 위치해야 한다. 치핑, 연삭, 슬래그 제거 등으로부터 눈을 보호하기 위해 사용한다[그림 11-3(a)].

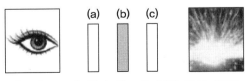

(a)  (b)  (c)

**[그림 11-3] 필터 렌즈와 안전 유리 위치**

ⓛ 필터 렌즈 : 작업자는 아크를 보면서 용접할 수 있도록 차광도가 있는 렌즈를 사용하게 되는데 이 렌즈는 유해 광선인 적외선과 자외선을 차단한다. 필터 렌즈는 일반적으로 사용하는 전류에 따라 차광도가 달라진다[그림 11-3(b)].

[표 11-1] 전류에 따른 필터 렌즈 번호

| 전류(A) | 필터 렌즈 번호 | 전류(A) | 필터 렌즈 번호 |
|---|---|---|---|
| 20 미만 | 8~9 | 80~175 | 11 |
| 20~40 | 9~10 | 175~300 | 12 |
| 40~80 | 10 | 300~500 | 13 |

ⓒ 보호 유리 : 필터 렌즈를 보호하기 위해 유리를 사용하며 필터 렌즈 앞에 놓는다. 용접으로 인한 스패터가 부착되어 수시로 교체해야 한다[그림 11-3(c)].

② 보호복 : 가죽으로 제작된 보호복은 열과 마모에 강하다. 용접 작업 중 스패터 및 슬래그로부터 몸체와 팔을 보호하기 위해 착용한다. 그 외에도 보호 가죽은 전기 절연체 역할을 하여 감전으로부터 몸을 보호할 수 있으므로 항상 건조한 상태를 유지해야 한다.

㈎ 전기 아크 용접 장갑 : 아크 용접 시 항상 장갑을 착용해야 하며 팔이 긴 것은 피복 금속 아크 용접이나 $CO_2$ 용접 같이 스패터가 많은 용접에 사용하고 티그 용접과 같이 스패터가 소수인 것은 부드럽고 목이 짧은 가죽장갑을 착용한다.

㈏ 앞치마 : 용접 중 신체의 전면을 보호하기 위하여 사용하며 용접으로 비산하는 스패터, 복사열로부터 신체를 보호하기 위하여 가죽으로 만든다.

㈐ 용접 조끼, 가죽 바지, 발 카바(각반) : 피복 금속 아크 용접의 위보기, $CO_2$ 용접의 수평, 수직, 위보기 등 비교적 스패터가 많은 용접 조건에서 사용한다.

③ 안전모 및 안전화 : 물체가 떨어지거나 날아올 위험 또는 근로자가 추락할 위험이 있는 작업은 안전모를 착용하고 높이 또는 깊이 2미터 이상의 추락할 위험이 있는 장소에서 하는 작업은 안전대를 착용해야 한다. 또한 안전화는 물체의 낙하 · 충격, 물체에의 끼임, 감전에 의한 위험이 있는 작업, 용접 작업에 필수이다.

㈎ 안전모 : 위험한 작업 환경에서 낙하하는 물체로부터 머리를 보호하거나 낙상으로부터, 또는 위험한 구조물에서 이동 시 머리를 보호하는 역할을 한다. 안전모는 충격이 가해졌을 때 착용자의 머리 부위에 전해지는 충격을 완화할 수 있어야 한다. 안전모의 구조 일반은 다음과 같다. 모체와 착장체의 머리공정대의 간격은 5 mm 이상이어야 하며, 착장체의 각도는 수평면으로부터 20° 이상의 각도를 유지해야 한다. 또한 수직 간격은 25~50 mm 미만이어야 한다.

㈏ 안전화 : 발끝부에 선심이 장착되어 있고, 충격 및 압박에 대하여 착용자의 발끝을 보호하는 것으로 겉창은 미끄럼 방지 효과가 있는 모양이어야 한다.

④ 호흡용 보호구 : 작업장 내의 오염된 공기 중에는 분진, 흄, 미스트, 각종 가스 및 유해 증기와 산소 결핍 등의 유해 요소들이 존재하여 작업 과정에서 이러한 유해 물

질에 자연적으로 노출된다. 각종 유해 물질들은 대부분이 호흡기인 코와 입을 통해 체내로 흡입되므로 작업 환경에 따라 차단을 위해 호흡용 보호구인 방진 마스크, 방독 마스크, 가스 마스크 중 선택하여 착용한다. 방진 마스크는 용접 흄, 납이나 카드뮴과 같은 금속 산화물의 흄과 분진, 미스트 등이 발생하는 작업장에서만 착용이 가능하며 산소 결핍의 위험이 있거나 가스 상태의 유해 물질이 존재하는 곳에서는 절대 착용해서는 안 된다. 일반적인 먼지를 걸러주는 분진용, 작은 액체 방울 형태의 미스트를 걸러주는 미스트용, 용접 작업 시 발생하는 흄을 걸러주는 흄용 등으로 구분할 수 있으나, 대부분 분진과 미스트를 동시에 걸러주는 겸용 형태를 사용한다.

## (2) 안전·보건 표지

안전·보건 표지의 표시를 명백히 하기 위하여 필요한 경우에는 그 안전·보건 표지의 주위에 표시 사항을 글자로 덧붙여 적을 수 있다. 이 경우 글자는 흰색 바탕에 검은색 한글 고딕체로 표기한다. 안전·보건 표지를 설치하거나 부착할 때에는 [표 11-2]의 안전·보건 표지 종류와 형태(산업안전보건시행규칙 제6조 제1항 관련)와 같이 안전 구분에 따라 근로자가 쉽게 알아볼 수 있는 장소·시설 또는 물체에 설치하거나 부착하여야 한다.

**[표 11-2] 안전·보건 표지의 종류와 형태**

| 1. 금지표지 | 101 출입금지 | 102 보행금지 | 103 차량통행금지 | 104 사용금지 | 105 탑승금지 | 106 금연 |
| --- | --- | --- | --- | --- | --- | --- |
| 107 화기금지 | 108 물체이동금지 | 2. 경고표지 | 201 인화성물질 경고 | 202 산화성물질 경고 | 203 폭발성물질 경고 | 204 급성독성물질 경고 |
| 205 부식성물질 경고 | 206 방사성물질 경고 | 207 고압전기 경고 | 208 매달린 물체 경고 | 209 낙하물 경고 | 210 고온 경고 | 211 저온 경고 |
| 212 몸균형 상실 경고 | 213 레이저광선 경고 | 214 발암성·변이원성·생식독성·전신독성·호흡기과민성 물질 경고 | 215 위험장소 경고 | 3. 지시표지 | 301 보안경 착용 | 302 방독마스크 착용 |
| 303 방진마스크 착용 | 304 보안면 착용 | 305 안전모 착용 | 306 귀마개 착용 | 307 안전화 착용 | 308 안전장갑 착용 | 309 안전복 착용 |

[표 11-3] 안전 · 보건 표지의 색채, 색도 기준 및 용도

| 색채 | 색도 기준 | 용도 | 사용례 |
|---|---|---|---|
| 빨간색 | 7.5R 4/14 | 금지 | 정지 신호, 소화 설비 및 그 장소, 유해 행위의 금지 |
| | | 경고 | 화학 물질 취급 장소에서의 유해 · 위험 경고 |
| 노란색 | 5Y 8.5/12 | 경고 | 화학 물질 취급 장소에서의 유해 · 위험 경고 이외의 위험 경고, 주의 표지 또는 기계 방호물 |
| 파란색 | 2.5PB 4/10 | 지시 | 특정 행위의 지시 및 사실의 고지 |
| 녹색 | 2.5G 4/10 | 안내 | 비상구 및 피난소, 사람 또는 차량의 통행 표지 |
| 흰색 | N9.5 | – | 파란색 또는 녹색에 대한 보조색 |
| 검은색 | N0.5 | – | 문자 및 빨간색 또는 노란색에 대한 보조색 |

## (3) 작업 환경(조도)

근로자가 상시 작업하는 장소의 작업면 조도를 다음 각 호의 기준에 맞도록 한다.

① 초정밀 작업 : 750럭스(lux) 이상
② 정밀 작업 : 300럭스 이상
③ 보통 작업 : 150럭스 이상
④ 그 밖의 작업 : 75럭스 이상

## 11-2 용접 안전

### (1) 아크 광선

용접 아크 광선은 용접 아크에 의해 생성된 강한 자외선으로 안전한 필터 렌즈를 장착한 핸드 실드나 헬멧을 사용하지 않고 용접하거나 용접 작업장에서 가까운 곳에서 용접 장면을 보게 되면 수 시간 경과 후 눈의 외부 층에 화상을 입게 되어 전광성 안염이라는 급성 각막염을 일으켜 눈이 충혈되고 통증을 유발하는 질환을 가져올 수 있다. 급성 염증 증상은 작업자가 쉽게 느낄 수 있으므로 전문 의료 기관에서 치료를 받아야 한다. 또한 자외선과 방사선은 피부를 붉게 하고 살결을 태우며 피부에 화상을 유발한다. 유해 광선으로부터 눈을 보호하기 위해서는 아래와 같은 사항을 지켜야 한다.

① 절단 시 작업에 맞는 보호 안경을 착용하고 작업한다.
② 용접 보호면을 착용하기 전 필터 렌즈가 작업에 맞는 필터 렌즈인지 확인한다.

③ 인접 작업자와 아크 광선이 보이지 않도록 차광막을 설치하고 작업 시 유해 광선이 다른 작업자에게 영향을 미치지 않도록 한다.

④ 용접 시 반드시 핸드 실드나 헬멧을 착용하고 용접한다.

⑤ 용접 중이거나 용접이 이루어지는 곳에서는 항상 보호 안경을 착용한다.

## (2) 감전

전기가 통하는 물체에 몸이 닿아 순간적으로 전류가 몸으로 흘러 상해를 입거나 충격을 받는 것이다. 물과 금속처럼 인체는 전기의 도체로 전기와 접촉할 수 있는 상황을 피하는 것이 무엇보다 중요하다. 감전의 위험은 전류의 유형, 전압이 얼마나 높은지, 전류가 신체를 통해 어떻게 이동했는지, 사람의 전반적인 건강과 얼마나 빨리 치료되는지에 달려 있다. 감전으로 인해 화상을 입거나 피부에 눈에 띄는 자국이 없을 수 있다. 두 경우 모두, 몸을 통과하는 전류는 내부 손상, 심장 마비 또는 기타 부상을 일으킬 수 있다. 특정 상황에서는 소량의 전기조차 치명적일 수 있다. [표 11-4]는 직류 전원과 교류 전원의 신체 영향에 대한 비교로 교류가 직류보다 신체에 2.5~4배 정도 더 위험함을 알 수 있다. 교류 용접기는 안전상 반드시 전격 방지기를 부착한 용접기를 사용하여야 한다. 또한 [표 11-5]는 사용 주파수에서 통전 전류가 인체에 미치는 영향에 대하여 나타낸다.

**[표 11-4] 직류와 교류의 비교**

| 구분 | 교류 전원 | 직류 전원 |
|---|---|---|
| 무부하 전압 | 95 V 이하 | 95 V 이하 |
| 신체 영향 | 직류의 2.5~4배 | 교류보다 낮다. |

**[표 11-5] 전류가 인체에 미치는 영향**

| 전류(mA) | 증상 |
|---|---|
| 1~2 | 짜릿하게 느끼는 정도 |
| 2~8 | 참을 수 있으나 고통을 느낌 |
| 8~15 | 견디기 힘든 고통을 느끼나 스스로 접촉된 전원으로부터 이탈할 수 있는 최대한의 전류 |
| 15~50 | 근육이 지배력을 잃어 이탈하기 어려워 전원으로부터 떨어질 수 없는 전류 |
| 50~100 | 심장 마비로 전원으로부터 떨어져도 수분 이내에 사망 |

① 전격 재해 발생 위험 요소

㈎ 피복 아크 용접 작업을 할 때 습기가 있는 지면 또는 높이가 인체보다 높은 장소의 경우 철골 등 도전성이 높은 용접물에 접근되어 있을 때 자동 전격 방

지기를 미설치한 경우

(나) 용접기는 반드시 누전 차단용 개폐기를 부착해야 하나 미부착하고 작업한 경우

(다) 작업자가 땀을 많이 흘려 몸이 젖어있거나 습기가 많은 곳에서 작업한 경우

(라) 용접 전 안전 점검을 소홀히 하여 용접 케이블 또는 용접 홀더가 손상된 것을 확인하지 못하고 작업한 경우

(마) 보호 장갑을 미착용하거나 젖은 손으로 케이블이나 스위치 조작을 한 경우

② 감전 재해 예방 대책

(가) 무부하 전압이 필요(80 V) 이상 높은 용접기는 전격 방지기 사용

(나) 안전 홀더 및 완전 절연된 보호구 사용

(다) 협소한 장소에서는 신체 노출 금지

(라) 작업을 중지하거나 완료 시 전원 차단

(마) 스위치 개폐는 젖은 손으로 사용 금지

(바) 홀더 선이나 케이블은 피복이 벗겨져 노출된 것이 있나 확인

(사) 전격 피해자가 있을 경우는 먼저 전원 개폐 스위치를 끄고 응급조치

③ 감전사고 시 주의 사항 및 응급조치 요령

(가) 가능한 한 빨리 전원을 차단한다.

(나) 전류와 여전히 접촉하고 있는 경우 부상당한 사람을 만지면 안 된다.

(다) 감전자를 구출하여 안전 장소로 이동하였을 때는 입속의 피나 거품 등 이물질이 있는 경우 이물질을 제거하고 감전자의 입을 벌려 기도를 확보한 후 필요시 인공호흡을 실시한다.

(라) 즉각적인 위험에 처하지 않는 한 감전자는 움직이지 않도록 한다.

(마) 인공호흡 시 인공호흡자는 크게 심호흡을 한 후 감전자 코를 잡고 입에 공기를 강하게 불어 감전자의 가슴이 4~5 cm 올라오도록 불어넣는다. [표 11-6]은 인공호흡 실시 시 소생률을 나타낸다.

(바) 이 동작을 1분에 12~15회 반복하고 구급차를 부른다.

(사) 응급 처치를 받아야 하는 경우는 심한 화상, 호흡 곤란, 심장 리듬 문제(부정맥), 심장 마비, 근육통 및 수축, 발작, 의식 불명 등이다.

[표 11-6] 인공호흡 실시 시 소생률

| 경과 시간(min) | 소생률(%) |
|---|---|
| 1 | 95 |
| 2 | 85 |
| 3 | 70 |
| 4 | 50 |
| 5 | 20 |

## (3) 용접 흄 및 가스

① 용접 흄(fume) : 미세한 금속 입자로 금속이 높은 열에 의해서 용융되거나 기화, 급속 냉각되었을 때 발생하는 매우 미세한 금속 입자로서 크기는 $0.001{\sim}1.0\,\mu m$ 정도이다. 흄이 발생하는 작업장에서는 흄용 호흡 보호구를 착용해야 한다. 용접에서 발생하는 유해 인자는 용접하고자 하는 모재의 종류 및 피복 상태, 용접봉의 종류, 용접 방법, 기타 작업 환경 특성 등에 따라 매우 다양하다. 용접 흄의 금속 성분으로는 망간이 유해하고, 스테인리스강 용접에서는 망간과 크롬 화합물, 니켈이 있고 피복 금속 아크 용접의 흄 발생이 가장 많다. [표 11-7]은 용접의 종류에 따른 주요 유해 인자가 용접 방법에 따라 미치는 영향을 보여준다. [표 11-8]은 용접 종류에 따른 흄 발생량을 보여주는데 플럭스 코어드 아크 용접이 흄이 가장 많이 발생한다.

[표 11-7] 용접의 종류에 따른 주요 유해 인자

| 구분 | 용접의 종류 | | | | |
|---|---|---|---|---|---|
| | 피복 금속 아크 용접 | 티그 용접 | 미그 및 매그 용접 | 잠호 용접 | 플라스마 아크 용접 |
| 금속 흄 | H | M | M | L | M |
| 불화물 | L | L | L | M | L |
| 오존 | L | M | H | L | M |
| 이산화질소 | L | M | M | L | L |
| 일산화탄소 | L | L | M | L | L |

㈜ L : 낮은 위험 유해, M : 중간 위험 유해, H : 고위험 유해

[표 11-8] 용접 종류에 따른 흄 발생량

| 용접 종류 | 흄 발생량(g/min) |
|---|---|
| 피복 금속 아크 용접 | 0.2~1.2 |
| 플럭스 코어드 아크 용접 | 1.0~3.5 |
| MIG 용접(연강) | 0.1~0.5 |
| MIG 용접(알루미늄) | 0.1~1.5 |

㈎ 용접 흄이 발생하는 요인
　　㉠ 용접 흄 발생은 전압과 전류가 증가함에 따라 증가한다.
　　㉡ 흄 입자의 크기가 매우 작아 호흡으로 흡입하기가 쉽다.
　　㉢ 흄의 발생은 용가재에 약 85 %, 모재에 약 15 %의 흄이 발생한다.
　　㉣ 용접 모재가 페인트나 도금된 강판인 경우 예상치 못한 유해 가스가 발생

할 수 있다.

ⓜ 염소가 함유된 유기 용제를 사용하는 곳에서 작업하면 매우 위험하며 인체에 치명적인 포스겐(phosgene)이 생성된다.

**[표 11-9] 용접 흄 발생 증가 요인이 되는 인자**

| 조건 인자 | 흄 증가의 원인 조건 |
|---|---|
| 아크 전압 | 전압이 높다. |
| 토치 각도 | 경사 각도가 크다. |
| 봉극성 | (−) 극성 |
| 아크 길이 | 길다. |
| 용융지의 깊이 | 얕다. |

㈏ 용접 흄 발생 방지를 위한 대책 : 용접 시 발생하는 흄을 피하기 위해서는 마스크를 착용하고 흄의 발생 방향을 파악하여 반대 방향에서 작업하며, 헬멧이나 핸드 실드는 용접부와 거리를 가능한 한 200~300 mm 정도 두고 용접한다. 탱크, 보일러, 드럼 등 밀폐된 장소에서의 용접 작업은 반드시 통풍 장치를 설치하거나 외부에서 공기 공급이 가능한 마스크를 착용하여야 한다.

㈐ 밀폐된 공간에서의 작업 시 유의 사항

㉠ 도장 작업을 한 탱크, 기름을 넣었던 탱크, 피트 등의 밀폐된 공간에서 작업하는 경우 해당 밀폐 공간의 산소 및 유해 가스 농도를 측정하여 적정 공기가 유지되고 있는지를 측정한다.

㉡ 농도를 측정한 결과 적정 공기가 유지되고 있지 아니하다고 평가된 경우에는 작업장을 환기하거나, 근로자에게 공기 호흡기 또는 송기 마스크를 지급하여 착용하도록 하는 등 근로자의 건강 장해 예방을 위하여 필요한 조치를 한다.

㉢ 작업 중 지속적으로 환기해야 한다.

㉣ 밀폐된 공간에서의 작업은 1인이 하지 않고 2인이 작업하여 안전 사항 준수 여부를 확인하면서 작업에 임한다.

㉤ 용접에 필요한 전기 동력원이나 가스 실린더는 밀폐 공간 외부에 설치한다.

㉥ 밀폐 공간 외부에는 반드시 감시인 1인을 배치하고 육안이나 대화로 수시로 확인한다.

㉦ 밀폐 공간에는 관계 근로자가 아닌 사람의 출입을 금지하고, 출입 금지 표지를 밀폐 공간 근처의 보기 쉬운 장소에 게시한다.

㉧ 탱크 내부에 통풍이 불충분한 장소에서 용접 작업 시 탱크 내부의 산소 농도를 측정하여 산소 농도가 18 % 이상이 되도록 유지하거나, 공기 호흡기 등 호흡용 보호구를 착용하여 작업한다.

㉨ 소음이 85 dB 이상일 때는 귀마개 등 보호구를 착용한다.

㉼ 탱크, 맨홀 및 피트 등 통풍이 불충분한 곳에서 작업 시에는 긴급 사태에 대비할 수 있는 조치(외부와의 연락 장치, 비상용 사다리, 로프 등을 준비)를 취한 후 작업한다. [표 11-10]은 산소 농도에 따른 위험 정도를 나타낸다.

[표 11-10] 산소 농도에 따른 증상

| 산소 농도(%) | 증상 |
|---|---|
| 18 | 안전 한계로 연속 환기가 필요 |
| 16 | 호흡, 맥박의 증가, 두통, 메스꺼움 |
| 12 | 어지럼증, 구토 증상, 근력 저하 |
| 10 | 안면 창백, 의식 불명, 구토 |
| 8 | 실신 혼절(8분 이내에 사망) |
| 6 | 순간적으로 혼절, 호흡 정지, 경련(6분 이상 사망) |

② 가스 : 용접으로 인하여 발생하는 유해 가스는 용접 흄보다는 유해 정도가 낮다. 가스의 종류는 오존, 질소산화물, 일산화탄소, 이산화탄소, 불화수소, 포스겐, 도료나 피막 성분의 열분해로 발생하는 생성물 등 다양한 종류가 있다.

③ 환기 장치 : 인체에 해로운 분진, 흄(fume), 미스트(mist), 증기 또는 가스 상태의 물질을 배출하기 위하여 일부분을 환기하는 국소 배기 장치를 하거나 작업 특성상 국소 배치가 어려운 경우는 전체 환기 장치를 설치한다.

㉮ 후드는 작업 방법, 분진의 발산 상황 등을 고려하여 분진을 흡입하기에 적당한 형식과 크기를 선택한다.

㉯ 닥트는 가능한 한 길이가 짧고 배기가 잘 되도록 용량이 적당한 배풍기를 설치한다.

㉰ 배풍기는 공기 정화 장치를 거쳐서 공기가 통과하는 위치에 설치한다.

㉱ 배기구는 옥외에 설치한다.

㉲ 전체 환기 시설일 경우는 유입 공기는 오염 장소를 통과하도록 위치를 선정한다.

㉳ 유입 공기는 기류가 심하여 용접에 지장을 초래하지 않도록 한다.

㉴ 오염원 주위에 다른 공정이 있으면 공기 배출량을 공급량보다 크게 하고, 주위에 다른 공정이 없을 시에는 청정 공기 공급량을 배출량보다 크게 한다.

㉵ 배출된 공기가 재유입되지 않도록 배출구 위치를 선정한다.

㉶ 난방 및 냉방, 창문 등의 영향을 충분히 고려해서 설치한다.

㉷ 필요 환기량(작업장 환기 횟수 : 15~20회/시간)을 충족해야 한다.

## (4) 가스 용접 등의 작업

인화성 가스, 불활성 가스 및 산소(이하 '가스 등'이라 한다)를 사용하여 금속의 용접 · 용단 또는 가열 작업을 하는 경우에는 가스 등의 누출 또는 방출로 인한 폭발·화재 또는 화상을 예방하기 위하여 다음 각 호의 사항을 준수하여야 한다.

① 가스 등의 호스와 취관은 손상·마모 등에 의하여 가스 등이 누출할 우려가 없는 것을 사용할 것

② 가스 등의 취관 및 호스의 상호 접촉 부분은 호스밴드, 호스클립 등 조임 기구를 사용하여 가스 등이 누출되지 않도록 할 것

③ 가스 등의 호스에 가스 등을 공급하는 경우에는 미리 그 호스에서 가스 등이 방출되지 않도록 필요한 조치를 할 것

④ 사용 중인 가스 등을 공급하는 공급구의 밸브나 콕에는 그 밸브나 콕에 접속된 가스 등의 호스를 사용하는 사람의 명찰을 붙이는 등 가스 등의 공급에 대한 오조작을 방지하기 위한 표시를 할 것

⑤ 용단 작업을 하는 경우에는 취관으로부터 산소의 과잉 방출로 인한 화상을 예방하기 위하여 작업자가 조절 밸브를 서서히 조작하도록 주지시킬 것

⑥ 작업을 중단하거나 마치고 작업 장소를 떠날 경우에는 가스 등의 공급구의 밸브나 콕을 잠글 것

⑦ 가스 등의 분기관은 전용 접속 기구를 사용하여 불량 체결을 방지하여야 하며, 서로 이어지지 않는 구조의 접속 기구 사용, 서로 다른 색상의 배관·호스의 사용 및 꼬리표 부착 등을 통하여 서로 다른 가스 배관과의 불량 체결을 방지할 것

## (5) 가스 등의 용기 취급

금속의 용접·용단 또는 가열에 사용되는 가스 등의 용기를 취급하는 경우에 다음 각 호의 사항을 준수하여야 한다.

① 통풍이나 환기가 불충분한 장소, 화기를 사용하는 장소 및 그 부근, 인화성 액체를 취급하는 장소 및 그 부근에서 사용하거나 해당 장소에 설치·저장 또는 방치하지 않도록 할 것

② 용기의 온도를 섭씨 40도 이하로 유지할 것

③ 전도의 위험이 없도록 할 것

④ 충격을 가하지 않도록 할 것

⑤ 운반하는 경우에는 캡을 씌울 것

⑥ 사용하는 경우에는 용기의 마개에 부착되어 있는 유류 및 먼지를 제거할 것

⑦ 밸브의 개폐는 서서히 할 것

⑧ 사용 전 또는 사용 중인 용기와 그 밖의 용기를 명확히 구별하여 보관할 것

⑨ 용해 아세틸렌의 용기는 세워 둘 것

⑩ 용기의 부식 · 마모 또는 변형 상태를 점검한 후 사용할 것

## (6) 가스 집합 용접 장치

① 가스 집합 장치의 설치 : 가스 장치실을 설치하는 경우에 다음 각호의 사항을 준수하여 설치한다.

  (개) 가스 집합 장치에 대해서는 화기를 사용하는 설비로부터 5미터 이상 떨어진 장소에 설치한다.

  (내) 가스 집합 장치를 설치하는 경우에는 전용의 방(이하 '가스 장치실'이라 한다)에 설치한다. 다만, 이동하면서 사용하는 가스 집합 장치의 경우에는 그러하지 아니하다.

  (대) 가스가 누출된 경우에는 그 가스가 정체되지 않도록 한다.

  (래) 지붕과 천장에는 가벼운 불연성 재료를 사용한다.

  (매) 벽에는 불연성 재료를 사용할 것 : 용해 아세틸렌의 가스 집합 용접 장치의 배관 및 부속 기구는 구리나 구리 함유량이 70퍼센트 이상인 합금을 사용해서는 안 된다.

② 가스 장치실 관리 : 다음 각 호의 사항을 준수하여야 한다.

  (개) 사용하는 가스의 명칭 및 최대 가스 저장량을 가스 장치실의 보기 쉬운 장소에 게시할 것

  (내) 가스 용기를 교환하는 경우에는 관리 감독자가 참여한 가운데 할 것

  (대) 밸브 · 콕 등의 조작 및 점검 요령을 가스 장치실의 보기 쉬운 장소에 게시할 것

  (래) 가스 장치실에는 관계자가 아닌 사람의 출입을 금지할 것

  (매) 가스 집합 장치로부터 5미터 이내의 장소에서는 흡연, 화기의 사용 또는 불꽃을 발생할 우려가 있는 행위를 금지할 것

  (배) 도관에는 산소용과의 혼동을 방지하기 위한 조치를 할 것

  (새) 가스 집합 장치의 설치 장소에는 적당한 소화 설비를 설치할 것

  (애) 이동식 가스 집합 용접 장치의 가스 집합 장치는 고온의 장소, 통풍이나 환기가 불충분한 장소 또는 진동이 많은 장소에 설치하지 않도록 할 것

  (재) 해당 작업을 행하는 작업자에게 보안경과 안전 장갑을 착용시킬 것

  (채) 가스 장치실에서 가스 집합 장치의 가스 용기를 교환하는 작업을 할 때 가스 장치실의 부속 설비 또는 다른 가스 용기에 충격을 줄 우려가 있는 경우에는 고무판 등을 설치하는 등 충격 방지 조치를 할 것

## 11-3 화상 및 화재

### (1) 용접 화상

화상은 용접 작업 중 열과 방사선에 의해 일어날 수 있다. 열은 가열된 금속과 슬래그, 가열된 도구 및 용접봉으로 인한 피부 화상을 들 수 있다. 아크에 노출된 부분의 피부는 햇볕에 의한 그을음 같은 화상이 생긴다. 이 화상은 용접 전류가 높을수록 또 장시간 쪼일수록 심하게 된다. 따라서 앞치마, 장갑, 용접면 등의 보호 장구를 반드시 착용해야 한다.

① 화염(불꽃)으로 인한 화상

    ㈎ 1도 화상(홍반성 화상) : 피부가 벌겋게 되고 심한 통증이 있고 2~3일 후 대개 없어진다.

    ㈏ 2도 화상(수포성 화상) : 피부에 물집이 생긴다. 표피가 벗겨지고 심한 통증을 동반하며, 1주일 정도면 대개 치유된다.

    ㈐ 3도 화상(괴사성 화상) : 심한 열에 의해 피하 조직이 손상된 경우로 검게 타고 심한 통증을 동반한다. 장기간 치료를 요한다.

② 화상의 응급조치

    ㈎ 뜨거워진 의복을 벗긴다. 단, 상처에 붙은 의복은 그대로 둔다.

    ㈏ 화상 부위를 생리식염수로 깨끗하게 닦고 소독 거즈(gauze)로 덮는다.

    ㈐ 1도 화상 시 피부 윤활제 연고나 바셀린을 바른다.

    ㈑ 2도 화상에서는 물집을 터트리지 말고 소독용 거즈로 물집을 보호하고 화상 부위를 멸균된 붕대로 감는다.

③ 화상 방지 대책 : 작업자가 안전 의식을 갖고 항상 주의해야 하며, 작업 조건에 맞는 안전 보호구를 착용해야 한다.

    ㈎ 아크 용접 시 슬래그 제거는 보호 안경이나 안면 보호구를 착용한 상태에서 한다(용접면이 2중 덮개 방식일 때).

    ㈏ 안전 보호구 착용 시 용접 장갑은 물론 앞치마, 조끼, 발 덮개 등을 작업 조건에 맞게 착용한다.

    ㈐ 헬멧을 착용하고 용접하게 되면 목 주위가 노출되어 화상을 입을 수 있으므로 목 주위를 보호한다.

### (2) 화재 예방 대책 및 재해 발생 사례

① 화재 예방 대책 : 화재를 예방하기 위해서는 용접 불꽃의 발화 방지 시설을 설치하여 작업해야 한다. 높은 장소에서 용접 작업 시 불꽃이 아래로 떨어지지 않도록 적

절한 안전망 위에 석면포를 설치하고 굴뚝, 철골 등 높은 장소의 용접 시 불꽃이
비산되어 바람에 날릴 우려가 있을 때에는 미리 인화 물질을 제거하고 화재 발생
우려가 있는 작업은 중지한다. 용접 장소에 비치해야 할 소화용 준비물은 바닥에
깔아 둘 불꽃 받이 포는 불연성 재료로 용접 불티를 받기에 충분한 크기로 하고,
소화기는 분말 소화기 2대, 물 등을 준비한다. 용접 작업으로 인한 화재는 아크나
스패터 불씨로 인하여 대형 사고로 이어질 수 있어 가장 조심해서 작업해야 할 사항
중 하나이다.

② 재해 발생 사례

㈎ 용접 불티에 의한 화재

㉠ 재해 발생 과정 : 제조공장의 건물 지붕에서 용접 작업을 하던 중 용접 불
티가 비산하여 drain pit 내에 체류하고 있던 알킬벤젠(에틸벤젠과 프로필벤
젠의 혼합물질) 증기에 인화, 화재가 발생하여 공장이 전소되었다. 청색안료
중간체 생산공정시설 2층 외부에 별도로 설치되어 있는 원료 투입 hoist의
슬레이트 지붕과 작업 발판 확장 공사를 하기 위해 작업자 3명이 교류 아크
용접기를 이용하여 작업 발판을 만들기 위해 4.5 mm 두께의 철판을 절단하
는 작업을 실시하면서 발생한 불티가 작업장 바닥의 피트 등에 침적된 알킬
벤젠에 인화되어 화재가 발생한 재해이다.

㉡ 재해 발생 원인
• 용접 작업 시 발생한 용접 불티에 의한 점화 : 인화성 물질 등 위험성 물질
을 취급하는 공정 내에서 안전상의 조치도 하지 않고 용접 작업을 실시하
면서 발생한 용접 불티가 인화성이 강한 알킬벤젠에 인화되어 발화하였다.
• 화기 작업 시 안전 조치 미흡 : 위험 물질이 존재하는 장소 내에서 화기 작
업을 할 때는 소화기 등을 배치하고, 화기 작업 부위와 공정 설비를 격리
한 후 작업하여야 하나 이를 이행하지 않았다.
• 위험 물질의 작업장 내 방치 및 설비 유지·보수 미흡 : 작업장 내에서는
위험 물질이 누출되지 않도록 설비의 유지·보수를 철저히 하여야 하고 누
출된 물질은 즉시 제거하여야 하나 이를 방치했다.

㉢ 재해 예방 대책
• 위험 공정 내의 화기 작업 시 안전 조치 철저 : 위험 물질이 상존하는 위험
공정 내에서는 근본적으로 화기 작업을 실시하지 않아야 하고 필요한 경우
는 소화기 및 소화 설비 등을 비치한 후 작업 감독자의 입회하에 화기 작
업 부위를 공정 설비와 차단한 후에 작업을 실시한다.
• 설비의 유지·보수 철저 : 위험 물질을 취급하는 공정에서의 설비 관리는
가장 기본적으로 이루어져야 할 사항이나 펌프, 컨베이어, 배관, 플랜지
등에서 위험 물질이 누설되는 장소는 수리, 교체 및 밀폐 등 설비 관리를
철저히 해야 한다.

- 안전교육 및 작업 감독자 배치 : 작업 전에 하도급자에게 위험 지역에서의 화기 작업 시 필요한 사전 교육을 위해 필히 안전 교육을 실시하고, 작업 감독자를 배치해서 사고 발생의 방지 및 사고 발생 시 필요한 안전 조치를 할 수 있도록 한다.

(나) 용접 작업 중 배관 내부에 들어가 질식 사망
  ㉠ 재해 발생 과정 : ○○건설 현장에서 하도급업체 근로자가 아르곤 가스(용접 실드 가스)가 차 있던 배관(직경 840 mm, 깊이 2,000 mm) 퍼징댐을 확인하기 위해 들어갔다가 산소 결핍에 의한 질식으로 사망

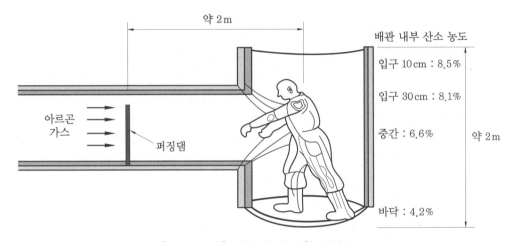

[그림 11-4] 재해 발생 상황 개략도

  ㉡ 재해 발생 원인
    - 불활성 가스 아르곤 가스 취급 질식 위험 장소 출입 통제 미실시 : 퍼징댐에서 용접 실드 가스인 아르곤 가스 누출 시 배관 내부에 작업자 출입 시 산소 결핍에 의한 질식 위험이 있으나 작업자 출입을 통제하지 않았다.
    - 질식 위험 요인에 대한 위험성 평가 누락 및 밀폐 공간 프로그램 미수립 : 용접 배관 내부에 근로자 출입이 없을 것으로 판단하여 질식 위험에 대한 위험성 평가를 누락하고 밀폐 공간으로 분류하지 않았다.
  ㉢ 재해 예방 대책
    - 아르곤 가스 등 불활성 가스를 취급하여 용접 작업을 하는 질식 위험 장소에 대한 출입 통제 : 배관 내부 용접 실드 가스로 아르곤 가스를 사용함에 따라 배관 내부 출입 시 질식 위험이 있으므로 근로자가 출입할 수 없도록 출입 금지 조치. 배관사 및 용접사에 대하여 아르곤 가스 등 불활성 가스의 위험성에 대한 교육 및 배관 입구에 출입 금지 표지판 부착
    - 현존하는 잠재 위험에 대한 위험성 평가 실시 및 밀폐 공간 작업 프로그램 수립 시행 : 배관 내부 출입 시 산소 결핍 질식 위험에 대한 위험성 평가를 실시하고 출입 통제 조치 및 밀폐 공간 작업 프로그램 수립 시행

## 연·습·문·제

**1.** 아크 광선에 의한 전광성 안염이 발생하였을 때의 응급조치로 가장 올바른 것은?
① 안약을 넣고 수면을 취한다.　　　　② 냉습포 찜질을 한 다음 치료를 받는다.
③ 소금물로 찜질을 한 다음 치료한다.　④ 따뜻한 물로 찜질을 한 다음 치료한다.

**2.** 안전모의 내부 수직 거리로 가장 적절한 것은?
① 25 mm 이상 40 mm 미만일 것　　　② 15 mm 이상 40 mm 미만일 것
③ 10 mm 이상 40 mm 미만일 것　　　④ 25 mm 이상 50 mm 미만일 것

**3.** 전격으로 인해 순간적으로 사망할 위험이 가장 높은 전류량(mA)은?
① 5~10　　　　② 10~20　　　　③ 20~25　　　　④ 50~100

해설 1~2(짜릿하게 느끼는 정도), 2~8(참을 수 있으나 고통을 느낌), 8~15(스스로 전원으로 부터 이탈할 수 있는 최대한의 전류), 15~50(전원으로부터 스스로 떨어질 수 없는 전류), 50~100(심장 마비로 전원으로부터 떨어져도 수분 이내에 사망)

**4.** 일반적으로 안전을 표시하는 색채 중 특정 행위의 지시 및 사실의 고지를 나타내는 색은?
① 노란색　　　　② 녹색　　　　③ 파란색　　　　④ 흰색

해설 노란색(화학물질 취급 장소에서의 유해·위험 경고 이외의 위험 경고), 녹색(비상구 및 피난 소, 사람 또는 차량의 통행 표지), 흰색(파란색 또는 녹색에 대한 보조색), 빨간색(정지 신호, 소화 설비 및 그 장소, 유해 행위의 금지 및 화학물질 취급 장소에서의 유해·위험 경고)

**5.** 용접 현장에서 지켜야 할 안전 사항에 대해 잘못 설명한 것은?
① 탱크 내에서는 혼자 작업한다.
② 인화성 물체 부근에서 작업하지 않는다.
③ 좁은 장소에서 작업 시 통풍을 실시한다.
④ 부득이 가연성 물체 가까이 작업 시 화재 발생 예방 조치를 한다.

해설 밀폐된 공간에서의 작업은 1인이 하지 않고 2인이 작업하여 안전 사항 준수 여부를 확인 하면서 작업에 임해야 한다.

**6.** 가스 용기를 취급할 때의 주의 사항으로 틀린 것은?
① 가스 용기의 이동 시 밸브를 잠근다.
② 가스 용기에 진동이나 충격을 가하지 않는다.
③ 가스 용기의 저장은 환기가 잘 되는 장소에 한다.
④ 용해 아세틸렌은 눕혀서 보관한다.

해설 용해 아세틸렌은 세워서 보관한다.

정답 **1.** ②　**2.** ④　**3.** ④　**4.** ③　**5.** ①　**6.** ④

# | 찾아보기 |

# | 참고문헌 |

## 1. 국내 서적

김은석, 용접공학이론, 한국산업인력공단, 1995.

김진덕 · 우성문, 로봇용접공학, 원창출판사, 2002.

김진덕 · 장대길, 고밀도 에너지 용접, 원창출판사, 1999.

김창일 외 4인, 교사용 지침서 용접, 한국직업훈련관리공단, 1989.

대한용접 · 접합학회, 용접 · 접합편람, 에이스기획, 2007.

대한용접학회, 용접용어사전, 원창출판사, 2007.

민용기, 특수용접, 한국산업인력공단, 2013.

박종우, 정밀 용접공학, 일진사, 1987.

산업안전보건공단 용접작업 보건 관리지침, 2012.

산업안전보건법 시행규칙, 2020.

엄기원 · 이원평, 이론실기 용접공학, 원화, 2001.

엄기원, 최신 용접공학, 동명사, 1991.

일본용접학회, 용접 · 접합공학편람, 도서출판 과학기술, 2005.

## 2. 외국 서적

B. J. Moniz, R. T. Miller, Welding Skills, American Technical Publishers, Inc., 2004.

William H. Minnick, Flux Cored Arc Welding Handbook, The Goodheart-Willcox Company, Inc., 1999.

William H. Minnick, Gas Tungsten Arc Welding Handbook, The Goodheart-Willcox Company, 2006.

용접 전문 과정
# 특수 용접

2021년 1월 10일 인쇄
2021년 1월 15일 발행

저  자 : 민용기
펴낸이 : 이정일

펴낸곳 : 도서출판 **일진사**
www.iljinsa.com
(우) 04317 서울시 용산구 효창원로 64길 6
전화 : 704-1616 / 팩스 : 715-3536
등록 : 제1979-000009호 (1979.4.2)

값 **18,000 원**

ISBN : 978-89-429-1649-8